普通高等教育临床医学专业 5+3 “十四五” 规划教材

供临床医学、预防医学、口腔医学
医学影像学、医学检验学等专业用

医学分子生物学

（第3版）

Medical Molecular Biology

主　编　张向阳
副主编　王清路　邓秀玲　马晓磊
编　委（按姓氏笔画排序）
于立娟（山东第一医科大学）
马晓磊（济宁医学院）
王清路（山东体育学院）
邓秀玲（内蒙古医科大学）
李有杰（滨州医学院）
汪军梅（长治医学院）
张向阳（济宁医学院）
张竞文（宁夏医科大学）
苑　红（内蒙古医科大学）
柏素云（山东第一医科大学）
黄　涛（沈阳医学院）
扈瑞平（内蒙古医科大学）

江苏凤凰科学技术出版社 · 南京
凤凰医学 Phoenix MedPub

图书在版编目(CIP)数据

医学分子生物学 / 张向阳主编. —3 版. —南京：江苏凤凰科学技术出版社，2023.7

普通高等教育临床医学专业 5＋3“十四五”规划教材

ISBN 978-7-5713-3618-9

Ⅰ. ①医… Ⅱ. ①张… Ⅲ. ①医学—分子生物学—医学院校—教材 Ⅳ. ①Q7

中国国家版本馆 CIP 数据核字(2023)第 105739 号

普通高等教育临床医学专业 5＋3“十四五”规划教材

医学分子生物学

主　　编	张向阳
责任编辑	钱新艳
责任校对	仲　敏
责任监制	刘文洋
出版发行	江苏凤凰科学技术出版社
出版社地址	南京市湖南路 1 号 A 楼，邮编：210009
出版社网址	http://www.pspress.cn
照　　排	南京紫藤制版印务中心
印　　刷	徐州绪权印刷有限公司
开　　本	880 mm×1 230 mm　1/16
印　　张	18.25
字　　数	470 000
版　　次	2014 年 1 月第 1 版　2023 年 7 月第 3 版
印　　次	2023 年 7 月第 5 次印刷
标准书号	ISBN 978-7-5713-3618-9
定　　价	63.90 元

修订说明

“普通高等教育临床医学专业5+3系列教材”自2013年第1版出版至今走过了10年的历程。在这些年的使用实践中，这套教材得到了广大地方医学院校师生的普遍认可，对推进我国医学教育的健康发展、保证教学质量发挥了重要作用。它紧扣教学目标，紧密结合教学实际，深入浅出，结构合理，贴近临床，精编、精选、实用，老师好教，学生好学；尤其突出医学职业教育的特点，在减轻学生学习负担的基础上，注重临床应用，注重实用性，帮助医学生们通过执业医师资格考试，为规培和考研做好衔接。

教材建设是精品课程建设的重要组成部分，是提高高等教育质量的重要措施。为贯彻落实《国务院办公厅关于加快医学教育创新发展的指导意见》(国办发〔2020〕34号)、《普通高等学校教材管理办法》(教材〔2019〕3号)、《普通高等学校本科专业类教学质量国家标准》《高等学校课程思政建设指导纲要》等文件精神，提升教育水平和培养质量，推进新医科建设，凤凰出版传媒集团、江苏凤凰科学技术出版社在总结汲取上一版教材成功经验的基础上，再次组织全国从事一线教学、科研、临床工作的专家、学者、教授们，对本套教材进行了全面修订，推出这套全新版“普通高等教育临床医学专业5+3‘十四五’规划教材”。

其修订和编写特点如下：

1. 突出5+3临床医学专业教材特色。本套教材紧扣5+3临床医学专业的培养目标和专业认证标准，根据“四证”(本科毕业证、执业医师资格证、住院医师规范化培训证和硕士研究生毕业证)考核要求，紧密结合教、学、临床实践工作编写，由浅入深、知识全面、结构合理、系统完整。全套教材充分突出了5+3临床医学专业知识体系，渗透了5+3临床医学专业人文精神，注重体现素质教育和创新能力与实践能力的培养，反映了5+3临床医学专业教学核心思想和特点。

2. 体现教材的延续性。本套教材仍然坚持“三基”(基础理论、基本知识、基本技能)、“五性”(思想性、科学性、先进性、启发性、实用性)、“三特定”(特定的对象、特定的要求、特定的限制)的原则要求。同时强调内容的合理安排，深浅适宜，适应5+3本科教学的需求。部分教材还编写了配套的实验及学习指导用书。

3. 体现当代临床医学先进发展成果的开放性。本套教材汲取了国内外最新版本相关经典教材的新内容，借鉴了国际先进教材的优点，结合了我国现行临床实践的实际情况和要求，并加以创造性地利用，反映了当今医学科学发展的新成果。

4. 强调临床应用性。为加快专业学位教育与住院医师规范化培训的紧密衔接，教材加强了基础与临床的联系，深化学生对所学知识的理解，实现“早临床、多临床、反复临床”的理念。

5. 在教材修订工作中，全面贯彻党的二十大精神。将“立德树人”的关键要素贯彻教材编写全过程，围绕解决“培养什么人、怎样培养人、为谁培养人”这一根本问题展开修订。结合专业自身特点，本套教材内容有机融入医学人文等课程思政亮点，注重培养医学生救死扶伤的大爱情怀。

6. “纸”“数”融合，实现教材立体化建设。为进一步适应“互联网+医学教育”发展趋势，丰富数字教学资源，部分教材根据教学实际制作了配套的数字内容，在相应知识点处设置二维码，学生通过手机终端扫描二维码即可自学和拓展知识面。

7. 兼顾教学内容的包容性。本套教材的编者来自全国几乎所有省份，教材的编写兼顾了不同类型学校和地区的教学要求，内容涵盖了执业医师资格考试的基本理论大纲的知识点，可供全国不同地区不同层次的学校使用。

本套教材的修订出版，得到了全国各地医学院校的大力支持，编委均来自各学科教学一线教师，具有丰富的临床、教学、科研和写作经验。相信本套教材的出版，必将对我国临床医学专业5＋3教学改革和专业人才培养起到积极的推动作用。

第3版前言

分子生物学是研究生物大分子的科学。医学分子生物学是分子生物学的重要分支，是基础医学与临床医学的密切结合。由于分子生物学的快速发展，分子生物学技术已广泛应用于临床各科疾病的研究、诊断和治疗。为适应医学人才培养发展的需要，全面提高普通高等教育医药卫生类专业人才的分子生物学技能，深入落实《国家中长期教育改革和发展规划纲要》，以及服务医疗教育体系的改革，我们在《医学分子生物学》(第2版)的基础上，修订编写了《医学分子生物学》(第3版)。

本版教材以第2版教材为基础，仍然沿用“中心法则”为主线，强调学以致用的原则。教材划分为六大篇。第一篇：基因与基因组，全面介绍基因和基因组的概念及相关知识。第二篇：遗传信息的传递，包含DNA的生物合成、RNA的生物合成、蛋白质的生物合成及基因表达与调控；能够使学生全面理解基因信息传递和表达的基本过程以及基因表达调控机制。第三篇：常用分子生物学技术，详细讲解PCR技术、杂交与芯片技术、基因工程、DNA测序技术、转基因与基因打靶、siRNA与miRNA方面的常用技术。第四篇：基因与疾病，详细介绍分子生物学技术在临床疾病诊断与治疗中的应用，癌基因与抑癌基因的基本概念及与肿瘤发病的关系。第五篇：细胞信号转导，介绍受体、细胞信号转导途径以及细胞信号转导与疾病的关系。第六篇：蛋白质，介绍蛋白质的结构与功能、蛋白质的分析与鉴定。本教材在各篇章内容的安排上，先简后难、循序渐进、层层相扣、相互联系，构成一个完整的知识体系。教材结构合理、内容系统、重点突出，并更加贴近临床。

本版教材定位明确，适用于全国高等学校临床医学或相关医学类专业五年制学生，也可作为医学相关专业的研究生教学用书。本教材在注重基本理论、基础知识和基本技能的同时，强调教材的科学性、实用性、整体性以及基础与临床的紧密结合。在注重知识目标培养学习的同时，注重医学生素质教育、人文教育、创新能力和实践能力的培养。各章节在原有的知识拓展、案例分析和临床应用等知识模块基础上，增加章节思维导图、习题数量和数字资源(章节课件等)，并修改了部分教学案例，便于课程思政教学的开展。

本版教材由来自全国8所高等院校的12位编委参与编写。在编写过程中，各位编委以高度的责任感，尽最大的努力，完成了各自承担的编写任务；江苏凤凰科学技术出版社在编写过程中给予了大力支持。在此，一并致以衷心感谢！

本版教材的修订本着易教、易学、创新的教学理念，避免传统教材“大而全”的弊端。虽然每位编者尽力去做到无误，相信从内容到形式还存在不足，鉴于我们的知识面和学术水平有限，疏漏及不足之处在所难免，敬请读者批评指正，不胜感激。

张向阳

2023年5月

目　录

第三篇 常用的分子生物学技术

第四篇 基因与疾病

第五篇 细胞信号转导

第六篇 蛋白质

绪　论

一、医学分子生物学的概念

分子生物学(molecular biology)是在分子水平研究生命现象的科学,以研究生命现象的本质为目的,通过对生物大分子核酸、蛋白质等结构、功能及相互作用等的研究来阐明生命的分子基础,探讨生命的奥秘。

医学分子生物学是利用分子生物学的理论与技术,从分子水平研究疾病的发生、发展机制,疾病的预测与风险评价,疾病的临床诊断与治疗,疾病的预防与控制的科学。目前,分子生物学是生命科学中发展最快的领域,并且与诸多学科有着广泛的交叉与渗透,它是生命科学的前沿学科。

二、医学分子生物学研究内容

医学分子生物学研究的主要内容:① 生物大分子的结构与功能及分子间的相互作用。主要研究核酸、蛋白质、酶的结构与功能及蛋白质与蛋白质、核酸与核酸、核酸与蛋白质、核酸与其他生物大分子之间的相互作用。② 基因与基因组。③ 遗传信息的传递、表达与调控。④ 细胞的增殖与分化,包括癌基因与抑癌基因、肽类生长因子、细胞周期及其调控的分子机制等。⑤ 细胞通讯与细胞内信号传导。⑥ 分子生物学技术,主要包括分子杂交技术、聚合酶链反应技术、基因工程与蛋白质工程等。⑦ 基因与疾病。⑧ 基因诊断与基因治疗。

三、分子生物学的发展史

分子生物学的重大发现构成了分子生物学的发展历程。尤其是 20 世纪 50 年代,Watson 和 Crick 提出的 DNA 双螺旋结构,标志着现代分子生物学的兴起,为揭开人类生命现象的本质,探究疾病现象,实现个性化医学奠定了基础。

1944 年,Oswald T. Avery 等进行了肺炎双球菌转化实验,证明了遗传物质是 DNA。

1953 年,Watson 和 Crick 发现了 DNA 的二级结构——双螺旋结构。

1954 年,Crick 提出了遗传信息传递的“中心法则”。

1958 年,Meselson 和 Stahl 用实验证实了 DNA 半保留复制模型。

1967 年,在大肠埃希菌中发现了 DNA 连接酶。

1969 年,Pardue 和 John 等用放射性标记 DNA 或 28S RNA,发明了原位杂交技术(ISH)。

1970 年,R. Yuan 和 H.O. Smith 分离到第一种限制性核酸内切酶。

1973 年,Boyer 和 Cohen 建立了 DNA 重组技术。

1975 年,Sanger 和 Coulson 创立了测序的加减法,1977 年,引入双脱氧核苷酸,创立了双脱氧末端终止法测序技术。

1976 年,Yuet Wai Kan 首先应用液相 DNA 分子杂交技术,成功地进行了 α 地中海贫血的产前诊断。

1980 年,美国 Eli Lily 公司建立了第一个用基因工程生产胰岛素的工厂。

1985 年，Mullis 等建立聚合酶链式反应（PCR）技术。

1988 年，J. Watson 首次提出人类基因组计划。

1989 年，Delong 首次使用荧光标记寡核苷酸探针，建立了荧光原位杂交技术。

1990 年，人类基因组计划启动，借助先进的 DNA 测序技术和相关基因分析，探明人类基因组全部核苷酸的序列。

1991 年，Fodor 提出了 DNA 芯片的概念。

1995 年 9 月，英国“自然”杂志发表了人类全基因组物理图。

1997 年，英国爱丁堡罗斯林研究所培养出第一只克隆羊“多莉”。

1998 年，Fire 等发现 RNA（siRNA 和 miRNA）干扰现象。

1999 年，中国正式加入人类基因组计划，负责测定人类基因组计划的 1%。

2000 年 6 月 26 日，第一个人类基因组工作草图公布。

2003 年，人类基因组序列图绘制成功。

四、医学分子生物学的应用

1. 分子生物学在疾病研究中的应用　分子生物学的原理和技术可用于人体的发育、分化与衰老，细胞增殖调控，神经、内分泌和免疫调控等方面的研究。基因结构与功能的改变、基因表达调控异常、病原体的基因结构与功能都与疾病的发生和发展有关。对疾病相关基因的研究，不仅可以从分子水平阐明疾病发生、发展的机制，而且能为基因诊断和基因治疗奠定基础。

2. 医学分子生物学在疾病诊断中的应用　分子生物学技术，如 PCR 技术、杂交技术、基因芯片技术等已经在临床疾病检测中广泛应用。在肿瘤基因的检测、遗传性疾病的检测、感染性疾病的检测等多个方面，基因诊断正发挥并将继续发挥其独特的优势。应用分子生物学技术，检查人体某些基因结构或表达调控的变化，或者检测病原体基因组在人体内的存在，从而达到诊断疾病的目的，为疾病治疗奠定基础。如遗传缺陷的产前筛查、新生儿遗传疾病的诊断等。

3. 分子生物学在疾病治疗中的应用　通过特定的分子生物学技术关闭或降低异常表达的基因，或者将正常的外源基因导入体内特定的靶细胞以弥补缺陷基因，或将某种特定基因导入体细胞表达以产生特定的蛋白质因子实现对疾病的治疗作用。总体上分为两个大的方面：纠正异常基因（异常表达或缺陷）；利用特定基因在体内表达特定的蛋白质因子以实现对疾病的治疗作用。例如，1991 年美国向一患先天性免疫缺陷病（遗传性腺苷脱氨酶 *ADA* 基因缺陷）的女孩体内导入重组的 *ADA* 基因，获得成功。我国也在 1994 年用导入人凝血因子*Ⅸ*基因的方法成功治疗了乙型血友病的患者。另外，基因检测在临床治疗中起到指导临床用药的作用，如 *HER2* 基因的检测指导临床药物赫赛汀的使用；线粒体 12S rRNA A1555G 和 C1494T 突变可以指导氨基糖苷类药物的使用，携带这两个突变位点的患者禁用此类药物等。

4. 分子生物学在生物制药上的应用　到目前为止，应用分子生物学技术已经生产出多种药物，并广泛应用于临床治疗。例如，基因工程生产的多肽类药物，如人胰岛素、人生长激素、干扰素、红细胞生成素、孕激素、白介素、集落刺激因子、免疫球蛋白、B 细胞生长因子等；利用基因工程技术制取酶制剂，如尿激酶、链激酶；利用微生物特定性状产生有用物质，如抗生素等；利用重组 DNA 技术和转基因动、植物技术可以改造病原体或有关蛋白成分，研制各种基因工程疫苗，取代传统疫苗。

总之，分子生物学是临床医学发展的方向。分子生物学的深入研究将进一步推动现代临床医学的发展。

第一篇

基因与基因组

基因是产生一条多肽链或功能RNA所需的全部核苷酸序列。基因是生命遗传的基本单位,基因支持着生命的基本构造和功能,储存着生命的全部信息。生物体的生、长、衰、病、老、死等一切生命现象都与基因有关。它也是决定生命健康的内在因素。基因位于染色体上,并在染色体上呈线性排列。基因不仅可以通过复制把遗传信息传递给下一代,还可以使遗传信息得到表达。

基因组是一个细胞或者生物体所携带的一套完整的单倍体序列,包括全套基因和间隔序列。基因组测序的结果发现,基因编码序列只占整个基因组序列的很小一部分。因此,基因组应该指单倍体细胞中包括编码序列和非编码序列在内的全部DNA分子。说得更确切些,核基因组是单倍体细胞核内的全部DNA分子。线粒体基因组则是一个线粒体所包含的全部DNA分子。人类基因组包括细胞核染色体DNA及线粒体DNA,RNA病毒基因组则为一套RNA分子。

人类基因组约有2.5万个基因。人类基因组计划是美国科学家于1985年率先提出的,旨在阐明人类基因组30亿个碱基对的序列,发现所有人类基因并搞清其在染色体上的位置,破译人类全部遗传信息,使人类第一次在分子水平上全面地认识自我。

本篇主要介绍基因和基因组的相关概念、不同生物基因和基因组的结构特点及功能。

第一章

基因的结构与功能

学习目标

【掌握】

1. 基因、外显子、内含子、断裂基因的概念。
2. DNA 双螺旋结构模型要点。
3. 真核、原核生物的基因结构与功能。

【熟悉】

1. 基因概念的演变。
2. DNA 双螺旋结构类型以及 DNA 三级结构。

【了解】

1. 基因命名的基本原则。
2. 线粒体 DNA 的结构与功能。

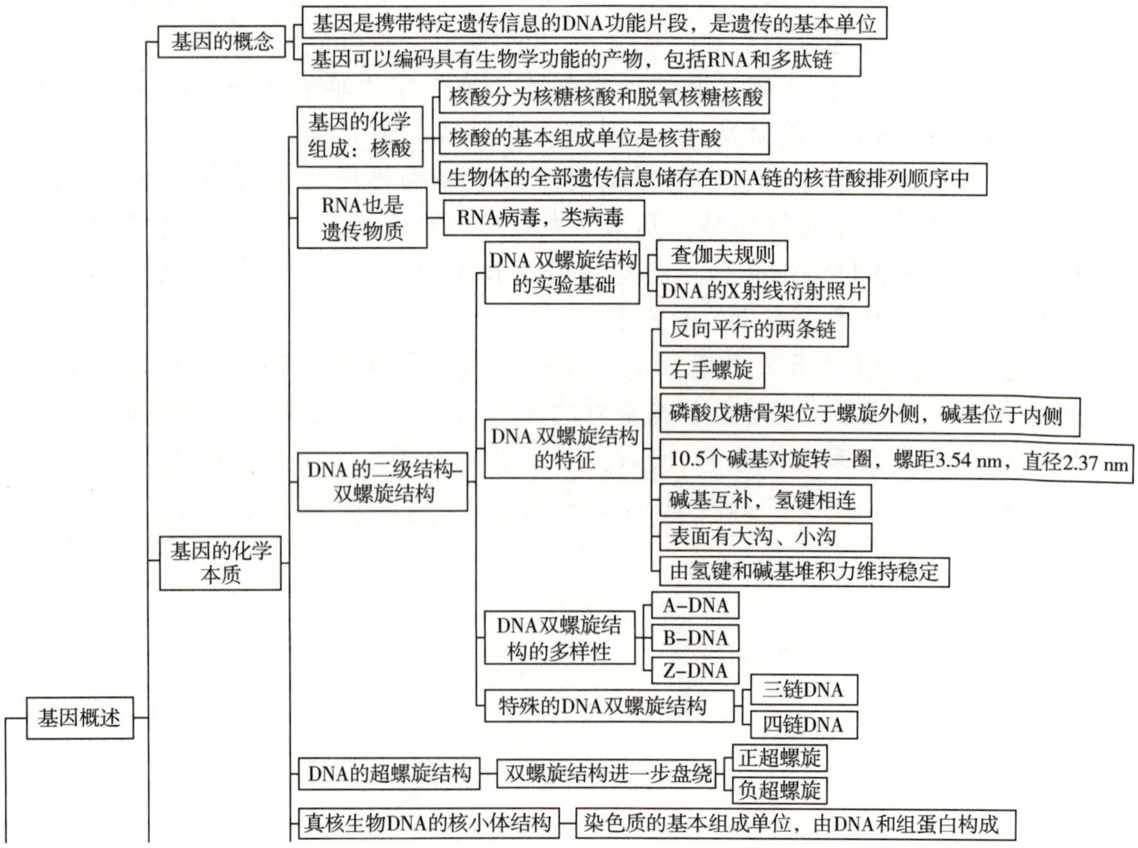

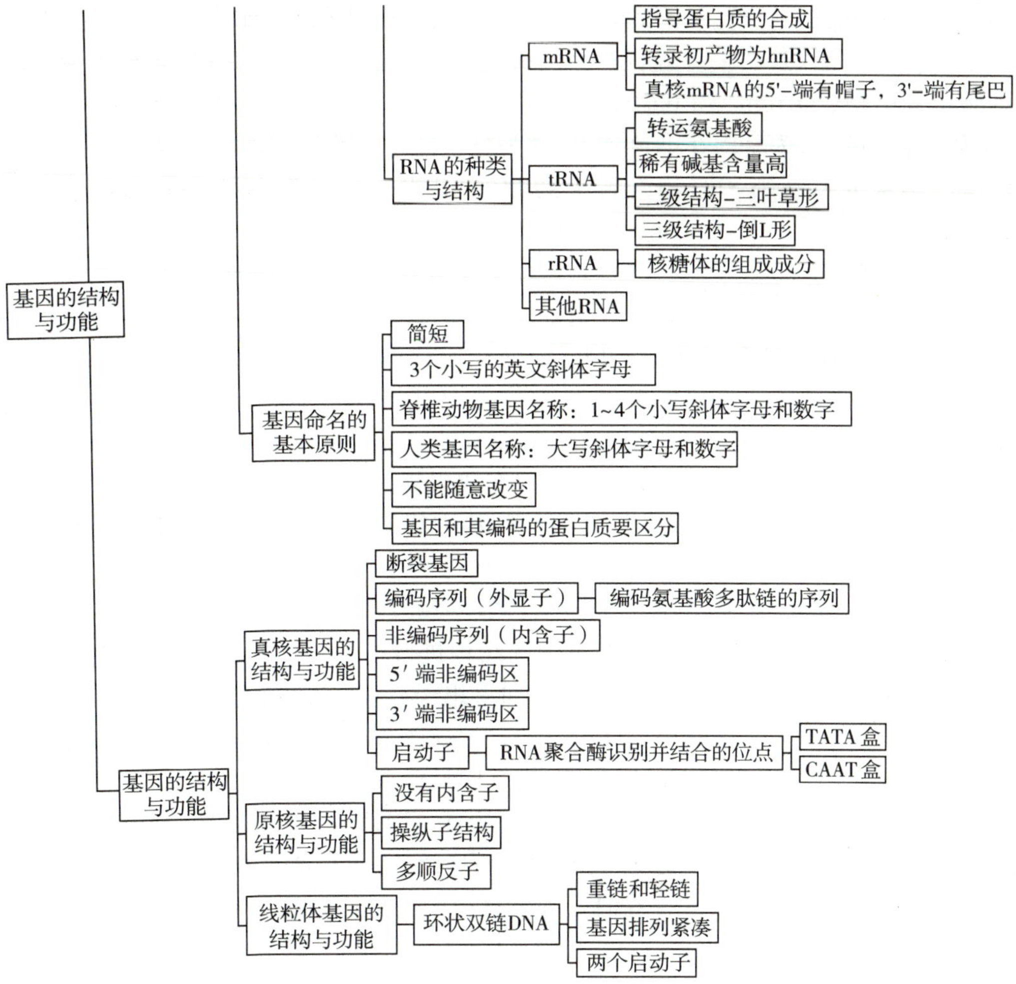

生物性状和生命特征为什么能代代相传？相传的生物性状为什么可以改变？近一个世纪以来，科学家致力于对生命现象的解析，以揭示生命规律，在这一过程中，人们认识到，生命遗传特性是由基因决定的，从而引发了人们对它研究的热情，对基因的认识也在不断深入。

基因本是遗传学范畴的术语，但随着基因概念的不断扩展，现在基因已不局限于应用于生命科学领域了，已经融入普通百姓的生活中了。那么基因到底是什么？基因的结构是怎样的？基因是如何发挥其遗传因子的作用的？现在对基因的结构和功能的认识已经很深入了，越来越多物种的基因组测序工作的完成，为人们提供了大量的研究基因结构与功能的数据，一部分的生命活动已经可以从基因水平上诠释。所有生物的生命活动无不直接或间接地在基因的控制之下。

第一节　基因概述

一、基因的概念

从达尔文的生物进化论到孟德尔的遗传因子假说，到摩尔根的基因论，再到现代基因阶段，基因的概念不断在演变，人们对基因概念的理解和认识不断深入。

（一）基因概念的提出与发展

1865 年，奥地利生物学家孟德尔（Gregor Johann Mendel，1822—1884）在大量豌豆杂交实验数据的基础上，提出了“遗传因子”的概念，这就是基因概念的雏形。孟德尔将遗传因子作为一种抽象的物质，并用它来描述遗传物质的传递方式，这是在“一个基因一个性状”层次上对基因的概念作了明确的界定。

1903年，美国细胞学家萨顿(Sutton，Walter Stanborough，1877—1916)发现，染色体的行为与孟德尔的遗传因子的行为是平行的，认为基因在染色体上，这为染色体学说的发展奠定了基础。

自1909年丹麦遗传学家维尔赫姆·路德维希·约翰逊(Wilhelm Ludwig Johannsen，1857—1927)创造了“gene”来表示遗传因子以来，随着遗传学和分子生物学的不断发展，基因的概念也在不断变化。“gene”一词已被广泛接受。

1910年，美国遗传学家摩尔根(Thomas Hunt Morgan，1866—1945)发现了白眼果蝇并对其遗传规律进行了研究，提出了遗传学第三定律——基因的连锁交换定律，创立了染色体学说，他的《基因论》于1926年出版，此理论认为染色体是基因的载体，一条染色体上有多个基因，对基因和基因间的关系进行了初步描述。此时基因已不再是一个抽象的符号，而是位于染色体上的实体，基因的概念得以进一步完善。和孟德尔的研究相比，虽然研究对象由豌豆变成果蝇，但可能是限于当时的技术水平和研究手段，也只是将基因作为一个整体，仅限于将基因与性状进行简单对应，而对于哪个基因决定了相应性状并没有进行研究。

1955年，美国分子生物学家本泽尔(Seymour Benzer，1921—2007)用基因重组的方法，以大肠埃希菌T4噬菌体为研究对象，进行了顺反互补实验，对基因的结构进行了DNA水平的研究，改变了人们对基因的认识，提出了顺反子(cistron)、突变子(muton)和重组子(recon)的概念，将基因的概念从摩尔根的“三位一体”发展为“一位一体”，这就是顺反子理论。顺反子理论是对基因概念的伟大突破，本泽尔认为，顺反子就是基因，顺反子成为基因的同义词，把基因具体成一段DNA序列。

1977年，美国分子生物学家罗伯兹(Richard John Roberts，1943—)和夏普(Phillip Allen Sharp，1944—)在对腺病毒基因进行研究时发现，其基因是不连续的，而是被一些不相关的DNA片段隔开，提出了“断裂基因(split gene)”的概念。罗伯兹和夏普也因为他们的这一发现而分享了1993年的诺贝尔生理学或医学奖。

2000年，人类基因组序列草图公布，这是人类基因组计划(human genome project，HGP)里程碑式的成果。HGP的目的是测定人类基因组包含的30亿个碱基对序列，绘制人类基因组图谱，并对人体基因在染色体上的位置进行标注，破译人自身的遗传信息。2005年，人类基因组计划的测序工作已经完成。我国在1999年加入HGP项目，承担位于人类3号染色体短臂上、约占人类基因组的1%的序列的测序工作。

(二) 现代基因概念

目前，人们普遍接受基因是携带特定遗传信息的DNA功能片段。它具有遗传效应，是遗传的基本单位。基因可以编码具有生物学功能的产物，包括RNA和多肽链。现已证实，真核生物的基因是不连续的，由外显子(exon)和内含子(intron)组成。而原核生物基因是连续的，不含有内含子序列。

一个基因除了包括一个蛋白质或RNA的全部编码序列，还应该包括编码区以外的转录功能必需的非编码区，如启动子(promotor)、操纵子(operon)等序列。随着对基因研究的不断深入，基因的概念也会不断地更新和发展变化。

二、基因的化学本质

(一) 基因的化学组成

基因的化学本质是核酸(nucleic acid)。核酸是由许多核苷酸聚合成的生物大分子。根据化学组成不同，核酸可分为核糖核酸(简称“RNA”)和脱氧核糖核酸(简称“DNA”)。

核酸的基本组成单位是核苷酸(nucleotide)，核苷酸由核苷和磷酸组成，而核苷由碱基和戊糖构成。核酸根据其所含的戊糖是D-2′-脱氧核糖还是D-核糖分成DNA和RNA。核苷中的碱基可分为嘌呤碱和嘧啶碱两类，嘌呤又分腺嘌呤（adenine，A）和鸟嘌呤（guanine，G）2 种，嘧啶又分胞嘧啶（Cytosine，C）、胸腺嘧啶（Thymine，T）和尿嘧啶（Uracil，U）3 种。DNA 中含有碱基 A、G、C、T，RNA 中含有碱基 A、G、C、U。

DNA 的一级结构是由脱氧核苷酸以 3′，5′ 磷酸二酯键连接形成的多聚脱氧核苷酸链。生物体的全部遗传信息储存在 DNA 链的核苷酸排列顺序中。DNA 的一级结构不仅决定了其自身的高级结构，而且还决定了基因表达过程及相应蛋白质的一级结构，因此，研究 DNA 一级结构对研究基因的功能极其重要，DNA 测序技术的不断进步为揭示这些信息提供了有力的手段。

（二）RNA 也是遗传物质

对于大多数的生物来说，遗传物质都是 DNA，但也有些病毒中没有 DNA 只有 RNA，这些病毒采用 RNA 作为遗传物质。最早的证据来自对烟草花叶病毒（TMV）的研究。TMV 是一种 RNA 病毒，1956 年，格勒（Gierer）和施拉姆（Schramm）把从烟草花叶病毒中分离获得的 RNA 侵染烟草叶，结果烟叶上发现病斑，证明 RNA 是遗传物质。同年，美国学者库兰特（Courat）通过烟草花叶病毒重建实验也证明了这一结果。除了病毒以外，还有类病毒（viroid）——没有蛋白质外壳，仅有裸露的共价闭合的单链 RNA 分子，能够侵染高等植物，又叫病原 RNA。1971 年，美国植物病理学家迪纳（Theodor O. Diener，1921—　）发现了类病毒，类病毒自身不编码任何蛋白质，但感染宿主细胞后能直接复制，不需要逆转录即可整合到宿主细胞的染色体上。

知识拓展

DNA 是遗传物质的证明

1928 年，英国细菌学家 Fred Griffith 进行的肺炎双球菌转化实验在揭示 DNA 作为遗传信息携带者的研究中具有极为重要的作用。他将高温杀死的 S 型细菌和活的 R 型细菌一起注入小鼠体内，结果不仅有许多小鼠死于败血症，而且从死鼠血液中发现了活的 S 型细菌，由此推测 S 型细菌有某种物质或转化因子进入了 R 型细菌，引起 R 型细菌转化为 S 型细菌。1944 年，美籍加拿大裔细菌学家艾弗里（Oswald Avery）与他的同事克劳德（MacLeod）和麦卡蒂（McCarty）提供了 DNA 是遗传物质的第一个直接证据。他们将提取的 S 型细菌的多糖荚膜、蛋白质、DNA 分别与 R 型活细菌混合培养，发现是 DNA 引起 R 型的转化，证明 DNA 是遗传物质。1952 年，美国遗传学家赫尔希（Alfred Day Hershey，1908—1997）和蔡斯（Martha Chase，1927—2003）利用放射性核素标记技术，让噬菌体侵染细菌，发现感染后噬菌体 DNA 存在于菌体内，此研究结果有力地证明了 DNA 才是真正的遗传物质，基因的化学本质是 DNA。

（三）DNA 的二级结构——DNA 双螺旋结构

1. 双螺旋结构的实验基础

（1）1948—1952 年，美国生物化学家查伽夫（E. Chargaff，1905—2002）通过对大肠埃希菌、酵母、猪、牛、羊、人 DNA 中 4 种碱基含量的研究，提出了著名的查伽夫规则，要点如下：① 不同物种的 DNA 之间碱基组成是不一样的。② 同一物种的不同器官、不同组织的 DNA 的碱基组成相同。③ 碱基组分非常稳定，不因年龄、营养状态和环境因素的变化而变化。④ 嘌呤和嘧啶的总数相等，各占 50%，且腺嘌呤与胸腺嘧啶的摩尔数相等，鸟嘌呤与胞嘧啶的摩尔数相等，即 A∶T=G∶C=1∶1。

（2）1938 年，英国物理生物学家阿斯特伯里（William Thomas Astbury，1898—1961）应用 X 线衍射技术获得了 DNA 的第一张 X 线衍射照片。在此基础上，1950 年开始，英国分子生物学家威尔金斯（Maurice Hugh Frederick Wilkins，1916—2004）和英国物理化学家富兰克林（Rosalind Elsie

Franklin,1920—1958)继续对 DNA 的结构进行研究。威尔金斯小组拍摄的照片显示 DNA 为螺旋形结构,且内部分子的排列是有序的,富兰克林在加入小组后,对 X 线衍射的条件进行优化,终于在 1951 年 11 月获得一张清晰的 DNA 照片,为揭示 DNA 的结构提供了宝贵的数据资料。

1953 年,沃森、克里克在 X 线衍射照片的基础上,综合查伽夫规则,提出了 DNA 的双螺旋结构(B 型 DNA),开创了分子生物学的新纪元。

2. 双螺旋结构的特征　沃森(J. Watscon)、克里克(Criok)提出的 DNA 双螺旋结构,是由 2 条反向平行的多聚脱氧核苷酸链围绕同一中心轴旋转而成的右手双螺旋。具有以下特征:① 2 条反向平行的 DNA 链围绕同一中心轴形成右手螺旋结构,磷酸-戊糖骨架位于双螺旋的外侧,而碱基位于内侧。② DNA 双螺旋每旋转 1 圈需要 10.5 个碱基对,螺旋的直径为 2.37 nm,螺距为3.54 nm。③ 两链之间碱基互补配对以氢键相连,方向与长轴垂直,A 和 T 之间 2 个氢键,G 和 C 之间 3 个氢键。④ DNA 双螺旋结构的表面形成了大沟(major groove)和小沟(minor groove)。⑤ 维持 DNA 双螺旋的横向力量为氢键,纵向力量为碱基堆积力(碱基的疏水作用与范德华力的合力)。DNA 双螺旋结构见图 1-1。

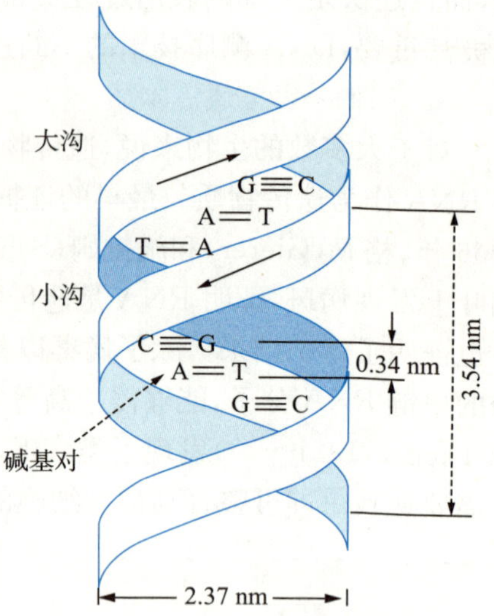

图 1-1　DNA 双螺旋结构示意图

3. 双螺旋结构的多样性　沃森、克里克提出的 DNA 双螺旋结构是基于 92%相对湿度下得到的 DNA 纤维的 X 线衍射图像的分析结果,即 B 型 DNA。溶液的离子强度和相对湿度的变化均可影响 DNA 双螺旋结构的沟槽、螺距、旋转角度等,使 DNA 双螺旋结构构象发生改变。在相对湿度 75%以下时,DNA 双螺旋结构就会呈现 A 型(A-DNA)。A 型双螺旋 DNA 结构也是右手双螺旋,碱基对平面不与螺旋轴垂直,每圈螺旋包含 11 对碱基,这使得此螺旋结构短而宽,螺旋直径达到 2.55 nm,形成的小沟较浅且较宽,大沟则较深较窄。与 B 型双螺旋结构(B-DNA)相比,碱基对倾角较大且偏向于螺旋边缘。除 A 型和 B 型外,还有 Z 型 DNA 双螺旋结构(Z-DNA),主要是 GC 相间的 DNA 顺序,在高盐浓度条件下,嘧啶和嘌呤的交替排列就有可能形成 Z-DNA。这种构象呈锯齿状,两条核苷酸链也是反向平行的,但不同的是左手螺旋,每圈螺旋含有 12 个碱基对,螺距 4.56 nm,螺旋直径为 1.84 nm,大沟外凸,小沟深而窄。在特定的条件(如相对湿度、盐浓度、碱基组成等)下,DNA 的构象之间可以互相转变,见图 1-2。3 种 DNA 双螺旋结构的主要结构参数见表 1-1。

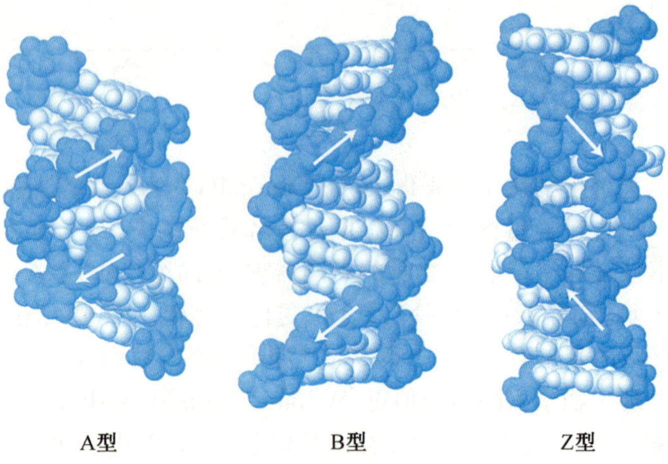

图 1-2　DNA 双螺旋结构的 3 种构象

表 1-1 3 种 DNA 双螺旋结构的主要参数

参数	A-DNA	B-DNA	Z-DNA
螺旋方向	右手螺旋	右手螺旋	左手螺旋
螺旋直径	2.55 nm	2.37 nm	1.84 nm
碱基对/螺旋	11	10.5	12
螺距	2.53 nm	3.54 nm	4.56 nm
相邻碱基对的垂直距离	0.23 nm	0.34 nm	0.38 nm
糖苷键构象	反式	反式	嘧啶为反式,嘌呤为顺式,反式和顺式交替
碱基夹角	33°	34.2°	60°
碱基倾角	19°	1°	9°
大沟	窄深	宽深	相当平坦
小沟	宽浅	窄深	窄深

4. DNA 多链结构 DNA 除具有双螺旋结构外,还具有三链和四链结构。

(1) 三链 DNA:在正常条件下,DNA 都是以双链形式存在,但如果核苷酸的结构和 DNA 所处的溶液环境满足一定的条件时,会出现三链 DNA。这种三链 DNA 出现的概率非常小,组成三链 DNA 的三条链的任何一条链由同类碱基组成(全部是嘧啶或者全部是嘌呤),且其中两条链的碱基组成完全一样。三链 DNA 可以分成两类,一类是分子内的三链 DNA,主要是在 DNA 双链回折时,当碱基的组成符合条件时,回折的两条链中的一条就会与原来的两条链形成三链 DNA;另一类是分子间的三链 DNA,一定条件下,DNA 链的一条能够插入到另一条 DNA 双链某个部位并与之紧紧缠绕在一起,从而形成三链 DNA。三链 DNA 自 1957 年发现以来,为许多疾病的基因疗法提供了新的思路。

(2) 四链 DNA:来自不同链的 4 个鸟嘌呤碱基通过氢键有序地排列而形成一个四碱基体,堆积成螺旋结构,就是四链 DNA。之前,四链 DNA 只是在实验室中观察到,而且在体外可以稳定存在,但在 2013 年,剑桥大学在人类癌细胞中发现了 G-四链体,证实四链 DNA 结构真实存在,为癌症的治疗提供了新的靶点。

(四) DNA 的超螺旋结构

双链 DNA 在双螺旋结构的基础上,进一步盘绕形成超螺旋结构(superhelix 或 supercoil)。正常的螺旋是松弛的,能量最低,当螺旋数增加或减少时,就会在螺旋内部产生张力而形成超螺旋。超螺旋主要有两种形式,一种是当盘绕方向与 DNA 双螺旋方向相同时,使其二级结构更加紧致,形成的就是正超螺旋(positive supercoli),若向盘绕方向相反的方向扭曲,形成的就是负超螺旋(negative supercoil)。在细胞中,DNA 分子一般是以负超螺旋的形式存在。

原核生物绝大部分 DNA 分子是环状的双螺旋结构。在细胞内进一步盘绕后,形成了类核(nucleoid)结构。类核结构中的 80%是 DNA,其余是蛋白质。在细菌 DNA 中,超螺旋结构可以相互独立存在,形成超螺旋区。各区域内的 DNA 可以有不同程度的超螺旋结构。

真核生物的线粒体和叶绿体 DNA 也是闭合环状双链超螺旋结构。真核生物细胞核染色体 DNA 的二级结构为线性双螺旋,当其 2 个末端被蛋白质结合固定时,也可产生超螺旋结构。

(五) 真核生物 DNA 的核小体结构

真核生物的 DNA 在细胞周期的大部分时间里以松散的染色质(chromatin)形式存在,而在细胞分裂期,则形成高度致密的染色体(chromosome)。

染色质的基本组成单位是核小体(nucleosome),它是由 DNA 和 H1、H2A、H2B、H3、H4 等 5 种组蛋白(histone，H)共同构成的。经过多层次折叠，将染色质纤维压缩成染色单体，在核内组装成染色体。在分裂期形成染色体的过程中，DNA 被压缩了 8 000～10 000 倍，从而将近 2 m 长的 DNA 有效地组装在直径只有数微米的细胞核中。

DNA 的超螺旋结构具有重要的生物学意义，由于超螺旋结构形成，使 DNA 的体积大大减小，DNA 的稳定性进一步增加，使之更有利于基因的复制、重组、转录等过程。

三、基因命名的基本原则

一般来说，基因命名的基本原则是简明、独特，能够表达基因的特征与功能。基因名称应写成斜体，蛋白质则采用正体。大小写常用于区分不同物种：一般地，对于小鼠、大鼠和鸡，基因名称首字母大写，其余小写；对于人、灵长类和某些家禽家畜，基因名称均使用大写字母。具体的规则如下：① 基因的名称应简短，且尽可能体现其功能。② 一般基因的名称为 3 个小写英文斜体字母，如 *ras* 基因等。③ 酵母基因的名称应含有 3 个字母和 1 个数字，字母表示基因的功能，数字表示不同的基因位点，基因的显性位点用大写字母表示，隐性位点用小写字母表示，如 *GAL4*。④ 脊椎动物的基因名称一般用描述基因功能的 1～4 个小写斜体字母和数字表示，如 *sey*、*myc*。⑤ 人类基因的命名方法遵循国际人类基因命名委员会(Human Gene Nomenclature Committee，HGNC)制定的标准。一般用大写斜体的英文字母表示，字母数量一般不超过 6 个；功能类似的基因可按字母顺序排列，如半乳糖苷酶 α、β 基因，可分别写为 *GLA* 和 *GLB*；同一基因家族的基因可用阿拉伯数字表示，如 G 蛋白耦联受体基因家族的 3 个基因分别表示为 *GPR1*、*GPR2*、*GPR3*；等位基因一般用不超过 3 个字母或数字表示，与基因用“*”隔开，如 *PGM1* 基因的等位基因 1 写成 *PGM1 * 1*。⑥ 已经被确认的基因名称和符号，不能随意改变，除非原先的命名存在严重的错误。⑦ 基因和其编码的蛋白在书写时也要注意区分，基因用大写斜体表示，其蛋白质产物则用大写正体表示。

随着基因数据库的数据不断的扩充，越来越多的基因被测序，新的基因不断地被发现，生物学家们发现基因命名状况非常混乱。因为没有统一的基因命名的规则，造成有的基因结构和功能有着很大的区别，但名字却完全一样，而有些结构和功能一样的基因名字差异很大，而且不同物种来源的基因其命名规则也不同。这种基因名字混乱的情况给科学家的研究工作带来了很大的困难，这也促使在科学界越来越多的声音要求将基因的命名标准化。

第二节　基因的结构与功能

基因依据其功能，可分为结构基因(structural gene)和调控基因(regulatory gene)。结构基因是指编码 RNA 或蛋白质多肽链的基因。一个基因要正确表达，除了编码蛋白质的编码区以外，其结构还包括 5′端和 3′端的调控区，虽然这两个调控区没有编码蛋白质的功能，但却有调控基因表达的功能。下面简要介绍真核生物、原核生物和线粒体的基因结构。

一、真核基因的结构与功能

真核生物的结构基因含有编码序列和非编码序列，且绝大部分的真核生物结构基因是断裂基因，由编码序列(外显子)和非编码序列(内含子)间隔排列组成。在结构基因两侧，还各有一段侧翼序列，分别称为 5′端非翻译区(5′- untranslated region，5′- UTR)和 3′端非翻译区(3′- untranslated region，3′- UTR)。在 5′- UTR，通常包含启动子(Promoter)、转录起始位点、翻译起始位点。启动子是 RNA 聚合酶识别和结合的位点。在 3′- UTR，包含转录终止位点和翻译终止位点。通常，一些基因还包含增强子序列，多位于结构基因两侧的非翻译区，但也可存在于结构基因内部。

真核生物结构基因的外显子是编码氨基酸多肽链的序列，内含子是非编码序列。不同的基因含有的内含子的数量也有很大差别。如β珠蛋白基因有3个外显子和2个内含子，长度为1 700 bp，而假肥大型肌营养不良症*DMD*基因则包含79个外显子和78个内含子，长度达2 300 kb，是迄今为止认识的最大的基因。当然，也有些真核生物的基因是没有内含子的，如组蛋白基因。

真核生物结构基因的成熟mRNA中，内含子已剪切掉，所有外显子依次连接在一起，成为翻译的模板。为使内含子的剪切过程顺序进行，每个外显子和内含子接头区都有一段RNA酶的识别序列，这段序列高度保守，这就是“GT－AG”法则，也就是说内含子5′端的都是GT，3′端都是AG。

真核生物的启动子具有较高的同源性，是位于转录起始点上游100 bp范围左右的一段特定的核苷酸序列，对DNA的转录起决定作用。启动子一般包含有TATA盒(TATA box，Hogness box)、GC盒(GC box)和CAAT盒(CAAT box)。真核生物的基因结构见图1－3。

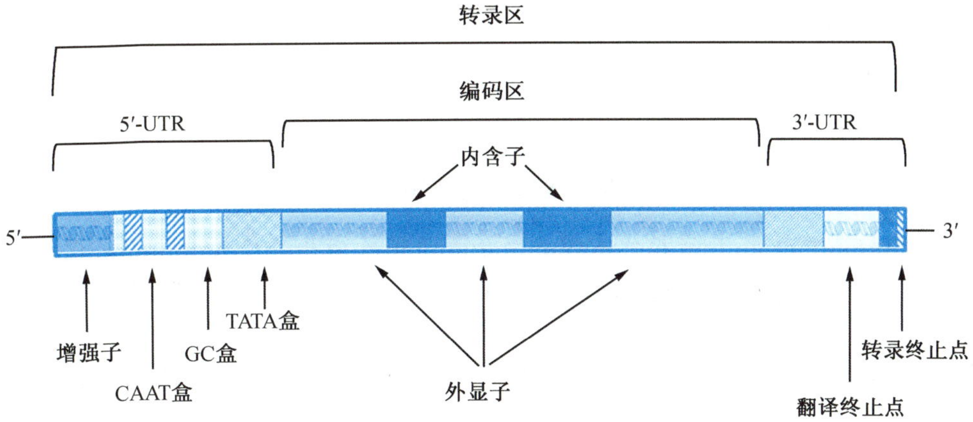

图1－3　真核生物基因的结构

二、原核基因的结构与功能

原核生物与真核生物的最大区别在于没有细胞核，相比真核生物的基因，原核生物基因没有内含子，是连续的、多顺反子，且重复序列少，很多原核生物的基因DNA为环状结构。原核生物的几个功能相关的结构基因常常共用一个调节区，形成操纵子结构模式，见图1－4。

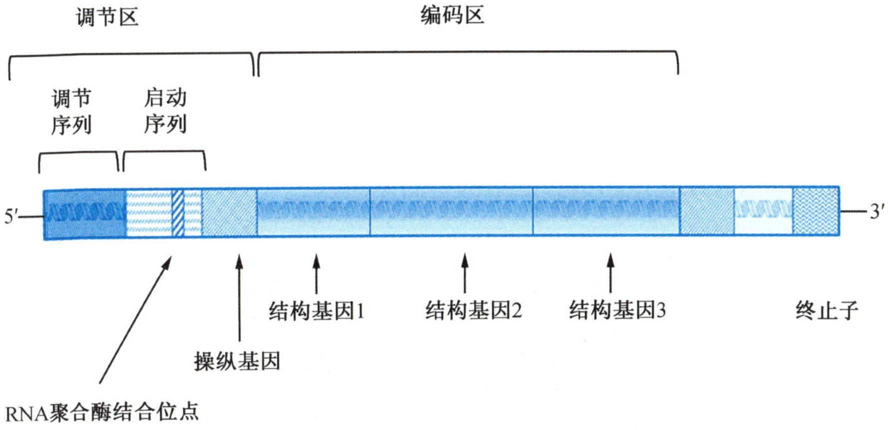

图1－4　原核生物结构基因的操纵子结构

三、线粒体基因的结构与功能

线粒体拥有自身的遗传体系，含有自己的线粒体 DNA(mtDNA)，一般 mtDNA 是裸露的环状双链 DNA 分子。不同物种的线粒体基因大小也不同，可以从十几 kb 到几千 kb。人类的线粒体基因组只有一条双链环状 DNA，含有 16 569 个碱基对。双链中的外环富含鸟嘌呤，分子量较大，称为重链(heavy chain，H 链)；内环富含胞嘧啶，分子量小，称为轻链(light chain，L 链)。mtDNA 最明显的特点是基因排列紧凑，除了与复制和转录有关的 D 环区(displacement loop)外，其余序列均编码蛋白质。mtDNA 有两个启动子，均位于 D 环，一个是 HSP(heavy strand promoter)，一个是 LSP(light strand promoter)。

线粒体的主要功能是进行生物氧化和氧化磷酸化。整个 mtDNA 包含 37 个基因，其中 13 个是为 ATP 合成有关的蛋白质和酶编码的 mtDNA 基因，其余的 22 个基因转录为 tRNA，2 个转录为 rRNA，参与线粒体蛋白质的生物合成。

案例分析

线粒体基因与糖尿病

糖尿病分 1 型和 2 型两类，而线粒体基因突变会导致糖尿病并经母亲遗传给后代。大量研究表明，家族性糖尿病的重要病因之一就是 mtDNA 突变，而且突变方式是点突变，并与 2 型糖尿病密切相关，目前已发现 20 多个突变位点，如 m.7 444G>A 突变和 m.6 498C>A 突变可能与母系遗传糖尿病伴听力视力受损的发病机制有关；m.3 308T>C 和 m.1 555A>G 突变可能与母系遗传糖尿病伴耳聋相关。线粒体 tRNA 的 3 243A>G 突变是单基因突变，病变是一种生物合成性突变，具有明确的致病作用，是糖尿病的特殊类型，因为突变影响了氨基酸与 tRNA 的结合，使线粒体蛋白的合成受到影响，还使得胞质中 ADP/ATP 下降，使胰岛素的分泌功能减退导致了糖尿病。对于临床病例的分析表明，线粒体基因 ND1 的 3 316、3 394、3 426 三个位点的突变是糖尿病的易感因素，与年龄增长、肥胖和不良生活习惯一起共同参与了糖尿病的发生。不论是哪个位点发生突变，由线粒体基因突变引起的糖尿病的临床特点有：一是各型糖尿病，多为 2 型；二是消瘦；三是耳聋；四是发病年龄较早。但目前，对于线粒体糖尿病的基因疗法，还没有明确的研究成果，但对于其诊断达到了分子水平，可以对患者进行针对性的治疗，还可以对家族成员提出预防建议。

(扈瑞平)

思考题

1. 简述基因、断裂基因的概念。
2. 简述真核生物基因和原核生物基因在结构上的异同。

本章课件　　本章习题

第二章

基因组与基因组学

学习目标

【掌握】

1. 原核生物基因组和真核生物基因组的特点。
2. 基因组学的研究内容。

【熟悉】

1. 病毒基因组的特点。
2. 人类基因组的结构特点，人类基因组计划的研究内容。
3. 基因组学的分类。

【了解】

基因组学在现代医药学上的应用。

- 基因组
  - 病毒基因组学
    - 基因组为DNA或RNA
    - 基因组较小
    - RNA病毒基因组为一条或多条RNA
    - 基因组含有基因重叠
    - 基因组几乎全部为编码序列
    - 基因组常为多顺反子转录
    - 基因组多为单倍体
    - 真核细胞病毒基因组含有内含子
  - 原核生物基因组学
    - 基因组较小
    - 基因组操纵子结构
    - 重复序列较少
    - 结构基因多为单拷贝序列
    - 基因组多为编码基因
    - 基因组无基因重叠
    - 基因组存在可移动的DNA序列

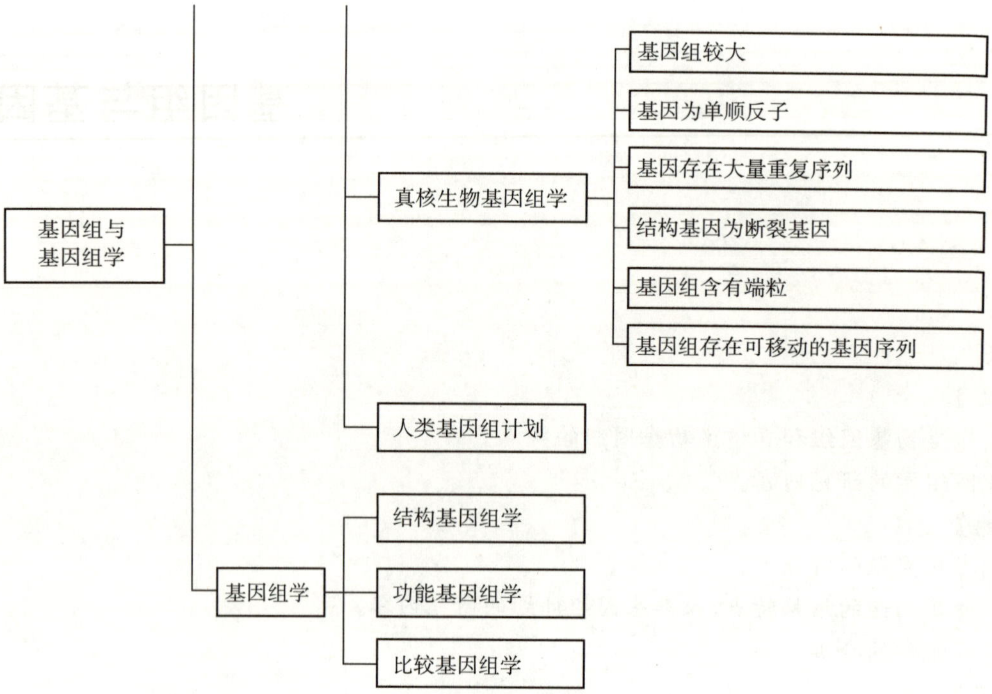

基因组(genome)又称染色体组,是物种遗传信息的“总词典”、控制发育的“总程序”、生物进化历史的“总档案”。一般的定义是单倍体细胞中的全套染色体为一个基因组,或是单倍体细胞中的全部基因为一个基因组。基因组 DNA 测序的研究结果发现,基因编码序列只占整个基因组序列的很小一部分。因此,基因组应定义为单倍体细胞中全部的核苷酸序列(包括编码序列和非编码序列)。RNA 病毒不含有 DNA,其遗传信息的携带者为 RNA,因此,基因组也可指 RNA 病毒颗粒中的全部 RNA 分子。

第一节 基因组

一、病毒基因组的特点

病毒是最简单的生物,完整的病毒颗粒包括外壳蛋白和内部的基因组 DNA 或 RNA。病毒不能独立地复制,必须进入宿主细胞中借助细胞内的一些酶类和细胞器才能使病毒得以复制。病毒基因组主要有以下特点。

1. 病毒基因组较小　病毒基因组与细菌或真核细胞基因组相比,病毒基因组很小。但是不同的病毒之间其基因组相差甚大,如乙肝病毒 DNA 只有 3 kb 大小,所含信息量也较小,只能编码 4 种蛋白质,而痘病毒的基因组有 300 kb 之大,可以编码几百种蛋白质,不但为病毒复制所涉及的酶类编码,甚至为核苷酸代谢的酶类编码,因此,痘病毒对宿主的依赖性较乙肝病毒小得多。

2. 病毒基因组为 DNA 或 RNA　病毒基因组可以由 DNA 组成,也可以由 RNA 组成。每种病毒颗粒中只含有一种核酸,或为 DNA 或为 RNA,两者一般不共存于同一病毒颗粒中。组成病毒基因组的 DNA 和 RNA 可以是单链的,也可以是双链的,可以是闭环分子,也可以是线性分子。如乳头瘤病毒是一种闭环的双链 DNA 病毒,而腺病毒的基因组则是线性的双链 DNA,脊髓灰质炎病毒是一种单链的 RNA 病毒,而呼肠孤病毒的基因组是双链的 RNA 分子。一般说来,大多数 DNA 病毒的基因组是双链 DNA 分子，而大多数 RNA 病毒的基因组是单链 RNA 分子。

3. RNA 病毒基因组为一条或多条 RNA　多数 RNA 病毒的基因组只有一条核糖核酸链，但也有些病毒的基因组 RNA 含有多条核酸链。例如，禽流感病毒的基因组 RNA 分子是节段性的，由 8 条 RNA 分子构成，每条 RNA 分子都含有编码蛋白质分子的信息(图 2 - 1)；而呼肠孤病毒的基因组由双链的节段性的 RNA 分子构成，共有 10 个双链 RNA 片段，同样每段 RNA 分子都编码一种蛋白质。目前，还没有发现有节段性的 DNA 分子构成的病毒基因组。

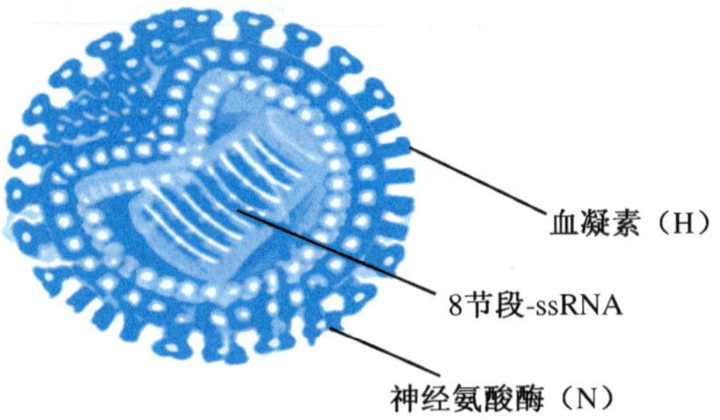

图 2 - 1　8 节段的禽流感病毒(H5N1)单链 RNA

4. 病毒基因组含有基因重叠　基因重叠是指同一段 DNA 片段含有 2 种以上编码蛋白质的核苷酸序列。这种现象在其他的生物细胞中仅见于线粒体和质粒 DNA，所以也可以认为是病毒基因组的结构特点。这种结构使较小的基因组能够携带较多的遗传信息。基因重叠是 1977 年 Sanger 在研究 ΦX174 时发现的。ΦX174 是一种单链 DNA 病毒，宿主为大肠埃希菌，因此，又称为噬菌体。它感染大肠埃希菌后共合成 11 个蛋白质分子，相当于 6 078 个核苷酸所编码的 2 381 个氨基酸的蛋白质信息量。而该病毒 DNA 本身只有 5 386 个核苷酸，最多能编码 1 795 个氨基酸。可见，ΦX174 基因组存在基因重叠现象。ΦX174 基因组见图 2 - 2。

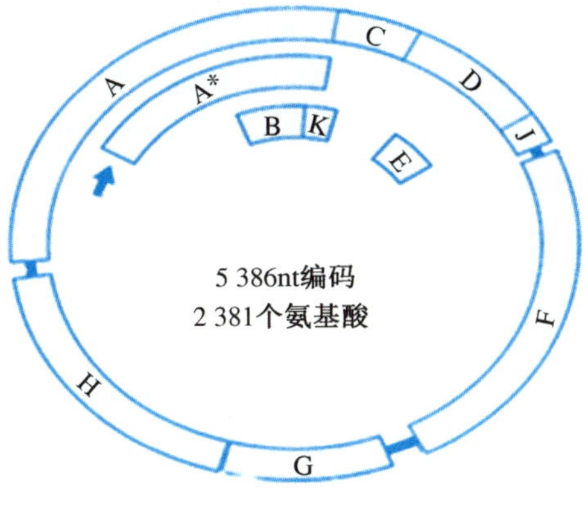

图 2 - 2　噬菌体 ΦX174 基因组 DNA

基因重叠有以下 3 种情况：① 完全重叠，一个基因完全被包含在另一个基因里面。② 部分重叠，两个基因只有部分核苷酸序列共用。③ 两个基因只有一个核苷酸的重叠，见图 2 - 3。这些重叠基因尽管它们的 DNA 大部分相同，但是由于将 mRNA 翻译成蛋白质时的读码框不一样，产生的蛋白质分子往往并不相同。有些重叠基因读码框重叠，只是起始部位不同，重叠序列编码出完全不同的蛋白质氨基酸序列；有些重叠基因读码框重叠，起始部位也相同，但是读码框大小不同，编码出两种不同的蛋白质，出现一种蛋白质包含另外一种蛋白质的氨基酸序列。

图 2-3 基因重叠

5. 病毒基因组几乎全部为编码序列 病毒基因组的大部分是用来编码蛋白质的，只有非常小的一部分不被翻译，这与真核细胞 DNA 的冗余现象不同。如在 ΦX174 中不翻译的部分只占 217/5 375，G4 DNA 中占 282/5 577，都不到 5%。不翻译的 DNA 序列通常是基因表达的控制序列。如 ΦX174 的 H 基因和 A 基因之间的序列（3 906～3 973），共 67 个碱基，包括 RNA 聚合酶结合位点，转录的终止信号及核糖体结合位点等基因表达的控制区。乳头瘤病毒是一类感染人和动物的病毒，基因组约8.0 kb，其中不翻译的部分约为 1.0 kb，该区同样也是其他基因表达的调控区。

6. 病毒基因组常为多顺反子转录 病毒基因组 DNA 序列中功能相关的编码蛋白质的基因或编码 rRNA 的基因往往丛集在基因组的一个或几个特定的部位，形成一个功能单位或转录单元。该转录单元被转录成含多个蛋白质编码序列的 mRNA（称为多顺反子 mRNA，polycistronic mRNA），然后再加工成多种蛋白质的 mRNA 模板。如 ΦX174 基因组中的 D-E-J-F-G-H 基因转录生成同一 mRNA 分子，然后再翻译成功能相关的各种蛋白质，其中 J、F、G 及 H 都是编码外壳蛋白的，D 蛋白与病毒的装配有关，E 蛋白负责细菌的裂解。

7. 病毒基因组多为单倍体 除逆转录病毒外，其他病毒基因组都是单倍体。逆转录病毒基因组有两个拷贝，如人类免疫缺陷病毒（HIV），其基因组为二倍体的单链 RNA。

8. 真核细胞病毒基因组含有内含子 噬菌体的基因是连续的；而真核细胞病毒的基因是不连续的，含有内含子。除了正链 RNA 病毒之外，真核细胞病毒的基因都是先转录成 mRNA 前体，再经加工才能切除内含子成为成熟的 mRNA。更为有趣的是，有些真核病毒的内含子或其中的一部分，对某一个基因来说是内含子，而对另一个基因却是外显子。如 SV40 和多瘤病毒（polyomavirus）的早期基因就是这样。SV40 的早期基因即大 T 和小 t 抗原的基因都是从 5 146 开始反时针方向进行，大 T 抗原基因到 2 676 位终止，而小 t 抗原到 4 624 位即终止，但是，从 4 900～4 555一段 346 bp 的片段是大 T 抗原基因的内含子，而该内含子中 4 900～4 624 的 DNA 序列则是小 t 抗原的编码基因。同样，在多瘤病毒中，大 T 抗原基因中的内含子是小 t 抗原的编码基因。

二、原核生物基因组的特点

原核生物基因组的结构基因数量和功能的类型远大于病毒基因组，但与真核生物基因组相比，其基因组较小。大多数原核生物基因组小于 5 Mb（兆碱基对），所能容纳的基因数量有限。原核生物基因组主要有以下特点。

1. 原核生物基因组较小 原核生物基因组通常只有一个环形或线形的 DNA 分子。基因组 DNA 虽与蛋白结合，但并不形成染色体结构。基因组中只含有一个复制起始点。

2. 原核生物基因组有操纵子结构 原核生物的结构基因与调控序列以操纵子的形式组织在一起。操纵子结构是原核生物基因组的一个突出的结构特点，操纵子是指几个功能相关的序列常串联在一起，由共同的调控元件调控，并转录成同一 mRNA 分子，可指导多种蛋白质的合成。由操纵子转录的 RNA 为多顺反子（polycistron）。在 *E.coli* 中已发现有 260 多个基因具有操纵子结构。操纵子的结构与功能见本书第六章。

3. 原核生物基因组重复序列较少 大多数原核生物基因组没有高拷贝数的全基因组范围的重复序列。然而，可能在基因组的某处含有一些重复序列，且大多为转座子序列。

4. 原核生物基因组结构基因多为单拷贝基因　原核生物基因组中的结构基因多为单拷贝，但编码 rRNA 的基因往往是多拷贝的，这有利于核糖体的快速组装，便于急需蛋白质的快速合成。

5. 原核生物基因组多为编码基因　原核生物基因组的大部分序列是用来编码蛋白质的，所占比例远大于真核生物基因组而小于病毒基因组。编码区在基因组中所占的比例约为 50%，非编码区主要是一些调控序列。原核生物基因组基本是连续的，结构基因中无内含子，因此转录后不需要剪接，翻译与转录耦联进行。

6. 原核生物基因组无基因重叠　原核生物结构基因一般无重叠现象，这与病毒基因组是不同的。基因重叠现象可见于原核生物的质粒 DNA 中。

7. 原核生物基因组存在可移动的 DNA 序列　与真核生物基因组类似，原核生物基因组中存在可移动的 DNA 序列，如转座子和质粒等。

三、真核生物基因组的特点

真核生物基因组包含两部分，染色体基因组和染色体外基因组（线粒体或叶绿体基因组）。真核生物的染色体基因组的基本结构尽管相似，但不同生物的基因组大小有很大差异。最小的真核生物基因组长度不到 10 Mb，最大的超过了 100 000 Mb。真核生物基因组主要有以下特点。

1. 真核生物基因组较大　真核生物的基因组由多条线形的染色体构成，每条染色体有一个线形的 DNA 分子，每个 DNA 分子有多个复制起点。真核生物中，配子（精子和卵子）基因组为单倍体，体细胞基因组为双倍体。

2. 真核生物基因为单顺反子　真核生物的基因与原核生物不同，不以操纵子结构形式存在，其结构基因的转录产物为单顺反子（monocistron），即一个基因转录成一条 mRNA，翻译成一条蛋白质多肽链。

3. 真核生物基因存在大量的重复序列　真核生物基因组结构庞大，出现大量重复序列，可占基因组的 35%左右，功能相关基因构成各种基因家族。根据重复程度不同，可分为高度重复序列、中度重复序列、轻度重复序列。高度重复序列是指重复次数大于 10^5，如卫星 DNA（satellite DNA）等。中度重复序列是指重复次数在 10^2～10^5，如 *rRNA* 基因和 *tRNA* 基因等。中度重复序列一般具有种属特异性，因此在适当的情况下，可以应用它们作为探针区分不同种属哺乳动物细胞的 DNA。轻度重复序列是指重复次数在 10～10^2。真核生物基因组中 50%～80%的基因为单拷贝基因，在基因组中出现一次或几次。

4. 真核生物结构基因为断裂基因　真核生物结构基因为断裂基因，即含有不编码的内含子和编码的外显子序列，二者间隔排列。

5. 真核基因组含有端粒　真核基因组 DNA 末端都有一特殊结构称为端粒，该结构是由一段短而简单的串联重复序列和蛋白质形成的复合体，仅在真核细胞染色体末端存在。

6. 真核基因组存在可移动的 DNA 序列　真核基因组存在一些可移动的遗传因子，如在人类基因组中发现的逆转座子、在果蝇中发现的 DNA 转座子等。

知识拓展

线粒体基因组

线粒体是真核细胞的一种细胞器，有它自己的基因组，编码细胞器的一些蛋白质与 RNA。线粒体基因突变率高，母系遗传，具有很高的研究价值。除了少数低等真核生物的线粒体基因组是线状 DNA 分子外（如纤毛原生动物 *Tetrahymena pyriformis* 和 *Paramecium aurelia* 以及绿藻 *Clamydoomonas reinhardtii* 等），一般都是一个环状 DNA 分子。由于一个细胞里有许多个线粒体，而且一个线粒体里也有几份基因组拷贝，所以一个细胞里也就有许多个线粒体基因组。不同物种的线粒体基因组的大小相差悬殊。线粒体基因组能够单独进行复制、转录及合成蛋白质，但这并不意味着线粒体基因组的遗传完全不受核基因的控制。线粒体自身结构和生命活动都需要核基因的参与并受其控制，说明真核细胞内尽管存在两个遗传系统，一个在细胞核内，一个在细胞质内，各自合成一些蛋白质和基因产物，造成了细胞核和细胞质对遗传的相互作用，但是，核基因在生物体的遗传控制中仍起主宰作用。线粒体 DNA(mtDNA)可用于分子系统发生研究(molecular phylogenetic studies)。

四、人类基因组计划

人类基因组包括位于细胞核内的染色体基因组(占人类遗传信息总数的 99.999 5%)和位于线粒体内的线粒体基因组。人类基因组计划(human genome project, HGP)的目的是测出人类基因组 DNA 的 30 亿个碱基对的序列，发现所有的人类基因，找出它们在染色体上的位置，破译人类全部遗传信息，为整体上解释人类发生、发育、衰老、死亡和疾病的奥秘提供最基本的数据。

1986 年，诺贝尔奖获得者 R. Dulbecco 提出人类基因组计划——测出人类全套基因组的 DNA 核苷酸序列，该计划于 1990 年正式启动。美国、英国、法国、德国、日本和我国科学家共同参与了这一预算达 30 亿美元的人类基因组计划。按照这个计划的设想，在 2005 年，要把人体内约 2.5 万个基因的密码全部解开，同时绘制出人类基因的图谱。

HGP 序列图的绘制完成，揭示了人类基因组中存在着基因密度较高的“热点”区域和大片不携带人类基因的“荒漠”区域。如基因密度在第 17、19 和 22 号染色体上最高，在 X、Y、第 4 号和第 18 号染色体上密度较低；约 1/3 以上基因包含重复序列；所有人都具有 99.99%的相同基因，任何两个个体之间约每 1 000 个核苷酸序列中会有一个不同，这称为单核苷酸多态性(SNP)，每个人都有自己的一套 SNP，它对“个性”起着决定性作用。

目前，已进入后基因组(postgenomics)时代。在基因组全序列测定的基础上，对基因组的结构、表达、修复、功能等进行研究，包括功能基因组、结构基因组和蛋白质组等研究。1993 年启动的人类基因组多样性计划(human genome diversity project, HGDP)，就属于后基因组的研究范畴。它通过比较 DNA 多态性来科学地区分不同人种，以及了解人类的进化和起源；通过对比分析不同人群间、不同群体和个体在基因组的多态性序列，可以找出与疾病易感性或抗性有关的基因，了解不同群(个)体对药物的不同反应；通过对影响药物代谢或效应通路有关基因编码序列的测序，揭示群(个)体间不同的遗传学基础。在基因组多样性研究基础上，识别每一人群和每一个体所具有的疾病基因或风险基因，帮助了解遗传病、癌症发生和衰老的生物学机制，可为预防医学提供基础，并在亲子鉴定和法医学分析上提供了标准的信息库。

临床应用

STR 扩增与亲子鉴定

卫星 DNA 标记(microsatellite DNA)是近十多年发展起来的一种新型的分子遗传标记。它具有数量大、分布广且均匀、多态信息含量高、检测快速方便等特点，目前被广泛应用于动、植物基因定位、连锁分析、血缘关系鉴定、遗传多样性评估、系统发生树构建、标记辅助选择等方面。STR(short tandem repeat)，短串联重复序列是广泛存在于人染色体 DNA 中的一类多态性遗传标记系统。复合扩增多个 STR 基因座，累计鉴别能力可达到 DNA 指纹水平。STR 序列广泛分布于各个染色体上，个体(或等位基因)之间的差异一般只表现为重复数目(因而造成该 DNA 片段长度)的差异。这些差异能简单地用 PCR 技术检测出来。同时，还发现这些长度差异的片段又是严格遵循孟德尔遗传规律遗传的，因而可以用来区分不同个体，并追溯个体的父母来源。这种分析技术一次实验的个体识别力可以达到 10～17。目前全世界各个国家和地区几乎都在使用 STR 分型技术进行亲子鉴定和 DNA 的个体识别工作。

第二节 基因组学

基因组学(genomics)是对生物体所有基因进行基因作图、核苷酸序列分析、基因定位和功能分析及基因之间的相互作用研究的科学。简单地说，基因组学就是研究基因组结构与功能的科学。它是以分子生物学、电子计算机和信息网络技术为研究手段，以生物体内全部基因为研究对象，在全基因组背景下和整体水平上探索生命活动的内在规律及内外环境对机体影响机制的科学。它从全基因组的整体水平而不是单个基因水平，来研究生命这一具有自组织和自装配特性的复杂系统，认识生命活动的规律，从而将更加接近生物的本质和全貌。基因组学作为一门新兴学科，根据其研究的对象、研究的重点以及研究的目的不同，又分成多种分支学科；根据研究重点的不同，可以分为结构基因组学和功能基因组学；根据研究的对象不同，还可分为比较基因组学、疾病基因组学、药物基因组学等。

一、结构基因组学

结构基因组学(structural genomics)是以全基因组测序为目标，确定基因组的组织结构、基因组成及基因定位的基因组学的一个分支。它代表基因组分析的早期阶段，以建立具有高分辨率的生物体基因组的遗传图谱(genetic map)、物理图谱(physical map)、序列图谱(sequence map)及转录图谱(transcription map)为主要内容。

(一) 遗传图谱

遗传图谱即遗传连锁图谱(genetic linkage map)，把通过遗传重组所确定的基因和(或)遗传标记绘制在染色体上的相对位置所得到的图谱。它是通过计算连锁的遗传标志之间的重组频率，确定它们的相对距离，一般用厘摩(centimorgan，cM)来表示。随着计算机技术的发展，目前已有多个构建遗传图谱的软件，研究者用的较多的软件主要有 MapMaker 及 JoinMap 3.0。

绘制遗传连锁图早期使用的遗传标志为限制性片段长度多态性(restriction fragment length polymorphism，RFLP)、随机引物扩增多态性 DNA(RAPD)、扩增片段长度多态性(AFLP)，为第一代遗传标记；20 世纪 80 年代后出现的有短串联重复序列(short tandem repeats，STR)，又称微卫星，为第二代遗传标记；20 世纪 90 年代发展的单个核苷酸的多态性(single nucleotide polymorphisms，SNP)分析，为第三代遗传标记。遗传图谱可以用于对多种疾病进行遗传分析与基因定位。

(二) 物理图谱

物理图谱是以遗传图谱为基础，以已知序列标签位点(STS)作为标记，以 DNA 实际长度为“图距”绘制，采用分子生物学技术直接将遗传标记或基因定位在基因组实际位置的基因组图谱。物理图谱描绘了 DNA 上可以识别的标记位置和相互之间的距离，已知的序列标签包括限制性内切酶的酶切位点、基因等。一般物理图谱的构建是利用限制性内切酶将染色体切成片段，再根据重叠序列确定片段间连接顺序来确定遗传标志之间物理距离(bp 或 kb 或 Mb)。物理图谱是进行 DNA 测序和基因组结构研究的基础。

(三) 序列图谱

序列图谱是在遗传图谱和物理图谱的基础上，对基因组 DNA 进行大规模测序绘制的基因组序列图谱，是最详细、最准确的物理图谱。序列分析采用一个区域的 DNA 序列重叠群使测序工作不断延伸，使用其中的序列标记位点 STS 作为两个片段间的重叠区域，使分别被测序的短序列进行正确的拼接，最后获得 DNA 全序列图谱。序列图谱是人类基因组计划的最终目标之一。

（四）转录图谱

转录图谱又称 cDNA 图谱或表达序列图谱，是一种以表达序列标签（expressed sequence tag，EST）为“位标”绘制的分子遗传图谱。通过从 cDNA 文库中随机挑取的克隆进行测序所获得的部分 cDNA 的 5′或 3′端序列称为表达序列标签，一般长 300～500 bp。一般来说，mRNA 的 3′端非翻译区（3′- UTR）是代表每个基因的比较特异的序列，将对应于 3′- UTR 的 EST 序列进行 RH 定位，即可构成转录图谱。

二、功能基因组学

功能基因组学（functuional genomics）是根据结构基因组学的研究结构所提供的基因结构相关信息，采用分子生物学、生物化学、细胞生物学和生物信息学的理论和技术，全面、系统地对基因组中所有基因功能进行注释的学科。

功能基因组学的研究内容包括基因功能的发现、基因表达分析及基因突变的检测。基因的功能包括：生物学功能，如作为蛋白质激酶对特异蛋白质进行磷酸化修饰；细胞学功能，如参与细胞间和细胞内信号传递途径；发育学功能，如参与形态建成等。采用的手段包括经典的减法杂交、差示筛选、cDNA 代表差异分析以及 mRNA 差异显示等，但这些技术不能对基因进行全面系统的分析，新的技术应运而生，包括基因表达的系统分析（SAGE）、cDNA 微阵列（cDNA microarray）、DNA 芯片（DNA chip）等。功能基因组学的研究又细分为蛋白质组、转录组、代谢组、癌基因组、疾病基因组、药物基因组、环境基因组和行为基因组等组学的研究。

三、比较基因组学

比较基因组学（comparative genomics）是基于基因组图谱和测序基础上，对已知的基因和基因组结构进行比较，来了解基因的功能、表达机制和物种进化的学科。主要是利用模式生物基因组与人类基因组之间编码顺序上和结构上的同源性，克隆人类疾病基因，揭示基因功能和疾病分子机制，阐明物种进化关系及基因组的内在结构。

（丁立娟）

思考题

1. 列表说明原核生物基因组和真核生物基因组的异同点。
2. 分析基因组学研究的生物学意义。

本章课件　　本章习题

第二篇

遗传信息的传递

遗传信息，是指生物由亲代传递给子代或细胞每次分裂时由细胞传递给细胞的信息。已阐明 DNA 是遗传信息的载体。有的病毒的遗传信息的载体不是 DNA，而是 RNA。遗传信息不仅有相应于蛋白质的基因信息，也包括对信息解读所必需的信息、控制信息表达所必需的信息，以及生物为了复制与自己相同结构所必需的一切信息。

遗传信息的传递遵守中心法则，即 DNA 的复制，遗传信息流动方向为 DNA→DNA；DNA 的转录，遗传信息流动方向为 DNA→RNA；蛋白质的生物合成-翻译，遗传信息流动方向为 RNA→蛋白质；RNA 的复制，遗传信息流动方向为 RNA→RNA；RNA 的逆转录，遗传信息流动方向为 RNA→DNA。

本篇分为 DNA 的生物合成、RNA 的生物合成、蛋白质的生物合成和基因表达与调控四章。

第三章

DNA 的生物合成

学习目标

【掌握】

1. 遗传信息传递的中心法则。
2. 半保留复制的概念，复制的原料、模板，参与 DNA 复制的酶类及蛋白质因子的作用。
3. 逆转录的概念、逆转录酶的功能。
4. DNA 损伤类型和损伤修复方式。

【熟悉】

1. DNA 复制的一般规律和基本过程，DNA 复制忠实性的机制。
2. 原核生物和真核生物 DNA 复制的区别。
3. 端粒及端粒酶的作用。

【了解】

1. 滚环复制、D 环复制等特殊复制。
2. DNA 损伤的因素及损伤意义。

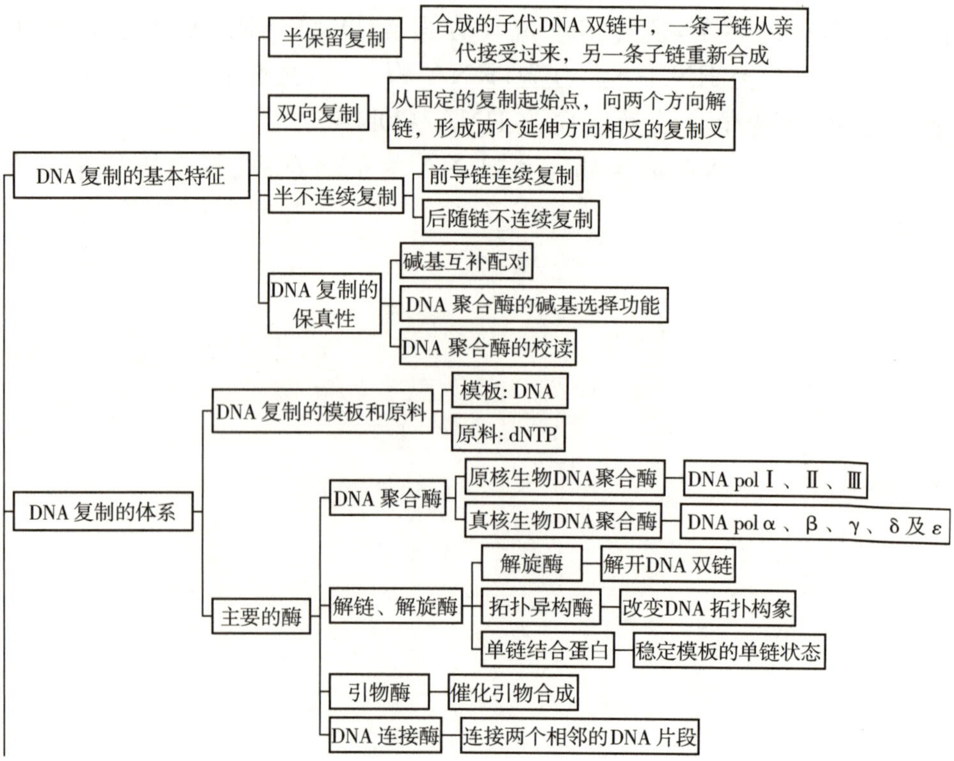

- DNA 的生物合成
  - DNA 复制
    - DNA 复制的过程
      - 原核生物 DNA 复制过程
        - 起始
          - 辨认复制起始点
          - 解旋形成复制叉
          - 合成引物，形成引发体
        - 延长
          - DNA pol Ⅲ 催化
            - 前导链
            - 后随链
        - 终止
          - 切除引物
          - 填补空隙
          - 封闭切口
      - 真核生物 DNA 复制过程
        - 起始
          - 复制起点多
          - 多种聚合酶
          - RNA 引物短、冈崎片段短
          - 细胞周期时相控制
        - 延长
          - 前导链 — DNA pol ε
          - 后随链 — DNA pol δ
        - 终止
          - 去除引物
          - 端粒合成
            - 端粒 — 染色体末端的结构
            - 端粒酶 — 一种由RNA和蛋白质组成的逆转酶
            - 端粒的复制 — 端粒酶以逆转录的方式催化端粒DNA的合成
    - 其他形式的 DNA 复制
      - Φ X 174的复制 — 滚环复制
      - 线粒体DNA 的复制 — D环复制
  - 逆转录
    - 逆转录酶
      - RNA 指导的DNA 聚合酶活性
      - RNA 酶活性
      - DNA 指导的DNA 聚合酶活性
    - 逆转录病毒
    - 逆转录意义
      - 补充中心法则
      - 了解病毒致癌的机制
  - DNA 损伤与修复
    - DNA 损伤
      - DNA 损伤因素
        - 自发突变
        - 物理因素 — 主要是紫外线和各种辐射等
        - 化学因素 — 碱基类似物、碱基修饰剂、烷化剂、自由基、嵌入染料等
        - 生物因素 — 病毒和霉菌
      - 损伤类型
        - 错配
        - 缺失和插入
        - 重排
        - 共价交联
        - DNA 链的断裂
    - DNA 修复
      - 直接修复
      - 切除修复
      - 重组修复
      - SOS修复

生物体内 DNA 的生物合成包括：① DNA 指导的 DNA 合成，即 DNA 复制。② RNA 指导的 DNA 合成，即逆转录。③ DNA 修复合成。

第一节 遗传学的中心法则

不同的生物有不同的遗传性状,DNA是主要的遗传物质。DNA分子中的核苷酸(或碱基)排列顺序即是贮藏的遗传信息。1944年,Oswald Avery等通过肺炎球菌转化实验证明,基因的化学本质是DNA,人为地改变基因(DNA)可以改变生物遗传性状。从基因到性状,遗传信息是如何传递并最终表现出一定表型的呢?

遗传的中心法则描述了从一个基因到相应蛋白质的信息流向途径,包括由DNA到DNA的复制,DNA到RNA的转录,RNA到蛋白质的翻译等过程,即遗传信息的流向是DNA→RNA→蛋白质。生物体的遗传信息储存于DNA分子上,细胞中DNA分子通过自我复制(replication),使子代细胞各具有一套与亲代细胞完全相同的DNA分子,将遗传信息准确地传递到子代DNA。以DNA分子为模板,合成与其碱基序列互补的RNA分子,从而将DNA的遗传信息抄录到RNA分子中,这个过程称为转录(transcription),遗传信息由DNA传递给RNA。然后,再以mRNA为模板,按照其碱基(A、G、C、U)排列顺序所组成的遗传密码,合成具有一定氨基酸序列的蛋白质,这一过程称为翻译(translation)。通过复制将遗传信息从上一代传递到下一代,通过转录和翻译,使遗传信息转变成各种功能蛋白质,即基因表达(gene expression)。遗传信息传递方向的这种规律称为中心法则(central dogma)。

1970年,Temin和Baltimorey研究致癌RNA病毒时发现,某些病毒中RNA也可以作为模板,指导合成DNA。这种信息传递方向与转录过程相反,因此称为逆转录(reverse transcription)。后来发现,某些病毒中的RNA亦可自身复制,遗传信息流动方向的“中心法则”得到了补充和完善。

第二节 DNA复制的基本特点

DNA复制(replication)是以亲代DNA为模板,按照碱基互补配对的原则,合成两个完全相同的子代DNA的过程,实际上就是基因组的复制。DNA复制的本质是在亲代DNA模板的指导下,以4种脱氧核苷酸为原料,在众多酶和蛋白质因子的参与下,单核苷酸之间进行的聚合反应过程。Watson和Crick于1953年提出DNA双螺旋模型时就推测了DNA复制的基本特点,现已阐明,在绝大多数生物体内,DNA复制的基本特征是相同的。以大肠埃希菌*E.coli*的DNA复制为例,介绍DNA复制的基本特点。

一、半保留复制

半保留复制(semi-conservative replication)是指DNA复制时,亲代DNA的双链解开为两条单链,各自作为模板(template),按碱基配对规律(A-T、G-C),合成一条与模板互补的新链,形成两个与亲代碱基序列完全相同的子代DNA分子。在每个子代DNA,一条链是亲代链,另一条链则是重新合成的子代链,这种复制方式称为半保留复制。半保留复制是DNA复制的重要特征。

1958年Meselson和W.S. Stahl通过同位素标记和密度梯度离心技术在大肠埃希菌中证实了DNA的复制方式是半保留复制。他们先将大肠埃希菌(能利用NH_4Cl作为氮源合成DNA)放在含有^{15}N标记的NH_4Cl培养基中连续培养15代后提取DNA,目的是让细菌几乎所有的DNA都被^{15}N标记成^{15}N-DNA。因^{15}N-DNA的密度大于普通^{14}N-DNA,两者经密度梯度离心后在离心管中形成区带的位置不同,^{14}N-DNA在上、^{15}N-DNA在下。分离的^{15}N-DNA经氯化铯(CsCl)密度梯度离心，在试管的下层显示了一条致密带（重带），见图 3－1。接下来把含^{15}N－DNA 的细菌转移到只含有$^{14}NH_4Cl$ 的普通培养基中培养，提取子一代 DNA 离心，在试管中也只有一条致密带的出现，这条带的位置介于^{15}N－DNA（重带）和^{14}N－DNA（普通带）之间，称为中间致密带。这一结果说明这条中间带由^{15}N/^{14}N－DNA 杂合分子形成的，该杂合 DNA 的一条链是^{15}N－DNA 单链，来自亲代；另一条链是^{14}N－DNA单链，是利用培养基中的$^{14}NH_4Cl$ 新合成的。继续培养提取子二代 DNA 经密度梯度离心后，试管中出现了两条等宽的致密带，一条为靠近试管上方的普通带，一条为中间致密带。这说明子二代 DNA 可能有两种形式：一种是^{14}N－DNA，构成普通带；另一种是^{15}N/^{14}N－DNA 杂合分子形成中间带，两者各占一半。实验如继续进行，则随着在^{14}N 培养基中培养代数的增加，离心后仍有两条带的出现，但由^{14}N－DNA 形成的普通带逐渐增强，而^{15}N/^{14}N－DNA 形成的中间带却逐渐减弱，^{15}N－DNA 会按几何级数逐渐被稀释。因此，DNA 的复制方式是半保留复制。

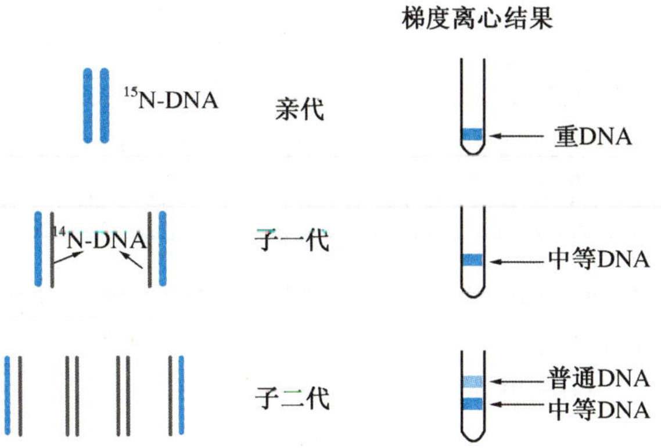

图 3－1　DNA 半保留复制实验

半保留复制的意义在于，按照半保留方式进行复制，使子代 DNA 保留了亲代全部的遗传信息，亲代与子代 DNA 碱基序列完全一致，体现了遗传的保守性。但保守性是相对的而不是绝对的，自然界中普遍存在着变异，它促进了物种的进化与分化，产生了生物的多样性。如流感病毒有很多不同的毒株，由于病毒基因发生很大的变异，使之不断涌现新毒株，不同毒株在感染方式及致病力等方面都存在较大差异，且人群对新毒株一般不具免疫力。

二、双向复制

DNA 复制时普遍采用双向复制。DNA 复制是从 DNA 分子的特定序列位点开始的，此特定序列位点被称为 DNA 复制的起始点（origin，ori）。DNA 复制时，在起始点处首先打开双链，然后从起始点开始向两侧进行复制，形成两个方向相反的开链区，每个开链区均呈“Y”形结构，称为复制叉（replication fork）。DNA 从固定的起始点向两个延伸方向进行复制，故称为 DNA 的双向复制（bidirectional replication），见图 3－2。复制起始点和两侧的复制叉共同构成了一个独立的复制单位，称为复制子（replicon）。每个复制子都含有一个复制起始点及复制所需的控制序列。原核生物仅有 1 个 DNA 复制起始点，是单复制子。而真核生物存在多个复制起始点，是多复制子的复制，每个复制子大小不一，且不是同时启动 DNA 的复制。

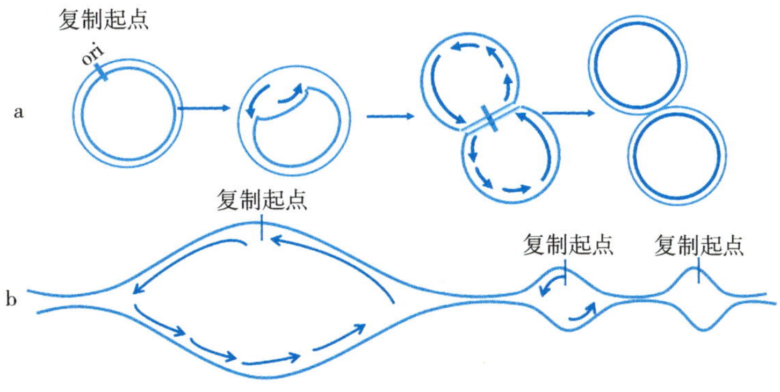

图 3－2　DNA 的双向复制和复制起始点

三、半不连续复制

DNA 双螺旋是由两条反向平行的单链组成的，其中一条链的走向是 5′→3′，另一条链的走向是 3′→5′。复制开始时，亲代 DNA 双链局部打开后呈"Y"形或"叉"形结构，称复制叉(replicative fork)。在伸展的复制叉上，解开的两条单链都能作为模板，各自合成一条新的互补 DNA 链；但是由于解链的方向只有一个，DNA 聚合酶又只能按 5′→3′方向催化 DNA 的合成，就决定了子代 DNA 的两条链合成的方式不同。以 3′→5′走向的链为模板，新链合成的方向与解链的方向(即复制叉前进的方向)一致，可由 5′→3′方向连续合成 DNA。这条顺着解链方向连续复制合成的新链被称为领头链(leading strand)，也叫前导链。而另一条以 5′→3′走向的链为模板，新链合成的方向与解链的方向相反，这条链的合成是不连续的、分段进行的，沿 5′→3′方向先合成许多 DNA 片段，最后才能连接形成一条完整的链，这条不连续复制的链被称为随从链(lagging strand)，也叫滞后链。随从链的合成要略慢于领头链的合成。复制中随从链上的这些不连续的片段叫作冈崎片段(Okazaki fragment)，是 1968 年日本科学家冈崎发现并提出的。原核生物的冈崎片段为 1 000～2 000 个核苷酸长度，真核生物的冈崎片段一般为 100～200 个核苷酸长度。复制时，一条链(领头链)的合成是连续进行的，而另一条链(随从链)的合成是不连续分段进行的，这种复制方式称为半不连续复制(semi-discontinuous replication)，见图 3-3。

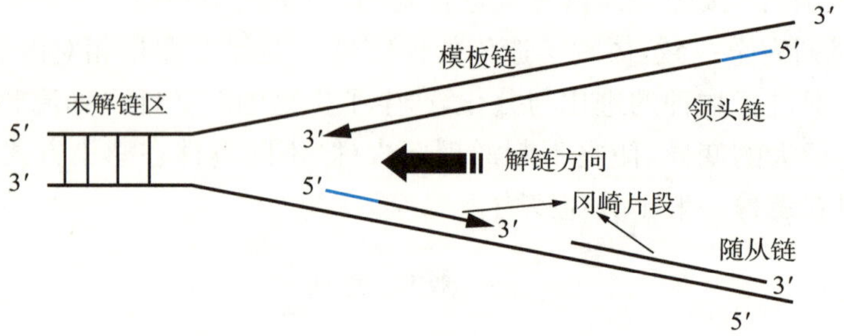

图 3-3 复制叉及半不连续复制

知识拓展

冈崎片段的发现

1968 年，日本科学家冈崎夫妇在研究大肠埃希菌 T4 噬菌体 DNA 复制时发现冈崎片段(Okazaki fragment)。为了解决 DNA 两条子代链连续生长的推断与 DNA 聚合酶只能按 DNA 的 5′→3′方向合成 DNA 的事实的矛盾，冈崎令治提出了不连续复制模型。使用 T4 噬菌体侵染的大肠埃希菌细胞，用放射性核素 ^{3}H 标记脱氧胸苷，在细胞与 ^{3}H 标记的 dTTP 结合，达到所要求的时间后(2 s，7 s，15 s，30 s，60 s，120 s)终止这个反应，接下来进行密度梯度离心，测量新合成的 DNA 片段的大小。实验结果表明，短时间内首先合成的是较短的 DNA 片段(2 s，7 s，15 s)，这些片段称为冈崎片段，随着时间的延长，出现较大的 DNA 分子(120 s)。这证实了两条子代链不连续合成的预测，至少有一条新 DNA 链的合成是不连续过程。

四、DNA 复制的保真性

DNA 通过复制将亲代遗传信息能稳定准确地传给子代，主要通过以下几种机制实现复制的保真性：① DNA 合成时遵守严格的碱基配对规律，即 A 和 T 配对、G 和 C 配对。② DNA 聚合酶对碱基进行严格的选择，只有与亲代模板正确配对的碱基才能进入子链相应的位置。③ DNA 聚合酶的即时校读功能，对复制中出现的错误及时纠正，以保证复制的精准度。

第三节 DNA 复制体系

一、复制的模板和原料

体内 DNA 复制是极其复杂的过程，无论真核生物还是原核生物，DNA 的复制合成都需要模板单链 DNA、4 种脱氧核苷三磷酸(dNTP)原料、带有游离 3′- OH 的 RNA 引物、DNA 聚合酶及其他多种酶和蛋白质因子。DNA 聚合酶催化脱氧核苷酸以 3′，5′-磷酸二酯键相连合成 DNA，合成方向 5′→3′，反应表示如下：

$$(\mathrm{dNMP})_n-\mathrm{OH}+\mathrm{dNTP}\xrightarrow{\text{DNA 聚合酶}}(\mathrm{dNMP})_{n+1}-\mathrm{OH}+\mathrm{PPi}$$

二、复制的酶

DNA 的复制由众多酶和蛋白质共同完成，主要有 DNA 聚合酶、解旋酶、拓扑异构酶、引物酶和 DNA 连接酶等。参与真核生物复制的酶和蛋白质因子较原核生物的多。

(一) DNA 聚合酶

DNA 聚合酶(DNA polymerase)全称是依赖 DNA 的 DNA 聚合酶 (DNA-dependent DNA polymerase，DDDP)或 DNA 指导的 DNA 聚合酶，简称“DNA pol”，它的作用是在单链 DNA 模板的指导下，催化 dNTP 合成 DNA。催化合成的方向为 5′→3′，但是 DNA pol 不能催化两个游离的 dNTP 之间直接聚合，只能催化一个 dNTP 与一条多核苷酸链的 3′- OH 端形成 3′，5′-磷酸二酯键，而且这条多核苷酸链必须与模板互补结合，这条多核苷酸链被称为引物(primer)，因此，DNA 合成时第一个 dNTP 需要添加到已有的引物 3′- OH 末端，在此基础上延伸 DNA 链。原核和真核生物都存在不同类型的 DNA 聚合酶。

1. 原核生物的 DNA 聚合酶　在大肠埃希菌(*E.coli*)中迄今已发现 5 种 DNA 聚合酶的存在，DNA 聚合酶Ⅰ、DNA 聚合酶Ⅱ、DNA 聚合酶Ⅲ、DNA 聚合酶Ⅳ和 DNA 聚合酶Ⅴ，其中前三者的研究比较清楚，这三种酶的性质和差异见表 3 - 1。

表 3 - 1　大肠埃希菌 3 种 DNA 聚合酶的差异

	DNA pol Ⅰ	DNA pol Ⅱ	DNA pol Ⅲ
组成	单体	多亚基?	不对称二聚体
分子量(KD)	109	120	900
分子数/细胞	400	40	20
5′→3′聚合酶活性	有	有	有
3′→5′外切酶活性	有	有	有
5′→3′外切酶活性	有	无	无
持续聚合 DNA 能力	无	不详	是
主要功能	去除引物，填补空隙，修复损伤 DNA	DNA 损伤的应急修复，其他不详	催化 DNA 合成

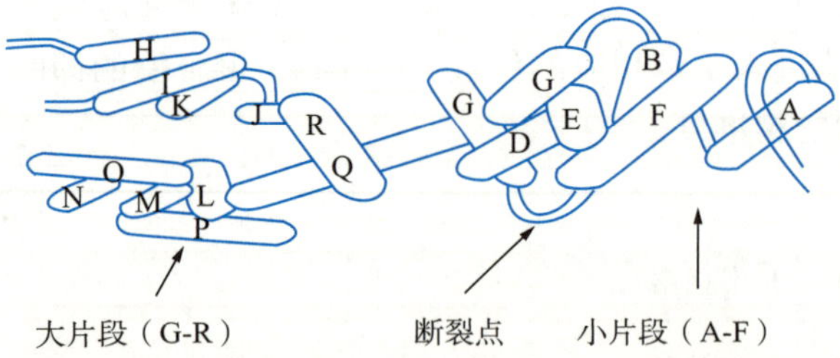

图3-4 大肠埃希菌DNA聚合酶Ⅰ及其被断裂位点

（1）DNA聚合酶Ⅰ（DNA polymerase Ⅰ，DNA pol Ⅰ）：1958年，由Arthur Kornberg首先发现并分离的DNA聚合酶，又称Kornberg酶，是由一条多肽链组成的多功能酶，约含1 000个氨基酸残基，分子量为109 kD，其二级结构主要是α-螺旋，A～R共有18个α-螺旋肽段。其中在I与O螺旋间有一个大空隙可容纳DNA使其向一个方向滑动，见图3-4。DNA pol Ⅰ在大肠埃希菌细胞含量最多，每个细胞约含400个。

它具有3种酶活性：① 5′→3′DNA聚合酶活性，即在模板的指导下，在引物RNA或延长中的子链3′-OH末端，自5′向3′逐个将与模板配对的dNTP加上去，不断生成磷酸二酯键，使DNA沿5′→3′方向延长。但它不能持续聚合核苷酸，最多只能催化延长约20个核苷酸，所以合成的DNA片段短，此功能主要用于填补冈崎片段间和修复中的空隙。② 3′→5′核酸外切酶活性，从3′端向5′端依次水解DNA链，产生5′单核苷酸，可识别和切除新生子链中碱基错配的核苷酸。当错误的核苷酸出现在延长中的DNA链的3′末端时，复制暂停，同时激活了3′→5′外切酶活性，将错误接上的核苷酸水解下来，换上正确配对的核苷酸，继续进行复制，此功能称即时校读（proofread），保证了复制的准确性。③ 5′→3′核酸外切酶活性，从5′端向3′端方向依次水解磷酸二酯键，可切除引物RNA及突变的DNA片段，参与DNA的损伤修复。

此外，经过枯草杆菌蛋白酶水解后，DNA pol Ⅰ在F和G螺旋之间发生断裂，被分成大小两个片段，小片段近多肽链N端，共323个氨基酸残基，只具有5′→3′核酸外切酶活性。靠近C端的大片段，共604个氨基酸残基，称为Klenow片段，具有5′→3′DNA聚合酶活性和3′→5′核酸外切酶活性，是基因工程中常用的工具酶之一，在实验室常利用该片段合成DNA。

（2）DNA聚合酶Ⅱ（DNA pol Ⅱ）：具有5′→3′聚合酶活性和3′→5′外切酶活性，无5′→3′外切酶活性，每个细胞内所含的酶分子数较少，催化活性低。在无DNA pol Ⅰ和DNA pol Ⅲ时起作用，催化DNA的聚合，暂认为它可能参与DNA损伤的应激状态修复。

（3）DNA聚合酶Ⅲ（DNA pol Ⅲ）：是一种多酶复合体，由10个亚基构成了不对称二聚体，见图3-5。其中α，ε和θ亚基组成核心酶，是催化DNA合成的中心。α亚基具有5′→3′聚合酶活性，ε亚基具有3′→5′外切酶活性，θ是装配所必需的；其他亚基各有不同作用，pol Ⅲ通过β亚基可夹住模板链并使酶沿模板滑动，起到“滑动夹”的作用，使DNA pol获得持续聚合能力，其余的亚基统称为γ复合物，主要功能是协同β亚基夹住模板DNA，τ亚基起连接作用。DNA pol Ⅲ聚合活性最高，是催化DNA复制合成的主要酶。

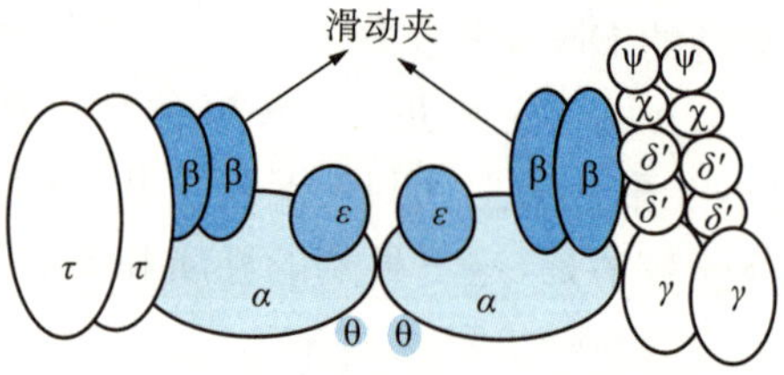

图3-5 大肠埃希菌DNA聚合酶Ⅲ

2. 真核生物的DNA聚合酶　目前已知真核生物的DNA聚合酶至少有5种，分别称为DNA pol α、DNA pol β、DNA pol γ、DNA pol δ及DNA pol ε，它们基本性质与大肠埃希菌的DNA聚合酶基本一致。DNA pol α和DNA pol δ是复制时起主要作用的酶，DNA pol α的一个亚基具有引物酶的活性，负责RNA-DNA引物的合成。DNA pol δ可延长较长的新链，是催化领头链和随从链冈崎片段合成的主要酶，相当于原核生物的DNA pol Ⅲ，此外还有解螺旋酶活性和外切酶的即时校读作用。当pol α完成领头链和随从链上冈崎片段的RNA-DNA引物合成后，由pol δ完成对这两条链的延长反应。DNA pol ε则与原核生物的DNA pol Ⅰ相似，在复制过程中起校读、修复和填补缺口的作用。DNA pol β复制的准确性差，参与DNA修复，DNA pol γ负责催化线粒体DNA的合成。真核生物的

DNA 聚合酶，见表 3-2。

表 3-2 真核生物的 DNA 聚合酶

	α	β	γ	δ	ε
5′→3′聚合酶活性	有	有	有	有	有
3′→5′外切酶活性	无	无	有	有	有
5′→3′外切酶活性	无	无	无	有	有
细胞内定位	细胞核	细胞核	线粒体	细胞核	细胞核
功能	起始引发，有引物酶活性	DNA 修复	复制线粒体 DNA	后随链合成	前导链合成

无论真核还是原核生物的 DNA 聚合酶催化都具有以下特点：① 需要引物和模板。② 延长 DNA 的方向都是 5′→3′。

（二）解链、解旋酶类

模板链能指导新链的合成基于碱基的准确配对，而碱基却隐藏于 DNA 双螺旋的内部，只有打开 DNA 的双螺旋结构，暴露出碱基才能起到指导核苷酸正确配对的模板作用。因此，DNA 要进行复制，先要解开 DNA 链的超螺旋和双螺旋结构，并将其维持在解链状态，需要解旋酶、拓扑异构酶和单链结合蛋白。

1. 解旋酶（helicase） 也称解链酶，作用是解开 DNA 双链。解链过程需要 ATP 提供能量，断开碱基间的氢键，使双链 DNA 分开为两条单链，暴露出内部的碱基使之成为指导新链合成的模板。

大肠埃希菌中的解螺旋酶是 Dna B 蛋白，由 *dna B* 基因编码，具有解螺旋酶和 ATP 酶活性。大肠埃希菌在复制起始点的解链是由 Dna A、Dna B 和 Dna C 共同完成的，Dna A 辨认复制起始点，Dna C 则辅助 Dna B 结合于 DNA 局部解链区，Dna B 利用其 ATP 酶活性水解 ATP 获能，并沿模板链的 5′端向 3′端滑动，不断解开 DNA 的双链。在真核生物中尚未发现单独存在的解螺旋酶。

2. 拓扑异构酶（topoisomerase，Topo） 是一类能改变 DNA 拓扑构象的酶，简称拓扑酶。DNA 的两条链围绕同一中心轴适度缠绕成双螺旋，解链是沿着这一中心轴的高速反向旋转，在这个过程中 DNA 分子会产生打结、缠绕和连环等现象，闭环状态的 DNA 还会扭转成更加紧密的超螺旋甚至正超螺旋，这些都会影响 DNA 的解链。拓扑异构酶通过切断 DNA 的一条或两条链中的磷酸二酯键，然后重新缠绕和连接来理顺 DNA 的结构，使复制叉通过顺利解链。拓扑酶在复制全过程中都起作用，复制完成后它还可把 DNA 引入超螺旋，以形成染色质。

原核及真核生物都存在拓扑酶，可分为Ⅰ型和Ⅱ型，每型中分别包括多种亚型。在原核生物，拓扑酶Ⅰ（TopoⅠ）称为 ω-蛋白，拓扑酶Ⅱ（TopoⅡ）又叫旋转酶。真核生物的拓扑异构酶有过多种名称：转轴酶（swivelase）、解缠酶（untwisting enzyme）、切口-封闭酶（nicking-closing enzyme）和松弛酶（relaxing enzyme）等。

两种拓扑酶的作用机制：TopoⅠ在不需 ATP 存在的情况下，切断 DNA 双链中的一条链形成两断端，使超螺旋 DNA 沿松解的方向旋转不致打结，适当时候再使两断端以磷酸二酯键连接，切口封闭，DNA 变为松弛状态，便于复制的进行。而 TopoⅡ在无 ATP 存在时，同时切断 DNA 分子的两条链，通过切口旋转，DNA 超螺旋得到松弛。在利用 ATP 供能时，连接断端，把 DNA 分子引入负超螺旋状态，一般情况下，处于负超螺旋状态 DNA 更容易被解链酶解链。此外它还具有连环、解连环及解结作用，使 DNA 达到适度螺旋。可见，拓扑酶是通过先水解磷酸二酯键，适时再连接磷酸二酯键来发挥作用的。

3. 单链结合蛋白（single stranded binding protein，SSB） 是一类能选择性结合在单链 DNA 上，使 DNA 以单链形式稳定存在的蛋白质，也称为 DNA 结合蛋白或螺旋反稳定蛋白。它不具备酶的活性，主要作用是稳定模板的单链状态（覆盖 32nt），防止解开的单链 DNA 重新形成双链；同时，可以防止核酸酶对单链 DNA 的降解。在复制过程中，SSB 与模板 DNA 进行不断地结合、脱离。SSB 作用时表现协同效应，保证 SSB 在下游区段的继续结合。

解旋酶、拓扑异构酶和单链结合蛋白等在 DNA 复制时，共同起到解开、理顺 DNA 链，维持 DNA 在一定范围内处于单链状态的作用。

（三）引物酶

DNA 聚合酶不具备催化 2 个单核苷酸的缩合，形成 3′，5′-磷酸二酯键的能力，只能在一段核苷酸的基础上添加单核苷酸，因此，DNA 复制需要引物。生物体内引物通常是一段短的 RNA 序列，与复制起始点处的模板序列互补，可提供游离的 3′- OH 供 dNTP 聚合反应，不同生物引物 RNA 长度从几个到几十个核苷酸不等。引物酶（primase）是一种依赖 DNA 的 RNA 聚合酶，作用是催化引物合成。引物合成后，引物酶便与模板分离，DNA 聚合酶再催化新链的延长。复制结束前引物将被水解去除，换为 DNA 序列。体外实验中引物可以是 DNA 短片段。

大肠埃希菌中引物酶是 Dna G 蛋白，它对利福平不敏感。Dna G 需要 Dna B 的协助，以复合体形式结合到 DNA 模板上形成引发体（primosome），在引发体的下游双链解开，再由引物酶催化引物的合成。

（四）DNA 连接酶

DNA 连接酶（DNA ligase）能催化一个 DNA 片段的 3′- OH 端与相邻的另一 DNA 片段的 5′- Pi 端缩合生成 3′，5′磷酸二酯键，从而将两段相邻的 DNA 片段连接成一条完整的链。它发挥作用的前提是，待连接的两个片段必须是与同一条互补链配对结合的（T_4 DNA 连接酶除外），而且这两个 DNA 片段必须是紧邻的，才能被连接酶催化生成磷酸二酯键以连接。换言之，它只连接碱基互补基础上双链中的单链切口，对于缺口及单独存在的 DNA 或 RNA 单链是不能进行连接的。DNA 连接酶在复制中负责随从链上分段合成的冈崎片段之间的连接，使之最终成为一条完整的单链。此外在 DNA 修复、重组及剪接中也起缝合缺口的作用，也是基因工程的重要工具酶之一。DNA 连接酶催化的连接反应需要消耗能量，在原核生物由 NAD^+ 提供，真核生物中利用 ATP 供能。连接酶在作用时先活化，与 NAD^+ 或 ATP 形成 E - AMP 中间体。中间体再与一个 DNA 片段的 5′- Pi 相连接形成 E - AMP - 5′Pi - DNA。接着与另一个 DNA 片段的 3′- OH 端作用，两个片段以 3′，5′-磷酸二酯键相连接，同时 E 和 AMP 被释放。DNA 连接酶作用见图 3 - 6。

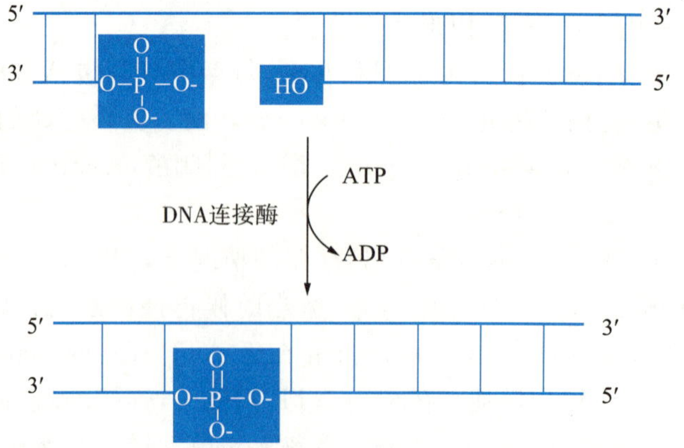

图 3 - 6 DNA 连接酶作用

DNA 聚合酶、引物酶、拓扑酶和连接酶虽都能催化 3′，5′-磷酸二酯键的形成，但又各不相同，见表 3 - 3。

表 3-3　4 种催化磷酸二酯键生成的酶

酶	底　物	结　果
DNA 聚合酶	dNTP	延长 DNA 新链
引物酶	NTP	合成引物 RNA
拓扑异构酶	切断整理后的 DNA 链	理顺 DNA 结构
连接酶	互补双链中相邻的两个片段	不连续链变成连续链

第四节　DNA 复制的过程

DNA 复制是一个连续的由众多酶和蛋白质因子参与的复杂过程，可分为起始、延长及终止 3 个阶段。原核生物和真核生物 DNA 复制的基本机制和特征相似，但是由于真核基因组庞大及核小体的存在，反应体系、反应过程及条件都更为复杂。以大肠埃希菌为例介绍 DNA 复制过程。

一、复制的起始

在复制起始阶段亲代 DNA 从复制起始点解链、解旋，形成复制叉，合成引物，由其提供 3′-OH 末端，作为新链 DNA 的生长点。

（一）辨认复制起始点

复制时 DNA 分子要从固定的复制起点开始进行解链。大肠埃希菌环状染色体 DNA 的复制起始点称为 oriC，由 245 bp 组成，其中有两个区域在复制起始中起关键作用：一个是 3 段串联重复排列的 13 bp 序列，富含 AT 配对，共有序列为 GATCTNTTNTTTT，是起始解链区。另一个是 4 段反向重复排列的 9 bp 序列，共有序列为 TTATCCACA，是 DnaA 蛋白识别区。大肠埃希菌 DNA oriC 上的特殊重复序列见图 3-7。

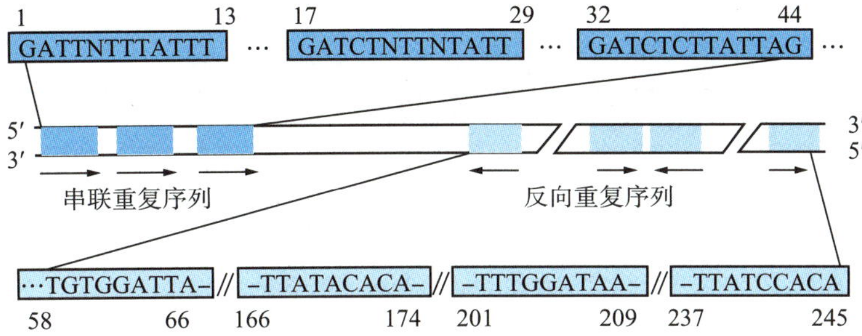

图 3-7　大肠埃希菌 DNA oriC 上的特殊重复序列

复制起始，几个 Dna A 蛋白辨认并结合 ori C 的 9 bp 反向重复序列，形成起始复合物，结合于该区域的 Dna A 通过某种机制促使富含 AT 的 13 bp 重复序列区域局部开始解链。然后 Dna A 蛋白使 Dna B(解旋酶)在 Dna C 帮助下结合于已解开的局部单链上，这些蛋白质因子与起始点结合形成的复合体称为引发前体(preprimosome)。

（二）形成复制叉

解旋酶 Dna B，利用水解 ATP 的能量沿着 DNA 链 5′→3′方向移动解链，形成两个复制叉。当双链 DNA 解开至一定的长度，Dna A 蛋白被置换出，引发下一次复制的起始。Ⅱ型拓扑异构酶加入，通过活节、解缠绕来释放解链造成的拓扑学张力，促使解链酶进一步解链；SSB 与解开的单链 DNA 模板结合，稳定和维持模板在一定的单链长度，利于核苷酸依据模板掺入。随着 DNA 双链的逐渐打开呈现出的一种“Y”形结构，称为复制叉。复制叉的形成见图 3-8。

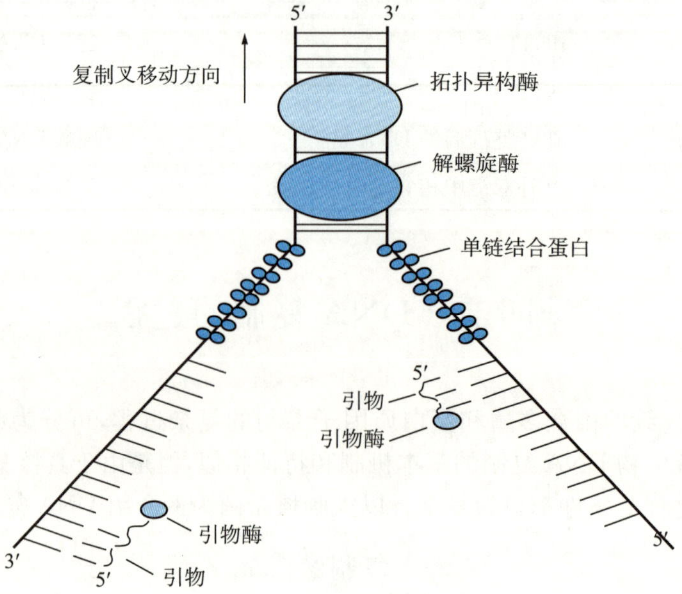

图 3-8　复制叉的形成

（三）引物合成和引发体形成

随着解链进行，引物酶 Dna G 进入，与 Dna B 和 Dna C 等构成引发体。引发体（primosome）是 Dna B、Dna C、Dna G 与复制起始点区域 DNA 结合形成的复合结构。引发体的各蛋白质组分在 DNA 链上沿 5′→3′方向移动到适当位置，引物酶以复制起始点处解开的一段单链 DNA 为模板，以 NTP 为底物，催化合成互补的短链 RNA 引物，作为 DNA 合成的起点。DNA pol Ⅲ辨认引物，并催化与模板配对的第一个 dNTP 的 5′-Pi 与引物 3′-OH 之间生成 3′,5′磷酸二酯键，反应后的 dNTP 仍留有 3′-OH，可与后续底物反应，使复制可进行下去。大肠埃希菌解链过程主要由 Dna A、Dna B、Dna C 和拓扑异构酶及 SSB 等参与完成，见表 3-4。

表 3-4　参与大肠埃希菌复制起始的主要物质

名　称	功　能
Dna A	辨认复制起始点
解螺旋酶(Dna B)	解链
Dna C	协助 Dna B 与模板结合
引物酶(Dna G)	合成引物 RNA
拓扑异构酶	解开超螺旋
SSB	保护单链模板，防止形成双螺旋

二、复制的延长

在 DNA pol Ⅲ的催化下，自引物的 3′-OH 端开始，dNTP 以 dNMP 逐个添加，合成前导链及后随链。DNA pol Ⅲ辨认结合引物后，核心酶（α、ε 和 θ 三亚基组成）将每一个与模板正确配对的 dNTP 中 α 磷酸基团（5′-Pi）与引物或延长中的子链 3′-OH 脱水缩合生成 3′,5′磷酸二酯键。前导链在引物提供的 3′-OH 末端的基础上沿着 5′→3′的方向可以连续延长。由于后随链的延长方向与解链方向相反，在引物 3′-OH 末端合成一段冈崎片段后，需要等待复制叉继续解开至相当长度，再生成新的引物，然后在新生成引物的3′-OH末端又合成一段冈崎片段。由此可见，复制延长中，后随链上要不断地生成引物，并在引物的基础上合成一段段“冈崎片段”。DNA链延长的实质就是磷酸二酯键不断生成的过程，聚合反应需要的能量来自底物dNTP本身，无需其他能量物质。

在同一个复制叉上，前导链的合成是连续的，后随链合成是分段进行的，由同一个DNA pol Ⅲ催化合成。为此，后随链的模板必须绕成一个回环，使后随链的合成方向与前导链一致，这样它们就可以在同一个复制体上进行合成。每合成完一段冈崎片段DNA pol Ⅲ便与模板分开，然后在新的位置与模板再结合，催化下一个冈崎片段合成，因此后随链上会出现若干不连续复制的冈崎片段，这正是复制的半不连续性。DNA pol Ⅲ的ε亚基具有3′→5′外切酶活性，在复制中执行校读功能，保证高速复制的准确性。同一复制叉上同时合成前导链和后随链，见图3-9。

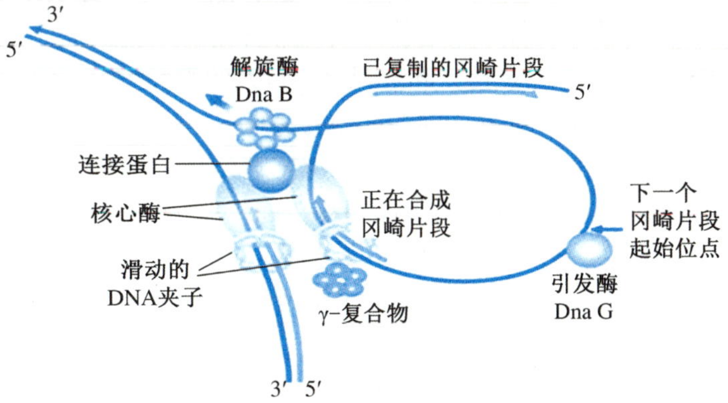

图3-9 同一复制叉上同时合成前导链和后随链

三、复制的终止

复制终止与DNA的形状有关，当复制叉移动到线性DNA分子末端时，复制即终止。对于环状DNA，当双向复制的复制叉同时到达一个部位或在某个特定部位相遇时，便停止复制。大肠埃希菌两个复制叉的汇合点称为复制终止点(termination，ter)，含有特定的DNA序列，刚好与起始点oriC相对，每个复制叉的复制到达复制终止点，即复制终止。

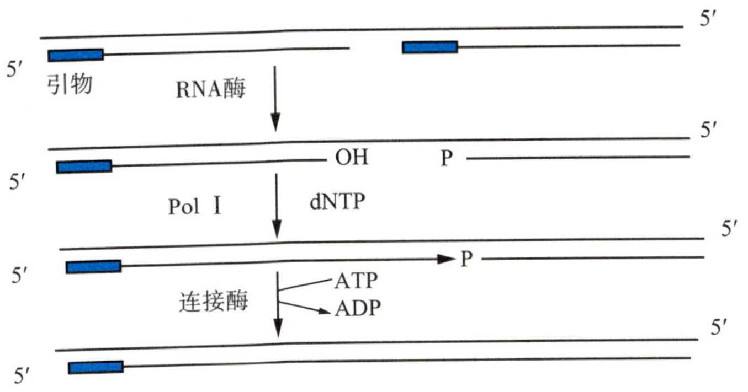

图3-10 引物的去除及冈崎片段的连接

复制的终止包括水解引物、填补去除引物后留下的空隙及冈崎片段的连接，主要由DNA pol Ⅰ和DNA连接酶来完成。引物的去除及冈崎片段的连接见图3-10。复制中的引物是RNA而不是DNA，复制完成后DNA pol Ⅰ利用其5′→3′外切酶活性水解5′端的引物RNA(也有观点认为引物的去除是由RNA酶完成的)，并依据模板的碱基序列催化延长前一个冈崎片段的3′-OH端以填补引物被去除后产生的空隙。然后在连接酶的催化下连接DNA片段。按照上述方式，所有的冈崎片段将被连接，使后随链变为一条完整的子代链。至此完成基因组的复制过程。

四、染色体DNA的末端复制

真核生物染色体DNA是线性结构，复制时，两股新生链5′端的引物切除后留下空隙，DNA聚合酶无法填补。剩下的DNA单链母链如果不填补成双链，会被核内的DNase酶降解，如果任其存在，DNA双链将复制一次缩短一些。然而，染色体在正常生理条件下复制，是可以保持其应有的长度的。

（一）端粒与端粒酶

1978 年，Blackburn 发现真核生物线性 DNA 末端存在端粒结构；1984 年，Blackburn 和 Greider 发现了端粒酶，并阐明端粒具有特殊的复制机制，来防止染色体不稳定及复制缩短的问题。

端粒(telomere)是真核生物染色体线性 DNA 分子末端的结构，由末端 DNA 和蛋白质组成，犹如两顶“帽子”一样位于染色体两端，故而得名。端粒 DNA 为短串联重复序列，3′端序列是 T_xG_y，5′末端序列是 C_yA_x，一般 x 和 y 是 1～4，人的端粒 DNA 的重复序列是$(5'-TTAGGG-3')_n$，$n \geq 1\,000$，不同物种的端粒重复序列存在差异。

端粒的主要功能是维持染色体末端的稳定性和复制的完整性，保护 DNA 末端免遭降解和相互融合。研究表明，体细胞染色体端粒会随细胞分裂而逐渐缩短，当缩短到一定程度，细胞停止分裂。因此，端粒起细胞分裂器的作用，其长度反映细胞分裂次数。

端粒 DNA 由端粒酶合成，端粒酶(telomerase)由 RNA 和蛋白质组成，是一类特殊的逆转录酶，具有保持染色体复制完整性的功能。端粒酶 RNA 序列与端粒区的重复序列互补，可作为端粒延长的模板；蛋白质部分有逆转录酶活性，可以其自身 RNA 为模板催化端粒 DNA 的合成。

（二）端粒复制

复制终止时，端粒酶通过逆转录机制催化端粒区延长，合成端粒 DNA 重复序列，填补去除引物后留下的空隙，恢复该处 DNA 的长度。端粒 DNA 的延长方式被形象地称为“爬行模型”，如图 3-11 所示。首先端粒酶结合于端粒的 3′端，以 RNA 为模板，开始在母链提供的 3′-OH 末端，逆转录延长单链 DNA，待单链 DNA 延长到一定长度后，新合成的 DNA 通过非标准的 G-G 配对形成发夹结构，同时端粒酶 RNA 向新合成的母链 DNA 3′端移位；继续逆转录延长母链 DNA。当达到足够长度后停止延长端粒 DNA，这条链就是富含 TG 的链。达到一定长度后，端粒酶脱离，端粒 3′-OH 端回折，引导合成新生链填补 5′端空缺。

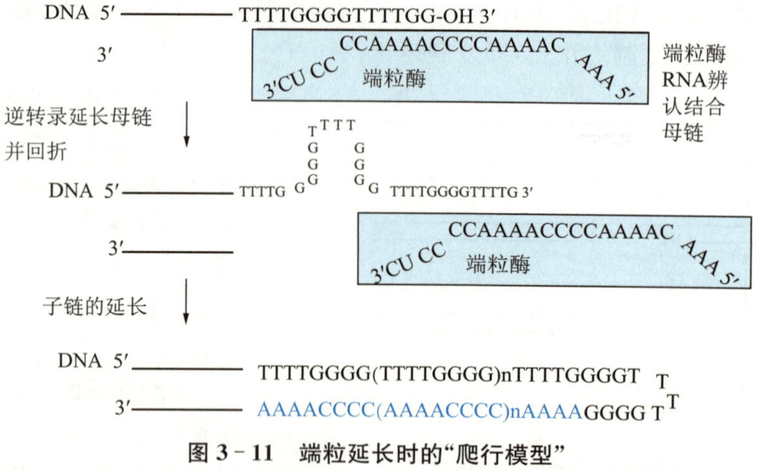

图 3-11 端粒延长时的“爬行模型”

端粒长度反映端粒酶的活性，研究显示正常体细胞中极少有端粒酶的表达，在生殖细胞、干细胞、绝大多数肿瘤细胞中活性较高，这些细胞的端粒一直保持着一定长度。因此，端粒长度随细胞的分裂次数逐渐缩短，成为衰老和导致器官功能减退的原因之一。

真核生物在细胞周期的 S 期复制染色体 DNA，复制机制和过程基本与大肠埃希菌相似，但更为复杂。与原核生物相比，复制具有以下特点：① 复制叉行进的速度慢(因有核小体的解聚)。② 多点复制，染色体 DNA 有多个复制起始点，形成多复制子结构。③ 冈崎片段长度为 100～220 nt，而大肠埃希菌冈崎片段的长度为 1 000～2 000 nt。④ 引物酶是 DNA pol α 的一个亚基，在复制的延长阶段发生 DNA pol α/δ 转换。⑤ 终止阶段涉及端粒合成。此外参与真核与原核生物复制的一些酶及蛋白质因子也有较大差异，见表 3-5。

表 3-5　参与真核与原核生物复制的一些酶及蛋白质因子比较

	大肠埃希菌	真核生物
复制酶	DNA pol Ⅲ	DNA pol α 和 DNA pol δ
滑动夹	DNA pol Ⅲ的 β 亚基	PCNA
引物酶	DnaG	DNA pol α
解螺旋酶	DnaB	DNA pol δ 的解螺旋酶活性
去除引物	DNA pol Ⅰ或 RNA 酶 H	细胞内 RNA 酶
单链结合蛋白	SSB	RF-A
后随链的连接	DNA pol Ⅰ和连接酶	DNA pol ε 和连接酶

第五节　DNA 的其他生物合成方式

在某些生物体内还存在着一些特殊的复制方式，如 RNA 病毒的逆转录、线粒体 DNA 的 D 环复制及噬菌体 DNA 的滚环复制等。

一、ΦX174 的复制

ΦX174 是侵染大肠埃希菌的含单链环状 DNA 的噬菌体，进入宿主体内先形成复制型的双链 DNA 分子，接下来以滚环式复制（rolling circle replication）方式进行复制。A 蛋白利用核酸内切酶活性在环状双链 DNA 复制起始点切开一个缺口，形成有 3′-OH 和 5′-Pi 的开环单链结构。以产生的 3′-OH 端为引物，以未切断的内环链为模板，一边滚动一边合成新链；随着 3′端不断地延长，母链的 5′-Pi 端逐渐被甩出环外，内环不打开犹如边滚动边复制，故称为滚环式复制。内环单链复制完，A 蛋白切断外环母链和子链，外环母链重新滚动 1 次，3′端沿母链延长，最后形成两个子双环。此外，某些病毒、F 因子等 DNA 的复制采用这种方式。滚环式复制的过程见图 3-12。

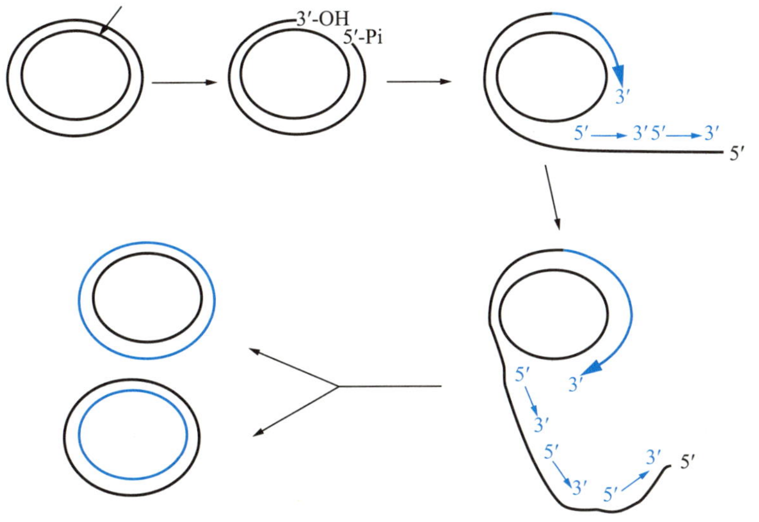

图 3-12　滚环式复制

二、线粒体DNA的复制

真核生物线粒体DNA按D环方式复制，由DNA pol γ催化合成。复制时先合成引物。在线粒体环状双链的DNA分子上，有两个相距很近的复制起始点。这两条链的复制不是同步进行的，外环链先复制，内环链晚些再开始复制。复制开始时，在一个复制起始点打开双链，合成第一个引物后，以内环为模板，dNTP为底物，指导合成外环，至第二个复制起始点时，再合成第二个反向引物，以外环为模板进行反向延伸复制内环，从而完成环状双链DNA的复制。从第一个起始点开始的新链合成进行到一定阶段，亲代外环模板不断被膨出形如字母“D”的结构，故把这种复制模式称为D环复制（D-loop replication），见图3-13。

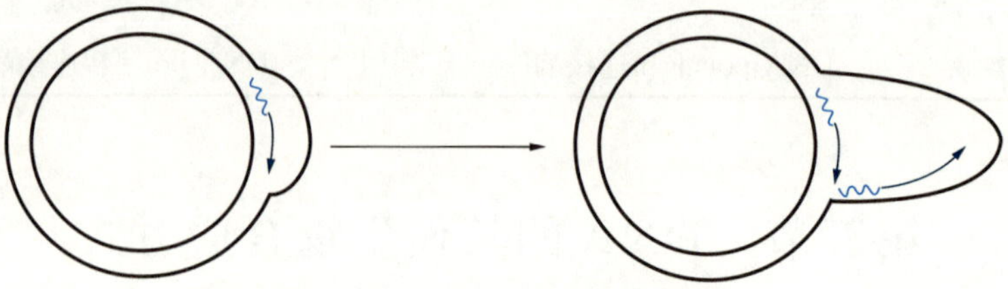

图3-13 进行中的D环复制

三、逆转录

逆转录（reverse transcription）是以RNA为模板、dNTP为原料，在逆转录酶的催化下合成DNA的过程。因其遗传信息流向（RNA→DNA）与转录（DNA→RNA）相反而得名，是一种特殊的复制方式。

（一）逆转录酶

1970年，H. Temin和D. Baltimore在致癌RNA病毒中发现能催化以单链RNA为模板，合成双链DNA的酶，称为逆转录酶，全称依赖RNA的DNA聚合酶（RNA dependent DNA polymerase，RDDP）。逆转录酶由逆转录病毒基因编码，有3种酶活性：① RNA指导的DNA聚合酶活性。② RNA酶（RNase）活性。③ DNA指导的DNA聚合酶活性。逆转录酶催化反应的过程如下：先逆转录，以RNA为模板，dNTP为底物，利用RNA指导的DNA聚合酶活性合成互补DNA链，形成RNA-DNA杂化分子；新合成的这条单链DNA称为互补DNA（complementary DNA，cDNA），合成反应需要引物提供3′-OH，对于逆转录病毒而言，自身的一种tRNA可作为引物。其次水解，利用RNA酶（RNase）活性，特异地水解RNA-DNA杂化双链中的RNA链，获得游离的单链DNA（DNA第一链）；最后复制，利用DNA指导的DNA聚合酶活性，以DNA第一链为模板合成另一条互补DNA链（DNA第二链），形成DNA双链分子。逆转录过程见图3-14。逆转录酶无3′→5′外切酶活性，因此缺乏校正功能，所以由逆转录酶催化合成的DNA出错率比较高，这也可能是致病毒株不断会出现新毒株的原因之一。

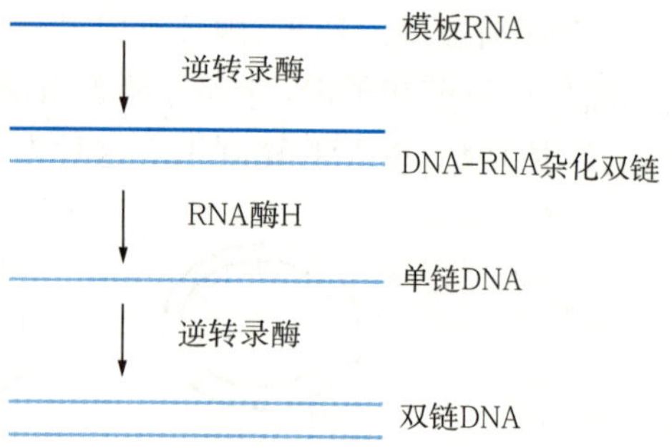

图3-14 逆转录过程

（二）逆转录病毒

RNA病毒的基因组是单链RNA而非DNA，复制时以逆转录方式进行，因此RNA病毒也称为逆转录病毒（retrovirus）。如人类免疫缺陷病毒（HIV）就是一种典型的逆转录病毒。这类病毒在感染宿主细胞后，基因组RNA通过逆转录最终形成双链DNA。双链DNA保留了RNA病毒的全部遗传信息，在宿主细胞内可独立繁殖包装成新病毒颗粒，或整合入细胞基因组内，随宿主基因一起复制和表达。因此，逆转录使 RNA 序列可作为遗传信息进行传代。

知识拓展

逆转录现象和逆转录酶的发现

1963 年，美国科学家 H.M. Temin 在研究致癌 RNA 病毒复制时，发现它不是以 RNA 为模板复制 RNA，而是通过一种 DNA 作为中间物再合成 RNA。于是他便提出设想：致癌 RNA 病毒的复制需要经过一个 DNA 中间体（前病毒），此 DNA 中间体可将部分或全部 DNA 分子整合到细胞 DNA 中去，并随细胞增殖而传递给子代细胞。1973 年，Temin 和另一位科学家 D. Baltimore 在致癌 RNA 病毒和鼠白血病病毒中发现并分离了逆转录酶，Temin 提出的前病毒学说终于得到了证明。因此，二人荣获 1994 年诺贝尔生理学或医学奖。

（三）逆转录的意义

逆转录酶和逆转录现象是分子生物学研究中的重大发现，具有重要的理论和实践意义：① 逆转录是对中心法则的补充，遗传物质不单单是 DNA，在某些生物中 RNA 也是遗传信息的载体；遗传信息的流向既可 DNA→RNA，也可 RNA→DNA。② 有助于了解病毒致癌的机制，大多数逆转录病毒都有致癌作用，属于致癌 RNA 病毒，致癌病毒使细胞发生恶性转化的关键步骤就是逆转录。对逆转录病毒的研究不仅拓展了病毒致癌理论，更重要的是在研究致癌病毒时发现了癌基因，为肿瘤发病机制的研究提供了新思路。在人类的小细胞肺癌、膀胱癌等癌细胞中，也发现了与病毒癌基因相同的碱基序列，称为细胞癌基因或原癌基因，这些一直是病毒学、肿瘤学及分子生物学研究的重大课题。③ 逆转录酶是基因工程常用的工具酶之一，在实际工作中，可提取目的基因的 mRNA，然后逆转录成 DNA，构建 cDNA 文库用以获取目的基因，体外这种获取目的基因的方法叫 cDNA 法。在体外进行的逆转录常用一段多聚 T(polyT)序列作为引物合成 cDNA。

四、DNA 的损伤与修复

DNA 聚合酶在复制中对碱基有选择能力和校正的功能，保证了复制的精确性和忠实性。但复制时总不免还会存在少量未被校正的差错，在非复制期间 DNA 还会受到各种理化因素的损害发生变化，这些都会导致突变。这种突变一方面有利于生物进化，另一方面可能产生不良后果。

（一）DNA 损伤

DNA 损伤(DNA damage)是指正常 DNA 分子的结构或碱基序列发生改变的现象。这种变化通常导致基因产物功能的改变或丧失。

1. 引起 DNA 损伤的因素　内部和外部因素都可以造成 DNA 的损伤。内部因素如复制错误、自发性损伤会导致自发突变，特点是突变率相对稳定。外部因素如物理因素、化学因素、生物因素会诱发突变。

(1) 自发突变：在自然条件下碱基有可能发生自发水解脱落、脱氨基及碱基修饰等现象，DNA 复制中存在的校正机制，降低了错误的发生，使其发生频率仅为 10^{-9} 左右，即每合成 10^{9} 个核苷酸大概有一个错误碱基的掺入，但由于 DNA 分子较大，传代快，由此带来的变异也是极大的，而且在诱发因素的作用下，自发突变频率会骤升，后果不容忽视。

(2) 物理因素：主要包括紫外线(ultra violet, UV)、各种辐射等。紫外线可使 DNA 分子同一条链上相邻的 2 个嘧啶碱基以共价键连接，形成嘧啶二聚体（环丁基二聚体），阻碍正常的碱基配对，影响复制和转录。常见的是胸腺嘧啶(T－T)二聚体的形成,这也是 UV 对 DNA 分子损伤的主要方式;此外也可产生 C－C 及 C－T 二聚体。电离辐射(如 α、β、γ、X 射线)能引起碱基脱落、DNA 链断裂、丢失等。

(3) 化学因素:常见的是化学诱变剂或致癌剂,已发现 6 万余种,如烷化剂、亚硝酸盐、芳香烃类、碱基类似物、吖啶类分子及其他一些人工合成或环境中存在的化学物质,包括废气、废水、食品添加剂等。它们的作用,见表 3－6。

表 3－6 常见的化学诱变剂及其作用

类别	代表物	作用
烷化剂	氮芥、环磷酰胺	使碱基、磷酸基和核糖烷基化,修饰碱基
脱氨剂	亚硝酸盐、亚硝酸胺	通过脱氨基作用使 G→黄嘌呤、C→U、A→I,改变了碱基配对关系
芳香烃类	苯并芘、二甲苯并蒽	使嘌呤碱基共价交联
碱基类似物	氟尿嘧啶、6－巯基嘌呤	取代正常的碱基,影响复制和转录
吖啶类	溴化乙锭(EB)	插入 DNA 双链中,引起移码突变

(4) 生物因素:指病毒或霉菌(如麻疹病毒、风疹病毒、黄曲霉等)的蛋白质表达产物或产生的毒素和代谢产物。变质食物中存在的黄曲霉素与维生素 B_1 和 DNA 结合成复合物,影响复制和转录;抗生素及其类似物(放线菌酮、丝裂霉素等)可嵌入 DNA 碱基对间,干扰复制;逆转录病毒及可以整合到染色体 DNA 上的 DNA 病毒(如乙肝病毒)等可插入宿主基因组,引起宿主基因突变。

2. DNA 损伤的类型 根据 DNA 序列改变方式的不同,可将 DNA 损伤分为错配(mismatch)、缺失(deletion)、插入(insertion)、重排(rearrangement)及共价交联。缺失或插入均可导致框移突变(frame-shift mutation)。

(1) 错配:又称点突变,指 DNA 分子上的单个碱基错配,包括转换和颠换两种形式。转换是发生在同型碱基之间,即嘌呤变成另一嘌呤或嘧啶变成另一嘧啶。颠换是发生在异型碱基之间,即嘌呤换嘧啶或嘧啶换嘌呤。镰形红细胞贫血病是点突变致病的典型例子,患者 HbAβ 基因上编码第 6 位谷氨酸的密码子 GAG 变成缬氨酸的密码子 GTG,即发生了点突变 A→T。

(2) 缺失和插入:缺失是指 DNA 分子上一个碱基或一段核苷酸的消失;插入是指原来没有的一个碱基或一段核苷酸插入到 DNA 大分子中;两者皆引起 DNA 上碱基数目的改变。如果在 DNA 编码序列中缺失或插入的核苷酸数不是 3n 个,则会使其后的三联体密码的阅读方式全部改变,造成所翻译蛋白质中的氨基酸的组成或排列顺序全部混乱,致生成的蛋白质可能完全不同,称为框移突变或移码突变。如下列密码框因缺失 U,突变后造成了突变点下游编码氨基酸序列的改变。

正常 5′…… AUA GAG CAG UAC ……3′
Ile Glu Gln Tyr

缺失 U 3′…… AAG AGC AGU ACG ……3′
Lys Ser Ser Thr

不过,缺失或插入 3n 个核苷酸不一定会引起框移突变。如果在蛋白质编码序列中插入或缺失某些碱基对的片段,就称为片断突变,其结果使蛋白质变得更加复杂。如假肥大型肌营养不良症的基因上,就发生了几个 kb 的缺失。

(3) 重排:DNA 分子内较大片段的交换,称为重组或重排,但不会导致遗传物质的丢失和增加。重组可以发生在 DNA 分子内部或 DNA 分子之间,一段核苷酸可从一处迁移到另一处,即发生移位;移位的 DNA 可以在新位点上颠倒方向放置,称倒位,也可以在染色体之间发生交换重组。

(4) 共价交联：如一条 DNA 链上碱基与另一条链上或同一条链上的碱基以共价键结合，称为共价交联。如紫外线照射后形成的嘧啶二聚体就是 DNA 链内交联。

(二) DNA 损伤的修复

为保证遗传信息的稳定性和完整性，DNA 一旦受到损伤必须及时修复。DNA 修复(DNA repairing)是对已发生分子改变的 DNA 通过酶学机制，使其恢复原有结构的一种补偿措施。也是生物体在长期进化中形成的一种保护功能，细胞对 DNA 损伤进行修复的方式有多种，研究较为清楚的有直接修复、切除修复、重组修复及 SOS 修复等。直接修复和切除修复发生在 DNA 复制过程之外，是准确的修复；而重组修复及 SOS 修复发生在 DNA 复制过程之中，不能将 DNA 损伤完全修复。

1. 直接修复(direct repair)　是修复酶直接作用于受损的 DNA，使其恢复原来的结构。修复时不切除损伤的碱基或核苷酸，直接将其修复，如光修复、烷基化碱基修复和无嘌呤位点的修复都属于直接修复。生物体内普遍存在一种光修复酶(photolyase)，经波长为 300～600 nm 可见光照射后激活，可使 UV 照射后形成的嘧啶二聚体分解为两个正常的嘧啶单体，DNA 恢复正常。因此，光修复酶主要负责修复嘧啶二聚体使其恢复为原来的非聚合状态。这种修复方式对植物特别重要，人体中也有类似的修复酶存在，但作用并不强。

2. 切除修复(excision repair)　是指切除一条 DNA 的损伤片段，以其互补链为模板，合成 DNA 来填补切去的部分，使 DNA 恢复正常结构，是细胞内最重要和最有效的修复方式。切除修复又可分为：① 碱基切除修复，修复单个碱基的损伤，由糖基化酶参与完成。② 错配切除修复，修复 DNA 复制时出现的碱基错配。③ 核苷酸切除修复，切掉一段核苷酸。

参与切除修复的酶主要有：特异的核酸内切酶、外切酶、DNA 聚合酶及连接酶。整个过程包括：① 由特异性核酸酶寻找损伤部位，切除损伤片段。② DNA 聚合酶合成 DNA 填补缺口，连接酶连接缺口。大肠埃希菌中与核苷酸切除修复相关酶为 Uvr ABC 系统，包括 Uvr A、Uvr B、Uvr C、Uvr D。其中 Uvr A 和 Uvr B 的作用是辨认、结合 DNA 受损伤的部位，Uvr C 负责切除，Uvr D 有解螺旋酶活性。Uvr ABC 系统参与的切除修复见图 3－15。

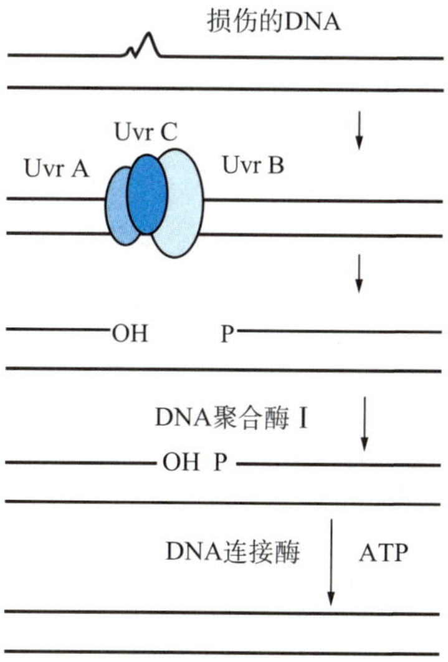

图 3－15　Uvr ABC 系统参与的切除修复

人类核苷酸切除修复系统基因缺陷则易导致“着色性干皮病”(xeroderma pigmentosis，XP)，与 XP 相关的一些基因，称为 XP A、XP B、XP C、XP D、XP F 等；这些基因的表达产物与 Uvr 类蛋白有同源序列，具有辨认和切除损伤 DNA 的作用。XP 患者是由于 XP 基因有缺陷，对紫外线照射引起的 DNA 损伤不能进行修复，表现为皮肤干燥、角质化着色，易发生皮肤癌。

3. 重组修复(recombination repair)　DNA 复制过程中有时会遇到尚未修复的 DNA 损伤，可以先复制再修复。在修复过程中发生了 DNA 重组，因此称为重组修复。有些 DNA 损伤面较大，未能及时修复就已开始复制，由于亲代链损伤的局部不能起模板作用指导子链的合成，于是在复制的子链 DNA 上出现了空缺，这时可通过图 3－16 所示的重组修复加以弥补。在重组修复过程中，完好的亲代链与有缺口的子链发生重组，但模板链原有的损伤并未修复，可通过切除修复进行修复。通过多次复制和重组修复，实际上细胞中的 DNA 多数是完好的。参与重组修复的酶系统主要是参与同源重组的酶，如 rec A、rec B、rec C 等。

4. SOS 修复(SOS repairing)　当 DNA 损伤极其严重难以进行正常复制时，细胞会诱发一系列复杂反应，对损伤的 DNA 进行修复，称为 SOS 修复。短时间内其他修复系统很难将这些损伤修复，

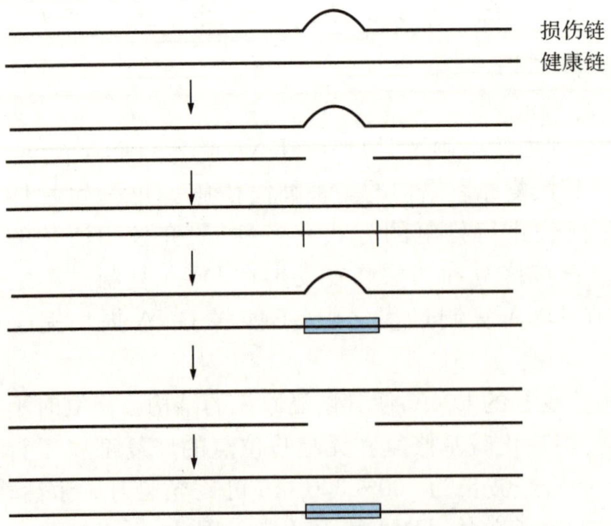

图 3-16 重组修复示意

复制难以进行，细胞为了存活，就会紧急启动 SOS 系统。SOS 系统诱导切除修复和重组修复中某些关键酶和蛋白质表达，即 *uvr*、*rec* 类基因及产物，还有重组蛋白 A 和调控蛋白如 Lex A 等，从而加强切除修复和重组修复的能力；SOS 系统还能诱导产生缺乏校正功能的 DNA 聚合酶进行修复。SOS 修复反应的特异性低，快而粗糙，对碱基的识别、选择能力较差，因此它不是一种精确的修复方式，只是降低了损伤的程度，所以也称为差错倾向性修复。SOS 修复后的 DNA 会保留较多的错误，细胞虽避免死亡，但增加了细胞突变。一般情况下，SOS 修复系统是不表达的，只有紧急状态才表达，一些致癌剂能诱发 SOS 修复系统。

DNA 损伤修复异常是导致突变及癌变的重要因素，以下几种疾病就是由于 DNA 修复机制有缺陷导致的(表 3-7)。

表 3-7 与 DNA 修复机制缺陷有关的疾病

遗传病	损伤因素	修复机制	临床表现	易患疾病
着色性干皮病	Uv	切除修复	皮肤干燥、色素沉着	皮肤癌
Bloom 综合征	烷化剂、光	同源重组	面部毛细血管扩张	淋巴瘤、白血病
Fanconi 贫血症	交联剂	同源重组(*FA* 基因相关群)	发育不全、血细胞减少	白血病
Cokayne 综合征	Uv	转录合并修复	侏儒、早衰、耳聋	三联体染色体畸变
毛细血管扩张性失调	γ-射线	同源重组	血管扩张、染色体失常	淋巴瘤

(邓秀玲)

思考题

1. 参与原核生物复制的物质有哪些？它们的作用是什么？
2. 有哪些机制来保证复制的精确性？
3. 比较真核与原核生物的复制过程各有什么特点。
4. 简述 DNA 损伤的类型及体内对 DNA 损伤如何修复。
5. 简述逆转录及其过程。

本章课件　　本章习题

第四章

RNA 的生物合成

学习目标

【掌握】

1. 转录的概念及基本规律。
2. 结构基因的概念。
3. 原核生物 RNA 聚合酶的作用、启动子结构特点、转录的过程。
4. 真核生物不同 RNA 聚合酶的转录产物。

【熟悉】

1. 真核生物转录的过程。
2. 真核生物Ⅱ类启动子的核心序列及上游启动元件。
3. RNA 的编辑与 RNA 沉默。

【了解】

1. 原核生物的启动子序列的发现。
2. tRNA 的成熟过程。

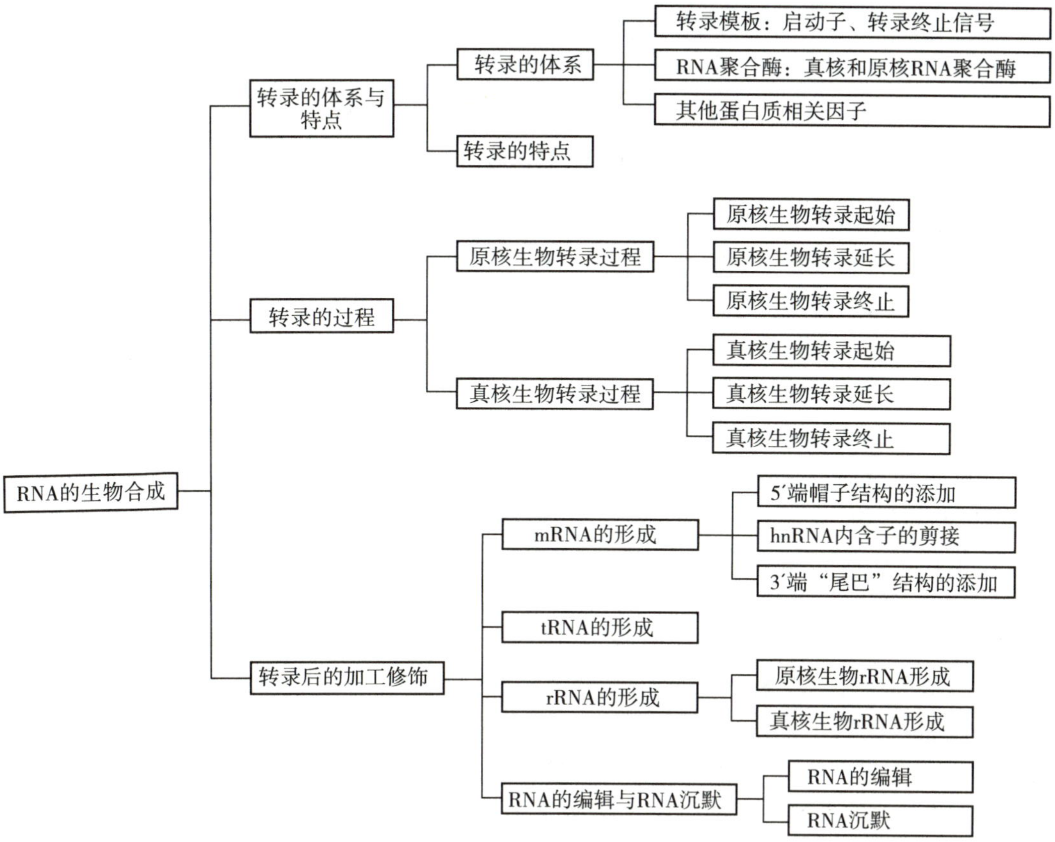

转录(transcription)是以DNA为模板(template),按照碱基互补配对原则,在依赖DNA的RNA聚合酶(RNA polymerase)的作用下,合成与DNA链互补的RNA。转录生成的RNA初级产物需要经过一系列加工,才能成为成熟的RNA分子。自然界中转录并不是产生RNA的唯一方式,如RNA指导的RNA合成(RNA-dependent RNA synthesis),也叫RNA复制(RNA replication),该方式是由依赖RNA的RNA聚合酶(RNA-dependent RNA polymerase)催化,常见于病毒,是逆转录病毒以外的RNA病毒在宿主细胞中以病毒的单链RNA为模板合成RNA的方式。

第一节 转录的体系与特点

转录是基因表达的第一步,生物体不同生长发育阶段的需求及细胞内外条件的改变,将决定哪些基因转录和这些基因转录的速度。

一、转录体系

(一) 转录模板

DNA是双链的,能够转录RNA的那条DNA链称为模板链,因为模板链能够转录,所以也称有意义链;与模板链互补的DNA链,因为该链的方向和核苷酸序列都与这一区域转录出来的编码蛋白质氨基酸序列的RNA序列一致(除U和T的区别),所以称为编码链,也称无意义链。不同基因的模板链并不总在同一条DNA单链上,模板不在同一条DNA单链的基因,其转录方向相反,因为转录的产物链RNA也是5′→3′延长(图4-1)。

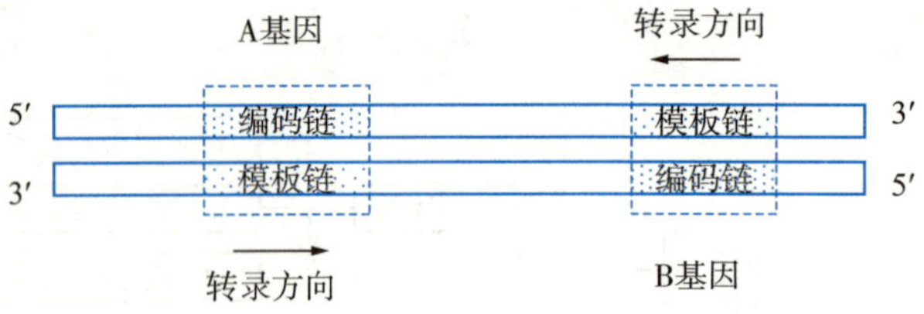

图4-1 转录的不对称性

RNA链的合成起始于DNA模板上的一个特定位点,称为转录起始点;并在另一位点处终止,称为转录终止点;起始点和终止点之间的特定区域称为转录单位(transcription unit)。真核生物一个转录单位包含一个基因,但是原核生物的一个转录单位包含有多个基因。转录的起始是由启动子(promoter)控制,启动子包含TATA序列等多个功能区域。

1. 启动子 是指RNA聚合酶识别、特异结合和启动转录的一段具有较高保守性的特殊DNA序列。RNA聚合酶起始转录需要的辅助因子(蛋白质)称为转录因子(transcriptional factor, TF)。RNA聚合酶能否与启动子相互作用是起始转录的关键问题。不同启动子对RNA聚合酶的亲和力不同。因此,RNA聚合酶与启动子的结合情况对调控转录起始的频率有重要作用。RNA聚合酶与启动子的结合,依赖于RNA聚合酶分子上能够识别出DNA双螺旋上某特异序列的化学结构。

(1) 原核生物启动子:其序列的确定是利用RNA聚合酶与启动子序列的结合,结合RNA聚合酶的启动子序列不能被核酸酶降解,而未结合RNA聚合酶的DNA序列可被核酸酶降解,以确定启动子序列,这种方法称为"RNA聚合酶保护法"。该方法首先把一段基因分离出来,然后和提纯的RNA聚合酶混合,再加入核酸外切酶作用一定时间后,DNA链上多聚核苷酸已受核酸外切酶水解,生成游离核苷酸。但总有一段40～60 bp的片段是完整的。这表明,这段DNA因与RNA聚合酶结合而受到保护。这段受保护的DNA又总是位于结构基因的上游。所以这一被保护的DNA区段,就是被

RNA 聚合酶辨认和结合的区域，即原核生物的启动子序列区域(图 4-2)。利用该法对 100 多种原核生物启动子的序列进行了比较，发现在 RNA 合成开始位点的上游大约 10 bp 和 35 bp 处有两个共同的序列，即−10 区和−35 区。这两个区的序列特征是：−35 区的序列为 TTGACA，−10 区的序列为 TATAAT。因−10 区是 1975 年 Pribnow 首先发现，因此该区又称为 Pribnow 盒(Pribnow box)。

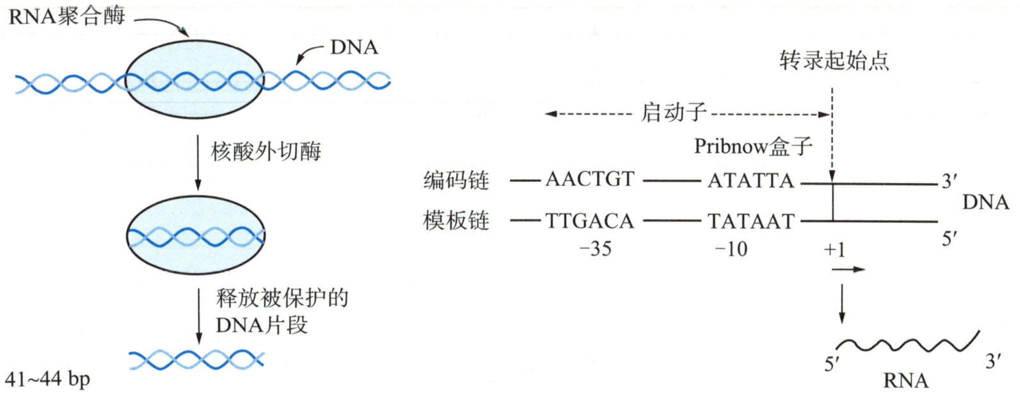

图 4-2 用 RNA 聚合酶保护法分析启动子序列

利用定位诱变技术使启动子发生突变可获得共同序列的功能信息。−35 区序列的突变将降低 RNA 聚合酶与启动子结合的速度，证明不同的启动子序列启动转录的频率不同，但不影响转录起点附近 DNA 双链的解开；而−10 区序列的突变不影响 RNA 聚合酶与启动子的结合速度，但会降低双链解开的速度。由此可见−35 区提供了 RNA 聚合酶识别的信号，−10 区则有利于 DNA 局部双链的打开。−10 区富含 A-T 碱基对，因而双链分开所需的能量也较低。

−35 区与−10 区之间的距离也会影响转录的活性。−35 区与−10 区之间的距离是 16～19 bp，<15 bp 或>20 bp 都会降低启动子的活性。保持启动子这两段序列以及它们之间的距离是十分重要的，否则就会改变它所控制的基因的表达水平(图 4-3)。

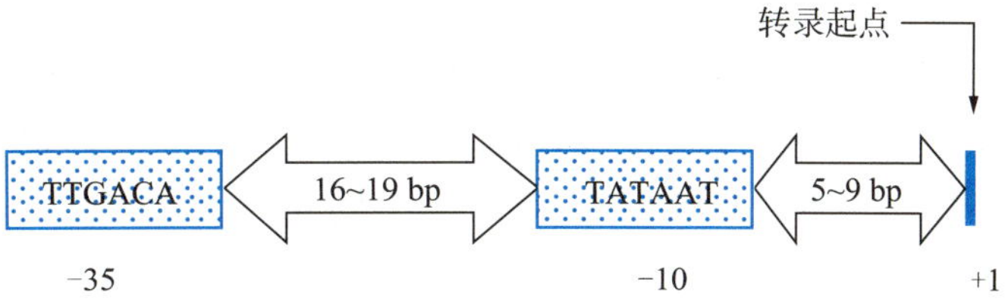

图 4-3 *E.coli* 典型启动子

启动子附近的 DNA 序列能影响启动子的功能：rRNA 合成的起始位点上游 50～150 bp 顺序是启动子的完全活性所必需的，如果这段 DNA 顺序缺失并由其他外来 DNA 取代，则转录起始的频率将降低 10 倍；上游顺序是某些 RNA 聚合酶的“激活蛋白”的结合部位，也是拓扑异构酶的结合部位，这有利于转录起始的超螺旋状态的产生，上游序列所引起的 DNA 结构的微细变化可能在双螺旋上被传导到相当远的距离，影响到−10 区和−35 区的 DNA 结构细节，因此远离启动子部位的富含 AT 的 DNA 序列能增进转录起始的频率。

原核生物亦有少数启动子缺乏−10 区或−35 区域的 DNA 序列，仅有其中 1 个区域的序列，这种启动子，RNA 聚合酶往往不能单独识别，需要有辅助蛋白质的帮助。

(2) 真核生物启动子：真核生物 3 种 RNA 聚合酶都有各自的启动子。目前对真核生物启动子了解较少，原因：① 原核生物启动子的鉴定方法不能直接运用于真核生物。② 没有找到高等真核生物启动子的突变体。③ 由于转录因子多，其结合位点多，不易找到各种 RNA 聚合酶的结合位点。④ RNA聚合酶不易纯化，缺乏酶的结构和活性功能的资料，使酶与启动子的结合和检测有较大困难。

真核生物启动子不是 RNA 聚合酶直接识别，而是通过多种转录因子和 RNA 聚合酶在起始点上形成转录起始复合物（preinitiation complex）而促进转录。启动子通常由一些短的保守序列组成，它们被适当的辅助因子识别进而启动转录过程。

1）RNA 聚合酶Ⅰ启动子：又称 rRNA 基因启动子或Ⅰ型启动子。不同真核生物Ⅰ型启动子序列有较大的差异，缺乏保守性。目前发现有两个区域是转录必需的：－40～＋5 近启动子部分为核心序列，其功能是决定转录起始的精确位置，这一段序列的全部或部分缺失，被同样长度的寡聚核苷酸替代，在选择性位点进行单个碱基突变等变化，都会消除或强烈降低 rDNA 转录能力；－165～－40 远启动子部分，又称上游控制元件（upstream control element，UCE），其功能是影响转录的频率，这段序列受到缺失、置换、插入等破坏，可造成转录频率下降 100 倍。

2）RNA 聚合酶Ⅱ启动子：该启动子涉及众多编码蛋白质的基因表达调控，因此又称蛋白质基因启动子或Ⅱ型启动子。该启动子有 4 个区域对转录起始和活性起着调控作用，是真核基因转录不可缺少的。序列多种多样，该类启动子包含 4 类控制元件：起始位点、基本启动子（basal promoter）、上游元件（upstream element）和远端调控元件。这些元件的不同组合，再加上其他序列的变化，构成了数量十分庞大的各种启动子。它们受相应转录因子的识别和作用。其中有些是组成型的，可在各类细胞中表达；有些是诱导型的，受时序、空间和各种内外条件的调节。

转录起始位点碱基大多为 A，两侧各有若干个嘧啶核苷酸（Inr 序列），该序列对启动子的强度和确定起始位点方面都是必要的。

基本启动子又叫核心启动子，指保证 RNA 聚合酶Ⅱ转录正常起始所必需的、最少的 DNA 序列，包括转录起始位点及转录起始位点上游的 Hogness 盒或 TATA 盒（TATA box），该保守区域的序列为 TATAAAA，该序列中全为 A－T 碱基对，仅少数启动子中含有一个 G－C 对。TATA 盒常在－25 bp左右，其功能相当于原核的－10 序列，与 RNA 聚合酶的定位有关，DNA 双链在此解链并决定转录的起点位置，失去 TATA 盒，转录将在许多位点上开始。同时，TATA 盒还决定转录的效率，如鸡卵清蛋白基因启动子的 TATA 变为 TAGA 后，转录效率大大下降；兔珠蛋白中 TATA 盒是 ATAAAA，人工突变为 ATGTAA 后，转录效率下降 80%；人的 β－珠蛋白基因的 ATAAAA 序列变为 ATGAAA、ATACAA 或 ATAGAA 后，β－珠蛋白的产量大大降低，引起地中海贫血症。也有少数蛋白质基因缺乏 TATA 盒，如腺病毒 DNA 结合蛋白（27KD）基因的上游没有 TATA 盒。

上游元件包括位于－70 ～ －80 bp 的 CAAT 盒（CCAAT）和－80～ －110 bp GC 盒（GGGCGG），此外，在不同的启动子上还有其他类型的 UPE，它们是转录调控因子结合的位点，影响着转录活化和频率。

远端调控元件主要包含增强子（enhancer）。增强子是有些真核生物基因在启动子远上游区域（－100 bp 以上）的序列，该序列可大大增强启动子的活性。增强基因启动子工作效率的顺式作用序列，能够在相对于启动子的任何方向和任何位置（上游或下游）上都发挥作用。增强子很可能通过影响染色质 DNA－蛋白质结构或改变超螺旋的密度而改变模板的整体结构，从而使得 RNA 聚合酶更容易与模板 DNA 结合，起始基因转录。一个增强子并不限于促进某一特殊启动子的转录，它能刺激在它附近的任一启动子。首先被发现的增强子是 SV40 增强子。真核生物Ⅱ型启动子见图 4－4。

3）RNA 聚合酶Ⅲ启动子：一般来说，启动子均位于转录起点的上游，但 RNA 聚合酶Ⅲ启动子的组织形式表现出多样性。如由 RNA 聚合酶Ⅲ转录的 5S rRNA 基因中，其启动子位于转录单位之中，在转录起点的下游 50 个碱基后，在＋55～＋80，故该启动子被称为下游启动子或内部启动子；在 tRNA 基因中启动子分为两段，均在基因内部，A 段在＋8～＋30，B 段在＋51～＋72，两段必须同时存在，否则转录不能起始。

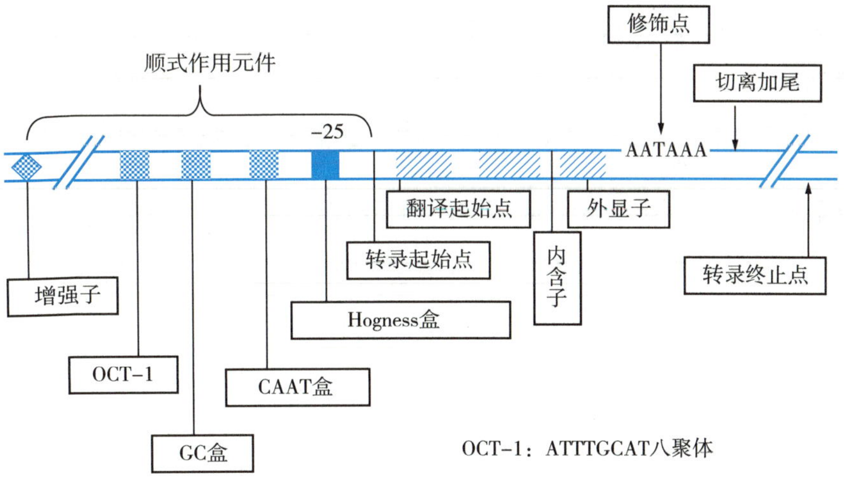

图 4-4　真核生物Ⅱ型启动子

2. 转录终止信号　转录终止的部位常有特定的 DNA 序列，提供转录的终止。目前，比较清楚的转录终止信号为原核生物。

(1) 原核生物转录终止信号：原核生物转录终止的方式有两类。依赖 ρ 因子的转录终止和不依赖 ρ 因子的转录终止。

1969 年，J. Roberts 在 T4 噬菌体感染的大肠埃希菌中发现了能控制转录终止的蛋白质，命名为 ρ 因子。ρ 因子是由相同亚基组成的六聚体蛋白质，亚基分子量为 46 kD，并具有解旋酶的活性。ρ 因子能结合 RNA，又以对 PolyC 的结合力最强。某些原核生物的基因转录终止部位富含大量规律的 G 碱基。ρ 因子正是通过识别并结合 RNA 产物的 3′端较丰富的 C 或有规律地出现 C 碱基序列，使得 ρ 因子和 RNA 聚合酶都发生构象上的变化，进而使 RNA 聚合酶停顿，ρ 因子中的解链酶(helicase)活性使 DNA/RNA 杂化双链拆离，RNA 产物从转录复合物中释放，转录终止(图 4-5)。

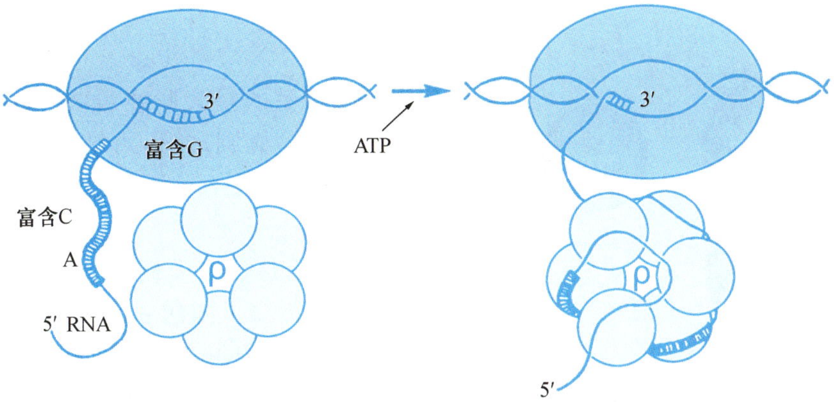

图 4-5　ρ 因子参与的转录终止机制

某些基因的转录终止区富含大量的 GC，且为反向重复序列，DNA 模板链紧靠 GC 之后有一串 6 个以上的 A 序列，当转录形成 RNA 时，同样会出现大量的 GC，且为反向重复序列，该序列会形成发夹结构，紧靠发夹结构之后会出现 6 个以上的 U，这种发夹结构以及紧连的 6 个以上的 U 称为终止子。当该二级结构位于 RNA 聚合酶核心酶覆盖区域时，发夹结构的出现会引起 RNA 聚合酶转录移动的停顿，且导致 RNA 聚合酶的构象发生变化，此时，RNA 茎环结构之后的连续 6 个以上 U 正位于转录空泡，与 DNA 分子出现 A 和 U 的碱基配对，这种碱基配对是所有碱基配对中结合力最低的，这样导致转录产物 RNA 从转录空泡脱落，转录终止。体外实验显示，如果掺入其他碱基以阻止发夹形成时，则终止即不发生；通常只要有一个核苷酸的改变即可破坏茎环结构的形成，即破坏了终止子的结构；对终止子突变的分析亦显示 DNA 模板上多聚 A 序列的重要性，如将此序列中的一个碱基换掉，或除去部分序列（缺失）也改变了终止子的结构，失去终止功能。相关研究表明该终止子的终止效率与反向重复序列和寡聚 U 的长短有关，长度越长终止效率越高。转录的终止子结构见图 4－6。

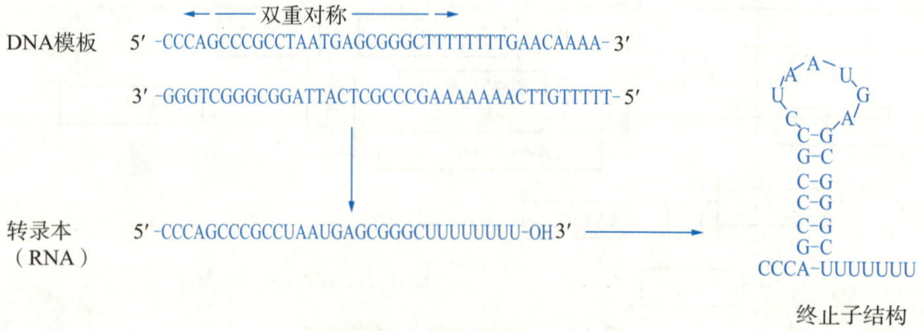

图 4－6　转录的终止子结构

（2）真核生物的转录终止：对真核生物转录的终止信号和机制了解很少，其主要原因在于大多数 RNA 在转录后很快进行加工，难确定原初的 3′端。现在主要认为真核生物的转录终止与转录后 polyA 尾巴的加入有关。

（二）RNA 聚合酶

RNA 聚合酶是 1959 年由 Hurwitz 在大肠埃希菌的抽提液中发现的。该酶主要以双链 DNA 为模板（若以单链 DNA 为模板，则活性大大降低），NTP 为原料，以二价金属离子（如 Mn^{2+}、Zn^{2+}）为辅助因子，按照碱基互补配对的要求，催化 RNA 的合成。与 DNA 聚合酶不同，RNA 聚合酶催化 RNA 合成时不需要引物且无校正活性。RNA 聚合酶是转录过程中最关键的酶。每个细胞中约有 7 000 个 RNA 聚合酶分子，根据细胞的生长情况，任何时候可能有 2 000～5 000 个酶在执行转录 DNA 模板的功能。原核和真核生物 RNA 聚合酶虽然都能催化 RNA 的合成，但其在分子组成、种类和生物化学特性上各有特色。

1. 原核生物 RNA 聚合酶　是一种多聚体蛋白质。目前研究比较清楚的是大肠埃希菌（*E.coli*）的 RNA 聚合酶。全酶形状为椭圆球形，可结合约 60 个核苷酸，原核生物 RNA 聚合酶由 5 种不同的亚基构成，全酶的形式为 $\alpha_2\beta\beta'\sigma\omega$，见图 4－7。

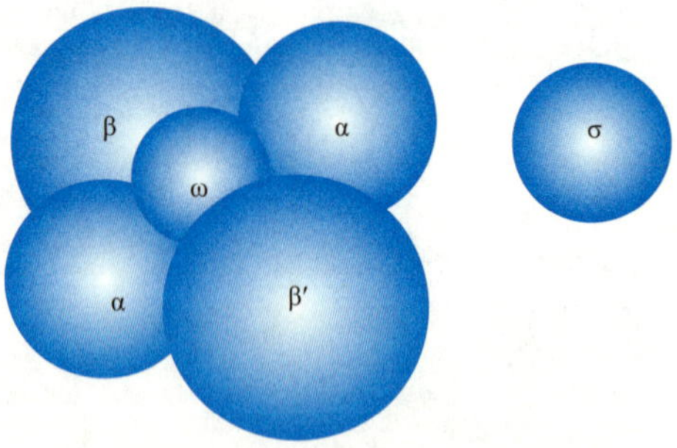

图 4－7　*E.coli* RNA 聚合酶的亚基组成

σ 因子的作用是负责模板链的选择和转录起始点的辨认。不同基因需要不同的 σ 因子识别启动子。在某些细菌内含有能识别不同启动子的 σ 因子，以适应不同生长阶段的要求，调控不同基因转录的起始。如大肠埃希菌中 σ70 是辨认典型转录起始点的蛋白质，而 σ32 是辨认热休克基因起始点的蛋白质。在转录进入延长阶段时 σ 因子脱落，RNA 聚合酶以核心酶（$\alpha_2\beta\beta'\omega$）的形式发挥聚合活性。

β′亚基分子量最大，碱性较强，适合与模板 DNA 相结合。肝素是一种多价阴离子，能和 β′亚基结合，从而抑制 DNA 与 RNA 聚合酶相结合，进一步抑制转录作用。

β 亚基是酶和底物结合的部位和催化位点，具有形成 3′，5′-磷酸二酯键的催化功能。抗结核分枝杆菌药物利福平（rifampicin）和利福霉素（rifamycin）通过结合 β 亚基，对全酶有强烈的抑制作用，抑制 RNA 合成的起始，但不抑制其延长，β 亚基基因 *rpoB* 突变可使细菌对利福平有抗性。

α 亚基决定哪些基因被转录，参与全酶和启动子的牢固结合。当噬菌体 T4 感染 *E.coli* 时，其 α 亚基即在精氨酸上被 ADP-核糖化，这种修饰作用使该 RNA 聚合酶全酶对其原先识别的启动子的亲和力减弱。

其他原核生物的 RNA 聚合酶在结构、组成、功能上均与 *E.coli* 的 RNA 聚合酶相似。

E. coli RNA 聚合酶的亚基及功能见表 4-1。

表 4-1　*E.coli* RNA 聚合酶的亚基及功能

亚基	基因	相对分子质量	亚基数	组分	功　能
α	*rpoA*	36 512	2	核心酶	决定哪些基因被转录
β	*rpoB*	150 618	1	核心酶	催化聚合反应（与转录全过程有关）
β′	*rpoC*	155 613	1	核心酶	结合 DNA 模板，双螺旋解链
ω	/	11 000	1	核心酶	功能尚不清楚
σ	*rpoD*	70 263	1	σ 因子	辨认起始点，促进酶与启动子结合

知识拓展

噬菌体 RNA 聚合酶

某些噬菌体的 RNA 聚合酶仅由一条多肽链组成，如噬菌体 T3 和 T7 的 RNA 聚合酶分子都是一条多肽链，分子量约 11 kD，它们能很快合成 RNA，其速率在 37 ℃时每秒可达约 200 个核苷酸。噬菌体 RNA 聚合酶只能识别噬菌体本身所有的启动子，不能识别其他启动子。宿主细胞的 RNA 聚合酶却能转录细胞内的许多转录单位（>1 000 个）中的任意一个。

2. 真核生物 RNA 聚合酶　有 3 种，位于细胞核的不同部位，且均有复杂的亚基结构，并含有 Zn^{2+}。每种酶负责不同种类基因的转录。RNA 聚合酶 Ⅰ 的活性最显著，位于核仁中，负责转录 rRNA 的基因 *rDNA*，细胞内的 RNA 绝大部分是 rRNA。其活性不被 α-鹅膏蕈碱所抑制；RNA 聚合酶 Ⅱ 位于核浆中，负责 hnRNA 的合成。hnRNA 是 mRNA 的前体，其活性可被低浓度的 α-鹅膏蕈碱迅速抑制；RNA 聚合酶 Ⅲ 负责合成 tRNA 和许多小的核内 RNA，聚合酶 Ⅲ 对 α-鹅膏蕈碱的反应则不尽相同：在动物细胞中聚合酶 Ⅲ 可被高浓度 α-鹅膏蕈碱所抑制，而在酵母和昆虫细胞中则不会被抑制。真核生物 3 种 RNA 聚合酶的种类和性质见表 4-2。

表 4-2　真核生物 RNA 聚合酶的种类和性质

酶	位置	转录产物	相对活性	对 α-鹅膏蕈碱的敏感性
RNA 聚合酶 Ⅰ	核仁	45 S rRNA（5.8S rRNA、18S rRNA、28 S rRNAD 的前体）	50%～70%	不敏感
RNA 聚合酶 Ⅱ	核质	hnRNA（mRNA 的前体）	20%～40%	敏感
RNA 聚合酶 Ⅲ	核质	tRNA、5S-rRNA、snRNA	约 10%	有物种特异性

粗制的真核生物 RNA 聚合酶大而复杂，相对分子质量达 500 000 或更多。其亚基组成亦很复杂：每个酶分子有两个大亚基（一个约 200 000，另一个约 140 000），还有 10 个以下的小亚基，每个相对分子质量为 10 000～90 000。3 种酶中也有一些共同的亚基，在复杂的真核细胞中执行不同功能的 3 种酶可能是由一个原始的酶进化而来。因为直到现在还不能用亚基来重建活性的酶分子。因此，还

难以提出确切的证据说明这些亚基是否真正都是酶分子的固有组成部分，也不知道哪些亚基负责催化，哪些负责调节功能。RNA 聚合酶Ⅱ由 12 个亚基组成，其最大的亚基称为 RBP1。RNA 聚合酶Ⅱ最大亚基的羧基末端有一段共有序列(consensus sequence)，是以羟基氨基酸为主体组成的重复序列(YSPTSPS)$_n$，称为羧基末端结构域(carboxyl-terminal domain, CTD)。CTD 对于维持细胞的活性是必需的。

3 种 RNA 聚合酶均有其对应的启动子和终止信号。以聚合酶Ⅲ所识别的启动子研究得最多，并发现这种启动子不是位于转录起始点的前面，而是在转录起始点的下游。RNA 聚合酶Ⅱ合成 mRNA，它是最直接和遗传调节相关的酶。因此对聚合酶Ⅱ的研究是目前的热点之一。

线粒体和叶绿体中的 RNA 聚合酶要小得多，并且和细胞核中的酶完全不同。当然，细胞器的基因组小得很，故其聚合酶所需要转录的基因数也很少。而且转录的调控也要简单得多。这些酶类似于噬菌体 RNA 聚合酶。

（三）其他蛋白质相关因子

不论是原核生物还是真核生物，单靠 RNA 聚合酶是无法完成转录过程的，还需要其他相关蛋白的共同作用，如原核生物中的 ρ 因子、NusA 蛋白，真核生物中众多的转录因子 TF、中介子等。

知识拓展

NusA 蛋白

NusA 蛋白多年来被忽视。这是因为 RNA 聚合酶的基本活性并不需要 NusA，同时 NusA 也不和 RNA 聚合酶一起被纯化。

NusA 可以与 RNA 聚合酶核心酶相结合，这点类似 σ 因子，但不太紧密，故在纯化时往往 σ 因子取代了 NusA。在细胞内当 σ 因子从 RNA 聚合酶内释出时，NusA 才能与核心酶结合。然而在 RNA 链延伸时，NusA 亦不固定地和一个 RNA 分子相结合，因为已发现在转录时一个 NusA 分子可与好几个 RNA 聚合酶分子相作用。所以即使活细胞内 NusA 分子不多(估计每个细胞只有数百个)，仍然是够用的。很可能当 RNA 聚合酶从 DNA 上释出后，σ 因子又马上取代了 NusA 蛋白。在转录过程中，NusA 究竟有什么功能还不了解。遗传学实验证明它是不可缺少的蛋白质。在体外，NusA 对 RNA 合成的速率有明显作用，对不需 ρ 因子的 RNA 合成的终止也是必需的。

NusA 还是抗转录终止的必需蛋白。由于不同的生理要求，在转录过程中有时即使遇到终止信号，仍然需要继续转录，于是出现了抗转录终止现象。抗终止作用最早是在噬菌体感染细菌中发现的，它是噬菌体从另一个角度对转录的调控。λ 噬菌体的 N 基因编码的蛋白是一种调节因子，它的功能是在 λ 噬菌体生长时起到抗终止作用，而 N 基因编码的蛋白必须与 NusA 等蛋白紧密结合到终止子附近的 DNA 序列是实现抗终止的必要条件。

二、转录的特点

以大肠埃希菌 *E.coli* 为例，转录与 DNA 的复制相比较，具有以下特点：① 转录不是所有基因均同时进行，而是根据细胞的需要，仅有部分基因转录。② 转录的模板是不固定的，不同的基因转录的模板不总在一条 DNA 链上。③ 转录是不对称的，DNA 双链中，只有一条链作为转录的模板，另一条链不转录。④ 转录是连续进行的，从转录的起始到转录的终止，生成的 RNA 是连续的。⑤ 转录的原料为 ATP、CTP、GTP 和 UTP 4 种核苷酸。⑥ 转录的酶是依赖 DNA 的 RNA 聚合酶。⑦ 转录的产物有多种，主要有 mRNA、tRNA、rRNA 等。⑧ 转录过程中的碱基配对除 A－T、G－C 外，还有 A－U 配对。

第二节 转录的过程

一、原核生物的转录过程

(一) 原核生物转录起始

在 *E.coli* 中,RNA 聚合酶全酶通过扩散作用与 DNA 任意部位结合,这种结合是疏松的,随后酶结合的 DNA 部位迅速被置换,也可以说是酶在 DNA 上不断地变换结合位点,直到遇上启动子序列,随即由疏松结合变成牢固结合。RNA 聚合酶全酶结合 −10 区比结合 −35 区相对牢固。−35 区是 RNA 聚合酶对转录起始的辨认位点,辨认结合后,酶向下游移动,达到 −10 区(Pribnow 盒),−10 区存有特异的形状,RNA 聚合酶能够识别它,形成了相对稳定的酶- DNA 复合物,此处 DNA 双链被局部解开。在这个转变中,富含 AT 碱基对的 −10 区约有 17 bp 被解旋,暴露出模板链。RNA 聚合酶与启动子形成的"开放"复合体的解链区的长度,比复制中的复制叉小得多。此时,RNA 聚合酶和解链的 DNA 形成转录空泡(transcription bubble)。在离 −10 区开始处约 12 个或 13 个碱基处开始 RNA 的合成。转录起始不需要引物,第一个核苷酸通常是 pppA 或 pppG,较少为 pppC,偶尔亦可为 pppU。伴随着第一个 3′,5′-磷酸二酯键的生成,σ 因子脱落,RNA 聚合酶以核心酶的形式沿 DNA 链向前滑动,转录进入延长阶段。有人认为转录合成约 6 个核苷酸长度的 RNA 链后,σ 因子才脱落。从核心酶脱落的 σ 因子可再和核心酶结合,用于新的 RNA 链的合成起始。σ 因子被释放的原因:① 它已不起作用。② σ 因子如仍然存在将会造成 RNA 聚合酶与启动子序列结合过紧,以致不能再沿着模板移动。

(二) 原核生物转录延长

当 σ 因子被释放后,RNA 聚合酶核心酶的构象随之发生变化,使新生链-酶复合体与 DNA 模板的结合很弱,便于核心酶沿着模板 3′→5′方向滑行。核心酶在 DNA 上覆盖的区段可达 40～60 bp,大于转录的解链范围,此时转录空泡为核心酶- DNA - RNA 形成的复合体(图 4 - 8)。随着核心酶沿着 DNA 模板链的移动,核心酶不断使 NTPs 在 5′- pppGpN - OH 的 3′端羟基上逐个聚合。模板 DNA 不断解链,新生的 RNA 链不断延长,直到遇到转录终止信号。在 RNA 链离开模板时,此杂交区即复原,同时两条 DNA 链即又重复螺旋化。

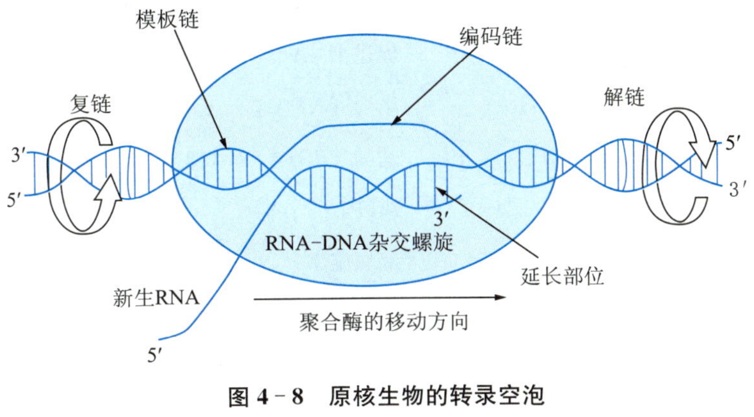

图 4 - 8 原核生物的转录空泡

RNA 合成速度为每秒钟 30～50 个核苷酸。并非以恒定速度进行,有时会降低速度或暂时停顿,这是延长阶段的重要特点:在通过一个富含 GC 的模板后,8～10个碱基会出现一次延宕,这种暂时停顿作用,在 RNA 链的终止和释放过程中起重要作用。

原核生物的转录与翻译是耦联在一起高效进行的。在电子显微镜下观察原核生物的转录,可见结

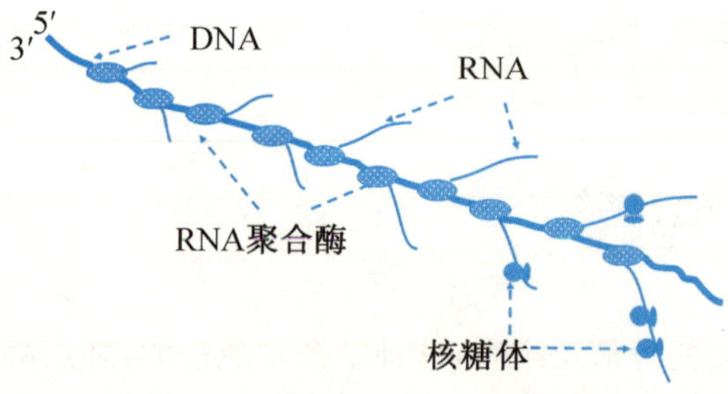

图 4-9 原核生物转录与翻译耦联

合到新生 mRNA 链上面的多个核糖体，每个核糖体合成的多肽链均连在 mRNA 模板上呈羽毛状现象(图 4-9)。这是由于在同一 DNA 模板上，有多个转录同时在进行，随着核心酶的迁移，转录生成的 mRNA 链不断延长，mRNA 转录尚未完成，翻译已在进行。

(三) 原核生物转录终止

转录终止指 RNA 聚合酶在 DNA 模板上停顿下来不再前进，转录产物 RNA 链从转录复合物上脱落下来。原核生物的转录终止，分为不依赖 ρ 因子的转录终止和依赖 ρ 因子的转录终止，具体内容请参见本章第一节相关内容。

二、真核生物的转录过程

真核生物的转录与原核生物有许多相似之处，但真核生物的转录过程要比原核生物的复杂得多，尤其是转录的起始阶段更复杂。与原核生物 RNA 聚合酶不同，真核生物 RNA 聚合酶、DNA 模板启动区、转录因子等形成转录起始复合物，启动转录。另外，真核生物与原核生物的转录终止过程也不相同，翻译过程也不和转录耦联，是在转录加工完成形成成熟 mRNA 模板之后才能进行。下面以真核生物 RNA 聚合酶Ⅱ所催化的 mRNA 的生物合成为例，具体介绍如下。

(一) 真核生物转录起始

真核生物的转录起始需要多种蛋白质因子的协同作用。目前，已发现数百种能直接或间接辨认和结合转录上游区段 DNA 的蛋白质因子。相应于 RNA 聚合酶Ⅰ、RNA 聚合酶Ⅱ和 RNA 聚合酶Ⅲ的转录因子(transcriptional factors, TF)，分别命名为 TFⅠ、TFⅡ和 TFⅢ。真核生物 mRNA 的合成是由 RNA 聚合酶Ⅱ所催化的，其相应的转录因子种类及功能见表 4-3。

表 4-3 真核生物转录因子Ⅱ(TFⅡ)的种类及其功能

转录因子	亚基组成和(或)分子量/kD	功　能
TFⅡ A	12,19,35	稳定 TFⅡ D-DNA 复合物
TFⅡ B	33	促进 RNA pol Ⅱ结合并作为其他因子结合的桥梁
TFⅡ D	TBP 38	结合 TATA 盒
	TAF	辅助 TBP 与 DNA 结合
TFⅡ E	57(α),34(β)	ATPase
TFⅡ F	30,74	解螺旋酶
TFⅡ H	62,89	解旋酶活性，激酶活性使 RNA pol Ⅱ CTD 磷酸化
TFⅡ J	120	促进 TFⅡ D 的结合

TBP：TATA 结合蛋白；TAF：TBP 相关因子；CTD：羧基末端结构域。

真核生物 RNA 聚合酶Ⅱ的转录起始阶段，与原核生物 RNA 聚合酶不同，真核生物 RNA 聚合酶不能直接与 DNA 模板启动区结合，而是首先由一些蛋白质因子识别并结合到转录启动区，再与 RNA 聚合酶及其他转录因子结合并形成转录起始前复合物(pre-initiation complex, PIC)，见图 4-10。转录起始前复合物与增强子及其结合蛋白的复合体共同形成转录起始复合物(图 4-11)，启动转录。

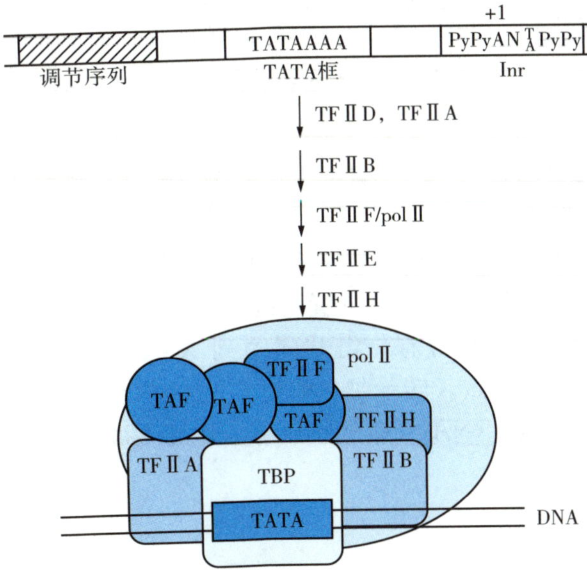

图 4-10　PIC 的组装

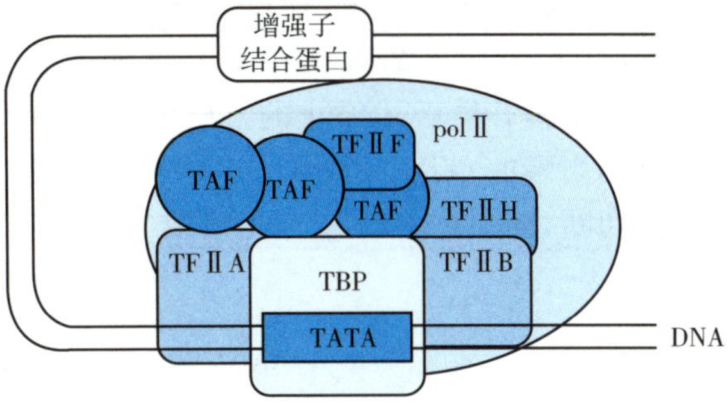

图 4-11　转录起始复合物

（二）真核生物转录延长

真核生物的转录延长过程与原核生物大致相似，但因有核膜相隔，没有转录与翻译同步的现象。RNA 聚合酶沿着 DNA 模板链的 3′→5′方向移动，并按照碱基互补配对的要求催化 RNA 链沿 5′→3′方向延长。与原核生物不同的是真核生物基因组 DNA 在双螺旋结构的基础上，与多种组蛋白组成核小体结构。RNA 聚合酶向前移动时会遇上核小体，转录过程中核小体会发生移位与解聚现象（图 4-12）。

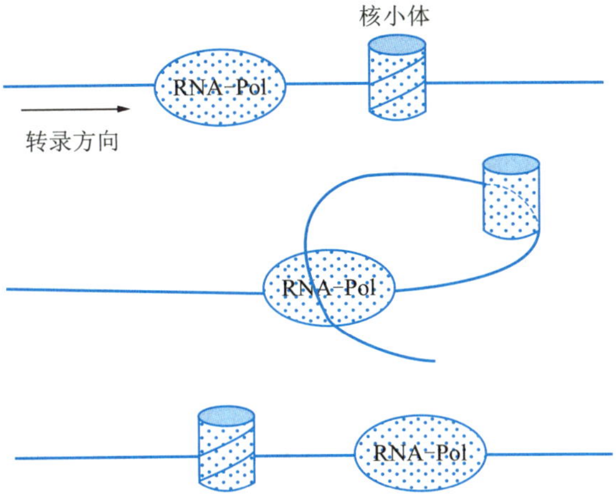

图 4-12　转录延长中的核小体移位

知识拓展

核小体移位与解聚

转录过程中核小体移位与解聚现象已由相关的实验研究得到证实。用含核小体结构的 DNA 片断作模板，在具备酶、底物及合适反应条件下进行转录。转录中以 DNA 酶水解法去检测 DNA 电泳结果，能观察到约 200 bp 及其倍数的电泳条带。据此认为，在转录过程中发生了核小体的移位。

另外,核小体中的组蛋白-DNA 结合,是靠组蛋白中的碱性氨基酸提供正电荷和核苷酸磷酸根上的负电荷来维系的。在培养细胞的转录实验中观察到,组蛋白中含量丰富的精氨酸发生了乙酰化,正电荷降低;DNA 分子中 AMP—ADP—聚 ADP,负电荷减少。由此也可推测,转录过程中核小体发生了解聚。

(三) 真核生物转录终止

真核生物的转录终止,是和转录后加工修饰密切相关的。真核生物 mRNA 有 5′帽子结构和聚腺苷酸(poly A)尾巴结构,是转录后才加上的。转录不是在 poly A 的位置上终止,而是超出数百个乃至上千个核苷酸后才停止的。已发现,在读码框架的下游,常有一组共同序列 AATAAA,在下游还有相当多的 GT 序列,这些序列被称为转录终止的修饰点。转录越过修饰点后,mRNA 在修饰点处被切断,随即加上 poly A 尾巴及 5′帽子结构。下游的 RNA 虽然继续转录,但很快被 RNA 酶降解(图 4-13)。

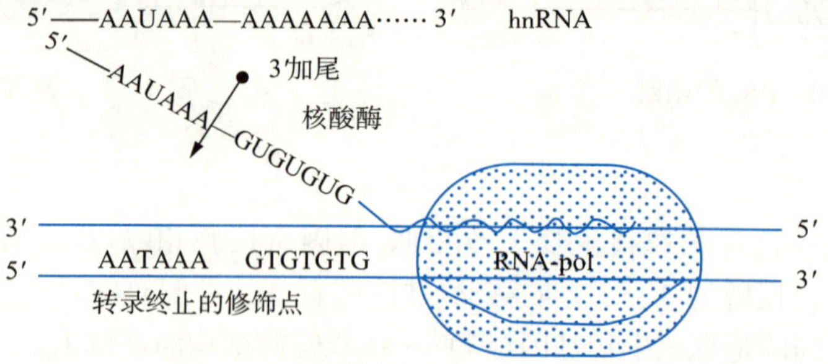

图 4-13 真核生物 RNA 聚合酶Ⅱ的转录终止及加尾修饰

第三节 转录后的加工修饰

不论原核或真核生物的 rRNA 和 tRNA 都是以初级转录本形式被合成,然后被加工成为成熟的 RNA 分子。然而绝大多数原核生物的 mRNA 却不需加工。相反,真核生物从断裂基因产生的 mRNA 前体要经过复杂的加工过程,才能成为成熟的 mRNA。RNA 的加工过程主要在细胞核中进行。

一、mRNA 形成

真核生物编码蛋白质的结构基因是在细胞核中被转录的。转录产生的 mRNA 的前体比成熟的 mRNA 要大得多,且很不稳定。一个细胞中有许多种不同的 mRNA 前体,它们的大小很不一致,称为核内不均一 RNA(heterogeneous nuclear RNA,hnRNA)。已经证明,hnRNA 是生成 mRNA 的前体。细胞质内的 mRNA 平均有 1 800～2 000 个碱基。而 hnRNA 平均有 8 000～10 000 个碱基,其范围很广泛,2 000～14 000 个碱基均有,所以一般要比 mRNA 大 4～5 倍。hnRNA 需要进行切除内含子和连接外显子的剪接(splicing)、5′端"加帽"、3′端"加尾"以及核苷酸的甲基化修饰等过程,才能成为成熟的 mRNA。

(一) hnRNA 内含子的剪接

真核生物的结构基因是断裂基因。一个断裂基因由若干个内含子和外显子间隔排列,这些内含子序列在加工过程中要通过剪接的方式除去。

根据基因的类型和剪接的方式通常把内含子分为 4 类:Ⅰ类内含子为自我催化剪接的内含子,其分布很广,存在于真核生物的线粒体和叶绿体基因、低等真核生物核的 rRNA 基因、细菌和噬菌体的个别基因中；Ⅱ类内含子也具有自我催化功能，它与Ⅰ类内含子自我剪接的差别在于转酯反应无须游离鸟苷酸（或鸟苷）发动，该类内含子只见于某些真菌线粒体和植物叶绿体基因；Ⅲ类内含子大多见于 mRNA 基因中，去除时需要剪接体；Ⅳ类内含子存在于 tRNA 基因中，去除时需要特定的酶。

内含子并不是没有功能。内含子是在进化中出现或消失的，这有利于物种的进化选择。目前已有证据表明，mRNA 前体的内含子具有可移动和转座的功能，内含子很可能参与了 RNA 介导的细胞调节功能。如地中海贫血患者的珠蛋白基因，1/4 的核苷酸突变发生在内含子。此外，内含子可调节真核生物 mRNA 的反式剪接、选择性剪接，而且还可产生有功能活性的 RNA。

知识拓展

反式剪接与选择性剪接

反式剪接是分子间剪接，从两个不同的转录本中各取一段连接起来。该类剪接主要存在于锥虫的众多 mRNA 中，其 5′端有一共同的 35 个核苷酸长的前导序列。该前导序列来自一些重复单位的转录产物，从这些转录产物中剪下前导序列再连接到其他 mRNA 的 5′端。反式剪接见图 4－14。

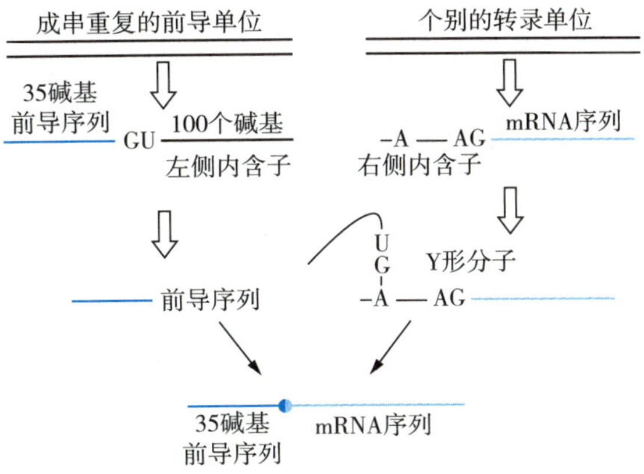

图 4－14 反式剪接

选择性剪接指的是一个基因的转录产物，通过不同的剪接方式，可以产生不同的 mRNA，从而翻译出不同的蛋白质。选择性剪接见图 4－15。

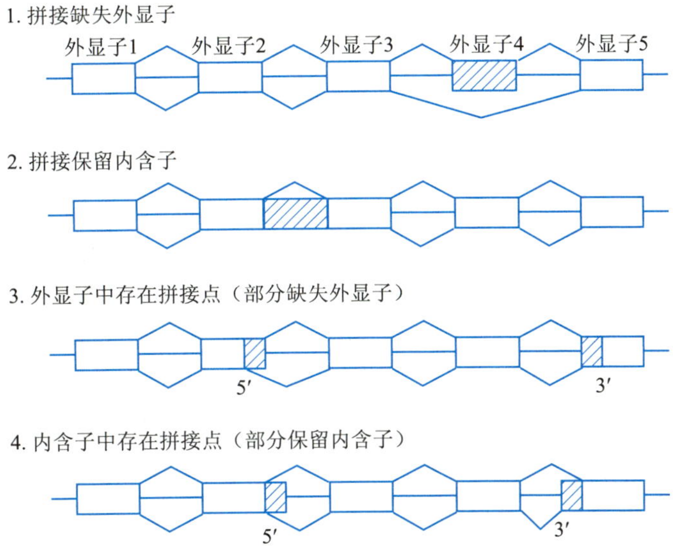

图 4－15 选择性剪接

一个基因转录本通过选择性剪接产生的不同蛋白质称为同源体(isoform)。例如，大鼠降钙素(calcitonin)和降钙素基因相关肽(CGRP)就是经典的基因转录后选择性剪接的产物。它们具有相同的基因，该基因含有6个外显子，初始转录产物hnRNA在甲状腺中被剪接产生含有外显子1、2、3、4的成熟mRNA，并被翻译为降钙素。而在脑组织则被剪接为含有外显子1、2、3、5、6的成熟mRNA，从而被翻译为降钙素基因相关肽(CGRP)。

鸡卵清蛋白基因全长7.7 kb，有8个外显子和7个内含子，初级转录产物hnRNA与基因等长。说明初级转录产物hnRNA含有内含子。成熟的鸡卵清蛋白RNA仅为1.2 kb。下面以鸡卵清蛋白为例说明hnRNA中内含子的剪接。

1. 套索RNA的形成 hnRNA中内含子的剪接首先是套索RNA的形成，即内含子区段弯曲，使相邻的两个外显子相互靠近而利于剪接，内含子近3′端的嘌呤甲基化(如3mG)是形成套索结构所必需的。

2. 剪接口剪接 hnRNA中的大多数内含子都以GU为5′端起始，以AG为3′端末尾，5′GU……AG 3′称为剪接接口或边界序列。内含子内部的部分保守序列也可能参与内含子的剪接，如3′端AG附近有一段富含嘧啶的区域，5′端有一保守序列GUPuAGU。在发生分叉剪接的hnRNA内含子3′端上游18～50核苷酸处，存在保守区，其中的A绝对保守，且具有2′-OH，是参与形成分叉剪接中间物的特定腺嘌呤(分支点序列)。

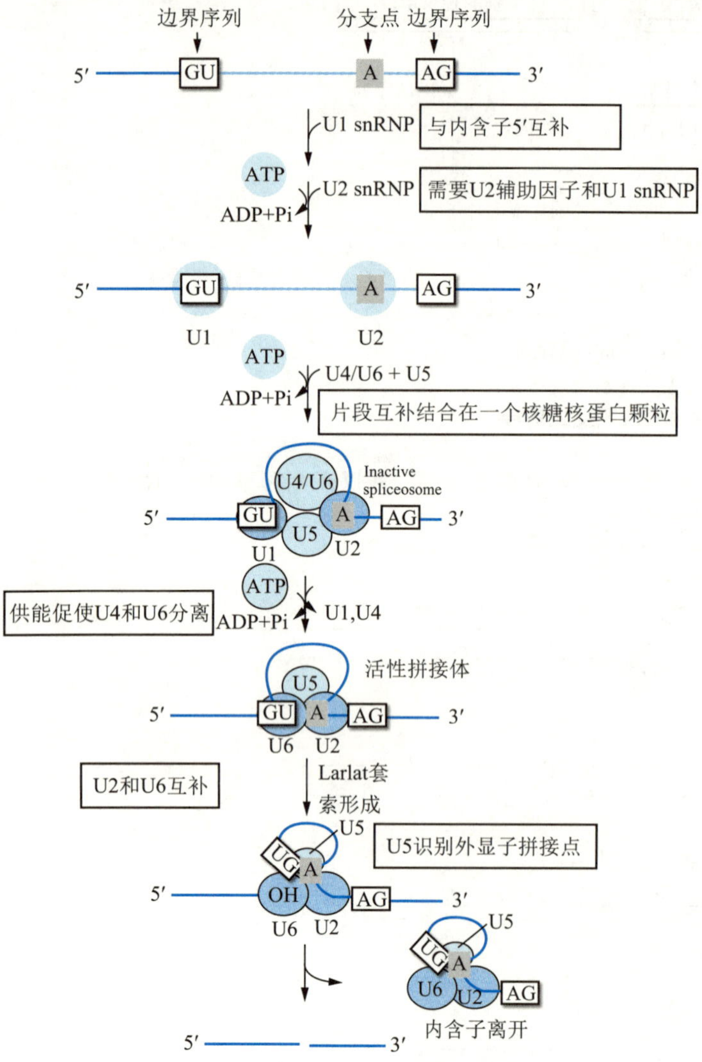

图4-16 剪接体的剪接

3. 转酯反应 剪接的关键反应是转酯反应(transesterification)。hnRNA通过二次磷酸酯转移反应使前后两个外显子以3′，5′-磷酸二酯键相连，而内含子被切除。

这些反应在剪接体(spliceosome)内进行，剪接体由5种小核RNA(snRNA：U1、U2、U4、U5、U6)和约50种蛋白质因子组成，snRNA长度100～200个核苷酸，富含尿嘧啶(U)。它们在内含子和外显子交界处(依赖对边界序列的识别)组装成复杂的剪接体，促进转酯反应的有序进行，剪接体的装配需要ATP参与。剪接体的剪接见图4-16。

(二) 5′端帽子结构的添加

几乎全部的真核生物mRNA的5′端都具有帽子结构。虽然真核生物的mRNA的转录多以嘌呤核苷酸三磷酸(pppA或pppG)领头，但在mRNA的5′端总是7-甲基鸟苷三磷酸(m^7Gppp)结构，这种结构称为帽子(cap)结构。hnRNA约转录出30个核苷酸时，在鸟苷转移酶(又叫“加帽酶”)催化下，GTP

与新生 RNA 链的 5′端的磷酸发生缩合反应，生成 GpppNp 结构。再由甲基转移酶在帽子上进行甲基化。通常甲基化的位点是碱基上的 7 位，生成 m^7GpppNp 结构。

不同真核生物的帽子结构有 3 种类型："0 型"帽子结构为 m^7GpppN，是最常见的帽子结构类型；在"0 型帽"的基础上，第 1 位核苷酸的 2′- OH 甲基化，即形成"Ⅰ型"帽子结构；在"0 型帽"的基础上，第 1 位和第 2 位核苷酸的 2′- OH 均甲基化即为"Ⅱ型"帽子结构。第 1 位和第 2 位 2′- OH 的甲基化均由 2′- O -甲基转移酶催化。真核生物帽子结构的复杂程度与生物进化程度密切相关。真核生物帽子结构生成见图 4 - 17。

mRNA 的 5′端"帽子"结构与"帽子"结构结合蛋白形成复合体后，再与尾巴结构及其结合蛋白的复合体结合，形成复合物。该复合物能与核糖体小亚基识别结合，辨认翻译的起始密码 AUG，是翻译起始所必需的。m^7Gppp 结构也能有效地封闭 mRNA 5′末端，以保护 mRNA 免受 5′→3′核酸外切酶的降解，保护新生的 mRNA。

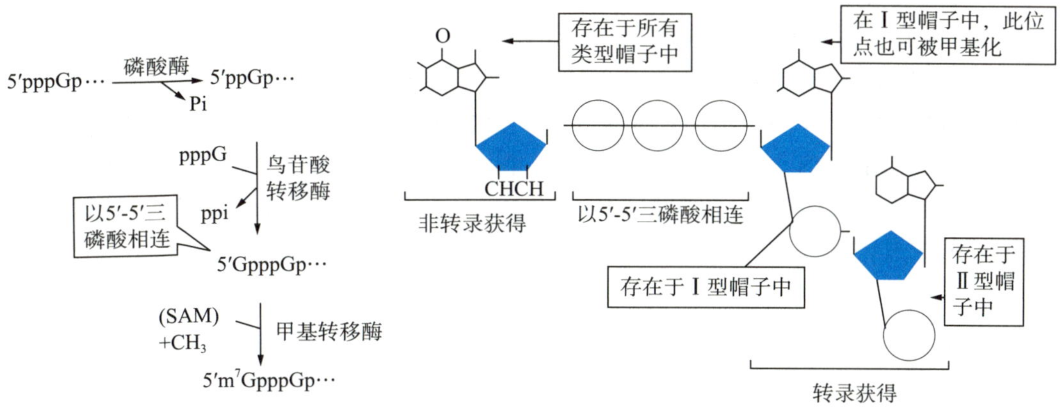

图 4 - 17　真核生物帽子结构的形成

（三）3′端"尾巴"结构的添加

大多数真核生物的 mRNA 的 3′末端有由 80～250 个 A 组成的 Poly A 尾巴。Poly A 不是由 DNA 编码的，而是转录后的 hnRNA 以 ATP 为原料，由多聚腺苷酸聚合酶催化聚合到 3′末端。转录产物断裂点上游方向 10～30 碱基处有加尾识别信号 AAUAAA 及断裂点下游的保守顺序 GUGUGUG，由特异的酶识别，切除断裂点下游的一段序列，然后再由多聚腺苷酸聚合酶催化，加上 Poly A 尾巴。真核生物 mRNA 尾巴结构的形成见图 4 - 18。

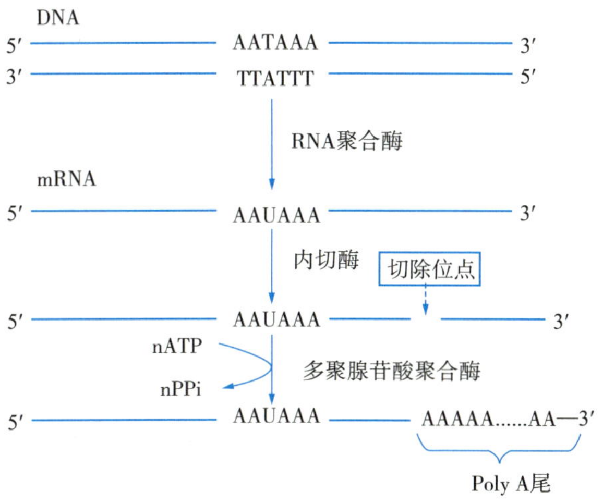

图 4 - 18　真核生物 mRNA 尾巴结构的形成

如果这一识别信号发生突变，则切除作用和多聚腺苷酸化作用均显著降低。相关研究表明：随着尾巴的缩短，mRNA 的翻译活性下降了，并且当 mRNA 由细胞核转移到细胞质中时，其 Poly A 尾部常有不同程度的缩短，可见 Poly A 尾巴至少起到某种缓冲作用，可防止核酸外切酶对 mRNA 信息序列的降解作用。但也有例外，如组蛋白、呼肠孤病毒和不少植物病毒的 mRNA 没有 Poly A 尾巴。

二、tRNA 形成

原核生物和真核生物 tRNA 基因转录后的加工过程相似。在原核生物中，某些 tRNA 基因串联在一起形成操纵子，并由一个启动子转录成一条长的前体 RNA 链。如 *E.coli* 中已找到两个 tRNA 基因簇，这两个基因簇均含有 $tRNA^{Tyr}$ 的基因，故命名为 tyrU 簇和 tyrT 簇。

E. coli 中参与 tRNA 前体加工的酶主要是 RNaseP 和 RNaseD。RNaseP 是一种内切核酸酶，负责切割所有 tRNA 前体分子的 5′端序列，产生 tRNA 真正的 5′端；RNaseD 为外切酶，能从 tRNA 前体的 3′端逐个切除核苷酸，直到产生 tRNA 真正的 3′端。

在原核细胞中有Ⅰ型和Ⅱ型两种 tRNA 前体，其区别在于其 3′端的序列。Ⅰ型分子其 3′端有 CCA 三联体结构；Ⅱ型分子则没有 CCA 序列，需要当其他碱基被逐个从前体分子上除去后，另由 tRNA 核苷酸转移酶将 CCA 序列添加到 3′端上去。真核生物中所有 tRNA 前体都属于Ⅱ型，在成熟时都需要通过酶的作用，在其 3′端加上 CCA 序列。除此之外，成熟的 tRNA 所富含的稀有碱基也是在转录后由碱基经修饰酶催化，发生脱氨、甲基化、羟基化等化学修饰而生成的。以酵母酪氨酸-tRNA 为例，其形成过程见图 4-19。

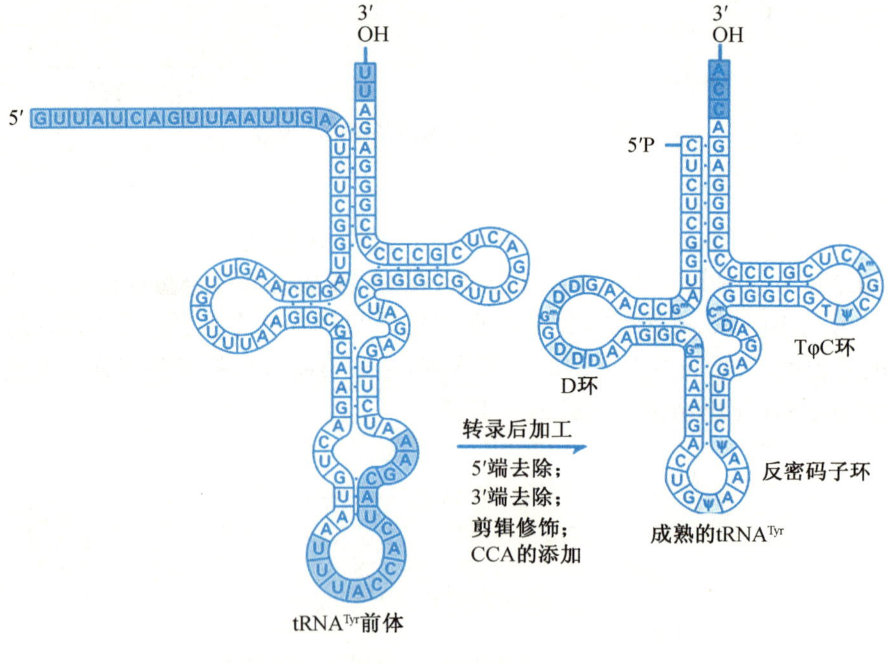

图 4-19 酵母酪氨酸-tRNA 的形成

三、rRNA 形成

（一）原核生物 rRNA 形成

在原核生物中，rRNA 的基因与某些 tRNA 的基因组成混合操纵子。它们在形成多顺反子转录产物后，经切割成为 rRNA 和 tRNA 的前体，然后进一步加工成熟。

大肠埃希菌共有 7 个 rRNA 的转录单位，它们分散在基因组的不同部位。每个转录单位由 16SrRNA、23S rRNA、5S rRNA 及一个或几个 tRNA 的基因组成。rRNA 的基因原初转录物的沉降常数为 30S，相对分子质量为 2.1×10^{6}，约含 6 500 个核苷酸，5′末端为 pppA。由于在原核生物中 rRNA 的加工往往与转录同时进行，因此不易得到完整的前体。RNase Ⅲ是一种负责 RNA 加工的核酸内切酶，它的识别部位为特定的 RNA 双螺旋区。从 RNase Ⅲ缺陷型大肠埃希菌中分离到 30S rRNA 前体(P30)。P30 可在 RNaseⅢ的作用下，在茎部相差 2 bp 的两个切割位点，切割产生 16S 和 23S rRNA 前体 P16 和 P23。5S rRNA 前体 P5 是在 RNase E 作用下产生的，它可识别 P5 两端形成的茎环结构。P5、P16 和 P23 两端的多余附加序列需进一步由核酸酶切除。可能 rRNA 前体需先经甲基化修饰，再被核酸内切酶和核酸外切酶切割。不同细菌 rRNA 前体的加工过程并不完全相同，但基本过程类似。原核生物 rRNA 含有多个甲基化修饰成分，包括甲基化碱基和甲基化核糖，尤其常见的是 2′-甲基核糖。16S rRNA 含有约 10 个甲基化位点，23S rRNA 约 20 个甲基化位点。一般 5S rRNA 中无修饰成分。大肠埃希菌 rRNA 前体的加工见图 4-20。

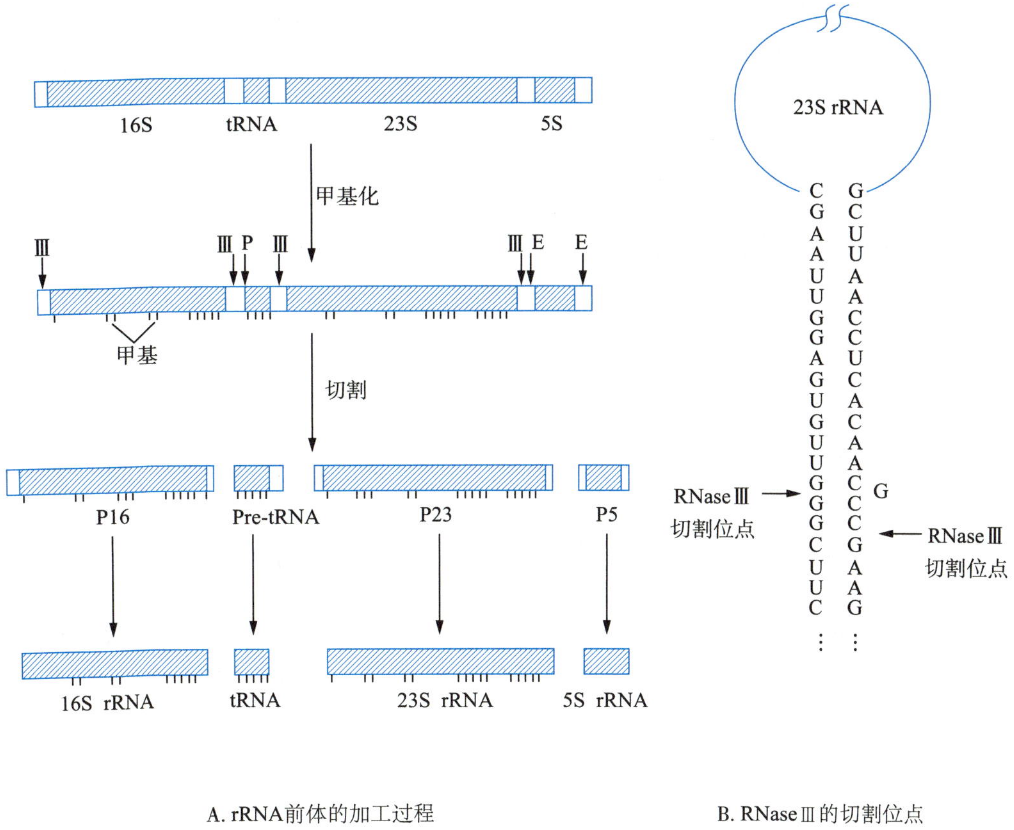

图 4-20 大肠埃希菌 rRNA 前体的加工

(二) 真核生物 rRNA 形成

真核细胞的 rRNA 基因(rDNA)属于被称为丰富基因簇的 DNA 序列，也被称为高度重复序列。真核生物有 4 种 rRNA，即 5.8S rRNA、18S rRNA、28S rRNA 和 5S rRNA。前三者的基因组成一个转录单元，产生 45S 的 RNA 前体。由于真核生物 rRNA 前体的加工过程比较缓慢，其中间产物可以分离出来，因此，真核生物 rRNA 前体的加工过程比较清楚。哺乳动物 45S RNA 前体的加工有几种不同方式，见图 4-21。

5S rRNA 的基因含 120 bp，5S rRNA 基因的转录是与 tRNA 一起进行的，由 RNA 聚合酶Ⅲ催化。

真核生物的 rRNA 在成熟过程中可被甲基化，主要的甲基化位点也在核糖 2′羟基上。还有尿嘧

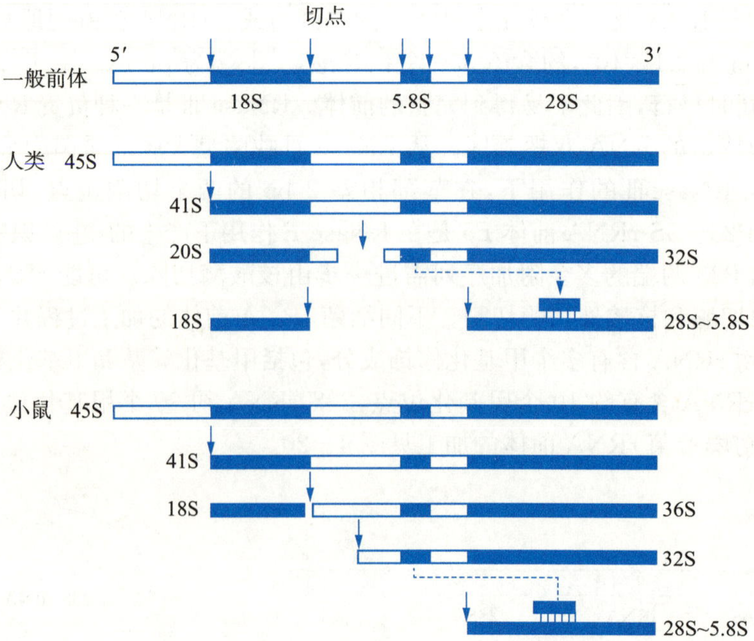

图 4-21 几种哺乳动物 45S rRNA 前体加工

啶转变成假尿嘧啶的修饰。这些修饰和切割是在核仁小 RNA(small nucleolar RNA, snoRNA)参与下进行的。

四、RNA 的编辑与 RNA 沉默

(一) RNA 的编辑

RNA 编辑是指在 mRNA 水平上改变遗传信息的过程。有些基因的蛋白质产物的氨基酸序列与基因的初级转录产物序列并不完全对应,mRNA 上的一些序列在转录后发生了改变。这种改变是在基因初级转录产物上进行的核苷酸的缺失、插入或置换。RNA 编辑修改了 RNA 的核苷酸序列,由此产生的蛋白质的氨基酸序列发生了改变,进而改变蛋白质的功能。

1986 年,荷兰 R.Benne 等首先报道了 RNA 编辑现象,他们发现在原生动物锥虫线粒体细胞色素 C 氧化酶的第 2 个亚基基因(coxⅡ)的转录产物 5′端附近,含有 4 个非基因编码的 U,但额外添加的 U 恰好使 mRNA 形成完整的开放阅读框架,抑制了该基因分子内的原有编码,产生有活性的 COXⅡ。

DNA 正链序列	GA	G	A A
mRNA 序列(插入 U*)	GAU*	U*GU*	AU*A
蛋白质序列	Asp	Cys	Ile

迄今发现真核生物线粒体中存在的 RNA 编辑类型,有转录后核苷酸的插入和缺失、碱基间的转换及转录物在 C 转换成 U 时形成终止密码子 UAA,其中常见的 RNA 编辑是 C-U 的转换,见图 4-22。

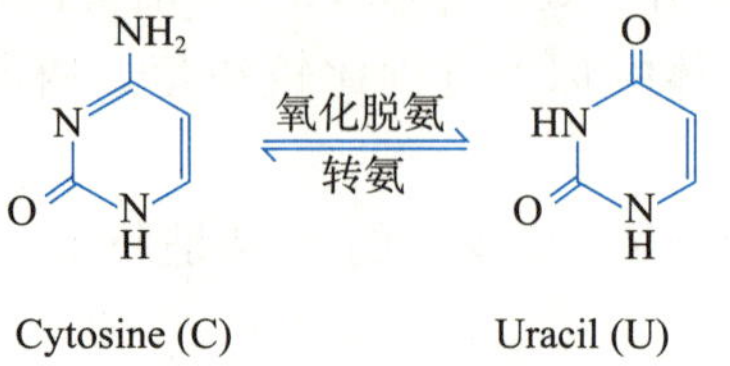

图 4-22 C-U 转换

1989 年，Graves 等在高等植物的线粒体发现 RNA 编辑现象。现已证明，RNA 编辑广泛存在于生物界，涉及细胞质基因和核基因转录的产物。如人类基因组上只有一个载脂蛋白 B(apo B)基因，转录后加工成为成熟的 mRNA 含有 14 500 个核苷酸。在肝细胞内，该 mRNA 表达相对分子质量为 513 000 的 apo B_{100}，而在小肠黏膜细胞则表达相对分子质量为 250 000 的 apo B_{48}。这是因为在小肠黏膜细胞内，胞嘧啶核苷酸脱氨酶将 mRNA 中 2 153 位编码谷氨酰胺的遗传密码 CAA 转变为终止密码 UAA，使 apo B 基因的 mRNA 在翻译过程中提前终止，产生 apoB_{48}。

RNA 编辑现象的发现对分子生物学的一个基本原则提出了挑战，也为基因表达的修正提供了一种机制。RNA 编辑的重要生物学意义在于：① 可以纠正基因突变造成的损害。② 增加基因产物的多样性。③ 与生物发育和分化有关。④ 有利于生物进化。⑤ 有助于对核基因调控线粒体基因表达的认识。

（二）RNA 沉默

RNA 沉默(RNA silencing)是广泛存在于生物中的一种古老现象，是生物抵抗异常 DNA 的一种保护机制，同时在生物生长发育过程中扮演着基因表达调控的角色。RNA 沉默是一种高度保守的、序列特异的 RNA 降解机制，对于调控发育、维持基因组的稳定性等具有重要作用。自 20 世纪 90 年代初期被发现以来，RNA 沉默已迅速成为生物学领域的研究热点。植物中的 RNA 沉默根据作用靶标可以分为两类：以 RNA 为靶标，使其降解或抑制蛋白质翻译，称为转录后基因沉默(post-transcriptional gene silencing，PTGS)；以染色质 DNA 为靶标，使其基因启动子甲基化从而抑制 RNA 转录的起始，称为转录基因沉默(transcriptional gene silencing，TGS)。

（丁立娟）

思考题

1. 试述依赖 ρ 终止转录的方式。
2. 简述 RNA 转录体系及它们在 RNA 合成中的作用。

本章课件　　本章习题

第五章

蛋白质的生物合成

学习目标

【掌握】

1. 蛋白质生物合成体系的构成。
2. mRNA、tRNA、rRNA 的特点与功能。
3. 遗传密码的特点。
4. 核蛋白体循环的概念及过程。

【熟悉】

1. 氨基酸的活化过程。
2. 蛋白质的生物合成过程。

【了解】

1. 蛋白质翻译后加工的方式。
2. 信号序列、信号肽、导肽的概念。分泌性蛋白质的转运过程。
3. 常见抗生素、干扰素对蛋白质合成的干扰和抑制。

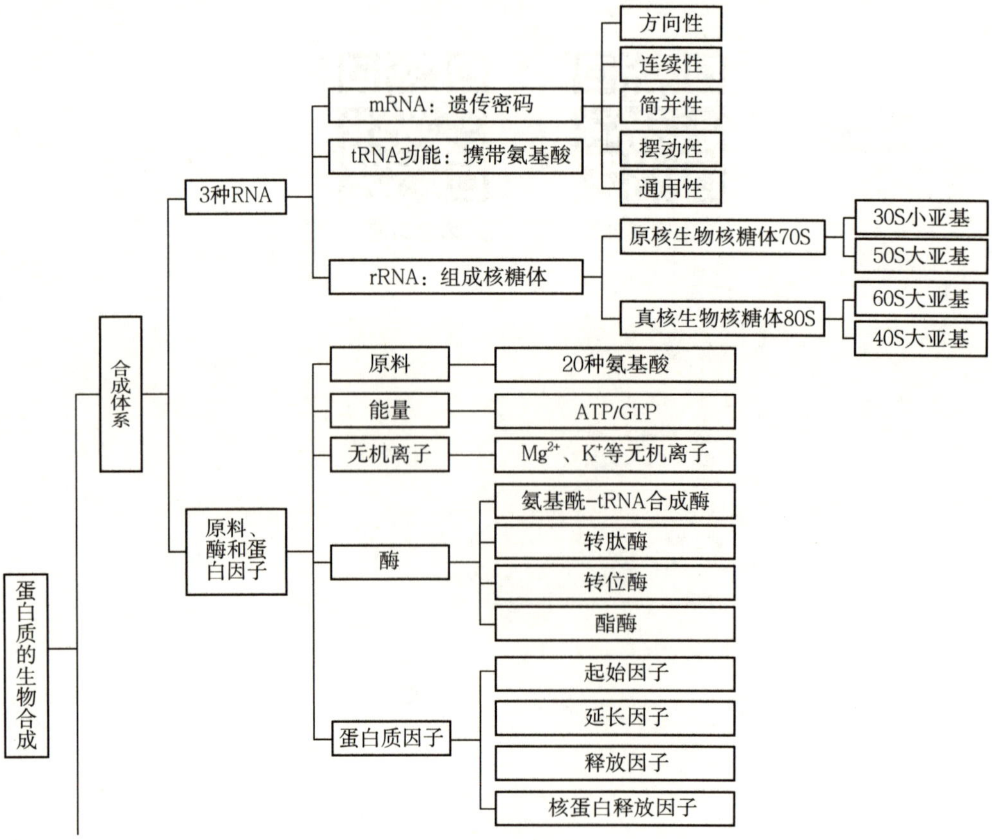

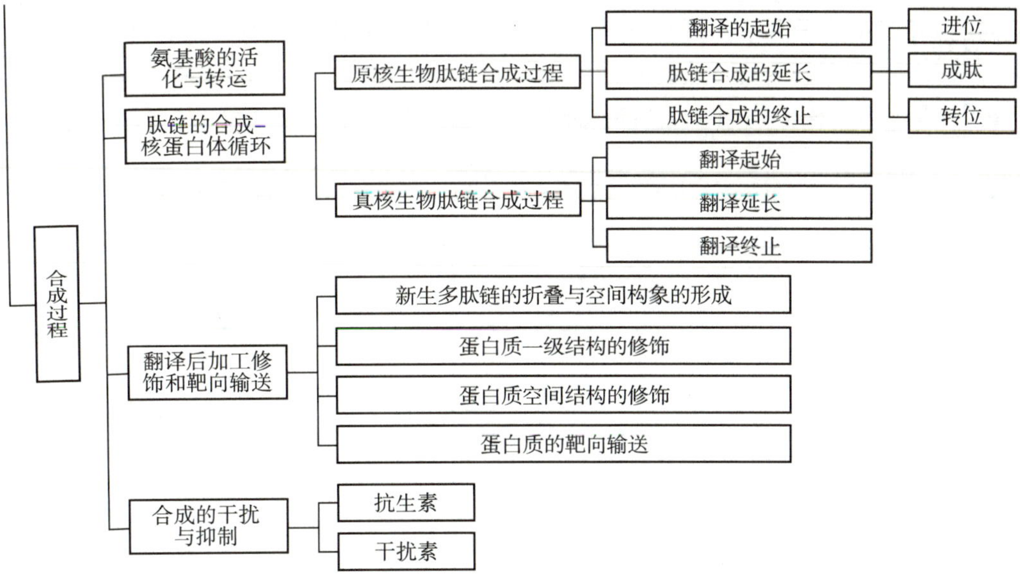

蛋白质的生物合成也称翻译(translation)，是指以 mRNA 为模板，把 mRNA 分子中由 A、G、C、U 四种核苷酸序列组成的遗传信息，解读为蛋白质一级结构中 20 种氨基酸的排列顺序的过程。蛋白质是基因表达的最终产物。

蛋白质的生物合成过程包括三大步骤：① 氨基酸的活化，即氨基酸与各自相应的 tRNA 在氨基酰 tRNA 合成酶的催化下形成氨基酰- tRNA。② 肽链的合成，即 mRNA 分子的核苷酸序列转变为蛋白质分子的氨基酸序列，其过程包括起始、延长、终止 3 个阶段。③ 翻译后多肽链的加工修饰和靶向输送。翻译后加工是多肽链从无生物活性转变为有生物活性的过程。蛋白质的靶向输送保证了合成的蛋白质在特定的位置上执行功能。

蛋白质的生物合成是一个复杂的耗能过程。它有数百种分子参与，由 ATP 和 GTP 提供合成所需要的能量。

第一节　蛋白质生物合成体系

一、参与蛋白质生物合成的 3 种 RNA

(一) mRNA

mRNA 携带有从 DNA 转录来的遗传信息，其碱基排列顺序决定了蛋白质中氨基酸的排列顺序，它是蛋白质生物合成的模板。在不同种类的 RNA 分子中，mRNA 种类最多，稳定性差，易降解，分子大小不一。

在原核生物中，一条 mRNA 常含有多条功能相关的蛋白质多肽链的编码序列。遗传学中，将编码一条多肽链的遗传单位称为一个顺反子(cistron)。所以，原核生物 mRNA 常为多顺反子(poly cistron)。如 *E.coli* 的乳糖操纵子结构基因的 mRNA，含有 β-半乳糖苷酶、通透酶和乙酰基转移酶的编码序列。

在真核生物中，一条 mRNA 分子通常只含有一种蛋白质多肽链的编码序列，为单顺反子(single cistron)。真核生物的基因在 DNA 中是不连续的，含有不能编码蛋白质多肽链的核苷酸序列——内含子，转录后生成的 hnRNA，需经过内含子的剪接、修饰等才成为成熟的 mRNA，在翻译中起模板作用。

不同的 mRNA 分子大小和碱基排列顺序各不相同，但是都包含有三部分：5′-端非翻译区（5′- untranslated region，5′- UTR）、开放的阅读框架区（翻译区）和 3′-端非翻译区（3′- untranslated region，3′- UTR）。真核与原核生物顺反子结构见图 5 - 1。

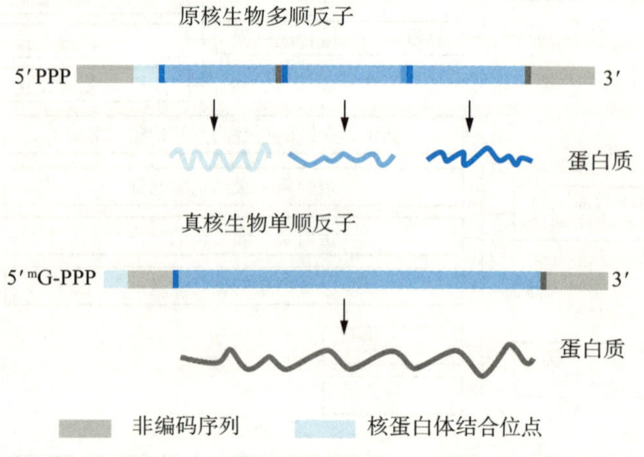

图 5 - 1 真核与原核生物顺反子结构

mRNA 从 5′端的起始密码 AUG 开始，到 3′端的终止密码（UAA、UAG、UGA）之间的核苷酸序列，能够翻译成蛋白质氨基酸序列，称为可读框（open reading frame，ORF）。开放阅读框架内每 3 个相邻的核苷酸组成一个氨基酸的遗传密码，能翻译成一种氨基酸，故称之为三联体密码（triplet code）。由 A、G、C、U 4 种碱基构成的核苷酸可组合成 64（4^3）种三联体密码。其中，有 61 种密码分别代表不同的氨基酸，AUG 既是蛋白质多肽链中甲硫氨酸的密码，又是蛋白质肽链合成的起始密码（initiation coden）。在某些原核生物中，GUG 和 UUG 也可充当起始密码。UAA、UAG、UGA 不编码任何氨基酸，是蛋白质多肽链合成的终止密码（termination coden）。蛋白质合成的遗传密码见表 5 - 1。

表 5 - 1 遗传密码表

第 1 个核苷酸（5′）	第 2 个核苷酸				第 3 个核苷酸（3′）
	U	C	A	G	
U	UUU (Phe)	UCU (Ser)	UAU (Tyr)	UGU (Cys)	U
	UUC (Phe)	UCC (Ser)	UAC (Tyr)	UGC (Cys)	C
	UUA (Leu)	UCA (Ser)	**UAA (Stop)**	**UGA (Stop)**	A
	UUG (Leu)	UCG (Ser)	**UAG (Stop)**	UGG (Trp)	G
C	CUU (Leu)	CCU (Pro)	CAU (His)	CGU (Arg)	U
	CUC (Leu)	CCC (Pro)	CAC (His)	CGC (Arg)	C
	CUA (Leu)	CCA (Pro)	CAA (Gln)	CGA (Arg)	A
	CUG (Leu)	CCG (Pro)	CAG (Gln)	CGG (Arg)	G
A	AUU (Ile)	ACU (Thr)	AAU (Asn)	AGU (Ser)	U
	AUC (Ile)	ACC (Thr)	AAC (Asn)	AGC (Ser)	C
	AUA (Ile)	ACA (Thr)	AAA (Lys)	AGA (Arg)	A
	AUG (Met)	ACG (Thr)	AAG (Lys)	AGG (Arg)	G

续　表

第 1 个核苷酸（5′）	第 2 个核苷酸				第 3 个核苷酸（3′）
	U	C	A	G	
G	GUU（Val）	GCU（Ala）	GAU（Asp）	GGU（Gly）	U
	GUC（Val）	GCC（Ala）	GAC（Asp）	GGC（Gly）	C
	GUA（Val）	GCA（Ala）	GAA（Glu）	GGA（Gly）	A
	GUG（Val）	GCG（Ala）	GAG（Glu）	GGG（Gly）	G

mRNA 遗传密码有以下重要特点。

1. 方向性(direction)　mRNA 分子中碱基序列的排列具有方向性，因此 mRNA 分子可读框内的密码也具有方向性。翻译的阅读方向是从 mRNA 的 5′端至 3′端。即从 mRNA 的起始密码 AUG 开始，按 5′→3′的方向逐一阅读，至终止密码结束。氨基酸的排列顺序与 mRNA 的密码排列顺序相对应。合成的蛋白质多肽链是从氨基末端(N-端)开始，到羧基末端(C-端)结束。

2. 连续性(commaless)　mRNA 密码内及密码间的核苷酸均是连续排列的，无核苷酸间隔。在翻译过程中，密码的阅读从起始密码开始至终止密码结束，连续阅读。即无标点、无间隔、无重复。如果 mRNA 链上插入或缺失 1 个(或非 3 的整数倍)核苷酸，就会在插入或缺失部位之后产生读码错误，造成下游翻译产物氨基酸序列的改变。由此引起的突变称为框移突变(frame shift mutation)，见图 5-2。

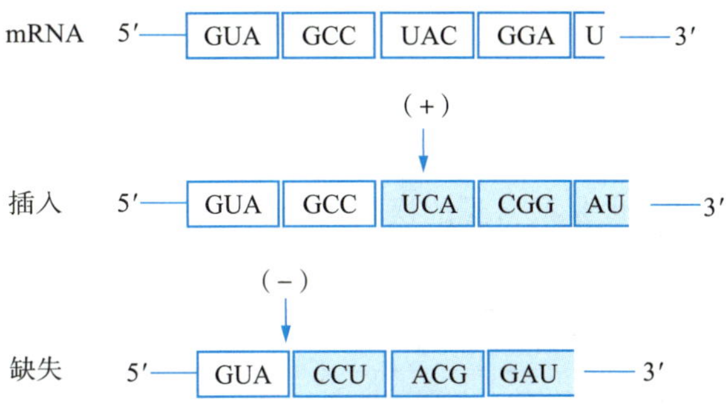

图 5-2　框移突变

3. 简并性(degeneracy)　遗传密码的简并性是指同一种氨基酸具有多个不同的密码。遗传密码中，除色氨酸和甲硫氨酸仅有一个密码外，其余氨基酸均有 2 个以上密码。合成蛋白质的氨基酸简并密码的个数见表 5-2。

表 5-2　氨基酸简并密码数

氨基酸	密码数	氨基酸	密码数
Ala	4	Leu	6
Arg	6	Lys	2
Asn	2	Met	1
Asp	2	Phe	2
Cys	2	Pro	4
Gln	2	Ser	6
Glu	2	Thr	4
Gly	4	Trp	1
His	2	Tyr	2
Ile	3	Val	4

从遗传密码表可以看出，编码同一氨基酸的不同密码的第 1、第 2 位核苷酸大多是相同的，只是第 3 位核苷酸不同。如 ACU、ACC、ACA、ACG 都是苏氨酸的密码，UGU、UGC、UGA、UGG 都是缬氨

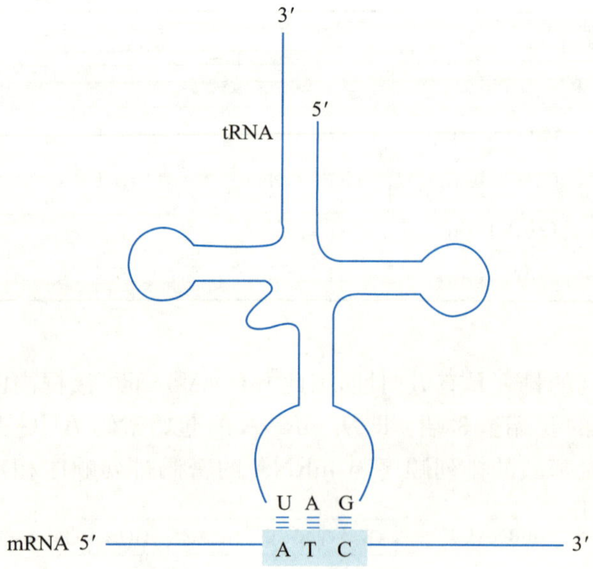

图 5－3　密码与反密码碱基配对

酸的密码。这些密码第 3 位核苷酸如出现突变，并不影响所翻译出的氨基酸种类，因此合成的蛋白质结构不变。遗传密码的简并性对于减少基因突变对蛋白质功能的影响具有一定的生物学意义。在翻译过程中，表示同一种氨基酸的多个密码中常会有一两个是被优先选择的，即密码的“偏爱性”。

4. 摆动性(wobble)　翻译过程氨基酸的正确加入，需靠 mRNA 上的密码与 tRNA 上的反密码相互以碱基配对辨认(图 5－3)。

密码与反密码配对，有时会出现不遵从碱基配对规律的情况，称为遗传密码的摆动现象。这一现象更常见于密码的第 3 位碱基对及反密码的第 1 位碱基，两者虽不严格互补，也能相互辨认。tRNA 分子组成的特点是有较多稀有碱基，其中次黄嘌呤(inosine I)常出现于反密码第 1 位，也是最常见的摆动现象(表 5－3)。

表 5－3　密码与反密码配对的摆动现象

tRNA 反密码第 1 位碱基	I	U	G	A	C
mRNA 密码第 3 位碱基	U,C,A	A,G	U,C	U	G

5. 通用性(universal)　从最简单的生物病毒一直至人类，在蛋白质的生物合成中都使用同一套遗传密码。最近研究发现，动物细胞的线粒体、植物细胞的叶绿体这些细胞器，在翻译过程中，虽也是三联体密码，但和普遍使用的“通用密码”有很多差别。如线粒体和叶绿体以 AUG、AUU 为起始密码，而 AUA 兼有起始密码和甲硫(蛋)氨酸密码的功能。终止密码是 AGA、AGG，色氨酸密码是 UGA 等。

知识拓展

遗传密码的发现

遗传密码的发现经历了 3 个实验阶段。第 1 个实验是 1961 年由美国的 M. Nirenberg 等完成的，首先利用多核苷酸磷酸化酶合成了一条由相同核苷酸组成的多核苷酸作为模板，利用大肠埃希菌的蛋白提取液和 GTP 在体外合成蛋白质。发现多聚 U 导致合成多聚 Phe 的合成，表明多聚 U 编码多聚 Phe。类似的实验表明，多聚 A 编码多聚 Lys；多聚 C 编码多聚 Pro。

第 2 个实验也是由美国的 M. Nirenberg 等于 1964 年完成的。他们首先合成一个已知序列的核苷酸的三聚体，然后与大肠埃希菌核糖体和氨基酰 tRNA 一起孵育。由此确定与已知核苷酸三聚体结合的 tRNA 上连接的是一种氨基酸。

第 3 个实验是由 Jones Khorana 等完成的。利用有机化学和酶法制备了已知的核苷酸重复序列，以此多聚核苷酸作为模板，在体外进行蛋白质的合成，发现可以生成 3 种重复的多肽链。由此确定遗传密码为三联体密码。

（二）tRNA

1. tRNA 的功能 tRNA 的种类较多，每种氨基酸有 2～6 种 tRNA 携带。特定的 tRNA 可与相应的氨基酸结合生成氨基酰- tRNA，从而携带氨基酸参与蛋白质的生物合成。

tRNA 分子上的几个重要结构与其功能相关，3′端共有的 CCA 序列是 tRNA 结合氨基酸部位；tRNA 分子中还有一个反密码环，此环上的反密码能识别 mRNA 中的密码并且与它互补结合。因此，在蛋白质的生物合成过程中，tRNA 起着运输氨基酸的作用。

2. 氨基酰- tRNA 的表示方法 tRNA 携带氨基酸的形式是氨基酰- tRNA。氨基酰- tRNA 的表示方法是：Ala－$tRNA^{Ala}$；Arg－$tRNA^{Arg}$；Met－RNA^{eMet}……Met－$tRNA^{iMet}$；fMet－$tRNA^{iMet}$（起始者 tRNA）。

用 3 个字母缩写代表已结合的氨基酸残基，tRNA 右上角的 3 字缩写代表 tRNA 的结合特异性，有时也可略去右上角的缩写。

AUG 是甲硫氨酸密码，同时又是起始密码。因此与甲硫氨酸相结合的 tRNA，在真核生物中至少有两种：$tRNA^{iMet}$称为起始者 tRNA（initator－tRNA），$tRNA^{eMet}$称是携带肽链延长（elongation）中的甲硫氨酸的 tRNA。Met-$tRNA^{iMet}$和 Met-$tRNA^{eMet}$分别被起始因子 eIF－2α 和延长中起催化作用的酶所辨认。

原核生物的起始密码只能辨认甲酰化的甲硫氨酸，即 N－甲酰甲硫氨酸（fMet）。

（三）rRNA

在细胞胞质内，rRNA 与几十种蛋白质（核蛋白体蛋白）组成核糖体，又称为核蛋白体（ribosome）。核蛋白体由大、小亚基构成，每个亚基又含不同的蛋白质和 rRNA。核蛋白体结构见图 5－4。

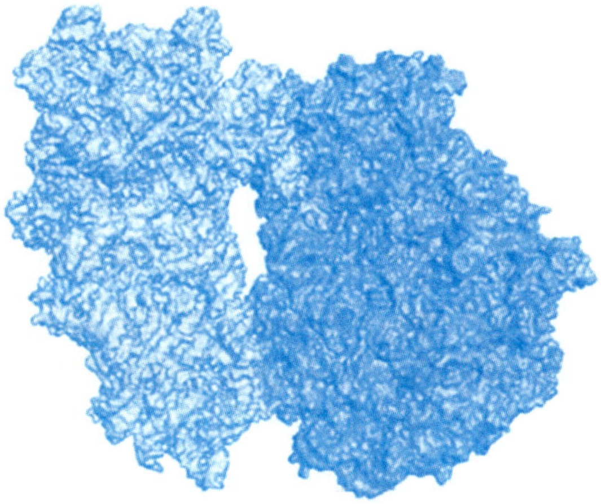

图 5－4 核蛋白体结构模式

原核生物中的核蛋白体大小为 70S，可分为 30S 小亚基和 50S 大亚基。小亚基由 16S rRNA 和 21 种蛋白质构成，大亚基由 5S rRNA、23S RNA 和 36 种蛋白质构成（图 5－5）。

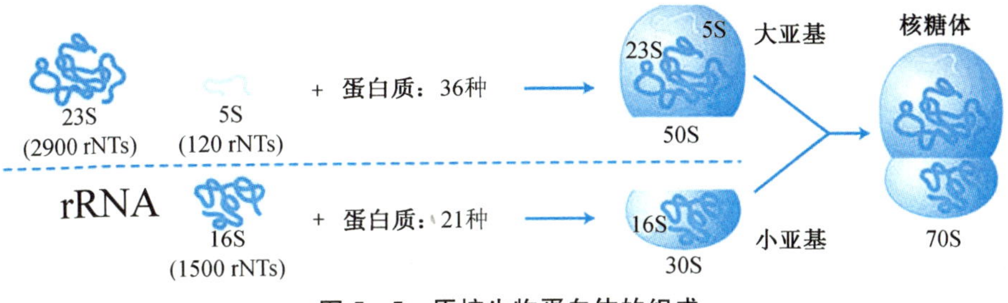

图 5－5 原核生物蛋白体的组成

真核生物中的核蛋白体大小为 80S，也分为 40S 小亚基和 60S 大亚基。小亚基由 18S rRNA 和 33 种蛋白质构成，大亚基则由 5S rRNA、28S rRNA 和 49 种多蛋白质构成，在哺乳动物中还含有 5.8S rRNA（图 5－6）。

核蛋白体的小亚基可与 mRNA、GTP 和起始 tRNA 结合。大亚基上具有两个不同的 tRNA 结合点。A 位，即氨基酰位（aminoacyl site）或受位（acceptor site），此位置接受氨基酰- tRNA 进位；P 位，即肽酰位（peptidyl site）或给位（ donor site，D 位），在肽链延长阶段，肽酰- tRNA 的肽链从此位置转给 A 位上的氨基酰- tRNA 形成肽键。另外，原核生物还具有 E 位，即排出位（exit site），是 tRNA 由核蛋白体脱离开的位点。原核生物核蛋白体 tRNA 结合位点见图 5－7。

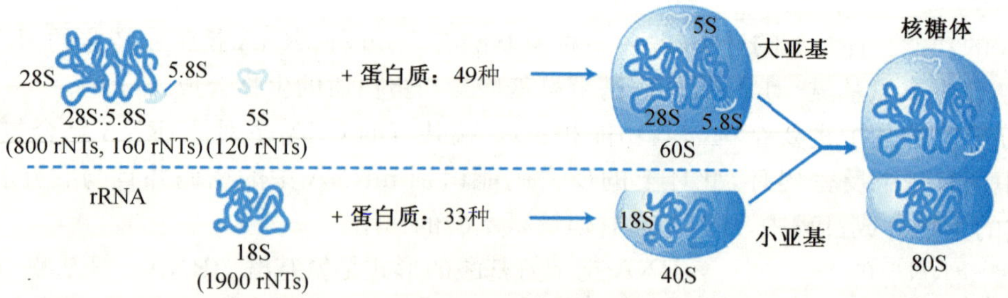

图 5 - 6 真核生物蛋白体组成

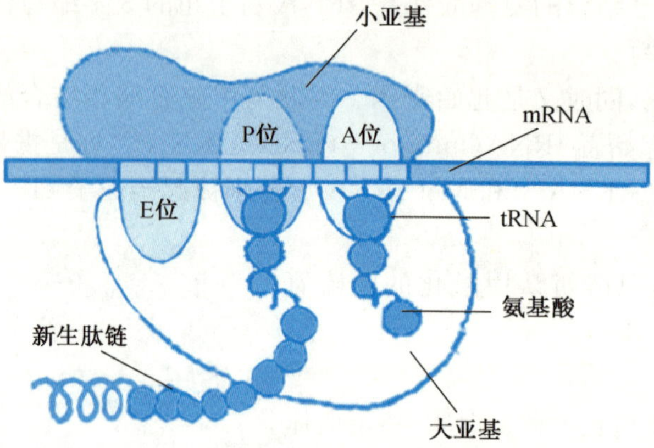

图 5 - 7 核蛋白体 tRNA 结合位点

另外，核蛋白体大亚基上还具有：① 转肽酶活性，将给位上的肽酰基转移给受位上的氨基酰 tRNA，形成肽键。② GTPase 活性，水解 GTP，获得能量。③ 酯酶活性，将肽酰- tRNA 的肽链与 tRNA的连接酯键水解。④ 起始因子、延长因子及释放因子的结合部位。

二、参与蛋白质生物合成的原料、酶和蛋白因子

（一）原料、能量及无机离子

参与蛋白质生物合成的原料是 20 种氨基酸，能量由 ATP 和 GTP 提供。此外，蛋白质生物合成还需 Mg^{2+} 和 K^{+} 等无机离子。

（二）酶

参与蛋白质生物合成的重要酶有氨基酰- tRNA 合成酶、转肽酶、转位酶和酯酶。

1. 氨基酰- tRNA 合成酶(aminoacyl - tRNA synthetase) 氨基酸和相应的 tRNA 特异地结合，这种结合作用由氨基酰- tRNA 合成酶催化。氨基酰- tRNA 合成酶具有以下特点：① 具有绝对特异性，对氨基酸和 tRNA 两种底物都能高度特异性地识别；② 具有校正活性(editing activity)，即该酶可以改正反应的任一步骤中出现的错误配对。校正活性实际上是水解酯键的催化活性，把 tRNA 的 3′- OH 上错误连接的氨基酸水解下来，换上与密码相对应的正确氨基酸(图 5 - 8)。

2. 转肽酶(transpeptidase) 核蛋白体大亚基上的蛋白质具有转肽酶活性，可能是不止一种大亚基上的蛋白质有该酶的活性。成肽的过程中，它催化 P 位上的肽酰- tRNA 的肽酰基(第一个肽键形成原核生物是 fMet - $tRNA^{i}$，真核生物是 Met - $tRNA^{i}$)与 A 位上的氨基酰- tRNA 的氨基进行反应，形成肽键，反应在 A 位上进行。转肽酶活性要求氨基酰- tRNA 的正确进位。

3. 转位酶(translocase) 其活性存在于延长因子 G 中。使核蛋白体与 mRNA 之间的相对位置向 mRNA 的 3′端移动一个密码的距离，使 A 位空出，并对应着 mRNA 链上的下一个密码。以便于下

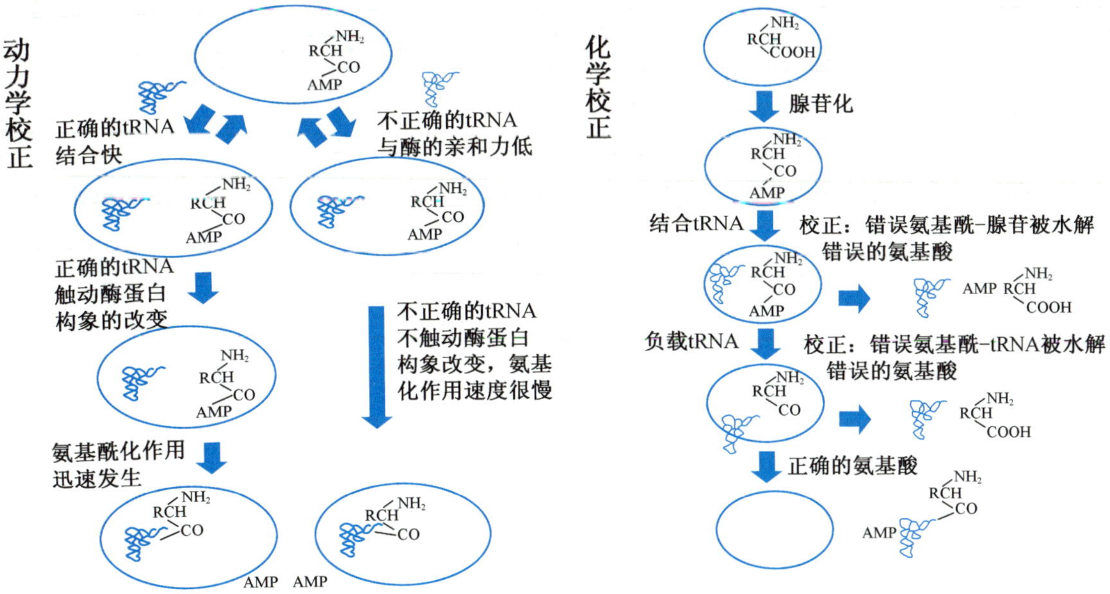

图 5-8　氨基酰-tRNA 合成酶校正作用

一个氨基酰-tRNA 进入。

4. 酯酶(esterase)　是水解酯键的酶。蛋白质多肽链生物合成结束时，释放因子与核蛋白体大亚基 A 位的结合，使形成肽键的过程中转肽酶活性变为酯酶的活性，将肽酰-tRNA 的肽链与 tRNA 间的酯键水解，使 P 位上的肽链与 tRNA 分离。

（三）蛋白质因子

蛋白质生物合成的各个阶段均有蛋白质因子参与。主要有：① 起始因子(initiation factor，IF)；② 延长因子(elongation factor，EF)；③ 释放因子(release factor，RF)；分别在翻译的起始、延伸、终止阶段起作用，为区别原核生物和真核生物，真核生物的蛋白质因子在缩写前加 e，如 eIF、eRF 等；④ 核蛋白体释放因子(ribosome release factor，RR)，使原核生物 tRNA、mRNA、RF 与核蛋白体分离。参与原核生物蛋白质生物合成的蛋白质因子见表 5-4；参与真核生物蛋白质生物合成的蛋白质因子，见表 5-5。

表 5-4　参与原核生物蛋白质生物合成的蛋白质因子

蛋白质因子种类		生物学功能
IF	IF-1	占据 A 位防止结合其他 tRNA
	IF-2	促进起始 RNA 与小亚基结合，具有 GTP 酶活性
	IF-3	促进大小亚基分离，提高 P 位对结合起始 tRNA 敏感性
EF	EF-Tu	促进氨基酰-tRNA 进入 A 位，结合并分解 GTP
	EF-Ts	EF-Tu 的调节亚基
	EF-G	有转位酶活性，促进 mRNA-肽酰-tRNA 由 A 位前移到 P 位，促进卸载 tRNA 释放
RF	RF-1	特异识别 UAA、UAG，并激活酯酶活性
	RF-2	特异识别 UAA、UGA，并激活酯酶活性
	RF-3	可与核蛋白体其他部位结合，有 GTP 酶活性，介导 RF-1、RF-2 与核蛋白体相互作用
	RR	使 tRNA、mRNA、RF 与核蛋白体分离

表 5－5　参与真核生物蛋白质生物合成的蛋白质因了

蛋白质因子种类		生物学功能
eIF	eIF－1	参与翻译的多个步骤，多功能因子
	eIF－2	促进起始 RNA 与小亚基结合
	eIF－2B	结合小亚基，促进大小亚基分离
	eIF－3	结合小亚基，促进大小亚基分离，介导 eIF－4F 复合物- mRNA 与核蛋白体结合
	eIF－4A	eIF－4F 复合物成分，有 RNA 解螺旋酶活性，去除 mRNA 5′-端的发夹结构，使其与小亚基结合
	eIF－4B	结合 mRNA，扫描定位起始密码 AUG
	eIF－4E	eIF－4F 复合物成分，结合 mRNA5′-端的帽子
	eIF－4G	eIF－4F 复合物成分，结合 eIF－4E、eIF－3 和 PAB
	eIF－5	促进各起始因子从小亚基解离，结合大亚基
	eIF－6	促进核蛋白体分离
eEF	eEF－1α	促进氨基酰- tRNA 进入 A 位，结合并分解 GTP
	eEF1－βγ	调节亚基
	eEF－2	有转位酶活性，促进 mRNA＋肽酰- tRNA 由 A 位前移到 P 位，促进卸载 tRNA 释放
eRF	eRF	识别所有终止密码，并激活酯酶活性

第二节　蛋白质的生物合成过程

一、氨基酸的活化与转运

氨基酸的活化是在氨基酰- tRNA 合成酶的作用下合成氨基酰- tRNA（AAcyl－tRNA）的过程。反应如下：

实际上上述化学反应分为两个步骤完成。

第一步反应：氨基酸＋ATP－E⟶氨基酰- AMP－E＋PPi

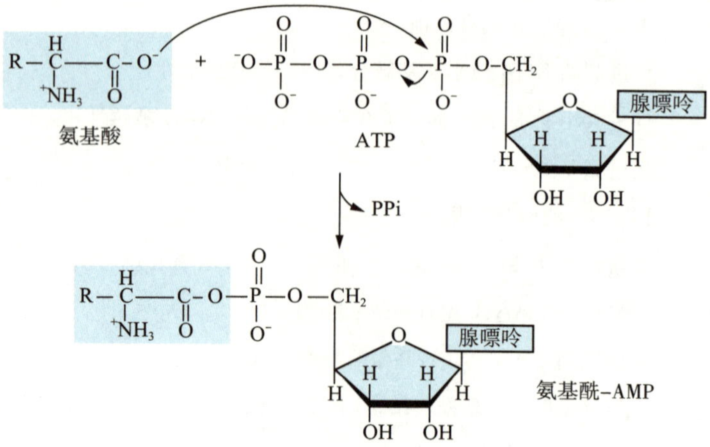

第二步反应：氨基酰- AMP－E＋tRNA⟶氨基酰- tRNA＋AMP＋E

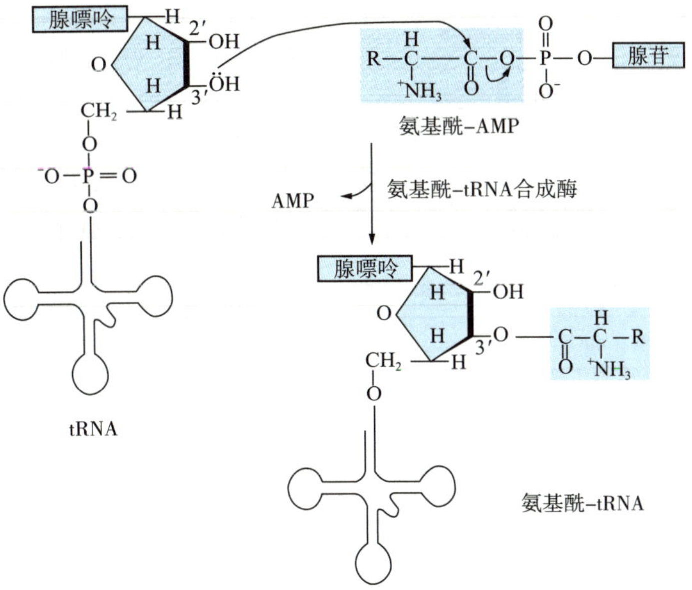

原核生物起始氨基酰- tRNA 为 fMet - $tRNA^{fMet}$，由转甲酰基酶催化，甲酰基从 N^{10}-甲酰四氢叶酸转移到甲硫氨酸的 α-氨基上产生。

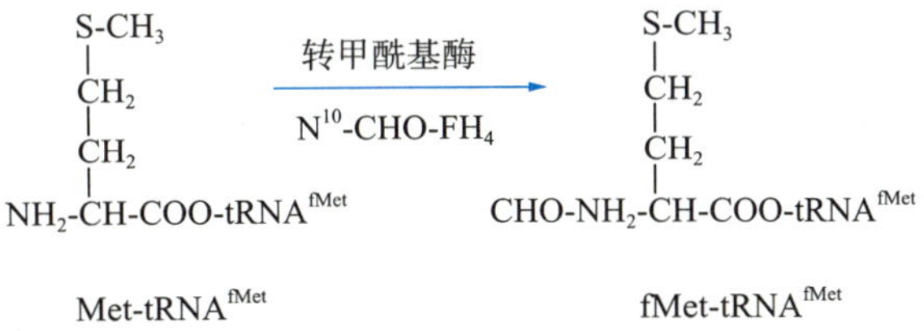

二、肽链的合成——核蛋白体循环

肽链的合成分起始、延长、终止 3 个阶段。虽然原核生物与真核生物的合成过程相似，但仍有区别。

(一) 原核生物的肽链合成过程

1. 翻译的起始　翻译的起始是 fMet - $tRNA^{fMet}$、mRNA 结合到核蛋白体上，生成翻译起始复合物(translational initiation complex)的过程。此过程除核蛋白体大小亚基、mRNA、fMet - $tRNA^{fMet}$ 外，还需要多种起始因子共同参与。原核生物翻译的起始可分为 4 步。

(1) 核蛋白体大、小亚基的分离：IF - 3、IF - 1 和核蛋白体结合，使核蛋白体大、小亚基分离，以利于 mRNA 和 fMet - $tRNA^{fMet}$ 结合到核蛋白体小亚基上。

(2) mRNA 与小亚基结合：研究了多种原核生物 mRNA 的碱基序列，并加以比较，发现在翻译起始密码 AUG 的上游，相距 8～13 个核苷酸处，往往有一段由 4～6 个核苷酸组成的富含嘌呤的序列。这一序列以…AGGA…为核心，因其发现者是 Shine - Dalgarno，因此称为 S - D 序列。后来又发现，原核生物核蛋白体小亚基上的 16S rRNA 近 3′末端处，有一段短序列…UCCU…是与 S - D 序列互补的。故 mRNA 上的 S - D 序列又称为核蛋白体结合位点(ribosomal binding site，RBS)。mRNA 翻译起始点的识别，就靠核蛋白体小亚基上的 16S rRNA 与 S - D 序列的互补，此过程需 IF - 3、IF - 1 的参与(图 5 - 9)。

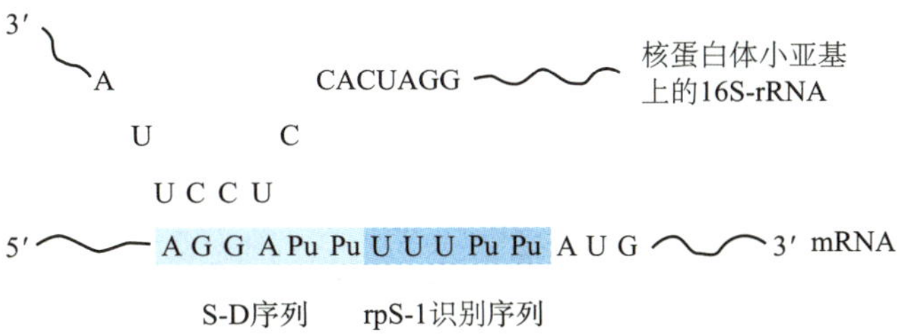

图 5 - 9　小亚基 16S rRNA 与 S - D 序列的识别

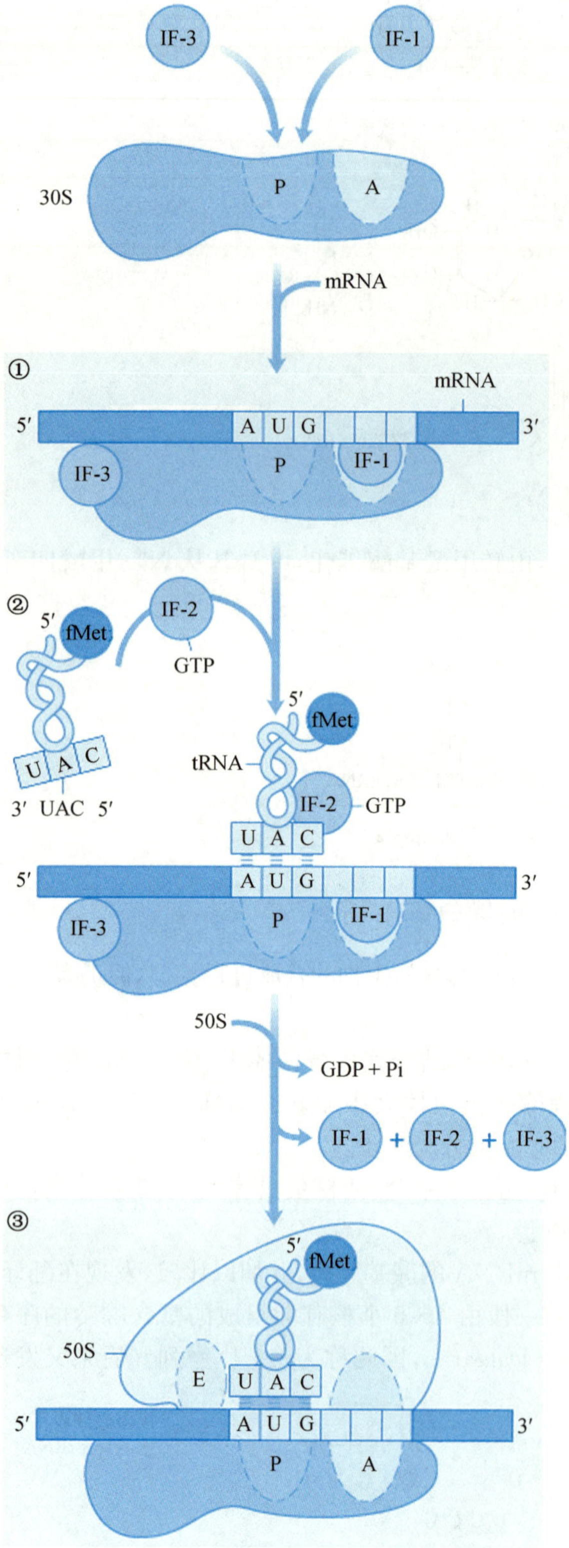

图 5-10 翻译起始复合物的生成过程

(3) fMet-tRNA^{fMet}的结合：在 IF-2 作用下，fMet-tRNA^{fMet}与 mRNA 分子中的 AUG 相结合，即密码与反密码配对，此步需要 GTP 和 Mg^{2+}参与。

(4) 核蛋白体大亚基结合：fMet-tRNA^{fMet}结合后，IF-3 脱离小亚基，随着 IF-3 的脱落，核蛋白体 50S 大亚基与 30S 小亚基结合形成 70S 的复合物。与此同时 GTP 水解，IF-1 和 IF-2脱离起始复合物，fMet-tRNA^{fMet}占据 P 位，A 位是空的，形成翻译起始复合物。翻译起始复合物的生成全过程见图 5-10。

2. 肽链合成的延长　肽链的延长过程也称核蛋白体循环(ribosomal cycle)。广义的核蛋白体循环是指翻译全过程，因为这一过程也全是在核蛋白体上连续地、循环式地进行着。延长过程需要 EF 的参与。核蛋白体循环分 3 个步骤：进位(entrance)、成肽(peptide bond formnation)和转位(translocation)。循环 1 次，肽链延长 1 个氨基酸，如此不断重复，直至肽链合成终止。

(1) 进位：也称为注册(registration)，指氨基酰-tRNA 根据遗传密码的指引，进入核蛋白体的 A 位。翻译起始复合物形成后，核蛋白体 P 位已被 fMet-tRNA^{fMet}占据，但 A 位是空的，且对应着 mRNA 的第 2 个密码。需加入的氨基酰-tRNA即由该密码决定的，此时需 EF-T、GTP 参与。

EF-Tu 和 EF-Ts 是延长因子 T 上的 2 个亚基。EF-T 与 GTP 作用，形成 Tu-GTP 的复合物，释放出 Ts；Tu-GTP 可结合 AAcyl-tRNA，形成 AAcyl-tRNA-Tu-GTP 复合物，通过密码与反密码的配对，AAcyl-tRNA-Tu-GTP复合物进入核蛋白体 A 位，并与核蛋白体小亚基上的 mRNA 结合。然后，GTP 分解释放出能量，完成进位。最后，Tu-GDP 与 Ts 又利用 GTP 的能量重新结合成 EF-T。这样，延长因子又可催化另一个 AAcyl-tRNA 的进位过程。已结合的 AAcyl-tRNA-mRNA 则在 A 位上进行下一步的翻译延长反应。核糖体对 AAcyl-tRNA 的进位有校正作用。只有正确的 AAcyl-tRNA 才能发生反密码与密码的配对而进入 A 位。EF 在翻译进位中的作用见图 5-11。

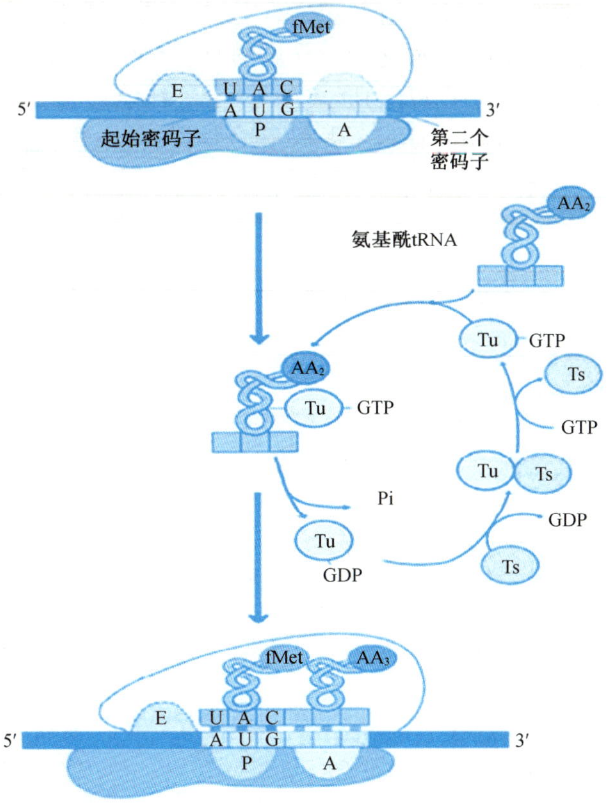

图 5 - 11　EF - Tu - Ts 循环在翻译进位中的作用

（2）成肽：是由转肽酶（transpeptidase）催化的肽键形成过程。是核蛋白体 P 位上的 fMet - $tRNA^{fMet}$ 的甲酰甲硫氨酰基与 A 位上的 AAcyl - tRNA 的氨基进行反应形成肽键，反应在 A 位进行。此过程需要 Mg^{2+} 和 K^{+}。P 位上已失去甲酰甲硫氨酰基或肽酰基的 tRNA 从核蛋白上脱落，使 P 位空出。成肽的化学反应过程见图 5 - 12。

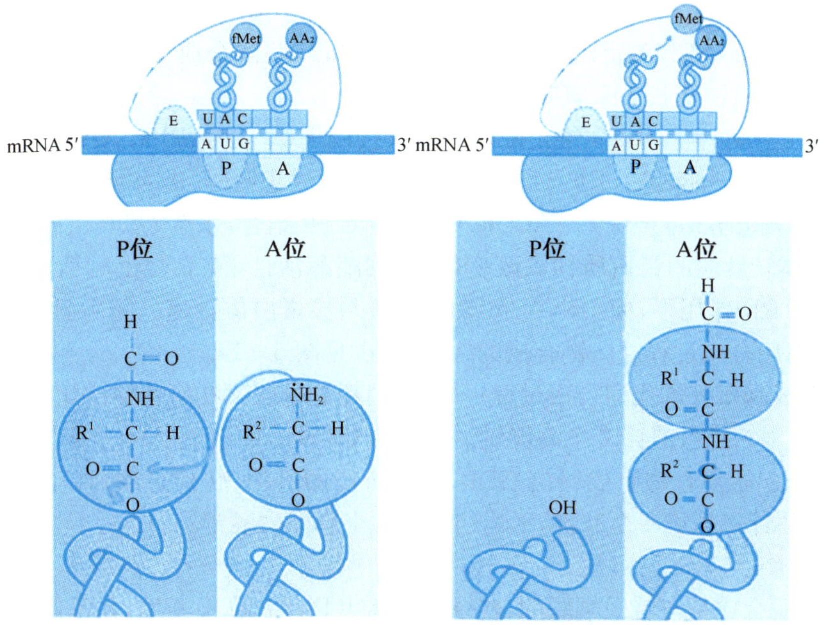

图 5 - 12　成肽的反应过程

(3) 转位：在A位上的二肽酰-tRNA连同mRNA从A位进入P位。这实际是整个核蛋白体与肽酰-tRNA-mRNA间相对位置移动。催化转位作用的是转位酶(translocase)，转位酶的活性存在于延长因子G(EF-G)，其以EF-G-GTP的形式参与，是一耗能过程。由于肽酰-tRNA-mRNA与核蛋白体位置的相对变更，此时，肽酰-tRNA占据了P位，A位空出，进入第2个循环。转位反应见图5-13。

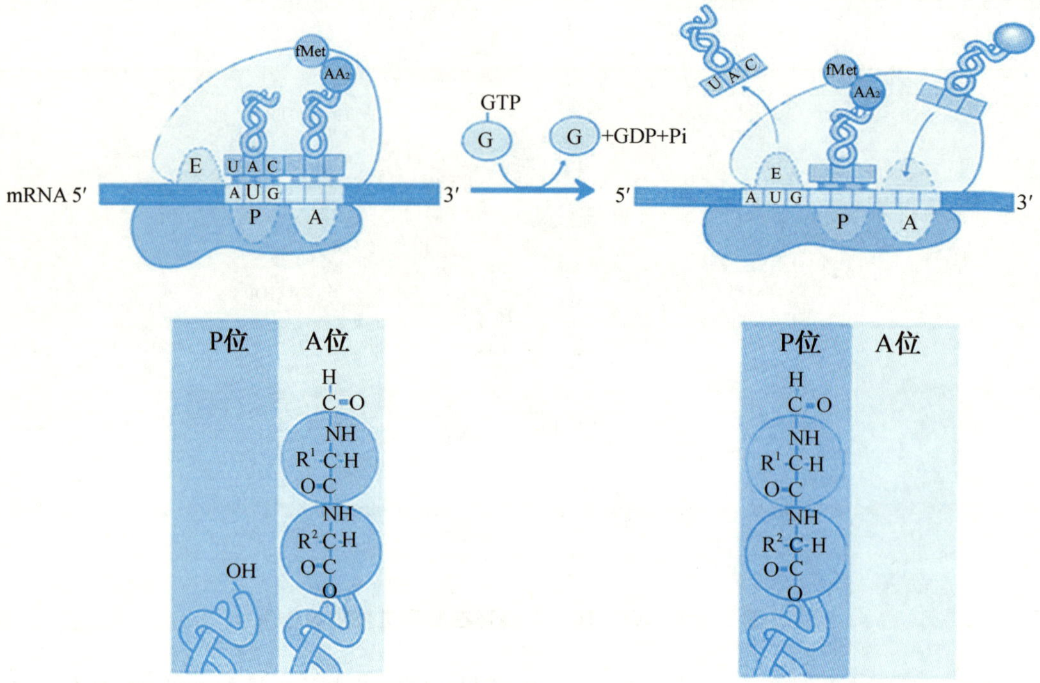

图5-13　转位酶催化的转位反应

第2循环和第1循环开始时一样，不同的只是P位为肽酰-tRNA。总之，A位空出，并对应着mRNA链上第3个密码，于是，第3个AAcyl-tRNA就按密码的指引进入A位注册，开始下第2个循环。同样，经过进位-成肽-转位，P位出现三肽酰-tRNA，A位空出让第4个AAcyl-tRNA进入。

可见，核蛋白体阅读mRNA密码是从5′向3′方向进行，肽链合成是从N-端向C-端方向进行。核蛋白体每循环1次，肽链延长1个氨基酸。

3. 肽链合成的终止　当mRNA终止密码对应核蛋白体A位时，因无AAcyl-tRNA与之对应，即A位不能接纳AAcyl-tRNA。RF-1或RF-2能识别终止密码，进入A位。其中RF-1辨认终止密码UAA、UAG，RF-2可辨认UAA、UGA；RF与GTP结合，水解GTP供能完成此过程。RF-3可使组成核蛋白体转肽酶的蛋白质构象改变，激活其酯酶活性，使P位上的肽酰-tRNA的酯键水解，离开tRNA。在RR作用下，使tRNA、mRNA、RF与核蛋白体分离。随后IF-3等使大、小亚基分开，重新参与蛋白质合成过程。肽链合成的终止过程，见图5-14。

蛋白质生物合成和所有的代谢合成过程一样，是消耗能量的。在氨基酸活化阶段，AAcyl-tRNA的生成，需ATP变为AMP，消耗2个高能键。翻译起始阶段，GTP-fMet-$tRNA^{fMet}$与核蛋白体小亚基形成复合物，至起始复合物生成释出GDP；延长阶段的进位、转位过程；终止阶段多肽链的释放等，均消耗GTP。估计每生成一个肽键，平均约消耗5个高能磷酸键。

(二) 真核生物的肽链合成过程

原核生物蛋白质合成是与转录耦联的，转录尚未结束翻译就已经开始，几乎同时进行。而真核生物蛋白质合成不同，是在mRNA转录、加工并且转运到细胞质后才可以作为翻译的模板。真核生物

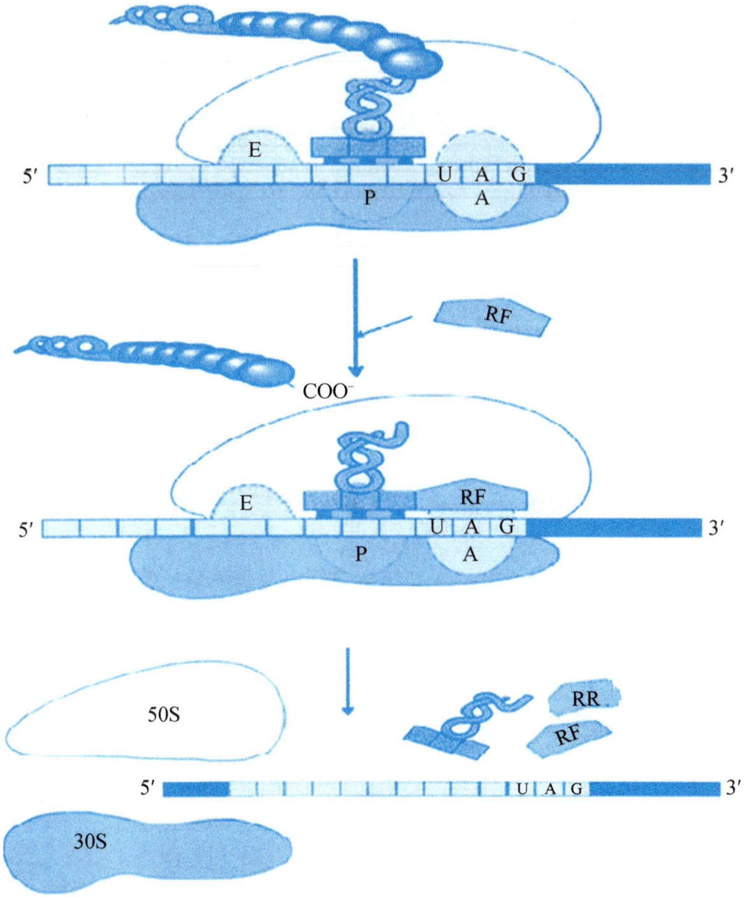

图 5-14 肽链合成的终止过程

的翻译比原核生物要复杂,需要更多因子的参与。

1. 真核生物翻译起始 与原核生物相比,有以下不同:① 真核生物的核糖体是由 40S 的小亚基和 60S 的大亚基组成的 80S 的核糖体。② 真核生物的起始 tRNA 所携带的甲硫氨酸不需要甲酰化。③ 真核生物的 mRNA 未发现有 S-D 序列,但有 Kozak 序列-GCCACCAUGG-,该序列具有增加起始效率的作用。翻译起始识别靠 mRNA 5′-端的帽子结构和 3′-端的多聚腺苷酸尾,与相应蛋白质结合形成的复合物。④ 真核生物需要更多的起始因子,已发现的 eIF 有 10 余种。真核生物翻译起始复合物形成也有 4 步反应。

(1) 核蛋白体大小亚基分离:eIF-2B、eIF-3 与核蛋白体小亚基结合,在 eIF-6 参与下使 80S 核蛋白体解离成大小亚基。

(2) Met-tRNAi^{Met}结合到小亚基上:在 eIF-2B 的作用下,eIF-2 与 GTP 结合,再与 Met-tRNAi^{Met}三者结合形成 Met-tRNAi^{Met}-eIF-2-GTP 复合物。在 eIF-3 及 eIF4-C 等因子的协助下,结合到 40S 小亚基 P 位上。

(3) mRNA 在核蛋白体小亚基就位:真核生物 mRNA 没有 S-D 序列,在核蛋白体小亚基上的定位依赖于多种帽结合蛋白(eIF-4F、eIF-4E、eIF-4G、eIF-4A)与帽子结构组成的复合物,poly A 结合蛋白(Poly A binding protein;PAB)结合 mRNA 的 3′-poly A 尾形成的复合物。连接 mRNA 首尾的 eIF-4E 和 PAB 通过 eIF-4G、eIF-3 与小亚基形成复合物。然后通过消耗 ATP 从 5′端起扫描,直到 AUG 与 Met-tRNAi^{Met} 的反密码配对。使 mRNA 在核蛋白体小亚基上的准确就位。mRNA 在核蛋白体小亚基就位机制见图 5-15。

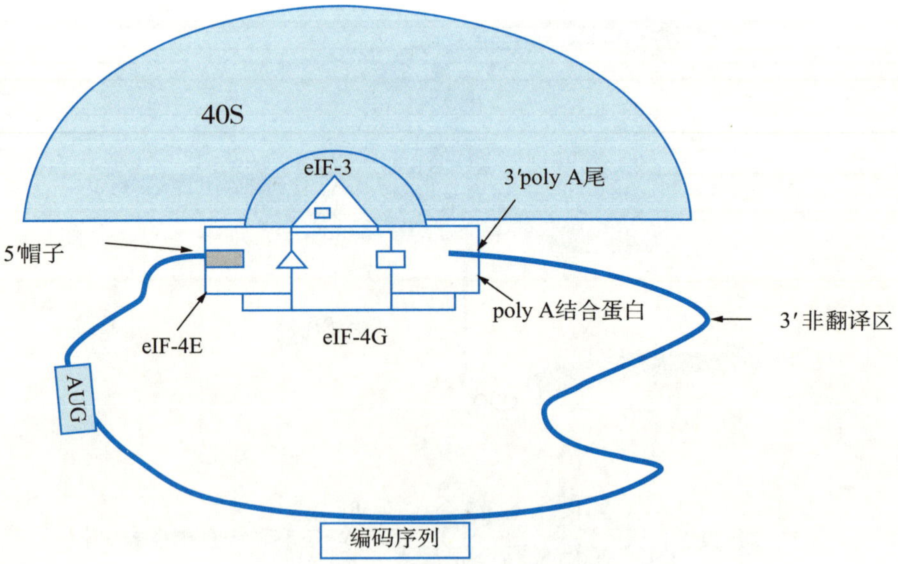

图 5－15　mRNA 在核蛋白体小亚基就位机制

（4）核蛋白体大亚基结合：结合 mRNA、Met－tRNAi^{Met}的小亚基迅速与 60S 大亚基结合，形成翻译起始复合物。同时通过 GTP 水解供能及 eIF－5 的作用，使各种蛋白质因子从核蛋白体释放。真核生物翻译起始复合物形成过程见图 5－16。

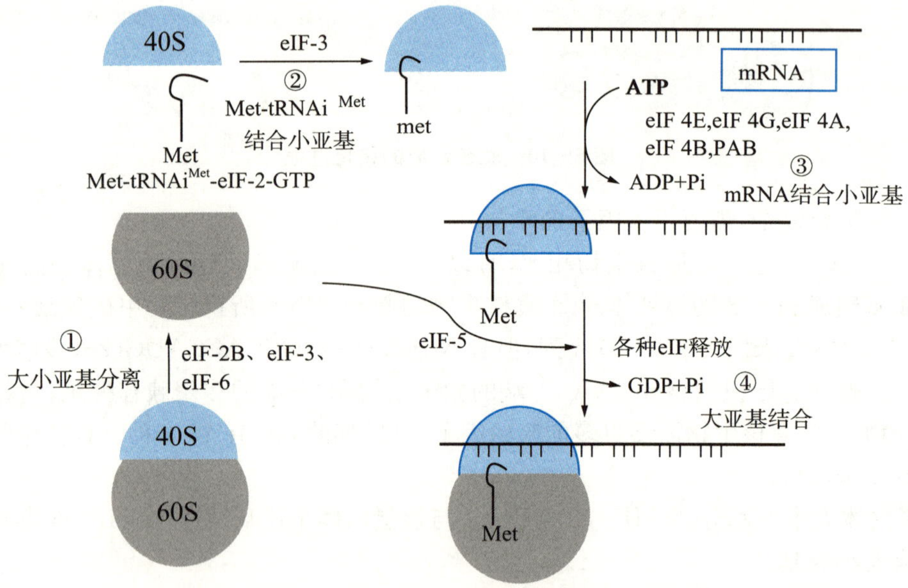

图 5－16　真核生物翻译起始复合物形成过程

2. 真核生物翻译延长　与原核生物基本相似。所不同的是：① 反应体系和延长因子不同。② 真核生物核蛋白体无 E 位，转位后空载的 tRNA 直接由 P 位脱落。

3. 真核生物翻译终止　真核生物翻译的终止因子只有一种 eRF，可以识别所有的终止密码。

（三）多核蛋白体

在蛋白质生物合成过程中，常由若干核蛋白体结合在同一 mRNA 分子上，同时进行翻译，但每两个相邻核蛋白之间存在一定的间隔，形成念球状结构。这种结构称为多核蛋白体（polysome），见图 5－17。多核蛋白体的形成，使较少的 mRNA 模板能够合成大量蛋白质。

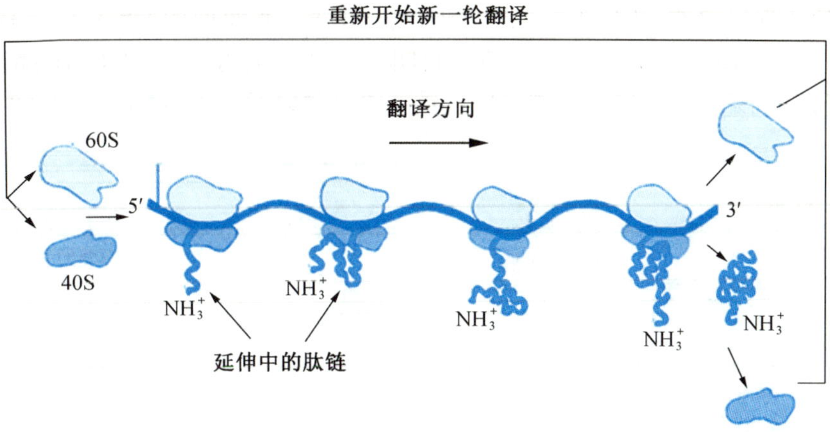

图 5－17　多核蛋白体循环

三、蛋白质翻译后加工修饰和靶向输送

新生多肽链不具备生物活性，从核蛋白体释放后，经过细胞内各种修饰处理，成为有活性的成熟蛋白质，并输送到细胞的特定位置发挥作用。

（一）新生多肽链的折叠与空间构象的形成

新生肽链的折叠在肽链合成中、合成后完成，新生肽链 N 端在核蛋白体上一出现，肽链的折叠即开始。随着序列的不断延伸，肽链逐步折叠，直至产生正确的二级结构、模序、结构域到形成完整空间构象。从新生蛋白质的多肽链到成熟蛋白质的折叠过程，决定其空间构象的基础是一级结构，同时需要分子伴侣、蛋白二硫键异构酶和肽-脯氨酰顺反异构酶的参与。

1. 分子伴侣(molecular chaperones)　是细胞内的一类保守蛋白质，可识别肽链的非天然构象，促进各功能域和整体蛋白质的正确折叠。主要有热休克蛋白(heat shock proteins，HSPs)和伴侣蛋白(chaperonin)两类。其功能主要有：① 与未折叠的新生多肽链结合，防止错误折叠；② 和错误折叠的多肽链结合，使其解聚；③ 提供蛋白质正确折叠的微环境。

大肠埃希菌 HSP70 促进蛋白质折叠的基本过程见图 5－18。

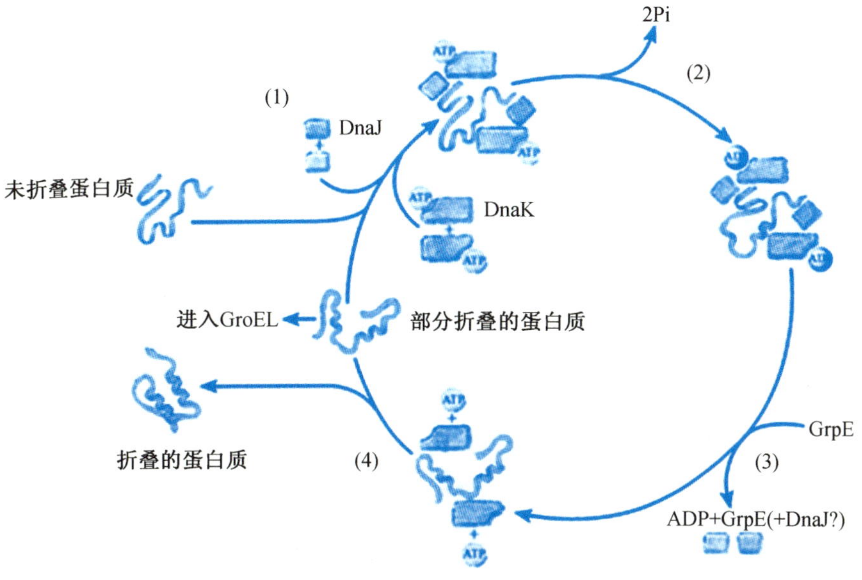

图 5－18　大肠埃希菌中的 HSP70 反应循环

大肠埃希菌的伴侣蛋白 GroEL 为桶状空腔结构，GroES 就像桶的"盖子"。当待折叠肽链进入 GroEL 的桶状空腔后，GroES 可作为"盖子"瞬时封闭 GroEL 空腔出口。封闭后的桶状空腔与外面的环境隔绝，排除了各种干扰因素，提供了能完成肽链折叠的微环境。其作用过程见图 5-19。

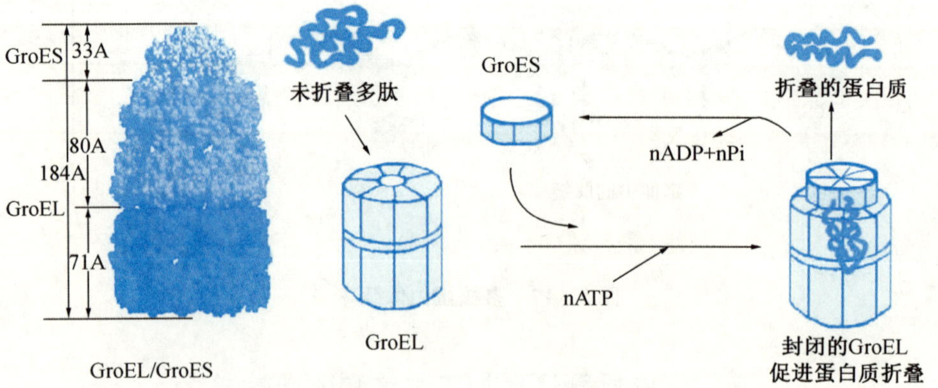

图 5-19　伴侣蛋白 GroEL/GroES 系统促进蛋白质折叠

2. 蛋白质二硫键异构酶(protein disulfide isomerase，PDI)　催化多肽链内或肽链之间二硫键的正确形成，这一过程主要在细胞内质网进行。二硫键异构酶在内质网腔活性很高，可在较大区段肽链中催化错配二硫键断裂并形成正确二硫键连接，最终使蛋白质形成热力学最稳定的天然构象，见图 5-20。

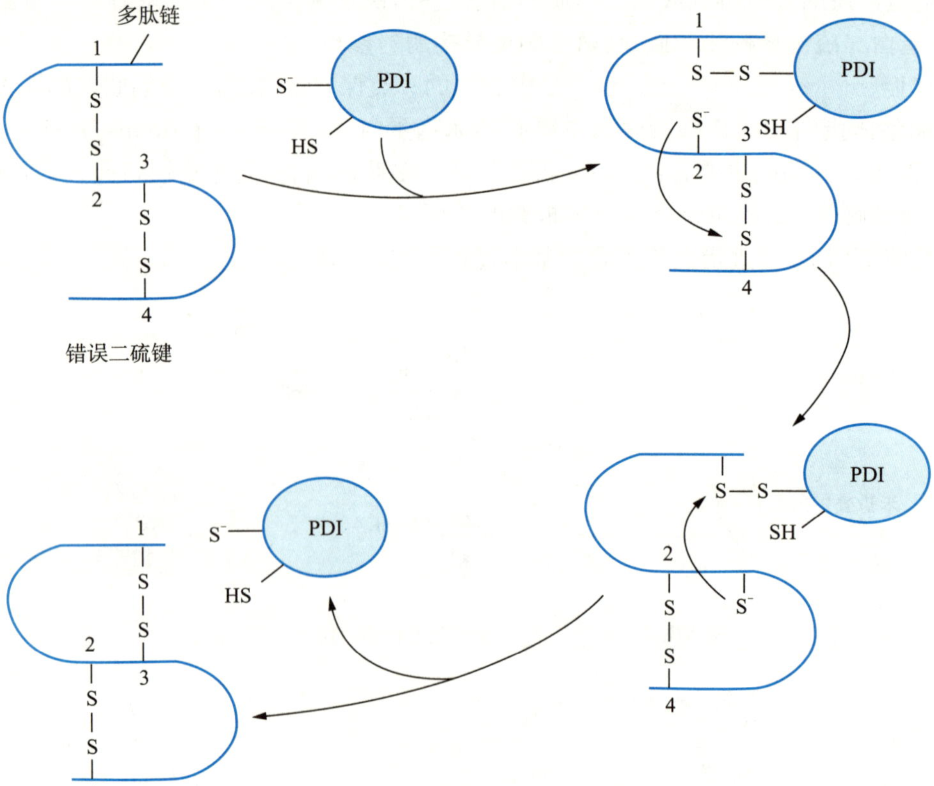

图 5-20　二硫键的形成和正确配对

(二) 蛋白质一级结构的修饰

蛋白质一级结构的修饰包括以下几方面:① 去除 N-甲酰基或去除 N-末端甲酰甲硫氨酸(蛋氨酸)或去除 N-末端的一段多肽链。② 个别氨基酸的修饰,主要是脯氨酸、赖氨酸的羟化,丝氨酸、苏氨酸、酪氨酸的磷酸化。③ 水解修饰,真核生物中往往会遇到一条已合成的多肽链经翻译后加工产生多种不同活性的蛋白质或肽的情况。如阿片促黑皮质素原(POMC)经水解修剪,可生成 ACTH(三十九肽),β-促黑激素(β-MSH,十八肽),β-内啡肽(β-Endophin,十一肽),β-脂酸释放激素(β-LT,lipotropin,九十一肽)等活性物质(图 5-21)。

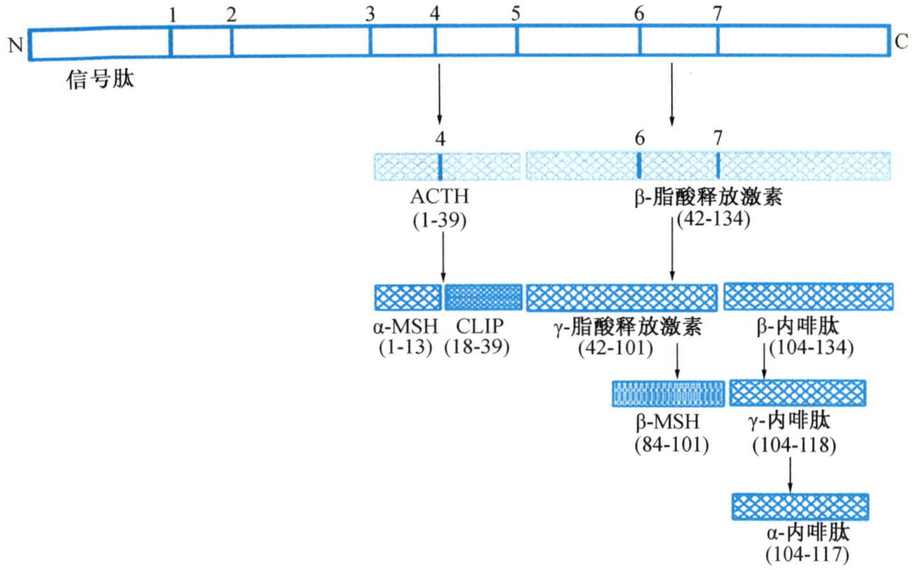

图 5-21 阿片促黑皮质素原(POMC)的水解修饰

(三) 蛋白质空间结构的修饰

蛋白质空间结构的修饰主要包括亚基聚合和辅基连接。亚基聚合是指具有四级结构的蛋白质的多个亚基形成寡聚体(oligomer),如血红蛋白分子 $\alpha_2\beta_2$ 4 个亚基的聚合。结合蛋白质的辅基连接主要是蛋白质与非蛋白质的结合,如糖蛋白的形成、脂蛋白的形成、各种辅酶与酶蛋白的结合等。

(四) 蛋白质的靶向输送

蛋白质在核蛋白体上合成后,必须分选出来,定向输送到一个特定的部位才能行使各自的生物学功能,这一过程称为蛋白质的靶向输送(protein targeting)。蛋白质的靶向输送与翻译后修饰过程同步进行。

1. 蛋白质靶向输送的信号　所有靶向输送的蛋白质结构中都存在分选信号,主要是 N 末端特异氨基酸序列,它可引导蛋白质转移到细胞的靶部位。我们把引导蛋白质转移到细胞的靶部位的特异氨基酸序列称为信号序列(signal sequence)。

靶向不同的蛋白质,其信号序列也各不同。引导分泌性蛋白靶向输送的信号序列称为信号肽(signal peptide);引导线粒体蛋白靶向输送的信号序列称为导肽(leading peptide);引导细胞核的蛋白质靶向输送的特异信号序列,称为核定位序列(nuclear localization sequence, NLS)。不同蛋白质的靶向信号,见表 5-6。

2. 分泌蛋白质的靶向输送　引导未成熟分泌性蛋白靶向输送的信号肽主要有以下共同特点:① 多位于 N-端,含 1 个或几个带正电荷的碱性氨基酸残基,如赖氨酸、精氨酸。有些蛋白质的信号肽并不位于 N-端,如卵清蛋白的信号肽位于肽链中部。② 中段为疏水核心区,主要含疏水的中性氨基酸,如亮氨酸、异亮氨酸等。③ C-端加工区由一些极性相对较大、侧链较短的氨基酸(如甘氨酸、丙氨酸、丝氨酸)组成,紧接着是被信号肽酶(signal peptidase)裂解的位点。

表 5-6 不同蛋白质的靶向信号

靶向输送蛋白	信号序列或成分
分泌蛋白	信号肽
内质网腔蛋白	信号肽内质网滞留信号，C端- Lys - Asp - Glu - Leu - COO -(KDEL 序列)
线粒体蛋白	导肽(N端靶向序列 20～35 氨基酸残基)
核蛋白	核定位序列(- Pro - Pro - Lys - Lys - Lys - Arg - Lys - Val -，SV40 T 抗原)
过氧化体蛋白	- Ser - Lys - Leu -(PST 序列)
溶酶体蛋白	Man - 6 - P(甘露糖- 6 -磷酸)

知识拓展

信号肽的发现

1972 年，Milstein 等发现免疫球蛋白 IgG 轻链的前体要比成熟的 IgG 在 N-端多 20 个氨基酸。他们推测这 20 个氨基酸可能和其通过内质网进而分泌有关。美国 Bloble 实验室完成了 3 项重要的实验支持了以上推测。在此基础上，Bloble 和 Dobberstin(1975)提出了信号假设(signal hypothesis)，认为分泌蛋白 N-端有一段信号肽，当新生肽长 50～70aa 后，信号肽从核糖体的大亚基中露出，立即被粗面内质网(RER)膜上的受体识别并与之结合。在信号肽越膜进入 RER 内腔后被信号肽酶水解。正在合成的新生肽随着信号肽通过 RER 膜上的蛋白孔道穿过脂双层进入 RER 腔内。这一假设经过多年的继续研究又有了新的发展，但基本观点仍是正确的。Bloble 因这项成就荣获了 1999 年度诺贝尔生理学或医学奖。

分泌性蛋白质在合成过程中就开始转运。真核细胞胞质内存在一种信号肽识别粒子(signal recognition particales，SRP)，它是由 6 种不同蛋白质与一低分子量的 7S RNA 组成的复合体。信号肽一出现即被 SRP 辨认、结合。SRP 还有暂停蛋白质合成的作用，而且随即把正在合成蛋白质的核蛋白体带到细胞膜的胞质面。SRP 与膜内的一种称为对接蛋白(dockking protein，DP)的蛋白质结合。DP 也称为 SRP 受体。靠这样的一组核酸-蛋白质组成的输送系统，促使膜蛋白的通道开放。信号肽带动着合成中的蛋白质多肽链穿过膜，然后信号肽又沿通道折回膜内，并被膜外侧面的信号肽酶在其加工区上切断，使成熟的蛋白质释放至胞外，完成了分泌过程(图 5-22)。

分泌性蛋白在内质网完成折叠后，以"出芽"的形式形成囊泡，转移至高尔基复合体。囊泡与顺面高尔基网状结构融合，然后到高尔基中间膜囊进行糖基化修饰。糖基化后的分泌性蛋白以分泌小泡的形式从反面高尔基网状结构转运至细胞膜，通过胞吐作用分泌到细胞外(图 5-23)。

3. 溶酶体蛋白质的靶向输送　与分泌性蛋白质的靶向输送相似。在高尔基复合体内，溶酶体蛋白质糖基化，并结合 6-磷酸甘露糖。6-磷酸甘露糖是引导溶酶体蛋白质转运至溶酶体的信号。它能被反面高尔基网状结构上的 6-磷酸甘露糖受体识别并结合。然后，在反面高尔基网状结构上包装成运输小泡，以"出芽"的形式离开高尔基复合体。运输小泡与分选小泡融合，受分选小泡内酸性环境的影响，溶酶体蛋白质与受体解离，同时去除 6-磷酸甘露糖上的磷酸基团，避免溶酶体蛋白质与其受体的再度结合。含有受体的囊泡从分选小泡上出芽而离开，再回到高尔基复合体重复利用。而溶酶体蛋白质则通过囊泡与溶酶体融合输送到溶酶体(图 5-23)。

4. 质膜蛋白质的靶向输送　质膜蛋白质在粗面内质网上的转运机制与分泌性蛋白质相似。不同类型的蛋白质以不同的形式锚定在膜上。一般该类蛋白质根据跨膜的次数，含有不同的终止转移序列(stop transfer sequence)(图 5-24)。

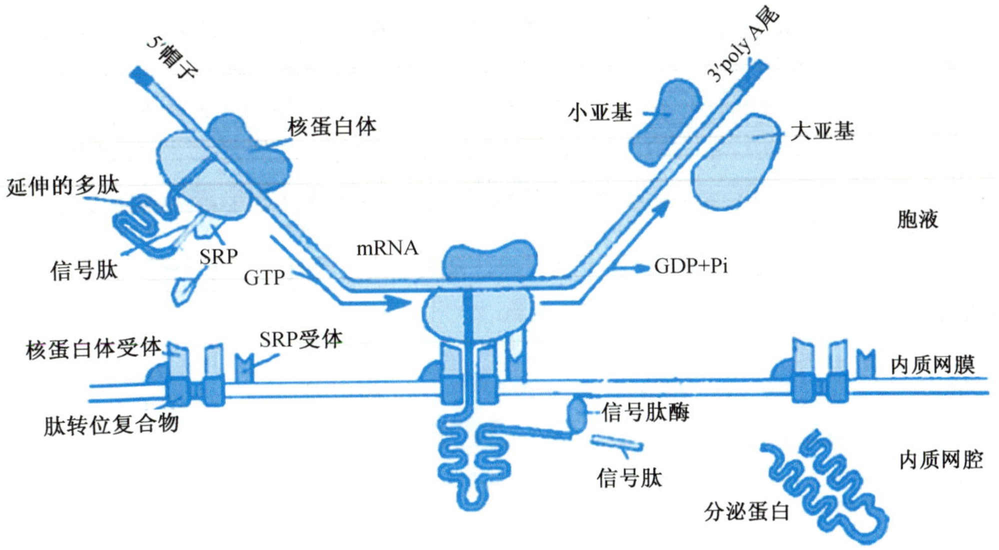

图 5－22　信号肽引导真核分泌蛋白进入内质网

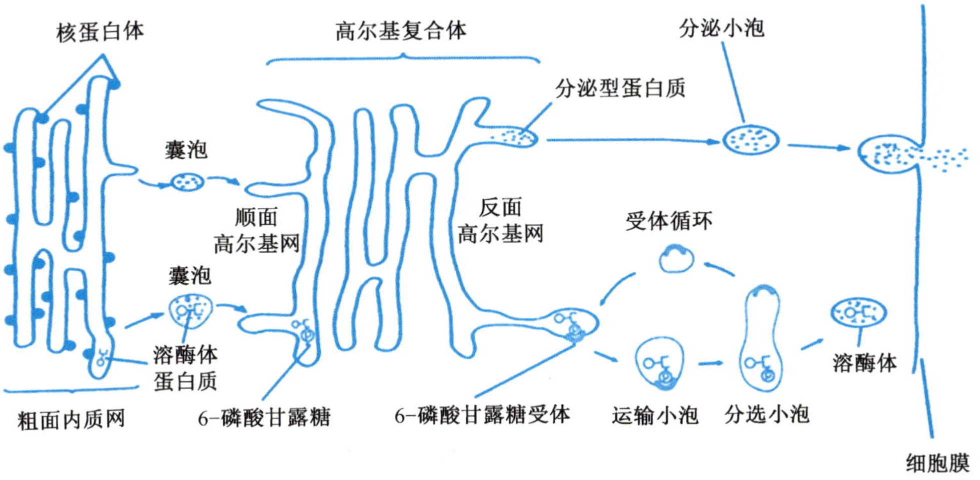

图 5－23　分泌性蛋白质和溶酶体蛋白质的靶向转运

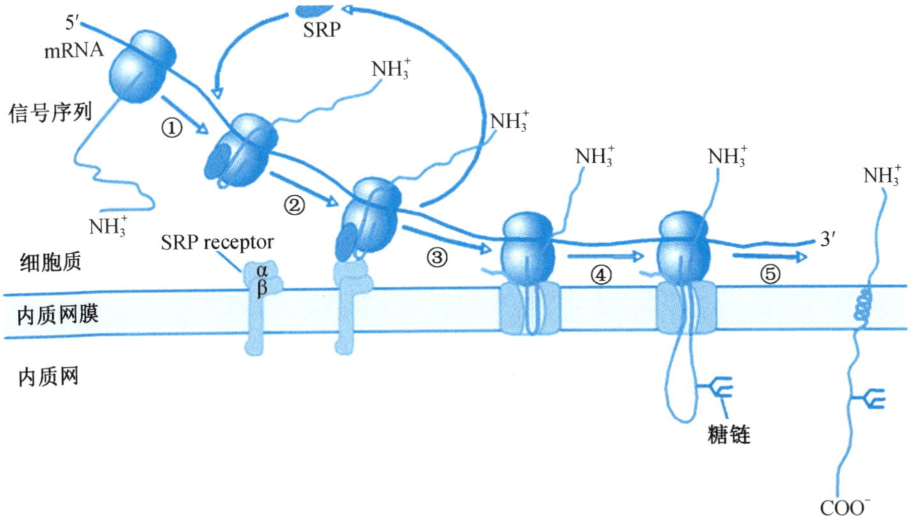

图 5－24　跨膜蛋白的转运

5. 线粒体蛋白质的靶向输送　线粒体虽然有自身的 DNA、核蛋白体和 mRNA，进行自身蛋白质的合成，但是它的自主性是很小的，只有 2%是线粒体自己合成的。换言之，98%的线粒体蛋白质是由细胞核基因编码、细胞质核糖体合成后运往线粒体的。其中大部分蛋白质合成时都带有一段引导线粒体蛋白质向线粒体输送的信号序列，称为导肽（leading peptide），又称导向序列（targeting sequence）。导向序列位于 N 端，导肽的长短与被引导的蛋白质定位在线粒体的不同部位有一定的关系，一般长度为 20～35 个氨基酸。定位于基质中的蛋白质一般具有较短的导肽。

线粒体蛋白质首先与细胞液内的热休克蛋白 HSP 70 或线粒体输入刺激因子（mitochondrial stimulating factor，MSF）结合，并向线粒体转移。到达线粒体后，HSP 70 或 MSF 脱离，接着，导肽带正电荷部分通过静电作用与线粒体外膜膜蛋白 Tom 20 和 Tom 22 相结合。之后通过 Tom 5 的作用插入 Tom 40 运输孔道。随之，运送蛋白的导肽即与 Tom 22 的外膜一侧部分相接触，并开始进入内膜转运机器的 Tim 23 和 Tim 17。在这里需要内膜膜电位提供能量，与此同时，线粒体基质中的 mtHSP 70 通过与 Tim 44 等的相结合，凭靠水解 ATP 所供应的能量逐步将运送蛋白拉进基质。然后，导肽被一种肽酶（mitochondrial processing peptidase，MPP）所切除，运送蛋白通过 HSP 70 的帮助才最终折叠成为“成熟型”蛋白质（图 5－25）。

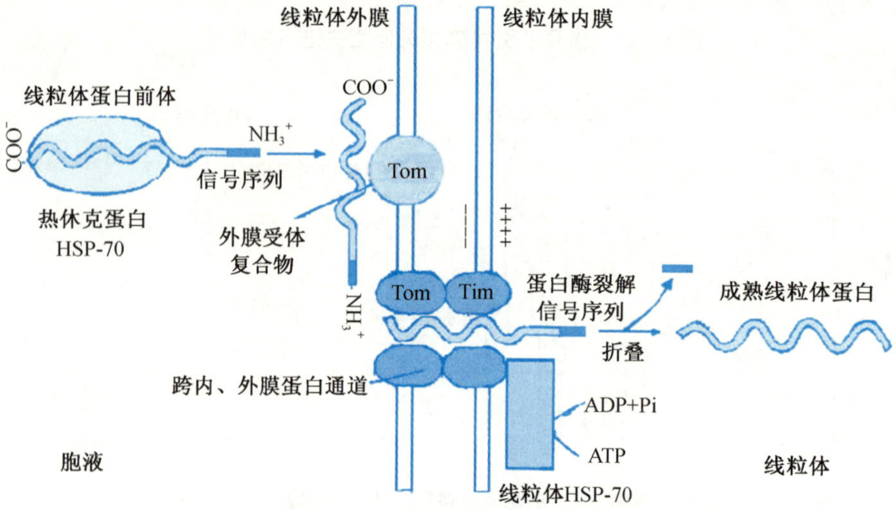

图 5－25　线粒体蛋白质的靶向输送

6. 细胞核蛋白质的靶向输送　细胞核蛋白质由核定位序列（nuclear localization signal，NLS）牵引，从核孔处进入细胞核。NLS 一般由 4～8 个氨基酸组成，有多种类型的 NLS，它们都具有一个带正电荷的肽核心，含有 Pro、Lys 和 Arg。对其连接的蛋白质无特殊要求，并且完成核输入后不被切除。核质蛋白向细胞核的输送过程如下：① 蛋白质与 NLS 受体，即核输入因子 α/β 二聚体结合。② 蛋白质与受体的复合物与 NPC 胞质环上的纤维结合。③ 纤维向核弯曲，转运器构象发生改变，形成亲水通道，蛋白质通过。④ 蛋白质受体复合体与 Ran－GTP 结合（低分子量 G 蛋白－Ran 与 GTP 复合物），复合体解散，释放出蛋白质。⑤ 与 Ran－GTP 结合的核输入因子 β，输出细胞核，在细胞质中 Ran 结合的 GTP 水解，Ran－GDP 返回细胞核重新转换为 Ran－GTP。⑥ 核输入因子 α 再运回细胞质，被重新利用。细胞核蛋白质的靶向输送，见图 5－26。

四、蛋白质生物合成的干扰与抑制

（一）抗生素

蛋白质生物合成是很多抗生素和某些毒素的作用靶点，可阻断细菌蛋白质合成而抑制细菌生长和繁殖，抗生素可通过影响翻译的不同过程，达到抑菌的作用。常用抗生素对蛋白质生物合成的抑制作用见表 5－7。

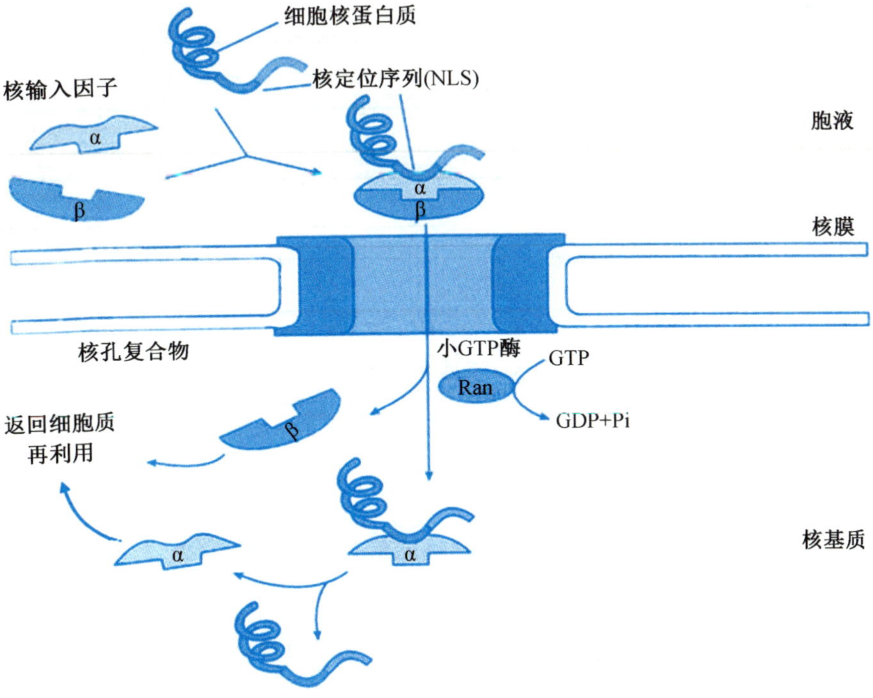

图 5－26　细胞核蛋白质的靶向输送

表 5－7　常用抗生素抑制蛋白质生物合成的原理与应用

抗生素	作用位点	作用原理	应用
伊短菌素	原核、真核核蛋白体小亚基	阻碍翻译起始复合物的形成	抗病毒药
四环素、土霉素	原核核蛋白体小亚基	抑制氨基酰－tRNA 与小亚基结合	抗菌药
链霉素、新霉素、巴龙霉素	原核核蛋白体小亚基	改变构象引起读码错误、抑制起始	抗菌药
氯霉素、林可霉素、红霉素	原核核蛋白体大亚基	抑制转肽酶、阻断肽链延长	抗菌药
嘌呤霉素	原核、真核核蛋白体	使肽酰基转移到它的氨基上后脱落	抗恶性肿瘤药
放线菌酮	真核核蛋白体大亚基	抑制转肽酶、阻断肽链延长	医学研究
夫西地酸、细球菌素	EF－G	抑制 EF－G、阻止转位	抗菌药
壮观霉素	原核核蛋白体小亚基	阻止转位抗菌药	抗菌药

（二）干扰素

干扰素(interferon，IF)是由真核生物细胞感染病毒后分泌的具有抗病毒作用的蛋白质。干扰素对病毒有两方面的作用：其一是干扰素在双链 RNA(如 RNA 病毒)存在下，可以诱导一种蛋白激酶，由蛋白激酶使 eIF－2 发生磷酸化，从而抑制病毒蛋白质的生物合成。干扰素还可诱导生成一种罕见的 2′－5′寡聚腺苷酸(2′－5′A)合成酶，催化 ATP 聚合，生成单核苷酸间以 2′－5′磷酸二酯键连接的 2′－5′A，经 2′－5′A 活化核酸内切酶 RNase L，后者可降解病毒 mRNA，从而阻断病毒蛋白质合成。干扰素的作用机制见图 5－27。

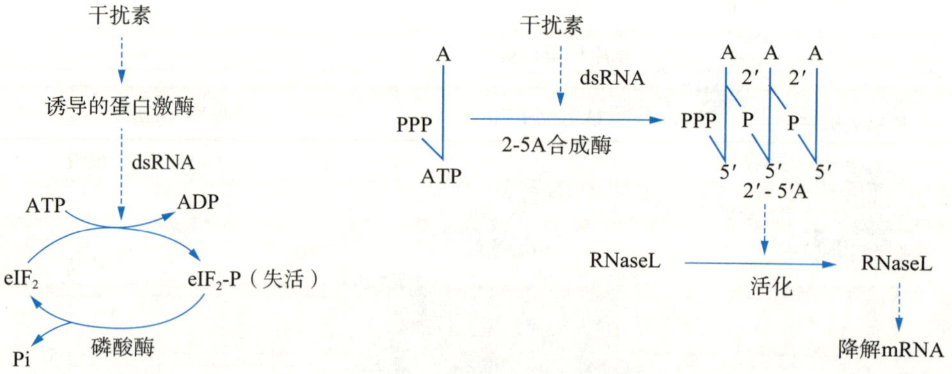

图 5－27　干扰素的作用机制

临床应用

干扰素的临床应用

目前，干扰素是治疗慢性乙型病毒性肝炎和丙型病毒性肝炎的有效药物，治愈后发病率低。它不直接杀伤或抑制病毒，主要是通过细胞表面受体作用使细胞内的特异蛋白激酶活化，进而使乙肝病毒翻译起始因子磷酸化失活，抑制了乙肝病毒的翻译起始；它同时还可增强自然杀伤细胞（NK 细胞）、巨噬细胞和 T 细胞的活力，从而起到免疫调节作用，增强抗病毒能力。但干扰素治疗也有不良反应，患者在注射后有可能会引起消化道症状，如腹痛腹胀、恶心呕吐等，还极有可能诱发脱发等症状以及精神抑郁，严重者可能造成抑郁型精神病。因此，乙肝、丙肝及其他病毒感染患者在使用干扰素时，一定要在专业医师的指导下进行。

（张向阳）

思考题

1. 简述遗传密码的基本特点。
2. 蛋白质生物合成体系包括哪些物质？各起什么作用？
3. 何为摆动配对？其常发生在密码与反密码的第几位碱基上？不稳定配对有何意义？
4. 以 DNA5′－ATGCACTACCGG－3′为模板，写出由它复制、转录和翻译的产物，并注明产物合成的方向（翻译产物用氨基酸 1、氨基酸 2……的顺序排列）。
5. 核蛋白体是蛋白质合成的场所，这个结论是如何得到证实的？
6. 简述翻译的延长过程。

本章课件　　本章习题

第六章

基因表达与调控

学习目标

【掌握】

1. 基因表达、组成性表达、管家基因及操纵子的概念。
2. 基因表达的规律及方式。
3. 乳糖操纵子的结构及调控机制。

【熟悉】

1. 原核生物基因表达调控的基本规律。
2. 色氨酸操纵子的调控机制。
3. 真核生物基因表达调控的要素。

【了解】

1. 真核生物基因表达调控的基本原理。
2. 真核生物转录因子的结构特点。

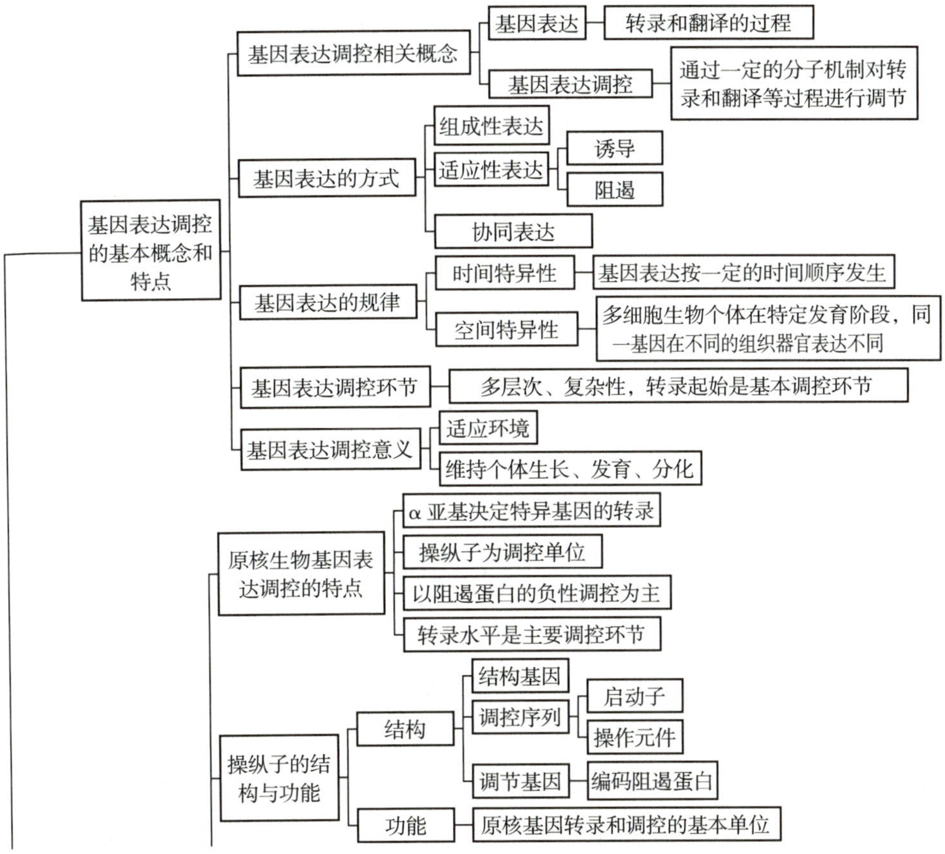

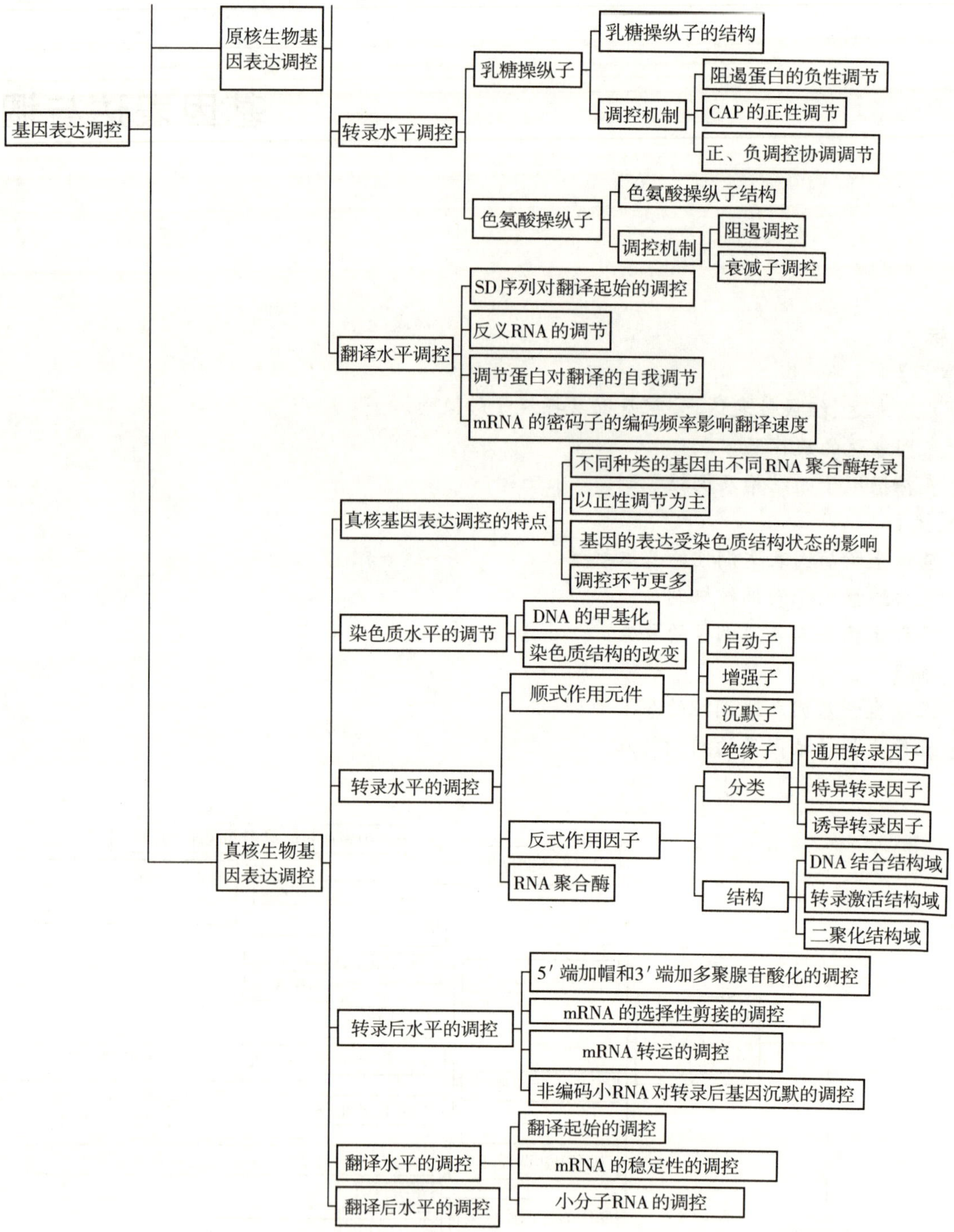

第一节 基因表达调控的基本概念

一、基因表达调控的相关概念

(一) 基因表达

基因表达(gene expression)是指基因转录及翻译的过程,产物是RNA或蛋白质。携带遗传信息的结构基因经过转录、翻译等过程产生具有生物学功能的蛋白质分子,从而赋予细胞或个体一定的功能和表型。还有些结构基因(如 rRNA、tRNA 编码基因)只转录产生 RNA 分子,而无翻译过程。在某一特定时期或生长阶段,基因组中只有小部分(10%～15%)的基因处于表达状态,绝大多数基因不表达或表达水平极低。

(二) 基因表达调控

基因表达水平的高低并非固定不变,在一定调节机制控制下,生物体根据环境变化、生长和发育需要随时调整不同基因的表达状态。这种通过一定的分子机制对转录及翻译等过程进行调节,使基因呈现选择性、时序性表达称为基因表达调控(regulation of gene expression)。通过调控因子(一些特殊的蛋白质或 RNA)与特异的基因相互作用,在转录及翻译等各环节控制基因表达或不表达,可控制表达的基因在何组织表达,何时表达,表达多少。人类基因组含有 2 万～2.5 万个基因,这些基因并非同时都要表达,只有极少部分表达,有些蛋白质在细胞内仅含有几个分子,而有的蛋白质在细胞内却有几十万个之多,这些均是基因表达调控的结果。

二、基因表达的方式

不同的基因功能和性质不同,对内、外环境变化的反应性也不同,根据对环境的反应性,基因表达的方式分为组成性基因表达、适应性基因表达和协同表达。

(一) 组成性基因表达

组成性基因表达(constitutive gene expression)也称为基本表达,是指基因在一个生物个体的几乎所有细胞中持续的恒定的表达,为几乎不受环境变化影响或受影响较小的一种表达方式。在细胞内有些基因产物对生命全过程都是必需的,这类基因通常称为管家基因(housekeeping gene)或组成性基因(constitutive gene)。管家基因的表达较少受环境因素的干扰,在不同组织细胞内,无论其表达活性高与低终生要持续表达。组成性基因表达只受启动子序列或启动子与 RNA 聚合酶相互作用的影响,不受其他机制的调控。例如,在每个细胞内的参与糖酵解途径的酶、三羧酸循环途径各阶段反应的酶及核糖体蛋白、DNA 聚合酶、RNA 聚合酶、细胞骨架蛋白等,它们的编码基因就属于管家基因,是代谢过程中必需的,这些蛋白质的合成速度不会随环境改变或代谢情况的变化而变化,它们在生物体的各个细胞都有分布且数量稳定。

(二) 适应性基因表达

适应性基因表达(adaptive gene expression)也称为调节性表达,是指极易受环境变化影响而使基因表达水平升高或降低的一种基因表达。根据基因表达水平改变的不同,适应性基因表达又分为诱导性表达(induction expression)和阻遏性表达(repression expression)。诱导性表达是在特定的环境信号刺激下,基因表达水平升高,表达产物增加的现象,这类基因被称为可诱导基因(inducible gene)。如大肠埃希菌中一般只有几个 β-半乳糖苷酶,但若改变其生长环境,使其生存环境中只含乳糖而无葡萄糖时,则该酶的表达迅速增加,其含量在每个细胞内达几万个之多,因为这些酶被用于分解乳糖,为细胞的生存提供能量和碳源,这是原核生物典型的诱导性表达的例子。阻遏性表达是某些基因对环境信号应答时被抑制,表达水平降低,产物减少的现象,相应的基因称为可阻遏基因(repressible gene)。如当培养基中色氨酸充足时,细菌体内用于色氨酸合成的酶的编码基因表达则被抑制。

可诱导或可阻遏基因的调控序列通常含有针对特异刺激的反应元件,如分解代谢物激活蛋白识别序列等,因此这类基因表达时除受启动子序列或启动子与 RNA 聚合酶相互作用的调节外,还可通过其他机制进行调节。生物界普遍存在基因表达的诱导和阻遏现象,它是同一事物的两种不同表现形式,也是生物体适应环境的基本方式。

(三) 协同表达

在一定机制控制下,功能上相关的一组基因,无论其为何种表达方式,均需协调一致,即为协同表达(coordinate expression),这种调节称为协同调节(coordinate regulation)。生物体内各代谢途径均需要多种酶的参与，一些蛋白质参与了多种物质在细胞内外的转运，编码这些酶和蛋白质的基因被统一调节，从而使代谢途径有条不紊地进行。

三、基因表达的规律

基因表达表现为严格的规律性，即时间特异性和空间特异性。物种越高级，基因表达的这种规律性就越复杂、越精细，这也是适应生物进化的需要。

（一）基因表达的时间特异性

按功能需要，特定的基因严格按一定的时间顺序进行表达，称为基因表达的时间特异性（temporal specificity）。细胞内不同的基因在不同的时间阶段有不同的表达，特别是对多细胞生物而言，从一个受精卵经历不同的发育阶段到成长为一个个体的过程中，在每个发育阶段，都会有相应基因按一定时间顺序开启或关闭，呈现出与分化、发育阶段相一致的时间性，逐步形成了结构和功能各异的组织、器官。如甲胎蛋白（alphafetoprotein，AFP）是肝细胞在胚胎时期表达的产物，成年后几乎不表达。基因表达的时间特异性表现为不同的生长阶段有不同的基因表达，所以又称阶段特异性（stage specificity）。

（二）基因表达的空间特异性

空间特异性（spatial specificity）又称细胞特异性（cell specificity）或组织特异性（tissue specificity），指在个体发育全过程中，不同组织细胞有不同的基因表达，表达产物在不同的组织细胞中出现，即基因表达的产物在空间分布上存在差异，表现为不同的组织细胞特点。在同一生长阶段，不同的组织、器官有不同的基因表达；同一基因在不同的组织器官表达多少不同。如转氨酶在人体内大多数组织细胞内都有分布，但在各组织内的含量差别却很大，天冬氨酸氨基转移酶在心肌细胞中含量最多，而在肾中含量最少；胰岛素的合成只发生在胰腺β细胞，而其他组织器官不具备此功能。基因表达的空间特异性使各种类型细胞产生了特异的形态结构特征与特异的生理功能。

四、基因表达的调控环节

无论是真核生物还是原核生物都形成了复杂、精巧的基因表达调控系统。基因表达调控可发生在遗传信息传递的任何环节，呈现多层性和复杂性。基因激活、转录、转录后加工修饰、翻译、翻译后加工修饰等阶段均可为基因表达调控的控制环节，其中转录水平，特别是转录起始水平的调控，对基因表达至关重要，被认为是基因表达基本的控制点。

另外，基因组 DNA 的部分扩增、DNA 重排及 DNA 甲基化等均可在 DNA 水平上影响基因表达。

五、基因表达调控的意义

（一）适应环境

基因表达调控是生物体所有活细胞对外环境变化做出的适当反应，通过对细胞内某些功能的蛋白质分子有或无、多或少等数量变化及种类改变，从而更好地适应变化着的外环境。如当葡萄糖供应充足时，细菌中与葡萄糖代谢有关的酶编码基因表达增强，其他糖类代谢有关的酶基因关闭；当葡萄糖耗尽而有乳糖存在时，与乳糖代谢有关的酶编码基因表达增强，此时细菌可利用乳糖作为碳源，维持生长和繁殖。

（二）维持个体生长、发育与分化

在多细胞个体生长、发育的不同阶段，细胞中的蛋白质分子种类和数量差异很大；即使在同一生长发育阶段，不同组织器官内蛋白质分子分布也存在很大不同，这些差异是调节细胞表型的关键。

第二节　原核生物基因表达调控

原核生物细胞结构简单、无细胞核结构，转录和翻译耦联进行，因此赋予其具有迅速对环境变化信号做出反应的能力，如细菌可以根据外界环境因素的变化调整自身基因的表达，使其生长和繁殖处于最佳状态。原核基因表达的调控也受多级调控，主要在转录起始水平，其次是翻译水平。

一、原核生物基因表达调控的特点

（一）σ 亚基决定特异基因的转录

E. coli 的 RNA 聚合酶由 σ 亚基（或称 σ 因子）和核心酶组成，负责催化所有 RNA 的合成。σ 亚基的功能是识别和结合 DNA 模板上的启动序列，目前已明确的 σ 亚基至少有 7 种，如 σ^{70}、σ^{32}、σ^{18}、σ^{54}、σ^{28}、σ^{24} 等，不同的 σ 亚基与核心酶结合，协助识别不同基因的启动序列，从而启动不同基因的转录。其中 σ^{70} 识别大多数基因的启动序列，环境变化可以诱导合成其他 σ 亚基，启动特定基因的转录。因此，σ 亚基决定基因转录的特异性。

（二）普遍以操纵子为转录调控单位

原核生物基因是连续的，常常几个功能相关的结构基因串联在一起，与同一调控序列共同组成一个转录单位——操纵子（operon）。操纵子是原核生物的转录单位，也是原核生物基因表达的调控单位。操纵子模式普遍存在于原核生物中，如乳糖操纵子（lac operon）、色氨酸操纵子（trp operon）、阿拉伯糖操纵子（ara operon）等。

知识拓展

乳糖操纵子的发现

1961 年，法国科学家 F. Jacob 和 J.L. Monod 在研究大肠埃希菌乳糖代谢的调节机制中，提出了操纵子学说，开创了基因调控的研究，他们发现有些基因没有编码蛋白质的功能，而只是起到调节作用。从此，根据基因功能把基因分成结构基因、调节基因和操纵基因。1965 年两人因此获得诺贝尔生理学或医学奖。1969 年，J.R. Beckwith 从大肠埃希菌中分离出乳糖操纵子，证实了 F. Jacob 和 J.L. Monod 的模型和理论。

（三）以阻遏蛋白的负性调控为主

原核生物操纵子的调控有正性调控和负性调控两种机制，以特异阻遏蛋白介导的负性调控为主。阻遏蛋白是控制原核启动序列活性的一种重要的负性调控蛋白，当阻遏蛋白与操纵基因结合时，RNA 聚合酶不能识别结合启动序列，抑制转录的启动；当特异的诱导物与阻遏蛋白结合，使阻遏蛋白变构，与操纵基因解离，解除阻遏蛋白的阻遏作用。

（四）转录是主要调控环节

对转录的调控是最经济、最直接有效的。因为可以减少从 mRNA 合成蛋白质的一些原料和能源物质的消耗。转录的调控通常有两种方式：① 对启动子调控，即起始调控。② 终止调控，即衰减子调控。

二、操纵子的结构与功能

操纵子是原核生物基因结构、转录及调控的基本单位。操纵子是由串联在一起的几个结构基因及其上游的调控区组成的。操纵子的调控区通常包括一个启动子、一个操纵基因及其他调控序列。结构基因在功能上通常是相关的，它们转录成 1 条 mRNA 链，翻译成多条蛋白质多肽链，所以称为多顺反子转录。这些结构基因受控于同一个启动子，并共用一个转录终止信号序列。

启动子是 RNA 聚合酶识别并结合的特异 DNA 序列，能启动转录，是决定基因表达效率的关键元件，没有启动子，基因就不能转录。不同的启动子与 RNA pol 的亲和力是不同的，根据启动子转录能力的高低，又分为强启动子和弱启动子。各种原核基因启动子典型序列通常存在于转录起始点上游－10 区和－35 区域。不同启动子的序列是相似的，通常把不同基因具有调控作用的相同或相似序列称为共有序列。最典型的启动子序列在－10 bp 处是 TATAAT，称 Pribnow 盒（Pribnow box）；－35 bp处的保守序列为 TTGACA。这一典型序列中任何一个碱基发生改变都会影响 RNA pol 与启动子的结合，继而影响转录效率。此外，－35 区序列与－10 区序列之间的间隔距离也是影响 RNA pol 结合的重要因素。常见大肠埃希菌基因启动子序列见表 6－1。

表 6－1 5 种大肠埃希菌基因启动子序列

常见基因	－35 区	－10 区	转录起始点
trp	TTGACA N17	TTAACT N7	A
$tRNA^{Tyr}$	TTTACA N16	TATGAT N7	A
lac	TTTACA N17	TATGTT N6	A
*rec*A	TTGATA N16	TATAAT N7	A
*Ara*BAD	CTGACG N16	TACTGT N6	A
共有序列	TTGACA	TATAAT	

操纵元件（operator）又称操纵基因，是阻遏蛋白识别与结合的一小段 DNA 序列，一般位于启动序列的上游或毗邻，即位于启动子序列和启动部位之间，某些操纵序列上游还会出现与启动子序列的部分重叠。阻遏蛋白可与操纵序列结合，阻碍 RNA 聚合酶与启动子序列结合或使 RNA 聚合酶不能沿着 DNA 向前移动，抑制转录，这种作用方式称为阻遏蛋白的阻遏（repression）。在细胞内一些小分子物质可与阻遏蛋白结合，使阻遏蛋白变构，从而使阻遏蛋白不能与操纵元件结合，RNA 聚合酶即可以与启动子序列结合，启动转录，这种作用方式称为去阻遏（derepression）。

调节基因（regulatory gene）编码能够与操纵元件结合的调控蛋白，可以分为 3 类：特异因子、阻遏蛋白和激活蛋白。特异因子决定 RNA 聚合酶与一个或一套启动序列识别和结合的特异性；阻遏蛋白与操纵基因结合，抑制基因转录，介导负性调节。激活蛋白与激活蛋白结合位点结合，增强 RNA 聚合酶的转录活性，激活转录，介导正性调节。

原核生物通过负性调控蛋白和正性调控蛋白的协调调节调控基因转录。当阻遏蛋白与操纵基因结合时，妨碍 RNA pol 与启动子序列识别并结合，阻止基因转录；当操纵基因没有与阻遏蛋白结合时，RNA 聚合酶与启动子序列结合，起动基因转录。在某些操纵子的调控中，除负性调控之外，还需要激活蛋白的正性调控作用，才能启动转录。

三、乳糖操纵子

E. coli 乳糖操纵子是最早发现的原核生物转录调控模式，是典型的诱导型调控。

（一）乳糖操纵子的结构

E. coli 乳糖操纵子是由 3 个结构基因和调控序列组成的（图 6－1）。3 个结构基因 Z、Y、A 呈串联排列，分别编码催化乳糖分解代谢的 β－半乳糖苷酶、透酶和乙酰基转移酶。结构基因上游的调控区包含有操纵基因（O）、启动子（P）、分解代谢物基因激活蛋白（catabolite gene activator protein,

CAP）结合位点，启动子序列与操纵基因序列存在部分重叠序列；调控区上游还存在调节基因（I），具有独立的启动子，编码一种阻遏蛋白，与操纵基因结合，使乳糖操纵子受阻遏处于关闭状态。乳糖操纵子的结构见图 6－1。

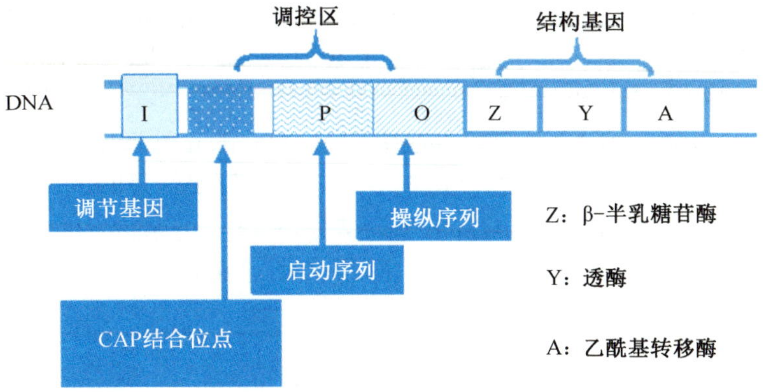

图 6－1 乳糖操纵子的结构

（二）乳糖操纵子的转录调控机制

1. 阻遏蛋白的负性调节 ① 没有乳糖存在时，乳糖操纵子处于关闭状态。此时 I 基因表达产生的阻遏蛋白与 *lac O* 结合，阻止 RNA 聚合酶与启动子识别结合，转录不能启动。阻遏蛋白的阻遏作用并非绝对的，偶有阻遏蛋白与操纵序列解聚，因此，每个细胞内会有少量的 β－半乳糖苷酶、透酶和乙酰基转移酶表达，被称为本底水平的组成型表达。② 只有乳糖存在时，乳糖操纵子被诱导表达。少量的乳糖经透酶作用转移至 *E.coli* 细胞内，胞内残存的少数 β－半乳糖苷酶将其分解为半乳糖。半乳糖及其类似物可作为诱导剂与阻遏蛋白结合，使其构象发生改变，导致阻遏蛋白不能与操纵序列结合，继而 RNA 聚合酶与 *lac P* 结合，并可以向下游移动，转录结构基因。半乳糖的类似物异丙基硫代半乳糖苷（IPTG）是体外实验常用的强诱导剂，能诱导乳糖操纵子的表达，它本身并不被代谢，较稳定，有“无偿”诱导剂之称，阻遏蛋白的负性调控机制见图 6－2。

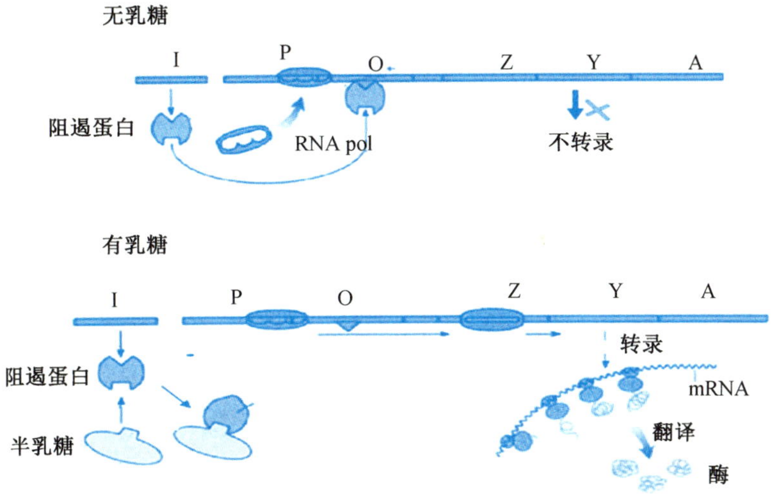

图 6－2 阻遏蛋白的调控机制

2. CAP 的正性调节 *E.coli* 的 *lac P* 是弱启动子，RNA 聚合酶与之识别、结合的效率低，即使解除了阻遏蛋白的阻遏作用，乳糖操纵子的转录效率仍不高，保持本底水平的组成型表达状态，因为乳糖操纵子的转录启动还需 CAP 的正性调控作用，才能促进转录。

CAP是同二聚体，其分子中有DNA的结合位点和cAMP的结合位点，CAP必须与cAMP结合形成cAMP-CAP复合物，才能结合到CAP结合位点，促进转录。因此，CAP的激活依赖于cAMP水平调控，而*E.coli*的cAMP水平又与葡萄糖水平呈负相关。当培养基中缺乏葡萄糖时，cAMP浓度升高，与CAP结合形成cAMP-CAP复合物，此复合物结合在CAP位点，使RNA pol的转录活性提高50倍，发挥正调控作用。当葡萄糖充足，cAMP浓度降低，cAMP-CAP复合物缺乏，失去CAP的正性调控作用，*lac*操纵子表达极低。

3. 正、负性调控协调调节　阻遏蛋白的负性调节和CAP的正性调节两种机制相互协调，依据环境中的碳源性质及水平调节*lac*操纵子的表达。当阻遏蛋白封闭转录时，CAP对该系统不能发挥作用。如无CAP存在，即使没有阻遏蛋白与操纵序列结合，操纵子仍无转录活性。单纯乳糖存在时，细菌利用乳糖作碳源；若有葡萄糖或葡萄糖/乳糖共同存在时，细菌首先利用葡萄糖。*lac*操纵子的表达既需要乳糖存在又需缺乏葡萄糖。

四、色氨酸操纵子

在*E.coli*中有两种转录终止的调节方式：一种为衰减(attenuation)，即提前终止转录；另一种是抗终止，阻止转录终止的提前发生；色氨酸操纵子是典型的转录终止的调控，通过转录衰减的方式阻遏基因的表达。

(一) 色氨酸操纵子的结构

*trp*操纵子含有E、D、C、B、A 5个结构基因，分别编码与色氨酸合成有关的5种酶：邻氨基苯甲酸合成酶、邻氨基苯甲酸焦磷酸转移酶、邻氨基苯甲酸异构酶、色氨酸合成酶及吲哚甘油-3-磷酸合成酶。E是第一个被翻译的基因，在其上游有L基因，是前导序列(前导肽)的编码基因。调控序列包括启动子P和操纵基因O。另外，在*trp*操纵子的上游还存在R基因，R基因编码辅阻遏蛋白。色氨酸操纵子的结构见图6-3。

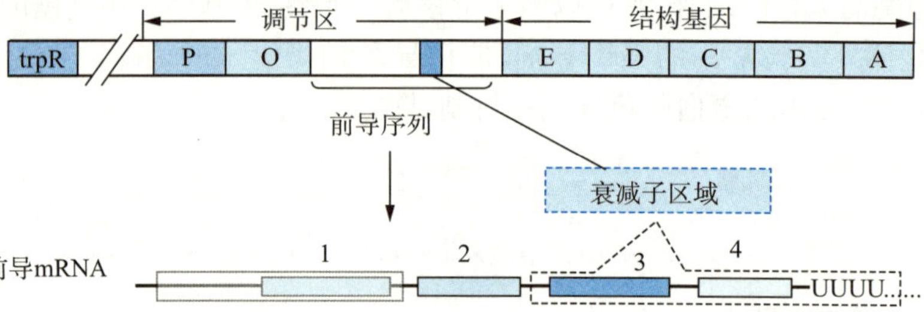

图6-3　色氨酸操纵子的结构

(二) *trp*操纵子的调控机制

*trp*操纵子根据环境中有无色氨酸来调控操纵子的关闭与开启，当没有色氨酸时，*trp*操纵子才表达。

1. 色氨酸操纵子阻遏调控　细胞内有高浓度的色氨酸时，R基因编码的辅阻遏蛋白与色氨酸结合形成复合物，即阻遏蛋白，再与O结合，基因不转录；当没有高浓度的色氨酸时，辅阻遏蛋白不能形成与O结合的阻遏蛋白，*trp*操纵子开始表达，产生相关的5种酶，用于合成色氨酸。阻遏蛋白的负性调控模式是合成某些氨基酸相关酶基因表达调控的基本形式。

2. 色氨酸操纵子衰减子调控　这是一种将翻译与转录联系在一起的转录调控形式。衰减子是位于色氨酸操纵子上游前导肽编码基因中的一段核苷酸序列。色氨酸操纵子上游前导肽编码基因转录出一段含141个核苷酸的mRNA，也称前导mRNA，其转录的终止早于第一个结构基因，该段mRNA随后翻译一段含14个氨基酸的前导肽，此肽链含两个相邻的色氨酸残基。在前导mRNA分子上，相邻的两个色氨酸密码后面的序列可分为4个区段，在1与2、2与3、3与4之间均能使碱基互补配对，形成不同的发夹结构，发夹结构可使转录过程中 RNA 聚合酶移动速度减缓，但转录并不终止。只有当茎环结构后紧跟出现连续的 6 个以上的 U 时，转录才会终止。这种紧跟 6 个以上 U 的茎环结构称为衰减子（attenuator），也叫弱化子或终止子（图 6－4）。原核生物中通过衰减子的作用而实现控制基因转录终止的方式称为衰减作用。衰减作用对 *trp* 操纵子转录的调控就是通过 3、4 区段之间碱基互补配对形成的衰减子结构而实现的，3、4 区段之间碱基互补配对形成的衰减子结构又与核糖体的翻译速度有关，翻译速度受控于色氨酸水平，色氨酸浓度高时，翻译速度快。

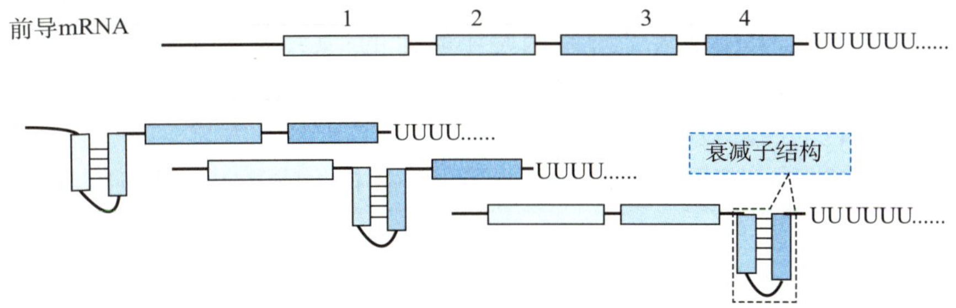

图 6－4　色氨酸操纵子前导区衰减子结构

当存在一定浓度的色氨酸时，核糖体翻译进行到区段 1 时，区段 1 的第 10、11 位密码为色氨酸，核糖体能够进行快速翻译，迅速占据区段 2，使 2、3 区段不能配对，导致 3、4 区段配对，形成了不依赖 ρ 因子的转录终止结构——终止子，RNA pol 停止在衰减子部位，转录提前终止。当色氨酸缺乏时，核糖体翻译进行到区段 1，区段 1 的第 10、11 位密码为色氨酸，由于缺乏色氨酸，核糖体就停止在区段 1，区段 2 与区段 3 配对，形成茎环结构，该茎环结构后无连续的 6 个以上的 U，不是终止子结构，此时，区段 4 无对应序列配对呈单链状态，转录不终止，可以继续进行，合成色氨酸。可见，衰减子对转录的作用是提前终止，其调控实质是以翻译的进程控制转录的进行，是原核生物特有的调控机制。

五、原核生物基因翻译水平的调控

原核基因表达调控主要发生在转录水平，其次在翻译水平。调控发生在翻译的起始和终止阶段，特别是起始阶段，一些 RNA 或蛋白质作为调节分子，直接或间接作用于决定核糖体上的翻译起始位点，阻断翻译。

（一）反义 RNA 的调节作用

反义 RNA 是指能与特定 mRNA 互补结合的小分子 RNA，也称为 mRNA 干扰性互补 RNA（micRNA）。反义 RNA 对翻译起始的调节作用也称为反义控制，如细菌中 Tn10 转位基因的低水平的表达就是通过反义控制实现的。反义 RNA 对翻译起始的调节方式如下：① 反义 RNA 通过序列互补与 mRNA 翻译起始部位结合，阻止了 mRNA 与核糖体 30S 小亚基的识别结合，直接抑制翻译起始。② 反义 RNA 与 mRNA5′端的起始密码子 AUG 结合，阻止其翻译起始。③ 反义 RNA 与 mRNA 非编码区互补结合，改变了 mRNA 的构象，使 mRNA 与核糖体的结合受到影响，以间接作用的方式抑制翻译起始的进行。

（二）翻译产物对翻译的自我调节

有些蛋白质可以与自身的 mRNA 靶位点结合，阻止核糖体对翻译起始部位的识别，抑制翻译，阻断自身的合成，这种调节方式称为自我控制。无论是单顺反子还是多顺反子 mRNA 都普遍存在自我调控机制。像大肠埃希菌中 50 多种核糖体蛋白，它们既可与 rRNA 组装成核糖体，也可与自身的 mRNA 翻译起始区结合，从翻译水平控制它们的合成。当核糖体蛋白与全部 rRNA 的结合形成核糖体后还有富余或其合成早于 rRNA 时，核糖体蛋白会与多顺反子 mRNA 上的特定序列结合，阻止了 mRNA 与核糖体的结合，抑制了自身蛋白的合成，避免过多合成造成浪费。

（三）mRNA 密码的编码频率影响翻译速度

当基因中的密码是常用密码时，mRNA 的翻译速度快，反之，mRNA 的翻译速度慢。

此外，SD 序列与起始密码子之间的距离及与 16S rRNA 的互补程度均可影响翻译起始的效率。

第三节 真核生物基因表达调控

真核生物的基因组庞大，其中绝大部分基因是不转录的；其结构复杂，编码序列常被非编码序列间隔开，呈断裂基因的结构，基因组中含有大量的重复序列，更重要的是转录和翻译这两个过程是分开在细胞的不同部位进行的。真核基因的这些特点就决定了基因表达调控的过程比原核生物更具复杂性，调节方式也存在多样性。基因转录水平的调控仍是真核生物基因表达调控的最重要环节。

一、真核生物基因表达调控的特点

与原核生物比较，真核生物基因表达调控呈现以下特点。

1. 不同种类的基因由不同 RNA 聚合酶转录　真核细胞内有 3 种 RNA 聚合酶，分别是 RNA pol Ⅰ、RNA pol Ⅱ 及 RNA pol Ⅲ，负责转录生成 rRNA、mRNA 及 tRNA。真核细胞的 RNA pol 在转录起始时不能直接与 DNA 上的启动子结合启动转录，只有当转录因子与 DNA 启动子结合形成功能性的启动子后，RNA pol 才识别并结合 DNA-蛋白质复合物，继而形成转录起始复合物，方能开始转录，这与原核生物明显不同。每一种 RNA pol 都有其相应的转录因子，分别命名为 TFⅠ、TFⅡ 及 TFⅢ。

2. 真核生物基因表达调控以正性调节为主　真核生物含有较多的转录调节蛋白质。既有促进转录的激活蛋白，也有抑制转录的阻遏蛋白，但在基因组中目前已知的主要是各种正性调节蛋白。在正性调节中，只有当调节蛋白与相应的靶基因结合，才使靶基因获得转录活性。大多数基因不与调节蛋白结合，因此是无活性的，而且一个真核基因往往有多个调控序列，它们必须同时与多个激活蛋白特异的结合并协调作用，才能调控基因的转录。这些调控序列有的可能远离启动子达几百个甚至上千个碱基对，在发挥作用时可通过改变整个所控制基因 5′上游区 DNA 构型来影响它与 RNA 聚合酶的结合能力。

3. 真核生物基因的表达受染色质结构状态的影响　真核 DNA 与组蛋白八聚体组成核小体结构，并有许多非组蛋白结合。基因表达过程中转录区 DNA 与蛋白质解离，以暴露 DNA，因此组蛋白、非组蛋白和核小体的组织状态及核小体的超螺旋结构影响基因的活性。

4. 调控环节较多　由于真核生物基因的转录在细胞核进行，翻译在细胞质中完成，转录与翻译是隔离进行的。许多真核生物基因的 RNA 转录产物只有经过复杂剪接加工、转运等过程，才能在细胞质顺利地翻译成蛋白质。因此在 mRNA 的转运、转录后加工修饰及翻译产物的分布、定位等环节均可被调控。

二、染色质水平的调控

真核生物的 DNA 与组蛋白结合成染色质，染色质的结构状态和性质直接影响基因的转录活性。转录前对染色质结构和性质进行调控，即为 DNA 水平的调控，具有转录活性的染色质通常在相应区域发生了结构和性质的改变。

（一）基因的甲基化修饰调控

在真核生物的 DNA 分子上特定的 CpG 序列处的胞嘧啶常被甲基化酶修饰成 5-甲基胞嘧啶（5mC）。被甲基化修饰的 CpG 序列常位于基因的 5′侧翼区，该序列称为 5′CpG 岛。通常认为，基因的甲基化程度与基因的表达水平呈反比关系。CpG 序列甲基化程度高，基因处于低表达或不表达状态;高表达的基因其 CpG 序列呈低甲基化。因此,处于转录活性状态的基因,其 CpG 序列是低甲基化的,如管家基因的调控区多呈低甲基化,在各个组织细胞都要表达且较强。DNA 的甲基化直接或间接影响了 RNA pol、转录因子与特异的 DNA 序列之间的相互作用,继而影响转录复合物的形成来发挥调控真核生物基因表达的作用。

(二) 染色质结构的改变对基因表达的影响

基因活化时,染色质上与转录相关的区域结构和性质发生了改变,暴露出与 RNA 聚合酶和一些转录因子相互作用的位点,活化的染色质具有以下特点。

1. 对核酸酶敏感　活化基因结构变得相对疏松,在调节蛋白结合位点附近有一些特异序列对核酸酶极度敏感,很容易受到 DNase Ⅰ 的降解作用,这些特异的序列被称为 DNase Ⅰ 超敏位点(hypersensitive sites),这是基因活化的一个标志。这些区域一般不存在核小体结构。

2. DNA 拓扑结构变化　几乎所有天然的双链 DNA 均以负超螺旋结构存在。当基因活化时,RNA 聚合酶前方的转录区 DNA 拓扑结构为正超螺旋构象,而在其后面的 DNA 则为负超螺旋构象。

3. 组蛋白的改变　组蛋白与 DNA 的结合保护了 DNA 的稳定性,但会抑制基因的表达,去除组蛋白后则提高基因的转录活性。所以可通过组蛋白与 DNA 的结合与解离控制,对真核生物基因表达进行调控。研究表明,有转录活性的染色质区域缺乏组蛋白 H1,组蛋白中的赖氨酸、精氨酸、组氨酸等带正电荷的氨基酸被乙酰化、磷酸化等修饰,使其与带负电 DNA 的结合力降低,核小体结构变得不稳定,有利于转录因子与 DNA 的结合,促进基因的转录。此外非组蛋白在基因表达调控中也起重要作用,HMG 是细胞核内存在的一组含量丰富、富含电荷的非组蛋白,可以与组蛋白 H1、H5 竞争结合 DNA,解除组蛋白对基因转录的抑制作用。因此,在具有转录活性的染色质上常有 HMG14 和 HMG17 的结合。

三、转录水平的调控

真核生物基因转录水平的调控也是其基因表达调控中的重要环节,包括基因的开启或关闭及转录水平的高低调控。但是真核生物的 RNA pol 本身不能有效地启动或根本不能启动转录,只有当反式作用因子与相应的顺式作用元件结合后才能启动转录,所以其调控机制比原核生物复杂得多。反式作用因子作为调控蛋白可影响转录复合物的形成,因此它是调控中的关键因素。

(一) 顺式作用元件

顺式作用元件(cis - acting elements)指真核生物对基因表达有调节作用但不编码任何蛋白质的特异 DNA 序列,其活性只影响与其自身同处在一个 DNA 分子上的基因的表达。这种 DNA 序列多位于基因旁侧或内含子中,是特异的转录因子的结合位点,它们通过与转录因子结合而调控基因转录的精确起始和转录效率。按功能分启动子、增强子和沉默子等。

1. 启动子　真核生物的启动子是一段特定的直接与 RNA 聚合酶及其转录因子相结合、决定基因转录起始与否的 DNA 序列。真核生物 3 种 RNA pol 识别的启动子的结构是不同的,RNA pol Ⅰ 识别的启动子比较简单,而 RNA pol Ⅲ 识别的启动子组成较复杂。在这里主要介绍一下 RNA pol Ⅱ 识别的典型启动子结构特点,见图 6 - 5。

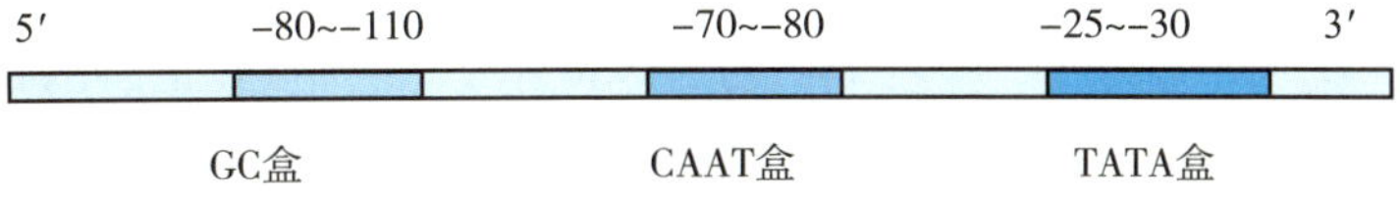

图 6 - 5　真核启动子的典型结构

(1) 核心启动子序列:RNA pol Ⅱ 正常起始转录所必需的一段短的 DNA 序列。一般位于转录起始点的上游 −25～−30 bp 处有一富含 TA 的保守序列(TATAAAA),即 TATA 盒或 Hogness 盒,与原核生物启动子的Pribnow盒相似。TATA盒是TFⅡD结合位点，决定着转录起始位点并引起基础水平的转录。

(2) 上游启动子元件：在TATA盒上游常有一些保守序列如CAAT盒(GCCAAT)和GC盒(GGGCGG)等，它们能调节转录的起始频率，增强转录效率，这些序列被称为上游启动子元件。一个具有TATA盒、CAAT盒和(或)GC盒结构的典型启动子，只有一个转录起始点，具有高转录活性。还有一类不典型的启动子中不含TATA盒，通常含GC序列，如管家基因的启动子，一般含有数个分离的起始点，含这类启动子的结构基因转录起始往往是不规则的，并且只有基础水平的表达。

2. 增强子(enhancer) 是指真核生物DNA中能增强基因转录活性的DNA序列，本身无启动子活性，需要与特异的反式作用因子(增强子结合蛋白)作用才能发挥功能。增强子主要通过改变DNA的螺旋结构、为RNA聚合酶和转录因子提供一个与某些顺式作用元件相互作用的结构等方式提高启动子的转录活性，一般可提高基因的转录活性达10～200倍。增强子有以下特性：① 增强子的作用是通过启动子发挥的；② 一般无自身方向性，作用不受序列方向的制约；③ 无基因特异性，对各种基因均起作用，甚至对原核生物基因同样起作用；④ 其作用与存在的位置无关，增强子可存在于基因的上游、下游或结构基因内部；⑤ 其作用不受与基因距离远近的影响，远离启动子也起作用。

3. 沉默子(silencer) 是指真核生物DNA中使基因转录降低或使基因关闭的一类特异DNA序列，属于负调控元件，与反式作用因子(沉默子结合蛋白)结合时，对基因转录起阻遏作用。沉默子对组织细胞特异性或发育阶段特异性的基因转录调控具有重要作用。有一些特殊的沉默子DNA序列可作为转录的调控序列，像真核生物的转录终止子序列一样，可作为转录终止的调节序列。

(二) 反式作用因子

反式作用因子(trans-acting factor)是能直接或间接地识别或结合在各顺式作用元件(特异的DNA序列)上，调控靶基因转录的蛋白质，也称为转录因子(transcriptional factor，TF)。

1. 反式作用因子的分类 反式作用因子即转录因子，目前发现的有近百种，根据其功能特性不同可分为3类。① 基本转录因子(general transcription factors)：在多数细胞普遍存在，是RNA pol与启动子结合启动基因转录所必需的一类蛋白质因子，也称为通用转录因子。如TFⅡD，结合TATA盒。② 特异转录因子(special transcription factors)：是个别基因转录所必需的，决定了该基因的时间、空间特异性表达。对转录起激活作用的特异转录因子称为转录激活因子，通常与一些增强子结合。对转录有抑制作用的特异转录因子称为转录抑制因子，多数是沉默子结合蛋白。③ 诱导性转录因子：是与一些远端调控序列(如增强子)结合的转录因子，只在一些特殊生理病理条件下才被诱导产生，如热激转录因子HSTF。

2. 反式作用因子的结构 反式作用因子是通过蛋白质-DNA、蛋白质-蛋白质相互作用来发挥其促进或抑制基因表达的功能。其分子中具有3个功能域：DNA结合结构域、转录活性结构域与调节结构域。

(1) DNA结合结构域(DNA识别结合域)：是反式作用因子与特异的DNA序列(顺式作用元件)结合的部位，由60～100个氨基酸组成。常通过以下几种模体形式与特异的DNA序列结合。

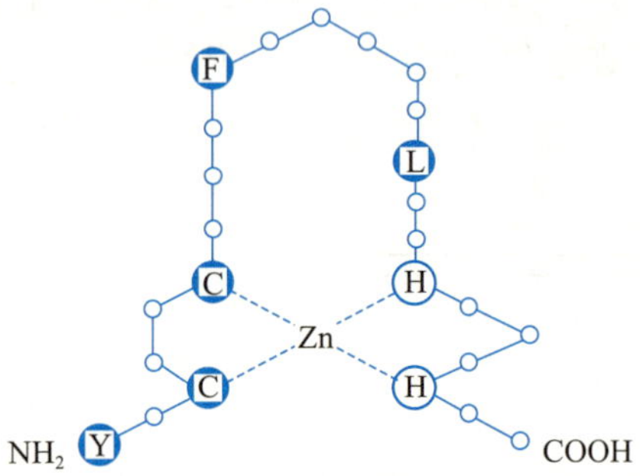

图6-6 锌指结构模式

1) 锌指(zinc fingers)结构：是由约30个氨基酸残基的序列折叠成一种包含四面体配位的锌离子(Zn^{2+})的结构，形如"指状"，称为锌指(图6-6)。锌指结构有以下特点：① 锌指结构的类型主要有C2H2、C4、C6形式。C2H2是由2个Cys和2个His位于正四面体的顶角，与位于四面体中心的一个锌离子以配位键结合；C4是由4个Cys位于正四面体的顶角，与位于四面体中心的一个锌离子以配位键结合。② 锌指结构的"手指"部分一般由 12 个氨基酸残基构成。③ 锌指结构的"手指"部分结合 DNA 分子的大沟，每一个锌指能接触 DNA 分子 5 个碱基对，常与 GC 盒等序列结合。如 SP 1 转录因子中含有此结构。④ 这种锌指结构的反式作用因子通常含有 2～9 个锌指。

2）亮氨酸拉链（leucine zippers，bZIP）：是两组平行或反向平行走向的含亮氨酸的 α-螺旋形成对称的二聚体，每条链上的亮氨酸有规律地每隔 7 个氨基酸就出现 1 次，其侧链上的 R-基团的侧链，刚好互相交错排列，形成"拉链"状结构。所以这样的结构被形象地称为"亮氨酸拉链"（图 6-7）。许多反式作用因子常需要以同二聚体或异二聚体的形式识别和结合 DNA 的靶位点，"拉链"区以外的结构亲水区是负责与 DNA 结合的部分。如 Fos、Jun 等转录因子就含有 bZIP 结构。

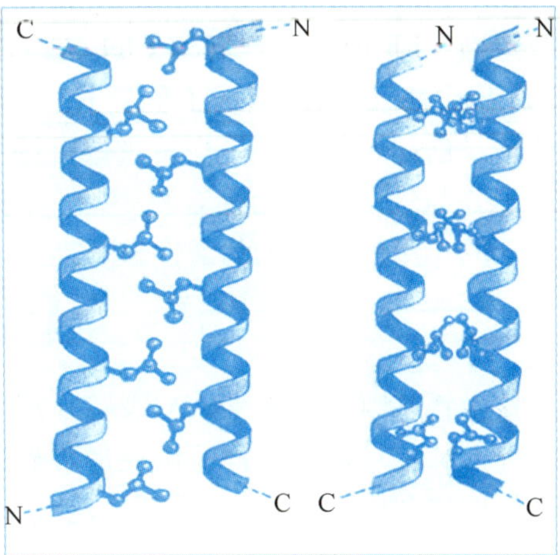

图 6-7　亮氨酸拉链结构

3）螺旋-环-螺旋（helix-loop-helix，HLH）：是一个短的 α-螺旋与一个长的 α-螺旋通过一个环相连组成的结构（图 6-8）。α-螺旋含有许多碱性氨基酸构成碱性区，这个碱性区对结合 DNA 是必需的。两个具有螺旋-环-螺旋的转录因子能形成二聚体，二聚体的形成有利于转录因子与 DNA 结合。如免疫球蛋白κ链基因增强子结合的反式因子 E12 和 E47 等含有 HLH 结构。

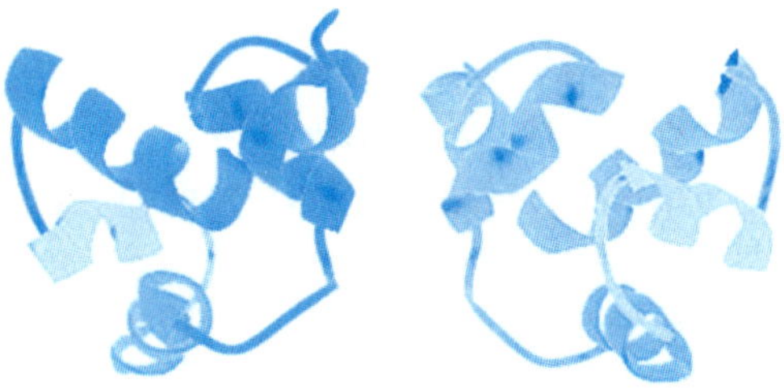
图 6-8　螺旋-环-螺旋结构

4）碱性 α-螺旋结构：一些转录因子的 DNA 结合域是由富含碱性氨基酸组成的 α-螺旋，此结构称为碱性 α-螺旋。如 CTF 是结合 CCAAT 盒的一种转录因子，其 DNA 结合域具有 α-螺旋，并富含碱性氨基酸。

反式作用因子与 DNA 的结合是依赖氨基酸残基与 DNA 之间形成的化学键完成的。反式作用因子上不同的结构模式使特异的 DNA 序列准确定位于此结构上并与之形成一定的非共价键。在多细胞生物中，大量调控蛋白都存在以上结构模式，实现与特异 DNA 的结合。

（2）转录活性结构域：是位于 DNA 结合域以外由 80～100 个氨基酸组成的具有转录活化功能的区域。有些转录因子无 DNA 结合域，可通过该结构域与其他蛋白质相互作用调控转录，而并非需要与 DNA 直接作用。转录活性域根据其氨基酸组成的特点，可分为 3 种：① 酸性活性域，富含酸性氨基酸，这些氨基酸形成了亲脂的 α-螺旋，也称酸性 α-螺旋结构，可与 TFⅡ D 复合物中某个通用因子或 RNA pol 结合而发挥作用。如糖皮质激素受体的转录活化域，Jun 转录因子的转录活化域等。② 谷氨酰胺富含域，此区域含有较多的谷氨酰胺，如哺乳动物的 Oct1/2、Jun、AP2、SRF 均含此区域。③ 富含脯氨酸结构域，此区域含脯氨酸较多，如 CTF-NF1 转录因子的羧基端很难形成 α-螺旋，因为脯氨酸占该区氨基酸的 20%～30%。

（3）调节结构域：是介导蛋白质与蛋白质相互作用的结构域。例如，糖皮质激素受体是一种反式作用因子，它有与糖皮质激素结合的区域，就是一个调节结构域。

3. 转录水平的调控　真核基因的转录中主要涉及 RNA 聚合酶、顺式作用元件和反式作用因子三者之间相互作用，对真核基因转录的调控主要是对三者之间相互作用的调控。反式作用因子激活后与特异的顺式作用元件(启动子元件、增强子等)相互作用,引起后者构象改变直接或间接影响转录起始复合物的形成,从而促进或抑制基因转录,体现其对基因表达的正、负性调控作用。更多情况下是多种反式作用因子精密组合在一起,协同决定某个特异基因的转录,表现为反式作用因子的组合式调控,从而引起组织特异性基因的表达,使不同类型细胞出现了特异的形态结构和特异的生理功能。

例如,RNA 聚合酶Ⅱ的转录起始就是典型的三者相互作用的结果。首先是 TFⅡ D中的 TATA 盒结合蛋白 TBP 识别结合启动子的 TATA 盒,形成 TFⅡD-启动子复合物,然后在 TFⅡB 的帮助下与 RNA 聚合酶Ⅱ结合,形成了包含 RNA 聚合酶Ⅱ和 TFⅡ D、TFⅡ A、TFⅡ B、TFⅡ E 等转录因子组成的转录前起始复合物。当转录聚合因子(增强子结合蛋白)与增强子结合后,通过变构使后者靠近启动子并与转录前起始复合物中的 TFⅡD 接近,形成稳定的转录起始复合物,起始转录。同时由于增强子的作用使启动子的活性显著提高。

四、转录后水平的调控

真核生物基因转录出来的初级转录产物需要经过一系列的修饰、加工后才能转变为成熟的有活性的各种 RNA,对这一过程的调控即为转录后水平的调控。尤其是 mRNA,对其前体 hnRNA 的加帽、加尾、剪接及成熟 mRNA 的运输定位、mRNA 编辑等环节均可进行调控。

(一) 5′端加帽和 3′端多聚腺苷酸化的调控

真核生物转录生成 hnRNA 后,随即在 5′端加上帽子结构(m^7GPPPmNp -),在 3′加一段多聚 A 序列即 poly A 尾,这两个因素增加了 mRNA 的稳定性,保证 mRNA 在合成过程中不被降解。如果没有 5′端帽子结构和 3′poly A 尾,mRNA 在合成过程中就会被迅速降解,此外,5′端帽子结构、poly A 尾与多种蛋白质形成的复合体,促进了 mRNA 与核糖体的结合及准确定位,无此结构的 mRNA 不能进行有效的翻译。5′端帽子结构、poly A 尾还参与完成 mRNA 由细胞核向细胞质的定向运输过程。可见,mRNA 转录后无此加工过程,基因信息无法表达。

(二) mRNA 的选择性剪接对基因表达的调控

真核细胞转录产物的剪接过程中,剪切内含子后参加拼接的外显子可以不按其在基因组的线性分布顺序拼接,内含子也可以不被切除而保留,即一个内含子或外显子是否出现在成熟的 mRNA 中是可选择的,这种剪接方式称为选择性剪接(alternative splicing)。经过选择性剪接的基因可产生一种以上的成熟 mRNA,也就意味着一个基因能合成一种或一种以上的肽链,在没有改变基因序列的情况下,增加了基因的多样性。如与细胞凋亡相关的基因 bax,其初级转录产物经过选择性剪接形成了几种不同类型的 Bax 蛋白。目前有研究发现,有些基因转录生成的非编码 RNA,在细胞处于应激状态时,立即剪接使具有编码功能的那部分 mRNA 能迅速指导蛋白质合成,对应激做出反应,这是一种剪切后再发挥作用的调控方式。

(三) mRNA 运输对基因表达的调控

成熟的 mRNA 约只有 20%的 mRNA 进入细胞质,留在核内的 RNA 约在 1 小时内降解。mRNA 通过核膜的运输是一个主动运输过程,但目前对其从核运输至细胞质的运输调控机制尚不清楚。

五、翻译水平的调控

基因在翻译水平的调控有多种方式,不同细胞采取的方式不同,主要体现在根据细胞状态决定是否翻译合成大量蛋白质;对已有 mRNA 进行微调,控制蛋白质的质和量。

(一) 翻译起始的调控

1. 对翻译起始因子活性的调控 eIF - 2 是真核生物蛋白质合成过程中重要的起始因子,其活性的调节对于翻译起始起重要作用,从而影响蛋白质合成的速度。eIF - 2 的活性受到磷酸化的调节,eIF - 2 磷酸化后活性丧失,而抑制翻译起始。像血红素对珠蛋白合成的调节就是通过减少或抑制

eIF-2的磷酸化，而促进珠蛋白的合成。

2. 5′AUG 对翻译的调控　翻译时，绝大多数的真核 mRNA 符合第一起始密码 AUG 规律，即翻译的起始密码位于 Kozak 序列（GCCAUG）中。但在某些 mRNA 5′端非编码区存在一个或数个 AUG，这些位于起始位点上游的其他 AUG 密码称为 5′AUG，它的存在会抑制下游正常阅读框架的翻译效率。如果从 5′AUG 翻译很快遇到终止密码子，从而合成无活性的短肽。

3. RNA 结合蛋白的调控　有些蛋白质可与 mRNA 特异序列结合，控制 mRNA 的可翻译性。某些结合蛋白与 mRNA 5′端结合，阻止 mRNA 的翻译，如铁蛋白的 mRNA 5′端有一段长约 30 bp 的序列称为铁反应元件，可与特异的 RNA 结合蛋白结合。当该调节结合蛋白未与铁结合时，可与铁蛋白 mRNA 的茎环结构结合，而抑制其翻译。当铁存在时，该蛋白质与铁结合，与铁蛋白 mRNA 茎环结构分离，铁蛋白的翻译效率提高 100 多倍。

此外，mRNA 5′端起始密码子上游非编码区长度也可影响翻译，研究表明：在体外翻译的效率与这段长度呈正比。

（二）mRNA 的寿命对翻译的调控

由于 mRNA 是蛋白质合成的直接模板，其含量的多少直接影响蛋白质合成的多少，不同类型的 mRNA 的半寿期不同，因此对其稳定性的调节也是翻译水平调控的主要途径之一。mRNA 的半寿期长，翻译效率高，合成的蛋白质量就多。此外，通过 mRNA 的选择性降解可减少蛋白质的合成。

（三）小分子 RNA 对翻译的调控

与原核基因表达调控一样，一些小分子 RNA 可对真核基因的表达进行调控，这些小分子调节 RNA 一般都是非编码 RNA。如微小 RNA（miRNA）和小干扰 RNA（siRNA）是近年来发现的最受关注的非编码 RNA，它们对真核细胞的基因表达、细胞发育分化及个体的发育等多方面起调控作用。非编码 RNA 与其特异的靶 mRNA 互补结合，通过一定的机制诱导靶 mRNA 剪切或抑制其翻译，或降解靶 mRNA 阻断翻译，从而使基因沉默。

六、翻译后水平的调控

翻译后水平调控是蛋白质生物合成之后对其表现生物活性和特定功能的时空控制过程。调节的方式包括加工修饰、肽链的折叠剪接、分选和靶向运输等。蛋白质的加工主要有一些氨基酸残基的乙酰化、磷酸化、糖基化修饰蛋白；蛋白质前体的切割；蛋白质转移定位的信号序列，指导蛋白质运输到正确位置，但是，在定位结束后通常被特异的信号肽酶切除。

（邓秀玲）

思考题

1. 何谓基因表达？基因表达有哪些方式？其特点或规律是什么？
2. 简述乳糖操纵子的结构和工作原理。
3. 原核与真核生物基因表达调控有哪些不同？
4. 简述原核基因表达调控的特点。

本章课件　　本章习题

第三篇

常用的分子生物学技术

分子生物学是从分子水平研究生物大分子的结构与功能从而阐明生命现象本质的科学。1953 年,沃森、克里克提出 DNA 分子的双螺旋结构模型是分子生物学诞生的标志。随着生命科学不断发展,人们对生物体的认知已经逐渐深入到微观水平。从单个的生物体到器官到组织到细胞,再从细胞结构到核酸和蛋白质的分子水平,人们意识到可以通过检测分子水平的线性结构(如核酸序列)、含量变化等,横向比较不同物种、同物种不同个体、同个体不同细胞或不同生理(病理)状态的差异。这就为生物学和医学的各个领域,提供了一个强有力的技术平台。同时,各种分子生物学技术不断被创造、创新。

目前,分子生物学基本理论与技术已经应用到各个行业。本篇主要介绍最常用的分子生物学技术,包括 PCR 技术、各类杂交技术、基因工程技术、DNA 测序技术、DNA 芯片技术、转基因与基因打靶技术、RNA 干扰技术等。

第七章

PCR 技术

学习目标

【掌握】

1. PCR 的概念及技术原理。
2. 各种 PCR 衍生技术及原理。

【熟悉】

1. PCR 反应体系。
2. PCR 产物分析方法及应用。

【了解】

引物设计的基本原则。

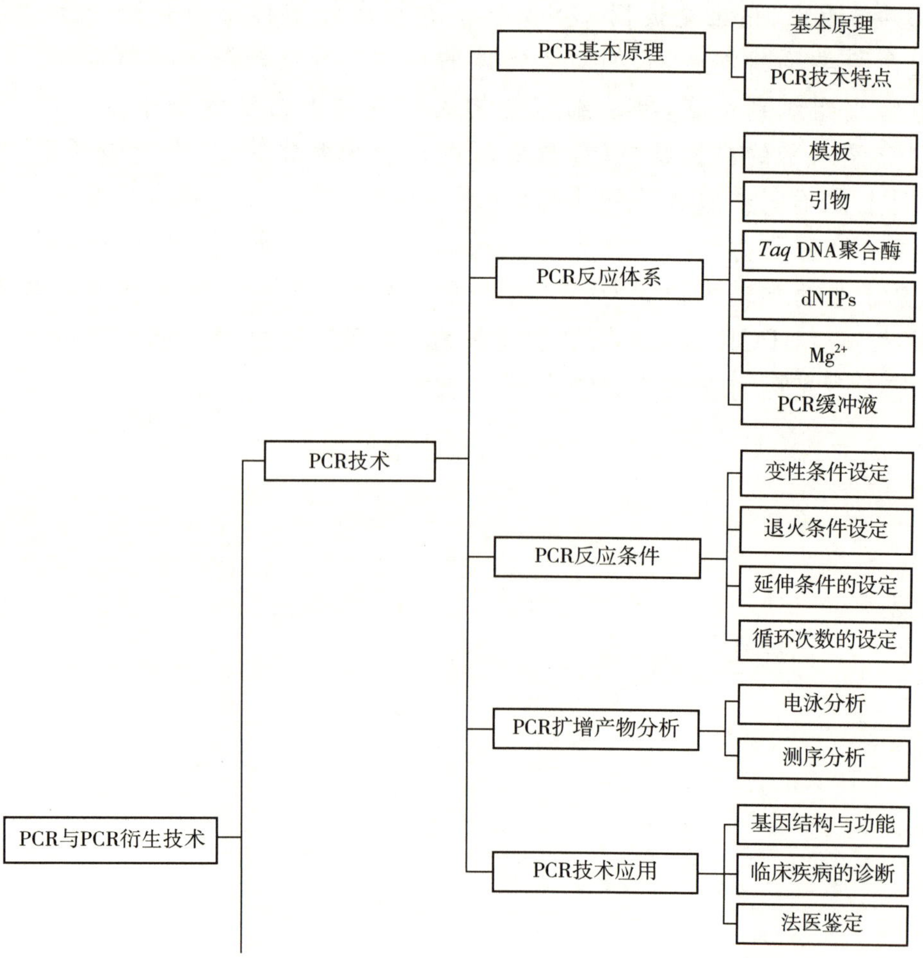

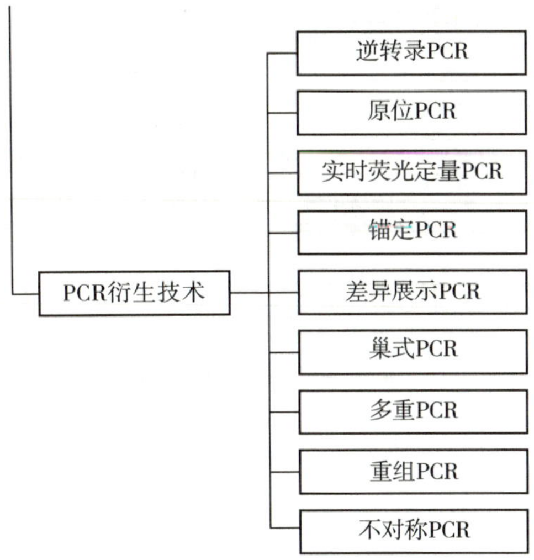

第一节　聚合酶链式反应

1985 年,美国科学家 Mullis 等建立了一种具有划时代意义的体外基因扩增技术,即聚合酶链反应(polymerase chain reaction, PCR),其原理是基于体内 DNA 的复制。PCR 技术是在体外大量快速合成 DNA 的方法,其反应体系要求,有模板 DNA、DNA 引物,4 种 dNTP(N 为 A、T、G、C),DNA 聚合酶,缓冲液,Mg^{2+}。经加热变性、退火及延伸 3 个过程,反复进行此过程,经 30 个循环即可在较短时间内将目的基因扩增至百万倍以上。Mullis 等最初采用的 DNA 聚合酶是大肠埃希菌 DNA 聚合酶Ⅰ的 Klenow 片段。由于 Klenow 酶在 90 ℃高温下会变性失活,因此每次 PCR 循环都需要加新的 DNA 聚合酶;而且合成过程中容易发生产物和模板之间的碱基错配,造成 PCR 产物特异性较差。鉴于以上缺点,使得 PCR 技术在一段时间内没能引起生物医学界的足够重视。1988 年初,Keohanog 改用 T4 DNA 聚合酶进行 PCR 扩增,其扩增的 DNA 片段特异性较高,但每次 PCR 循环后仍需添加新的 DNA 聚合酶,给 PCR 技术操作添加了不少困难。同年,Saiki 等从温泉中生长的一株水生嗜热杆菌(*themus aquaticus*)中提取得到了一种耐热的 DNA 聚合酶,称为 *Taq* DNA 聚合酶(*Taq* DNA Polymerase)。该酶不仅耐高温,在加热时不会变性钝化,而且有效提高了 DNA 扩增片段的特异性和扩增效率。该酶的发现使这项技术变得操作简单、灵敏、结果可靠,为基因的分析与研究提供了一种强有力的手段,对生命科学的研究与发展有着深远的影响。Mullis 本人也因此于 1993 年获得了诺贝尔化学奖。目前,PCR 技术已成为生命科学研究中不可缺少的工具。

一、PCR 基本原理

(一) 基本原理

PCR 技术是根据体内 DNA 半保留复制原理设计的一种体外基因扩增技术,类似于体内 DNA 的天然复制过程,是在 DNA 聚合酶的催化下,利用一对人工合成的寡核苷酸引物和 4 种脱氧核苷三磷酸对目标基因进行特异体外扩增的过程。由模板 DNA 的变性、引物 DNA 与模板 DNA 的结合及引物 DNA 的延伸等 3 个基本反应步骤构成,见图 7-1。

1. 变性　采取加热变性的方式使模板 DNA 双链或经 PCR 扩增形成的 DNA 双链解开成为单链,以便引物能与之结合,为下一反应步骤做准备。

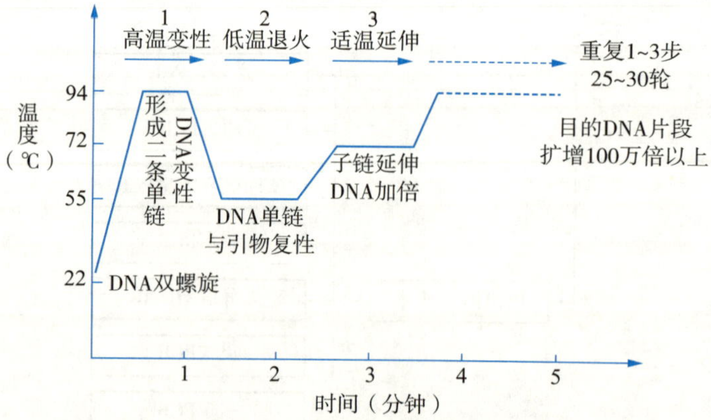

图 7-1 PCR 反应基本步骤

2. 退火 当温度降低至适宜温度时，变性后的单链 DNA 与引物 DNA 按照碱基互补配对原则结合在一起。一般退火温度比 Tm 值低 5 ℃。

3. 延伸 DNA 模板—引物结合物在 *Taq* DNA 聚合酶的作用下，以 4 种 dNTP 为反应原料，靶序列为模板，按碱基互补配对的原则，沿 5′→3′方向合成与模板 DNA 链互补的 DNA 新链。延伸温度为 72 ℃，延伸时间一般为 1～2 分钟。

变性、退火、延伸上述 3 个反应步骤为一个循环，每一个循环所产生的 DNA 均能作为下一次循环的反应模板，如此反复进行，使 PCR 产物呈 2^n 的倍数增长（n 为循环次数）。经过 25～35 个循环，理论上可使基因扩增 10^9 倍以上（图 7-2）。但实际操作中 DNA 扩增平均效率往往达不到理论值。反应初期，目标 DNA 片段呈倍数扩增，随着 PCR 产物的逐渐增加，目标 DNA 片段不再呈倍数增加，而进入线性增长期或静止期，即出现平台效应。

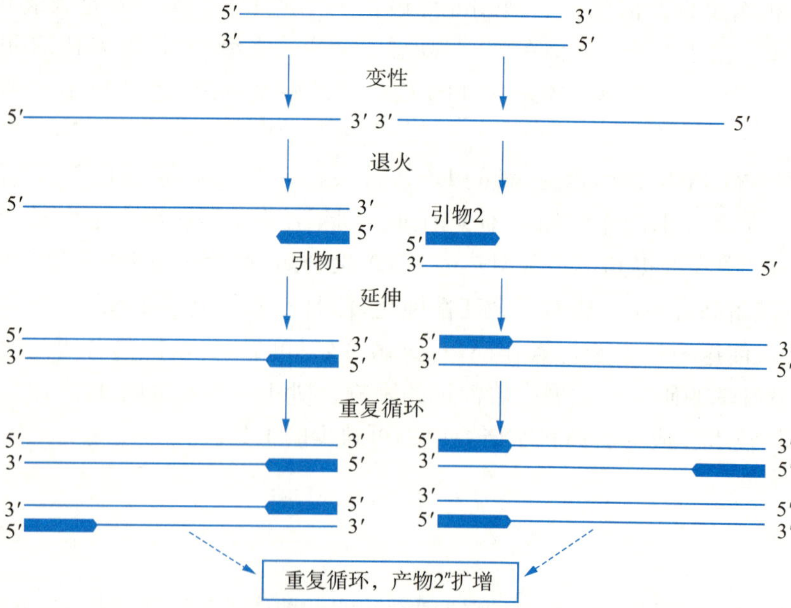

图 7-2 PCR 反应原理

PCR 扩增产物可分为长产物片段和短产物片段两部分。从 PCR 反应原理图 7-2 中可以看出，在第 1 个反应循环中以 2 条互补的 DNA 单链为模板，引物从 3′端开始延伸，其 5′端固定，而 3′端则因没有固定的终止点而长短不一，这就是长产物片段。当进入第 2 个循环后，引物除与原始模板结合外，还要同新合成的长产物片段结合。引物在与新合成的链结合时，由于新链模板的 5′是固定的，这就等于延伸的片段 3′被固定了终止点，保证了新片段的起点和终点都限定于两条引物扩增序列之内，生成长短一致的短产物片段。短产物片段是需扩增的特定序列，其产量以倍数增加，而长产物片段则以算术倍数增加，因此长产物片段的数量几乎可以忽略不计，这使得 PCR 产物不需纯化就能提供足够纯的目的 DNA，供分析和检测使用。

（二）PCR 技术的特点

1. 特异性强　PCR 反应的特异性取决于多种因素，包括引物与模板的正确结合、目的基因的特异性和保守性、*Taq* DNA 聚合酶合成反应的忠实性等，其中引物与模板的正确结合是关键。

2. 灵敏度高　PCR 产物的量以倍数扩增，能将皮克量级的目的 DNA 模板扩增到微克级。

3. 操作简便、快速　PCR 反应只需一次性将反应体系所需的各种组分加好，即可进行反应，仅需 2～4 h 即可完成。

4. 产物分析方法简便、快速、准确　扩增产物的分析方法一般采用电泳技术，简单、快速、准确，且无放射性污染。

5. PCR 样本要求低　PCR 扩增技术对样本 DNA 的纯度要求低，可直接用血液、细胞、活组织等粗制 DNA 样本进行扩增，也可在细胞涂片或组织切片上直接进行 DNA 扩增。

知识拓展

PCR 技术的发明

1971 年，Khorana 最早提出核酸体外扩增的设想，但由于当时的基因序列分析方法尚未成熟，对热具有较强稳定性的 DNA 聚合酶还未发现，寡核苷酸引物的合成仍处在手工、半自动合成阶段，这种想法一时无法实现。1985 年，美国科学家 Kary Mullis 在高速公路开车的时候，瞬间感觉两排路灯就是 DNA 的两条链，自己的车和对面开来的车像是 DNA 聚合酶，面对面地合成着 DNA，在该思路的启发下，他经过两年的努力发明了 PCR 技术，并在 *Science* 杂志上发表了关于 PCR 技术的第一篇学术论文。从此，PCR 技术得到了生命科学界的普遍认同，Kary Mullis 也因此获得 1993 年的诺贝尔化学奖。1988 年初，Keohanog 通过对所使用的酶的改进，提高了扩增的真实性。而后，Saiki 等又从温泉中一株水生嗜热杆菌内提取到一种耐热的 DNA 聚合酶，使得 PCR 技术的扩增效率大大提高。此酶的发现使得 PCR 技术得到了广泛应用，使该技术对于分子生物学的影响远远超过其他技术。

二、PCR 反应体系

PCR 体系的主要成分有模板、引物、dNTP、*Taq* DNA 聚合酶、Mg^{2+} 和缓冲液等。标准的 PCR 反应体系见表 7－1。

表 7－1　标准的 PCR 反应体系

组　分	体　积
10×扩增缓冲液	5.0 μl
dNTP(2.5 mmol/L)	16 μl(每种各 4.0 μl)
上游引物(25 μmol/L)	1.0 μl
下游引物(25 μmol/L)	1.0 μl
模板 DNA	0.1～1 μg

续 表

组 分	体 积
Taq DNA 聚合酶	1～2.5 U
$MgCl_2$(25 mmol/L)	3.0 μl
双蒸水或三蒸水	加至 50 μl
反应体系总量	50 μl

上述反应体系各组分加好后，设定 PCR 反应条件，进行 PCR 反应扩增。反应体系中各组分作用介绍如下。

(一) 模板

PCR 反应的模板(template)是待扩增的 DNA 片段。若要扩增 RNA 链时，需先将 RNA 逆转录为 cDNA 后，方可作为 PCR 模板。PCR 反应的模板 DNA 来源广泛，可以从各种组织细胞、培养细胞、寄生虫、微生物、临床标本(血液、尿液、精液、粪便、唾液等)、病理解剖标本(新鲜组织、石蜡包埋组织块等)、法医学标本(血斑、精斑、毛发)及考古标本中提取。模板 DNA 的数量与纯化程度，是 PCR 扩增能否成功的关键环节之一。理论上 PCR 仅需 1 个拷贝的模板量即可进行反应，实际操作中为了保证扩增效率，需制备较高的模板量，一般为 10^2～10^5个拷贝模板 DNA。在以哺乳动物基因组 DNA 为模板时，通常每次 PCR 最多取 1 μg DNA 模板。样本 DNA 需经纯化以去除杂质，如蛋白酶、核酸酶、DNA 聚合酶抑制剂以及能结合 DNA 的蛋白质等。常用的 DNA 纯化方法通常采用十二烷基磺酸钠(SDS)和蛋白酶 K(proteinase K)消化处理标本，SDS 能溶解细胞膜上的脂类与蛋白质，解离核蛋白，并能与蛋白质结合而沉淀；蛋白酶 K 能水解蛋白质，特别是与 DNA 结合的组蛋白。所得的粗制 DNA 用酚、氯仿抽提纯化，去除蛋白质和其他细胞组分，再用乙醇或异丙醇沉淀核酸，获得的核酸即可作为 PCR 模板。另外，PCR 扩增也可直接在细胞涂片或组织切片上进行，不需要目的 DNA 的提取纯化。

(二) 引物

PCR 引物(primer)是一对与待扩增目的 DNA 序列 3′端互补的脱氧寡核苷酸片段，或者说是一对与目的 DNA 5′端序列一致的脱氧寡核苷酸片段。引物是决定 PCR 反应特异性的关键因素，因此引物的设计在 PCR 扩增技术中显得非常重要。一般引物设计应遵循以下原则。

1. 引物长度　一般以 15～30 个核苷酸为佳，常用引物长度约为 20 个核苷酸。引物太短会影响引物与模板结合的特异性，在一定范围内引物需要足够长，保证序列扩增的特异性，并降低序列存在于非目的序列位点的可能性。引物长度的上限主要与反应效率有关，一般不会太长，因为过长会导致其退火温度升高，甚至超过延伸温度，并且引物太长容易产生引物的链内互补结合，进而影响引物与模板的结合，从而影响产物的生成。

2. 引物的碱基顺序不应与非扩增区域有同源性　引物序列应与核酸序列数据库的其他序列无明显同源性，以减少引物与 DNA 的非特异性结合，提高 PCR 的特异性。要求在引物设计时进行辅助检索分析。

3. 引物内部不应形成二级结构　引物设计应避免一条引物内有互补序列或回文序列，否则可形成茎环结构，PCR 产生非特异的扩增条带，降低扩增效率。

4. 引物间不应生成二聚体　引物设计时应避免两引物之间存在较多互补序列，否则会形成引物二聚体，同样会产生非特异的扩增条带，使 PCR 效率下降。

5. 引物碱基应随机分布　引物碱基最好随机分布，避免出现嘌呤、嘧啶堆积现象，引物 G+C 含量宜在 45%～55%。G+C 含量过低，Tm 值就会降低，扩增效果不佳；G+C 含量过高，Tm 值升高，易引发错配而出现非特异条带。

6. 引物熔解温度(Tm 值) 一般控制在 55～60 ℃，尽可能保证上下游引物的 Tm 值一致，一般不超过 2℃。如果引物中的 G+C 含量相对偏低，则可以使引物长度稍长，以保证一定的退火温度。引物 Tm 的估算公式为：Tm=4(G+C)+2(A+T)。另外两条引物的 Tm 值要协调。

7. 引物 3′末端碱基要求 引物的 3′末端碱基不可进行任何化学修饰，否则延伸不能有效起始。研究表明：引物 3′末端碱基在错误配对时，不同碱基的引发效率存在很大差异。当末端碱基为 A 时，即使在错配的情况下，也能引发链的合成。而末端碱基为 T 时，错配时引发效率大大降低。G、C 居于中间，所以 3′末端的末位碱基最好选 T、G、C 而不选 A。

8. 引物 5′末端碱基要求 PCR 反应物 5′末端碱基并没有严格限制，只要与模板 DNA 结合的引物程度足够，其 5′末端碱基可以不与模板 DNA 匹配，而呈游离状态。这样引物设计时可以在 5′末端进行化学修饰，如加上限制性内切酶酶切位点，引入蛋白质结合的 DNA 序列，添加 ATG 起始密码，引入错配碱基造成突变等。

9. 两个引物之间的距离 PCR 扩增产物的长度由引物所在的位置决定，根据扩增目的不同差异较大，引物扩增长度一般以 200～500 bp 为宜，特定条件下可扩增长度为 10 kb 的片段。

目前引物设计的软件有很多，如 Primer Premier 6.0、Oligo 7.36、DNAstar、DNAsis、Omiga 等，设计结果是否合理可用软件进行核定。另外，引物的用量多以 0.1～0.5 μmol/L 为宜，浓度过高会引起非特异性扩增，产生引物二聚体，浓度过低又会降低 PCR 产率。

(三) DNA 聚合酶

Taq DNA 聚合酶(DNA polymerase)的作用是在模板的指导下，以 4 种 dNTP 为原料，在引物 3′- OH末端加上脱氧单核苷酸，形成 3′,5′-磷酸二酯键，使 DNA 链沿着 5′→3′方向延伸，催化 DNA 合成。

目前主要有两种 *Taq* DNA 聚合酶，一种是从水生嗜热杆菌(*Thermus aquaticus*)中提纯的天然酶，另一种为大肠埃希菌合成的基因工程酶。最常用的 *Taq* DNA 聚合酶是提取得到的天然酶，该酶耐高温，在 70 ℃、93 ℃、95 ℃条件下反应 2 小时后，其残留活性分别为原来的 90%、60%和 40%。同时，该酶的延伸效率也较高，70 ℃时延伸速率可达到每秒 60 个核苷酸以上，*Taq* DNA 聚合酶的最适反应温度在 70～75 ℃之间，所以 PCR 延伸过程所采用的温度为 72 ℃。但由于 *Taq* DNA 聚合酶缺乏 3′→5′外切酶活性，缺乏校正功能，因此在复制新链的过程中会发生碱基错配。一般认为，*Taq* DNA 聚合酶在每次循环中产生的移码突变率为 1/30 000，碱基替换率为 1/8 000，可见扩增的 DNA 片段越长，错配的概率越高。而基因工程 *Taq* DNA 聚合酶，如重组 *Taq* DNA 聚合酶(r*Taq* DNA 聚合酶)、修饰 *Taq* DNA 聚合酶、*Tth* DNA 聚合酶、vent DNA 聚合酶、P*fu* DNA 聚合酶等，它们的热稳定性和保真性比天然 *Taq* DNA 聚合酶有所改善，大大降低了碱基错配率。

典型的 PCR 反应所需的最适酶量一般为 1～2.5 U(指总反应体积为 50～100 μl 时)。酶量过多可引起非特异性扩增，过少则合成产量效率较低。

(四) 三磷酸脱氧核苷酸

PCR 反应的合成原料是 dATP、dCTP、dGTP 和 dTTP 4 种三磷酸脱氧核苷酸。dNTPs 的质量与浓度和 PCR 扩增效率密切相关。一般情况下应小量分装，−20 ℃冰冻保存，避免多次冻融，否则会使 dNTPs 降解。浓度过高能加快反应速度，同时会降低反应的特异性，浓度过低又会降低产量。反应体系中，dNTP 的常用浓度为 50～200 μmol/L，尤其应注意 4 种 dNTP 的浓度要相等(等摩尔配制)，其中任何一种浓度偏高或偏低都会引起错配。此外，dNTPs 能络合 Mg^{2+}，使游离的 Mg^{2+} 浓度降低，当 PCR 反应需要高浓度的 dNTPs 时，应在反应体系中适量增加 Mg^{2+} 浓度。

(五) Mg^{2+}

所有的 *Taq* DNA 聚合酶的活性都需要 Mg^{2+}，Mg^{2+} 对 PCR 扩增的特异性和产量均有显著影响。在一般的 PCR 反应中，各种 dNTP 浓度为 200 μmol/L 时，Mg^{2+} 浓度以 1.5～2.0 mmol/L 为宜。

Mg^{2+}浓度过高，反应特异性降低，出现非特异性扩增；Mg^{2+}浓度过低则会降低 *Taq* DNA 聚合酶的活性，使反应产物减少。

（六）PCR 缓冲液

PCR 反应缓冲液提供了 PCR 反应所需要的酸碱度和某些离子浓度。PCR 反应缓冲液中含有 KCl、*Taq* DNA 聚合酶保护剂，如小牛血清白蛋白（100 μg/ml）等。一般商品出售的各种 *Taq* DNA 聚合酶都带有自己特定的缓冲液。目前，最常用的缓冲液是 10～50 mmol/L Tris－HCl（pH 8.3～8.8，20 ℃）。在扩增过程中，当温度升至 72 ℃时，反应体系的 pH 保持在 7.2 左右，从而使 *Taq* DNA 聚合酶具有较高的催化活性。

三、PCR 反应条件

PCR 反应条件，主要包括反应温度、反应时间和循环次数的设定。

（一）PCR 变性条件的设定

模板 DNA 的变性温度取决于 PCR 反应中 DNA 的解链温度。变性温度低，模板 DNA 解链不完全，从而导致 PCR 失败；变性温度过高或时间过长，因温度环境对酶的活性有影响，会导致 *Taq* DNA 聚合酶活性降低，从而影响 PCR 扩增效果。实验证明，模板 DNA 于 94 ℃环境下只需几秒钟即可解链，因此，在一般情况下，93～94 ℃保温 1 分钟可满足实验要求，能使模板 DNA 充分变性。对于富含 GC 的序列可适当提高变性温度，但在可能的范围内应尽量缩短变性时间。如果变性温度低于 93 ℃，则可适当延长变性时间。

一般情况下，首轮 PCR 循环的变性时间设定为 5～10 分钟，使 DNA 完全解链成为单链，从第二轮 PCR 循环开始至结束，变性的时间为 30～60 秒。

（二）PCR 退火条件的设定

引物的退火温度和时间取决于引物的碱基组成、长度、浓度、与模板的匹配程度及目的 DNA 序列的长度等。退火温度是影响 PCR 特异性与产量的重要因素。高的退火温度可减少引物与模板 DNA 的非特异性结合，提高 PCR 反应的特异性。但退火温度过高还会影响引物与模板 DNA 结合的牢固程度，导致扩增效率下降。关于引物的退火温度的选择，可参考以下公式：

$$\text{Tm 值（解链温度）} = 4(G+C) + 2(A+T)$$

$$\text{退火温度} = \text{Tm 值} - (5 \sim 10\ ℃)$$

退火时间一般仅需 30～60 秒即可完成，而通常设置的时间为 1 分钟左右，剩余的反应时间主要是使反应体系达到合适的温度，从而使引物与模板完全结合。退火时间并不是关键的因素，但也应加以控制。退火时间过短，会导致延伸失败；退火时间过长，会增加引物 DNA 与模板 DNA 间的非特异性结合。

（三）PCR 延伸条件的设定

引物的延伸温度一般选择在 70～75 ℃，通常在 72 ℃下进行。引物的延伸反应时间取决于目的 DNA 序列的长度和浓度。一般情况下，1 kb 以内的 DNA 片段采用 1 分钟的延伸时间即可满足试验要求，对于长度为 1 kb 以上的 DNA 片段，可根据片段长度适当延长时间，如 3～4 kb 的 DNA 序列需 3～4 分钟；10 kb 的 DNA 序列则需 15 分钟。另外，对于低浓度的目的序列，也可适当增加延伸时间。在末次循环后，样品仍需于 72 ℃继续延伸 5～10 分钟，以获得尽可能完整的 PCR 产物。

（四）PCR 循环次数的设定

PCR 的循环次数决定 PCR 的扩增程度。循环次数主要取决于模板 DNA 浓度。通常 PCR 一般采用 30 个循环左右。循环次数过多会出现 PCR 反应的“平台效应”的出现；扩增后期，因产物积累、引物和 dNTPs 消耗殆尽及酶活性降低等原因，产物不再随循环数增加而呈指数倍数增长。循环次数太少则会降低产率。一般在保证有足够产物生成的前提下，应尽量减少循环次数。

四、PCR 扩增产物的分析

PCR 结果需要进行严格的分析与鉴定，方可判断 PCR 结果是否准确可靠。可根据研究对象和目的的不同来选择不同的分析方法。

（一）PCR 产物的电泳分析

1. 琼脂糖凝胶电泳　琼脂糖凝胶电泳（agarose gel electrophoresis）是最常用和简便的 PCR 产物检测方法。该法能对 PCR 产物的长度和含量进行粗略鉴定。琼脂糖的浓度依据 DNA 产物片段的大小进行选择，其浓度与分离线性 DNA 的有效范围见表 7－2。检测通常使用的琼脂糖凝胶浓度为 1%～2%。一般情况下，先在电泳缓冲液或凝胶中加入核酸染料，将制备的琼脂糖凝胶放入电泳槽中，加入适量待测样品，同时用分子量标准品作为对照。在电泳过程中，凝胶中的 EB 将嵌入 DNA 分子中，紫外灯下 EB 释放红橙色荧光，电泳结束后在紫外灯下观察结果。因 EB 可与双链 DNA 结合形成复合物，故荧光强度与 DNA 含量成正比。

表 7－2　琼脂糖浓度与分离线性 DNA 的有效范围

琼脂糖含量/%	分离线性 DNA 的有效范围/kb
0.5	1～30
0.7	0.8～12
1.0	0.5～10
1.2	0.4～7
1.5	0.2～3
2.1	0.1～2

2. 聚丙烯酰胺凝胶电泳　聚丙烯酰胺凝胶电泳（polyacrylamide gel electrophoresis，PAGE）也是常见的 PCR 结果分析方法，它是以单体丙烯酰胺和 N，N′－甲叉双丙烯酰胺聚合交联而成的聚丙烯酰胺凝胶为支持物。该凝胶呈三维网状结构，机械强度好、pH 和温度变化对其影响小、化学性质稳定且没有吸附作用，同时聚丙烯酰胺凝胶具有分子筛作用，是一种较好的电泳介质。分子量小的 DNA 受到的阻力小，在凝胶中迁移速度快，而分子量大的 DNA 则受到较大的阻力而被滞后，这样 DNA 在电泳过程中就会根据其各自分子量的大小而被分离。

PAGE 较适合分离＜2 kb 的 DNA 或 RNA 片段，其浓度与分离的线性 DNA 分子的有效范围见表 7－3。与琼脂糖凝胶电泳相比，PAGE 分辨力高，长度仅相差 1bp 的 DNA 分子即可分开。上样量远小于琼脂糖凝胶电泳，回收的 DNA 纯度高，采用银染色 DNA 或 RNA 灵敏度高，比琼脂糖凝胶电泳中 EB 染色法高 2～5 倍，而且避免 EB 易褪色的弱点。该方法可用于 PCR 扩增指纹图、多重 PCR、PCR 产物限制性片段长度多态性（PCR－RFLP）分析等。

表 7－3　聚丙烯酰胺凝胶浓度与分离线性 DNA 分子的有效范围

聚丙烯酰胺浓度/%	有效分离范围/bp	溴酚蓝位置/bp	二甲苯蓝位置/bp
3.5	1 000～2 000	100	460
5.0	80～500	65	260
8.0	60～400	45	100
12.0	40～200	20	70
15.0	25～150	15	60
20.0	5～100	12	45

另外，PCR产物的分析还常采用限制性片段长度多态性分析、单链构象多态性分析、等位基因特异性寡核苷酸分析等方法。

(二) PCR产物的测序分析

PCR产物测序是检测产物特异性的最可靠方法，分直接测序和产物经克隆后测序两种方式。DNA直接测序是指直接分析不经分离的PCR产物；PCR产物经克隆后测序是将产物克隆后连接载体后再测序。测序常用的方法为双脱氧核苷酸末端终止法和化学裂解法，其原理详见DNA测序技术。

五、PCR技术的应用

PCR技术具有操作简单、快速、灵敏度高等特点，已被广泛应用于临床医学、遗传咨询、司法鉴定及分子生物学研究等各个领域。主要的用途集中于以下几个方面。

(一) 基因结构与功能的研究

PCR技术能够快速、灵敏地放大被检测的目的基因，可用于鉴定基因缺失、突变、易位等基因结构异常。PCR技术可人工引入DNA突变，用于基因结构与基因功能的研究。在基因工程研究领域，PCR技术主要用于获取目的基因。在人类基因组工程的研究中，PCR技术可用于遗传图谱和表达图谱的构建。

(二) 临床疾病的诊断

目前，PCR技术已广泛地用于单基因遗传病的基因分析、产前诊断、病毒基因入侵、癌基因与抑癌基因突变的临床分析等方面。PCR如能与分子杂交技术结合使用，则可进一步提高检测的灵敏度和准确性。对获得的产物进行测序分析后，可准确知道变异基因的存在、变异的位点和变异序列。

(三) 在法医学上的应用

在法医学上，PCR技术可用于个体识别、亲缘鉴定及犯罪现场标本分析。常采用的技术有PCR-RFLP、DNA遗传指纹、PCR-ASO、PCR-VNTR多态性、PCR-SSCP和线粒体DNA测序等。

第二节 PCR衍生技术

随着PCR技术的广泛应用，PCR技术也不断得到了发展，形成了许多不同的PCR衍生技术，形成了一系列适合不同目的的特殊方法。下面介绍几种比较常见的PCR衍生技术。

一、逆转录PCR

逆转录PCR(reverse transcription polymerase chain reaction，RT-PCR)是以细胞内总RNA或mRNA为模板，联合逆转录反应与PCR进行的体外扩增技术。该技术首先用逆转录酶将RNA进行逆转录，生成与之互补的cDNA，然后以cDNA作为模板进行PCR扩增，得到所需要的目的基因片段，可用于检测RNA病毒、细胞因子mRNA等。逆转录PCR反应原理如图7-3所示。

常用的逆转录酶有两种，一种是禽类成髓细胞性白血病病毒(AMV)逆转录酶(最适反应温度为42 ℃)，另一种是莫罗尼鼠类白血病病毒(Mo-MLV)逆转录酶(最适反应温度为37 ℃)。逆转录引物主要有3种：① 随机引物，人工合成的随机序列六核苷酸混合物。② Oligo(dT)，只适合于3′端带有poly A尾的mRNA。③ 特异性引物(gene specific primer，GSP)，只适合于逆转录目的的RNA序列。逆转录PCR技术主要有两种方法。

(一) 两步法

逆转录PCR两步法包括两大步骤，第一步是逆转录。在逆转录酶和逆转录引物的作用下合成与

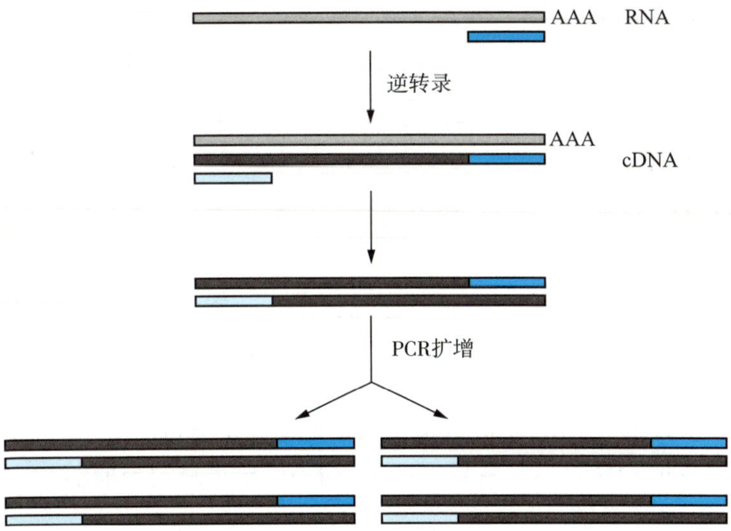

图 7-3 逆转录 PCR 反应原理

mRNA 互补的 cDNA 链；第二步是以合成的 cDNA 链为模板进行 PCR 扩增。首先加热使 cDNA 与 RNA 链解离，然后与另一引物退火，并由 *Taq* DNA 聚合酶催化引物延伸，生成双链目的 DNA，最后扩增目的 DNA。两步法的效率高，并且制备的 cDNA 可长期保存，适用于分析 mRNA 的表达量。

（二）一步法

一步法 RT-PCR(one-step RT-PCR)是近年来报道的，即在同一反应体系中直接加入逆转录酶、逆转录引物、*Taq* DNA 聚合酶、引物、dNTPs、Mg^{2+} 和缓冲液直接进行 RNA 逆转录和 PCR 扩增，将两步法的两大步骤合并为一步。该方法操作简单、污染概率低，适合病毒、病原菌的检测。

逆转录 PCR 对 RNA 样品要求较为严格，不仅要求 RNA 样品的完整性，而且要求为纯 RNA，即 RNA 样品中不能有 DNA、蛋白质和其他杂质。

二、原位 PCR

原位 PCR(in situ PCR)是在组织切片或细胞涂片上直接进行特定 DNA 或 RNA 序列扩增的 PCR 技术。

原位 PCR 的基本方法如下：① 固定组织或细胞，将组织或细胞用合适的固定剂(如中性甲醛)固定在玻片上，再灭活除去细胞内源性过氧化物酶。② 蛋白酶消化处理，用蛋白酶将固定好的组织或细胞进行通透处理，然后高温灭活蛋白酶。③ PCR 扩增，在载体上进行 PCR 循环扩增。④ PCR 扩增结束后进行产物分析。⑤ 显微镜观察结果。

原位 PCR 的检测有两种方法。① 直接法：使用标记过的(放射性核素、生物素、荧光素等)核苷酸或引物进行 PCR 扩增，标记的核苷酸或引物会随着扩增的进行掺入到 PCR 产物中，采用放射自显影、免疫组化或荧光法检测 PCR 产物及其在细胞内的位置。该法操作简单，但需注意假阳性结果。② 间接法：先进行细胞内目的 DNA 的原位扩增，之后用标记的核酸探针进行核酸分子原位杂交。该法步骤相对较多，但特异性强、结果可靠。

知识拓展

原位 PCR 技术的提出与应用

原位 PCR 是 Hasse 等于 1990 年建立的技术，就是在组织细胞里进行 PCR 反应，它结合了具有细胞定位能力的原位杂交和高度特异敏感的 PCR 技术的优点，是细胞学科研与临床诊断领域里的一项有较大潜力的新技术。原位 PCR 反应是在载玻片的平面上进行的,保持水平可以使反应各组分均匀地分布在组织切片上,所以需在原位 PCR 仪上进行,该仪器不但可以使载玻片保持水平,而且还可以给载玻片进行均匀地加热,保证扩增反应的顺利进行。原位 PCR 既能分辨鉴定带有靶序列的细胞,又能标出靶序列在细胞内的位置,对于分子和细胞水平上研究疾病的发病机制和临床过程及病理的转归有重大的实用价值。

三、实时荧光定量 PCR

实时荧光定量 PCR(Realtime fluorescence quantitative,PCR)是由美国 Applied Biosystems 公司于 1996 年推出的一项 PCR 技术。与常规 PCR 相比,实时荧光定量 PCR 实现了 PCR 从定性到定量的飞跃,而且具有操作方便、快速、高效,特异性更强,结果稳定可靠,自动化程度高等优点。

(一) 实时荧光定量 PCR 原理

实时荧光定量 PCR 的原理是在 PCR 反应体系中加入荧光基团,利用荧光信号累积实时监测 PCR 进程,由于基团发射出的荧光信号强度与 DNA 产量成正比,监测 PCR 过程中荧光信号强度便可实现对起始模板进行定量及定性的分析。

实时荧光定量 PCR 扩增时每个循环都会有荧光释放,其对应的荧光强度会形成 S 形扩增曲线,该曲线分为基线期、指数期、线性期和平台期。PCR 产物量的检测应在 PCR 反应扩增曲线的指数期的某一点进行,该 PCR 技术常用于起始的模板量的检测,因此多用于基因表达的检测。

实时荧光定量 PCR 中有两个重要的参数,即荧光阈值和 Ct 值。荧光阈值一般以 PCR 反应的前 15 个循环的荧光信号作为荧光本底信号,荧光阈值的默认值通常设置为 3～15 个循环的荧光信号的标准偏差的 10 倍,即:荧光阈值 $=10 \cdot SD_{cycle3\sim15}$。如果检测到荧光信号超过阈值就被认为是真正的信号,它可用于定义样本的阈值循环数(Ct 值)。该 Ct 值为每个反应管内的荧光信号到达设定的阈值时所经历的循环数,其中 C 代表循环数(cycle),t 代表荧光阈值(threshold)。研究表明,每个模板的 Ct 值与该模板的起始拷贝数的对数存在线性关系,起始拷贝数越多,Ct 值越小。利用已知起始拷贝数的标准品可制作标准曲线,因此,只要获得未知样品的 Ct 值,即可从标准曲线上计算出该样品的拷贝数,如图 7-4 所示。

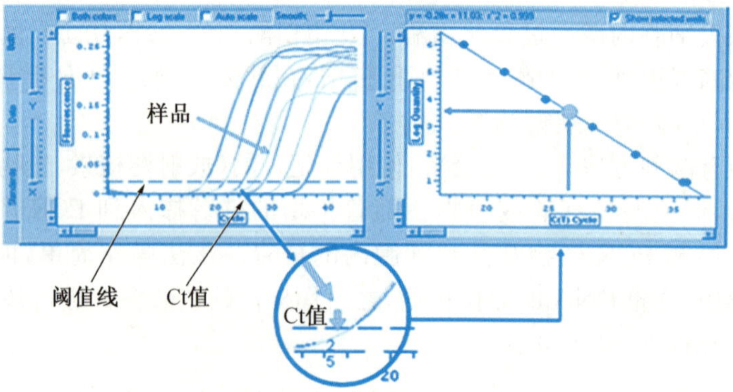

图 7-4 实时荧光定量 PCR 扩增曲线分析

(二) 实时荧光定量 PCR 荧光物质

实时荧光定量 PCR 所使用的荧光化学物质一般有两种:荧光染料与荧光探针。常用的荧光染料是 SYBR green Ⅰ,常用的荧光探针为 Taqman 探针和分子信标。

1. SYBR 荧光染料 是实时定量 PCR 最常用的 DNA 结合染料。其原理是在游离状态下，SYBR 染料分子不会发射任何荧光信号，当 SYBR 荧光染料掺入到 DNA 双链中以后，则发射荧光信号，从而保证荧光信号的增加与 PCR 产物的增加完全同步，如图 7－5 所示。由于该染料能与所有的双链 DNA 结合，所以一旦体系中出现非特异性扩增，就会影响到结果的可靠性。可通过以下两方面来避免这种不利因素：首先可以对扩增曲线进行分析，以区分是由 PCR 引物二聚体还是本底产生的荧光信号；其次就是选择特异性较高的引物并优化反应条件以消除非特异性产物的影响。该染料的优点是对 DNA 模板没有选择性，适用于任何双链 DNA；使用方便，不必设计复杂探针；灵敏度较高；经济。缺点是对引物特异性要求较高，且易与非特异性双链结合产生假阳性。

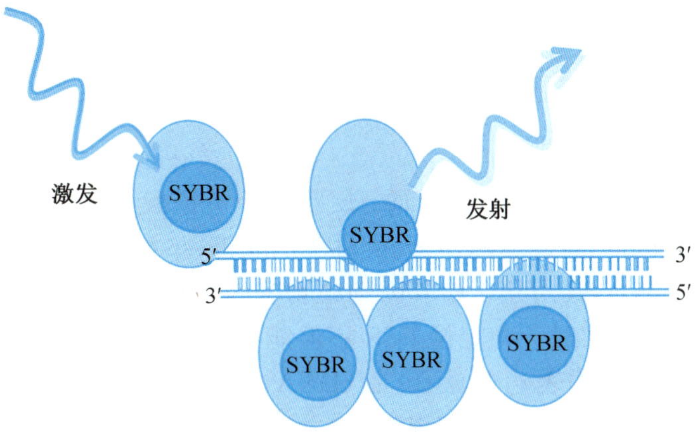

图 7－5 SYBR 荧光染料

2. Taqman 探针 PCR 扩增时，在 PCR 反应体系中加入一对引物的同时加入一个特异性的荧光探针，该探针为两端分别标记一个报告荧光基团(R)和一个淬灭荧光基团(Q)的寡核苷酸。探针的荧光信号被淬灭荧光基团吸收。PCR 扩增开始时，Taqman 探针可结合到任意一条 DNA 单链上。随着 PCR 的进行，*Taq* DNA 聚合酶在延伸过程中遇到与模板结合着的 Taqman 探针时，其 5′→3′外切酶活性就会将该探针降解，使得该探针的报告荧光基团与淬灭荧光基团分离，报告荧光检测系统可检测到荧光信号，如图 7－6 所示。每扩增一条 DNA 链，就有一个荧光分子产生，因此利用荧光信号积累可实时监测整个 PCR 进程。该技术的优点是探针设计简单、对目标序列的特异性高、重复性较好，缺点是只适合一个特定的目标且价格较高。

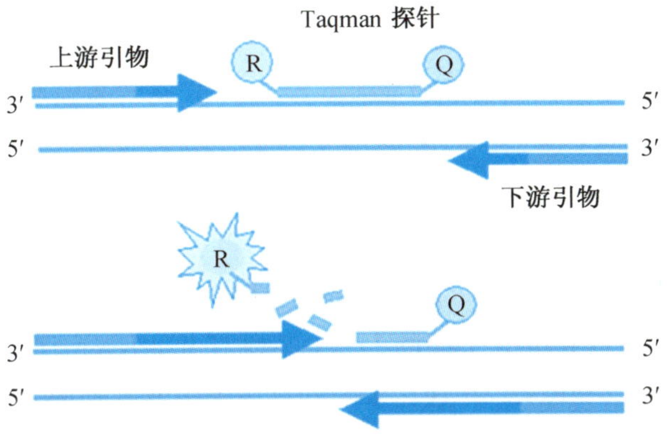

图 7－6 Taqman 探针

3. 分子信标(molecular beacon) 是一种标记荧光的发夹结构探针，该探针在 5′和 3′末端存在序列互补的 8 个核苷酸，形成发夹结构，标记在一端的报告荧光基团与标记在另一端的淬灭荧光基团紧紧靠近，产生能量转移效应而不发出荧光。当互补序列出现时，探针与目标 DNA 序列杂交，探针转变成一个开放的结构，呈线型，报告荧光基团与淬灭荧光基团彼此在空间上产生足够的距离，报告荧光基团脱离了淬灭荧光基团的影响，从而产生可被检测的荧光，如图 7-7 所示。

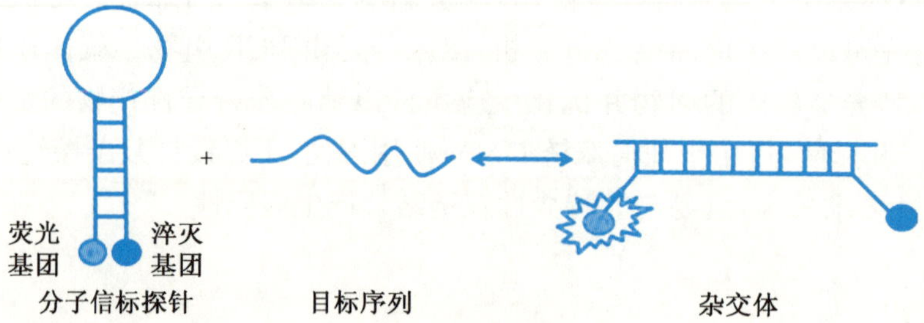

图 7-7 分子信标

（三）实时荧光定量 PCR 的应用

实时荧光定量 PCR 主要应用于以下几方面：① 定量分析核酸，主要用于病原微生物含量的检测，包括对淋球菌、沙眼衣原体、解脲支原体、人类乳头瘤病毒、单纯疱疹病毒、肝炎病毒、结核杆菌、人巨细胞病毒等进行定量测定，还可用于转基因动植物基因拷贝数的检测、RNAi 基因失活率的检测等。② 分析基因表达差异，实时荧光定量 PCR 不但能有效地检测到特定基因的表达量，还可用于检测特定基因在不同条件下的表达差异，确证 cDNA 芯片或差显结果等。③ 检测碱基的甲基化，常用 Taqman 探针来区分甲基化和非甲基化 DNA。④ 检测 SNP，实时荧光定量 PCR 能够快速、准确测定 SNP，这对于研究个体对不同疾病的易感性或者个体对特定药物的不同反应有着重要意义。

知识拓展

实时荧光定量 PCR 技术与临床应用

实时荧光定量 PCR(realtime fluorescence quantitative PCR，RTFQ PCR)是 1996 年由美国 Applied Biosystems 公司推出的一种新定量试验技术，它是通过荧光染料或荧光标记的特异性的探针，对 PCR 产物进行标记跟踪，实时在线监控反应过程，结合相应的软件可以对产物进行分析，计算待测样品模板的初始浓度。在临床疾病诊断上主要用于：① 各型肝炎、艾滋病、禽流感、结核、性病等传染病诊断和药物疗效评价。② 地中海贫血、血友病、性别发育异常、智力低下综合征、胎儿畸形等优生优育检测。③ 肿瘤标志物及癌基因检测实现肿瘤疾病诊断。④ 遗传基因检测实现遗传病诊断。

四、锚定 PCR

锚定 PCR(anchored PCR，A-PCR)常用于扩增一端序列已知，另一端序列未知的目的 DNA 或者 RNA 片段，主要用于扩增具有可变末端的 DNA 序列或者 mRNA 序列。具体的操作流程如下：① 分离获取基因组总 RNA 或 mRNA，在逆转录酶的作用下生成互补的 cDNA。② 在 cDNA 的 3′末端加上一个 poly G(Oligo dG)尾巴，然后分别用多聚 dC 和已知的序列作为引物进行 PCR 扩增，获取目的片段。如对人外周血 T 淋巴细胞受体 α 链的 mRNA 的多变性分析，先合成 cDNA，并用末端脱氧核苷酸转移酶在其 3′可变区末端加上一个 poly G 尾巴。带有 poly C 尾巴的引物是一个固定点，它可以与 poly G 尾巴结合，无论其余部分序列如何，只识别片段末端，利用此法可检出多种不同序列，每一种序列都是独特的，表明 A－PCR 不对任何特殊序列有倾向性结果，可用于 T 细胞、肿瘤及其他部位抗体基因的研究。

五、差异展示 PCR

差异展示 PCR（differential display－PCR，DD－PCR）是 1992 年由哈佛大学的 Liang 和 Pardee 发明的筛选和克隆差异性表达基因的方法，可在较短的时间内得到目的基因的克隆。

差异展示 PCR 技术的原理是利用不同来源的细胞或不同状态的同种细胞作为研究对象，分别提取总 RNA，以 Oligo dT 作为引物，将 mRNA 逆转录成 cDNA，然后利用 5′端的随机引物（一般 9～10 个碱基）和 3′端的 Oligo dT 引物以及含有 ^{35}S 标记的 dNTP 进行 PCR 扩增。聚丙烯酰胺凝胶电泳分离 PCR 产物，凝胶进行放射自显影后，在 X 光片上就可以展示出不同的 DNA 片段，强度不同的条带反映了基因表达的不同程度，如图 7－8 所示。该技术在研究肿瘤和疾病相关基因方面得到了广泛应用。

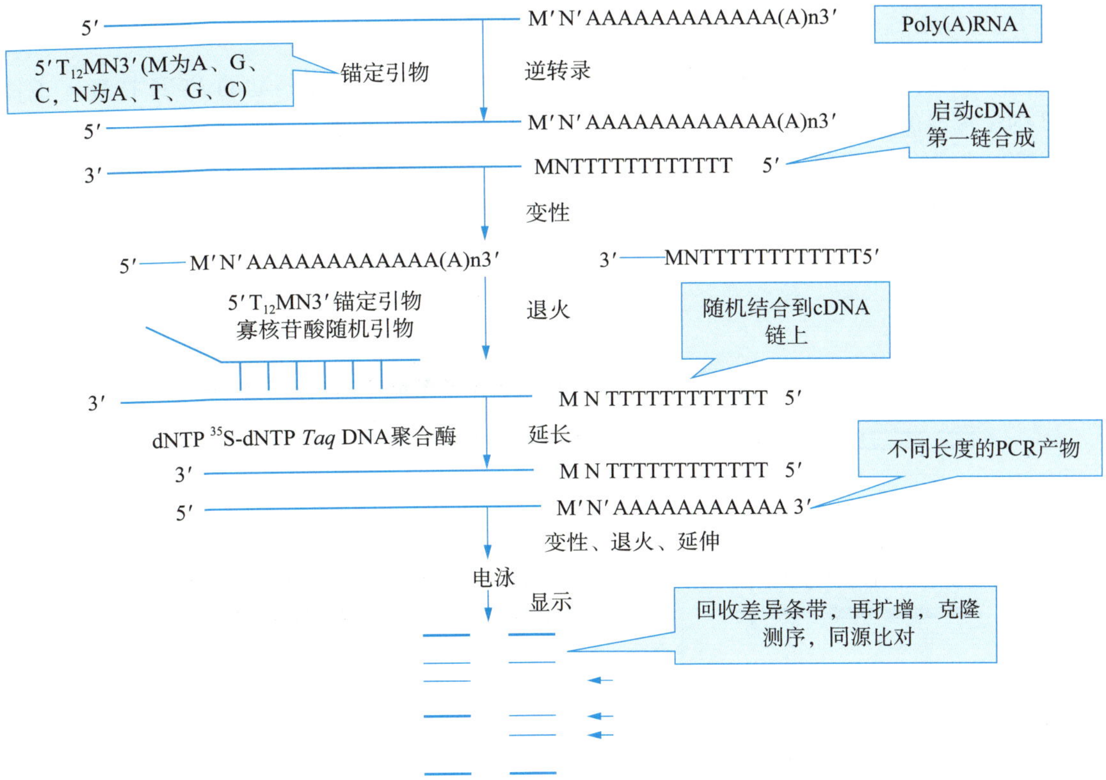

图 7－8　差异显示 PCR 技术原理

六、巢式 PCR

巢式 PCR（nested PCR）是指利用两对引物先后进行 PCR 扩增。先用第一对引物（外引物）扩增含目的 DNA 的大片段，再用第二对引物（内引物）以大片段为模板扩增获取目的基因，内引物扩增的片段长度是实际需要的最终长度。巢式 PCR 可使目的序列得到高效地和高特异性地扩增。该方法对引物的位置有特殊要求，外引物和内引物之间要相差一定数量的核苷酸。另外，还需注意首轮扩增应设定较少的循环数，并且需要对首轮扩增产物进行稀释处理，从而得到应用于第二轮扩增合适的模板浓度。

七、多重 PCR

多重 PCR(multiplex PCR)又称多重引物 PCR,是利用多对特异性引物同时扩增同一 DNA 模板的大小不同的 DNA 片段。在同一体系中加入多对特异性引物,同时扩增同一 DNA 模板的不同序列,由于每对引物扩增区位于模板 DNA 的不同位置,因此,扩增片段的位置和长度不同,由此,可检测样本中是否存在某些基因片段的缺失或突变。

多重 PCR 的反应原理、反应试剂和操作过程与一般 PCR 相同。在多重 PCR 反应中,引入多对引物的 Tm 值要接近,否则会造成扩增产物的量明显不同,其中一种或目的 DNA 就很难观察到。另外,多重 PCR 对样本也有严格要求,一旦有较少量外源 DNA 污染,就有可能出现假阳性结果。该技术拥有高效性、系统性、简便操作等优点,在食品安全监测、感染性疾病病原体检测等方面广泛应用。目前,多重 PCR 常应用于 HPV 的临床分型,至今发现的 HPV 病毒约有 123 种,至少有 20 种高危型 HPV 会构成子宫颈癌。

八、重组 PCR

重组 PCR(recombinant PCR)是将两个不相邻的 DNA 片段重组在一起的 PCR 技术。该技术主要应用于 DNA 片段的任何位置引入点突变、插入、缺失及两个不相邻片段的连接。其基本原理是将突变碱基、插入或缺失片段,或一种物质的几个基因片段的部分碱基设计在引物中,先分段对模板扩增,除去多余的引物后,将产物混合,再用一对引物对其进行 PCR 扩增。所得到的产物是一个重组的 DNA 片段,如图 7-9 所示。

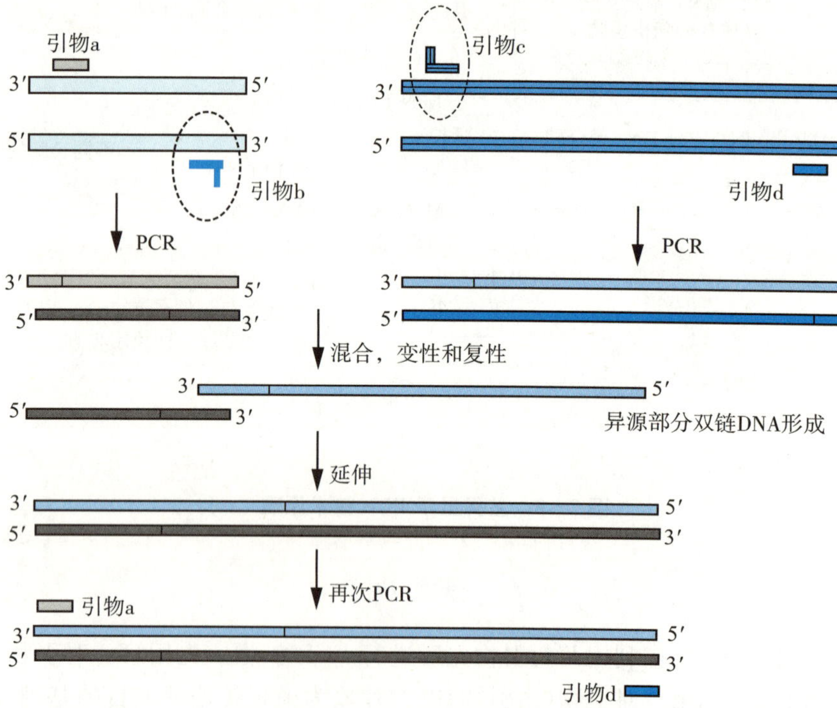

图 7-9 重组 PCR 技术原理

九、不对称 PCR

不对称 PCR(asymmetric PCR)是采用不等量的一对引物进行扩增,从而产生大量单链 DNA 的 PCR 技术。这对引物分别称为非限制引物(高浓度引物)和限制引物(低浓度引物),最佳比例一般为

50∶1～100∶1。在 PCR 反应的最初 10～15 个循环中，其扩增产物主要为双链 DNA，但当限制性引物消耗完后，非限制引物引导的 PCR 扩增就会产生大量的单链 DNA。该技术的关键在于控制限制性引物的量，限制性引物过多或过少，均不利于制备单链目的 DNA。

除上述介绍的 9 种 PCR 衍生技术外，还有其他多种 PCR 衍生技术，如降落 PCR、长距离 PCR、免疫 PCR、标记 PCR、加端 PCR、捕捉 PCR、等位基因特异性 PCR 等。

（张向阳　马晓磊）

思考题

1. 简述 PCR 反应的基本原理与操作步骤。
2. 简述 PCR 扩增产物的分析方法。
3. 简述 PCR 的衍生技术类型及其工作原理。

本章课件　　本章习题

第八章

杂交与芯片技术

学习目标

【掌握】

1. 核酸分子杂交的基本概念。
2. 探针的种类与标记方法。
3. 常见核酸分子杂交技术的原理。
4. DNA 芯片的设计与制备。

【熟悉】

核酸分子杂交信号的检测方法。

【了解】

核酸分子杂交与 DNA 芯片技术的应用。

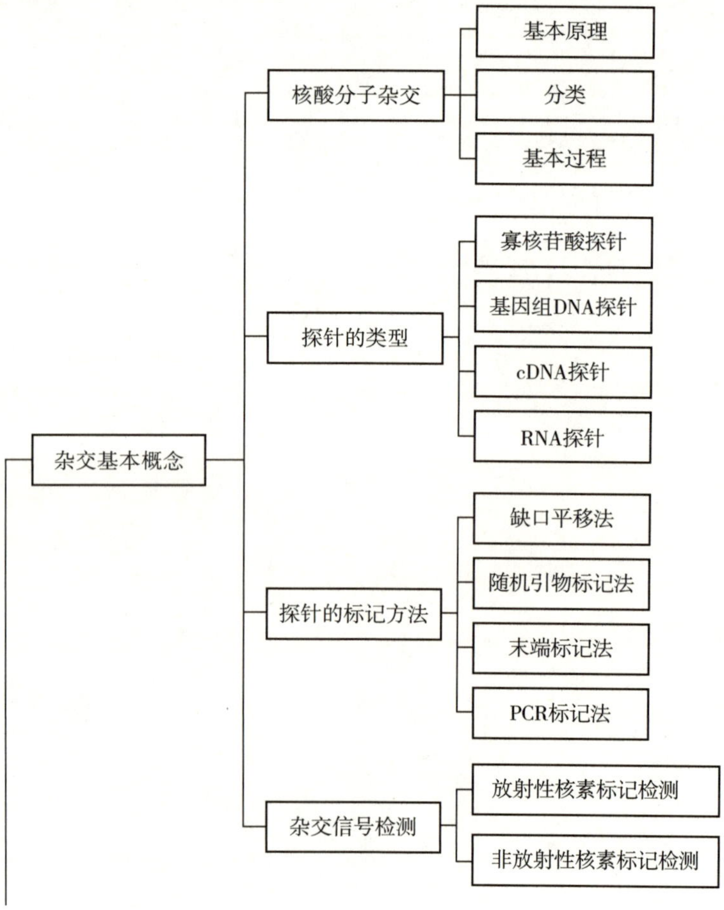

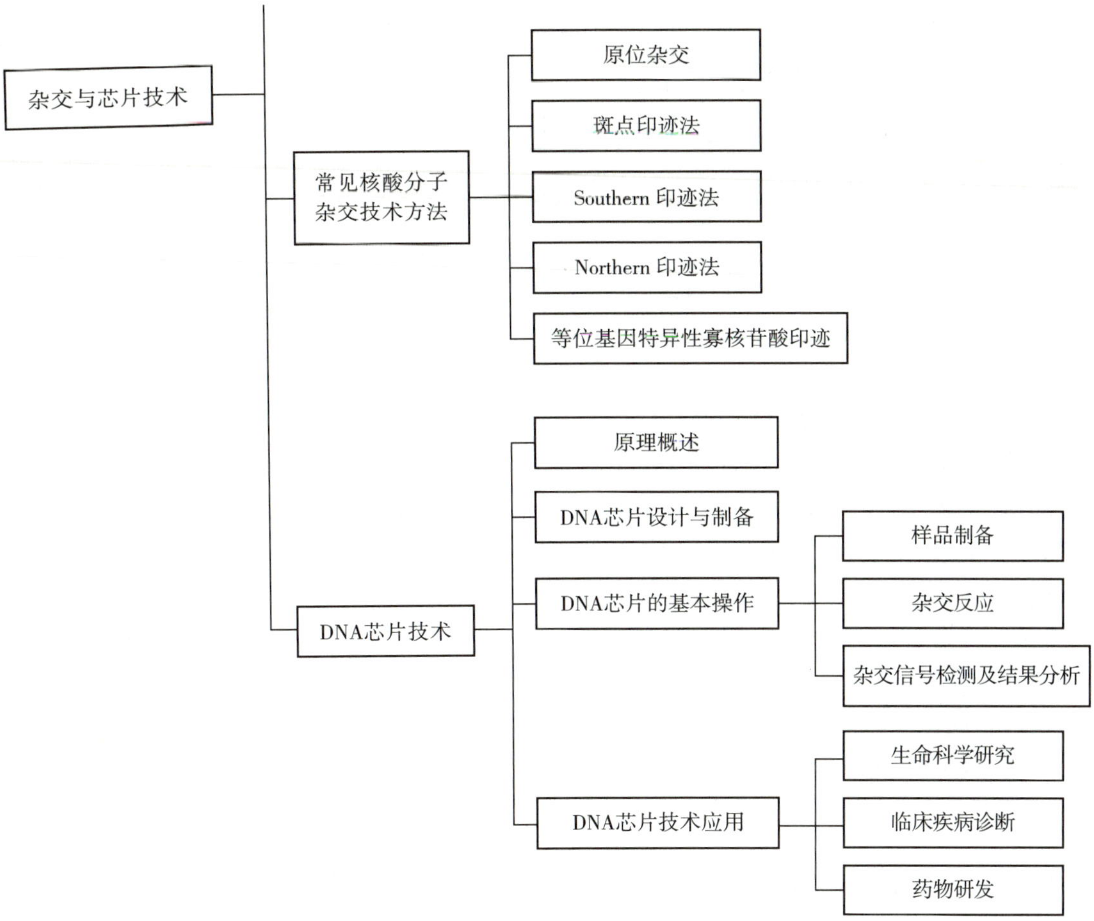

第一节　杂交的基本概念

杂交(hybridization)是指不同来源的单链核酸根据碱基互补配对原则，在适当的条件下形成杂化双链的过程。利用核酸杂交检测目的核酸的方法称为核酸分子杂交技术，该技术是定性或定量检测靶 DNA 或靶 RNA 的有力工具。为区分杂交体和单链核酸分子，通常需要对参与杂交反应的寡核苷酸分子进行标记，这段被标记的寡核苷酸称为探针。探针与靶核酸序列互补，可在适当条件下，通过碱基互补配对的方式与靶核酸序列杂交，反应结束后可根据标记信号判断靶核酸序列的位置和含量。

一、核酸分子杂交

核酸分子杂交是基于核酸变性和复性的特性建立的。我们知道，变性 DNA 的两条互补链在适当条件下可恢复天然的双螺旋构象，是因为两条链之间存在碱基配对关系。因此，如果将不同种类的单链 DNA 分子或 RNA 分子放在一定条件下的同一溶液中，只要两条单链核酸分子之间存在一定程度的碱基互补配对，就有可能形成杂化双链(heteroduplex)。我们把不同来源的单链核酸形成双链的过程称为核酸分子杂交。这种杂化双链可以是不同的 DNA 和 DNA 单链之间形成，也可以是 RNA 和 RNA 单链分子间形成，甚至是 DNA 单链分子和 RNA 单链分子之间形成，见图 8－1。

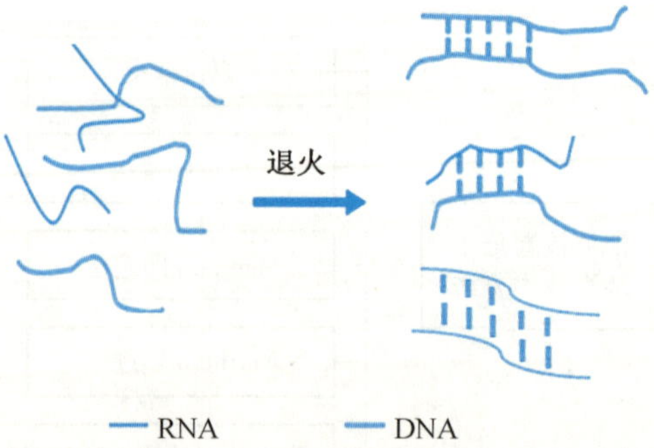

图 8-1 核酸杂交原理

核酸分子杂交的分类主要有以下划分方式：根据杂交核酸分子的种类分为 DNA-DNA、DNA-RNA 和 RNA-RNA，根据杂交探针的不同分为放射性核素杂交和非放射性核素杂交，根据杂交介质不同分为液相杂交、固相杂交和原位杂交。

核酸分子杂交技术是将来源不同的核酸片段，按照碱基互补配对规律形成异源双链，对 DNA 或 RNA 进行定性或定量分析的一项技术。利用核酸分子杂交技术，可以研究不同物种或个体 DNA 之间的亲缘关系，发现靶基因的缺失或突变，通过标记信号的强度测定某种遗传信息量的多少，证明某种疾病(如肿瘤)是否与某种基因(如病毒基因)有关等。核酸分子杂交技术基本过程主要包括核酸分子探针的选择、探针的制备与标记、核酸分子杂交、杂交结果分析 4 个过程。制备标记合适的探针是核酸分子杂交技术成功的关键。

二、探针的类型

探针指的是一段带有检测标记的与目的 DNA 或目的 RNA 特异互补的已知核苷酸序列。根据探针的制备方法及核酸性质的不同，探针可分为基因组 DNA 探针、cDNA 探针、RNA 探针、寡核苷酸探针四大类。

1. 寡核苷酸探针　由公司设计合成，长度一般为 18～30 bp。优点是：① 制备方便，可根据需要自行设计，避免了天然核酸探针存在的高度重复序列。② 由于大多数寡核苷酸探针长度只有 15～30 bp，其中即使有一个碱基不配对也会显著影响其熔解温度，因此它特别适用于基因点突变杂交分析。③ 比活度高，适用于大多数杂交，如 DNA 序列测定、Southern 杂交、Northern 杂交、原位杂交等。缺点是探针短，探针特异性差，与靶序列形成的杂交体稳定性差，对杂交及漂洗的温度、盐浓度等条件要求高，操作难度大，背景噪声也大。

2. 基因组 DNA 探针　利用机械剪切或限制性内切酶消化基因组 DNA 制备成一定大小的 DNA 片段，再将这些片段插入到适当的载体中，转化宿主细胞，构建成基因组 DNA 文库，进而从文库中筛选出含有目的基因的阳性克隆，经扩增、提取 DNA、酶切及电泳分离，即可得到足够量的基因片段，经适当的标记后，即可作为探针使用。也可采用 PCR 方法扩增基因组 DNA 片段，制备基因组 DNA 探针。选择此类探针时要特别注意真核基因组中存在的高度重复序列，尽可能使用基因的编码序列(外显子)作为探针，避免使用内含子及其他非编码序列，否则探针中可能因高度重复序列的存在引起非特异性杂交而出现假阳性。优点：制备方法简单，不易降解，标记方法成熟。

3. cDNA 探针　由 mRNA 逆转录而来，在逆转录酶的作用下，以 mRNA 为模板，合成 cDNA 第一链，进而合成第二链。将合成的 cDNA 插入到适当的载体中，构建 cDNA 文库，然后筛选适当的阳性克隆，再进一步扩增、酶切及纯化该 cDNA 片段即可，如图 8-2 所示。也可采用 PCR 方法扩增。该方法的优点是双链探针，长度较长，可与靶序列形成的杂交体稳定性、特异性比寡核苷酸探针高，杂交信号强。缺点是由于是双链，必须先变性再杂交，在杂交过程中还存在自我复性现象。

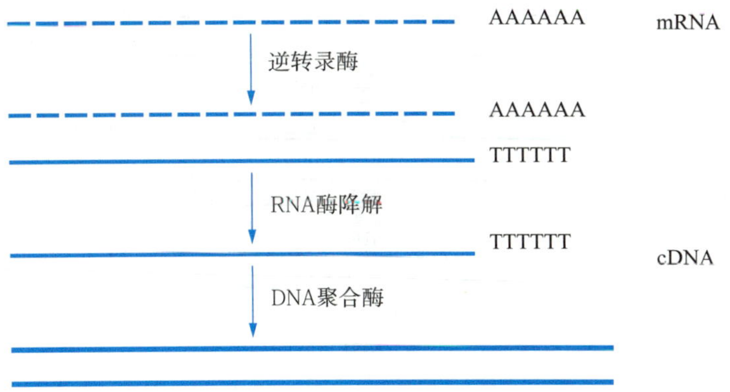

图 8-2 cDNA 探针的制备

4. RNA 探针 分离的 RNA 或者利用噬菌体依赖于 DNA 的 RNA 聚合酶以双链 DNA 为模板在体外转录而成。优点：① RNA-RNA 比 RNA-DNA 杂交体系稳定性高。② 单链，不存在变性和自我复性。③ RNA 中不存在高度重复序列，非特异性杂交少。④ 杂交后可用 RNase 将未杂交的游离探针消化掉，从而使本底降低。缺点：RNA 容易降解，标记方法也相对复杂。

三、探针的标记

为确定探针是否与相应核酸分子杂交，有必要对探针加以标记，以便在结合部位获得可识别的信号。理想的探针标记物应具备以下特性：① 高度的灵敏性。② 不影响碱基配对的特异性。③ 不影响探针分子的主要理化性质。④ 对酶促反应活性无影响。⑤ 检测方法具有高度灵敏性和高度特异性。

核酸探针常用的标记物主要有两大类。一类是放射性标记物，如放射性同位素^{3}H、^{32}P、^{35}S、^{125}I 等，以^{32}P 应用最普遍。优点：灵敏度高，可检测到 10^{-18} g 的物质；有很高的特异性，假阳性结果较少。缺点：易造成放射性污染；存在同位素的半衰期限制。一类是非放射性同位素标记物，如地高辛素、辣根过氧化酶、碱性磷酸酶等。优点：无环境污染、可较长时间贮存；缺点：灵敏度不高。

探针标记可以全程标记，亦可对探针的 3′端或 5′端进行标记。探针的体外标记法分为化学法和酶法：① 化学法是利用标记物分子上的活性基因与探针分子上的基团（如磷酸基团）发生的化学反应将标记物直接结合到探针分子上。不同标记物有各自不同的标记方法，最常用的是^{125}I 标记和光敏生物素（photobiotin）标记。② 酶法也叫酶促标记法，预先将放射性同位素或非放射性标记物连接于 NTP 或 dNTP 上，然后利用酶促反应将标记的核苷酸分子掺入到探针分子中去，或将核苷酸分子上的标记基因交换到探针分子上。酶法不同标记物的标记方法，最常用的也是^{125}I 标记和光敏生物素（photobiotin）标记。下面介绍几种常用的探针标记方法。

1. 缺口平移法（nick translation，NT） 是目前实验室最常用的一种脱氧核糖核酸探针标记法。利用大肠埃希菌 DNA 聚合酶Ⅰ的多种酶促活性将标记的 dNTPs 掺入新合成的 DNA 链中使探针被标记。带缺口的线状、超螺旋及环状双链 DNA 均可作为缺口平移法的模板。首先利用 DNase Ⅰ在 DNA 双链上造成单链切口；然后利用大肠埃希菌 DNA 聚合酶Ⅰ的 5′→3′核酸外切酶活性在切口处将旧链从 5′末端逐步切除，最后在 DNA 聚合酶Ⅰ的 5′→3′聚合酶催化下，以 dNTP 为底物，按照碱基互补的原则，在切口的 3′末端-OH 上合成新的 DNA 链，同时将标记的核苷酸掺入到新的 DNA 链中（图 8-3）。该方法的优点是能够较好地控制探针的长度，且探针放射活性强。

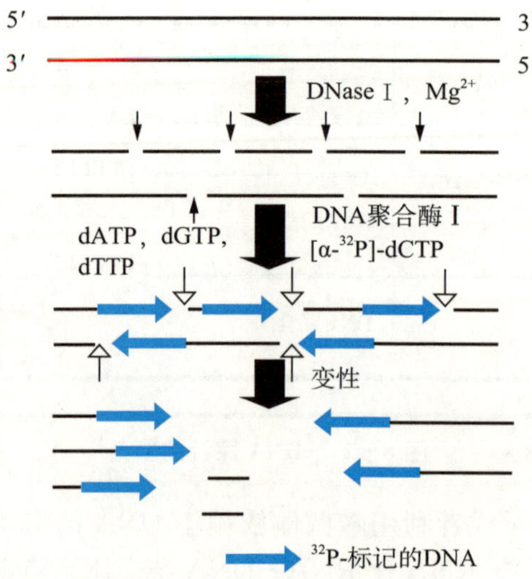

图 8-3 缺口平移法

2. 随机引物标记法(random priming,RP) 其原理是随机引物能与各种单链 DNA 模板结合,作为合成新链的引物,在 DNA 聚合酶的催化下,按 5′→3′方向合成一新的 DNA 链,其核苷酸序列与模板 DNA 完全互补。另一单链 DNA 模板同样合成一条新的完全互补的 DNA 链。合成时,带放射性同位素标记的核苷酸掺入到新合成的 DNA 分子中(图 8-4)。随机引物标记法所具有的优点:① 能进行双链 DNA、单链 DNA 或 RNA 探针的标记。② 操作简单方便,避免因 DNase Ⅰ处理浓度掌握不当所带来的一系列问题。③ 标记活性高。④ 可直接在低熔点琼脂糖溶液中进行标记。缺点是探针产量比缺口平移法低。

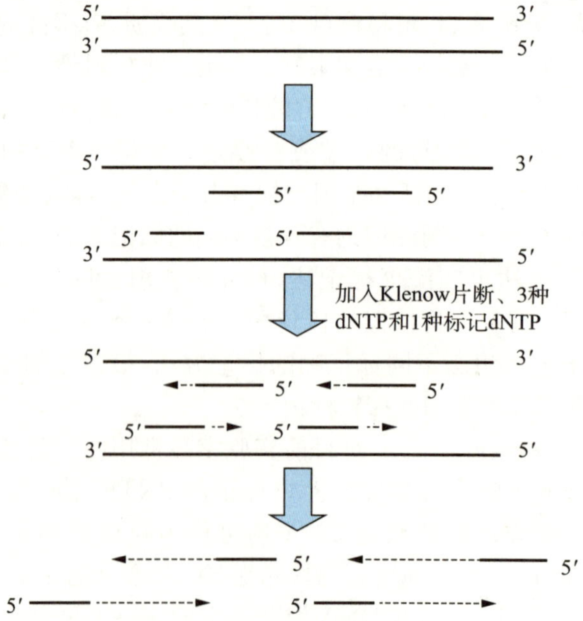

图 8-4 随机引物标记法

3. 末端标记法 是将核酸片段的 5′末端和 3′末端进行部分标记,故分为 3′末端标记和 5′末端标记。① 3′末端标记:在探针 3′末端用末端转移酶掺入一个单标记的[α-^{32}P]dNTP。3′末端标记法包括限制酶切和聚合酶合成两个过程,3′标记有两种方式:大肠埃希菌 DNA 聚合酶Ⅰ的 Klenow 片段末端标记法和 T4 DNA 聚合酶标记法(图 8－5)。② 5′末端标记:先用碱性磷酸酶(AP)去掉 dsDNA 5′-磷酸,在 T4 多核苷酸激酶的催化下,使 ATP 分子上的 γ－磷酸基团转移到 DNA 或 RNA 分子的 5′－OH 基团上。因此采用 $\gamma-^{32}P-ATP$ 为底物,即可将 DNA 样品 5′端标记。但核酸样品 5′端必须是去磷酸的(图 8－6)。

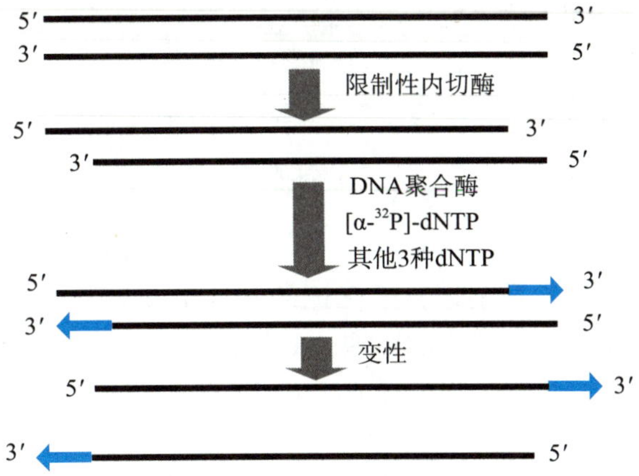

图 8－5 3′末端标记法

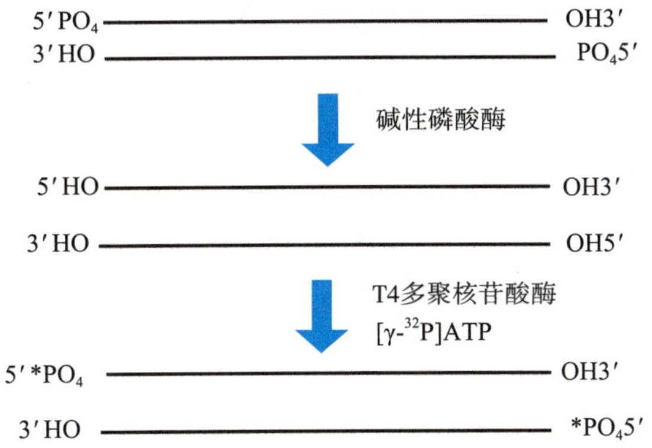

图 8－6 5′末端标记法

4. PCR 标记法　在 PCR 反应体系中利用标记的核苷酸作为反应底物,以待标记的 DNA 片段为模板,PCR 扩增结束后标记的核苷酸掺入到新合成的 DNA 分子中,制备成特异的探针分子,使用前必须进行探针变性处理。该方法获得的探针分子产量高。

四、杂交信号的检测

杂交后信号的检测方法选择取决于探针标记物的性质。常用核酸探针标记物和检测方法见表 8－1。

表 8－1 常用核酸探针的标记和检测

标记物性质	标记分子	标记方法	检测方法
放射性物质标记			
	$[\alpha^{32}P]dNTP$	NT、PCR、RP	放射自显影
	$[\gamma^{32}P]dNTP$	末端标记法	放射自显影
	^{35}S	NT	放射自显影
非放射性物质标记			

续　表

标记物性质	标记分子	标记方法	检测方法
生物素	Bio-11-dUTP	NT、PCR、RP	酶标亲和素或酶标
	光敏生物素	600 W 可见光照	抗生物素抗体显色
	生物素化补骨脂素	365 nm 紫外线照	抗生物素抗体显色
酶	过氧化物酶	化学合成法或直接法	直接底物显色或用酶
	碱性磷酸酶	化学合成法或直接法	直接底物显色或用酶
荧光素	罗丹明和 FITC	合成法	荧光显微镜观察
半抗原	地高辛	RP、NT	酶标抗体+底物显色

1. 放射性核素标记探针检测　放射性核素标记的探针杂交后常用放射自显影进行检测，该方法基于放射性核素释放的能量将照片纸感化的原理。^{32}P 标记杂交最常用的检测方法是放射自显影。该方法的基本原理是同位素在不断衰变过程中释放出 β-粒子，粒子撞击 X 线片感光层，形成潜在影像，经过显影即可成像。

2. 非放射性核素标记探针检测　非放射性核素标记的探针杂交后可选用比色或化学发光法检测。基本原理通过耦联反应和显色反应两步来实现。首先，可以通过抗原-抗体免疫反应系统与显色体系耦联。地高辛系类固醇半抗原化合物，地高辛标记探针杂交信号可通过酶联免疫法与抗地高辛抗体和碱性磷酸酶的复合物结合，然后再进行酶促显色反应。有 3 类显色反应可用于结果的观察。① 酶促显色法：最常用的酶是碱性磷酸酶（alkaline phosphatase，AKP）和辣根过氧化物酶（horseradish peroxidase，HRP），如图 8-7 所示。② 荧光法：荧光素标记的探针杂交后可通过荧光显微镜观察或者免疫组织化学法检测，主要用于原位杂交检测，最常用的是异硫氰酸荧光素（flvorescein isothiocyanate，FITC）。③ 化学发光法：在化学反应中释放的能量以光的形式发射出来，某些底物在被碱性磷酸酶水解时会发光从而形成检测信号。发射光线的强度反映了酶的活性，从而体现了杂交分析的量。尼龙膜和硝酸纤维素薄膜均可用化学发光检测。

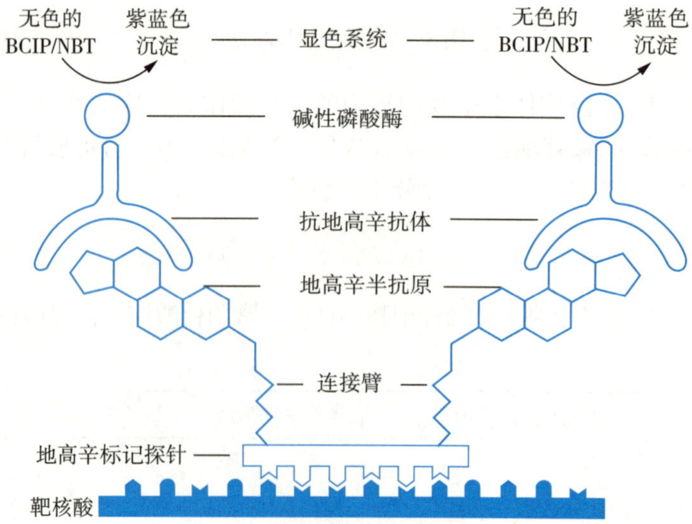

图 8-7　酶促显色法原理

第二节 常见的核酸分子杂交技术

核酸分子杂交反应可以在溶液内进行(液相杂交),亦可在固相支持物如硝酸纤维素、尼龙膜上进行(固相杂交),固相杂交根据诊断目的或杂交方式不同又可分为 Southern 印迹法(Southern blotting)、Northern 印迹法(Northern blotting)、斑点印迹法(dot blotting)、原位杂交(in situ hybridization,ISH)、等位基因特异性寡核苷酸印迹法(allele specific oligonucleotide blot)、菌落杂交、反向点杂交等。所谓印迹杂交是指将凝胶中分离的生物大分子转移或者直接放在固定化介质上,然后与液相中核酸分子探针进行杂交,并加以监测分析的过程。不同的核酸分子杂交技术的用途不同,见表 8-2。

表 8-2 核酸分子的类型及用途

杂交类型	检测目的与范围
Southern 印迹法	检测经凝胶电泳分离且转移至膜上的 DNA 分子
Northern 印迹法	检测经凝胶电泳分离且转移至膜上的 RNA 分子
菌落杂交	检测固定在膜上,经裂解从细菌体释放的 DNA 分子
斑点印迹法	检测固定在膜上的 DNA 或 RNA 分子
原位杂交	检测细胞涂片或组织切片中的 DNA 或 RNA 分子

一、原位杂交

原位杂交是用已标记的核酸探针与组织切片或细胞中的待测核酸按照碱基互补配对原则进行特异性杂交,然后应用组织化学或免疫组织化学法在显微镜下进行细胞内定位、定性和定量分析的方法。该技术的基本原理是根据被检测靶 DNA 的序列设计其互补的探针,经过变性后的单链靶 DNA 可以与已标记的探针分子在低温下复性,形成靶 DNA 与探针的杂交体,如图 8-8 所示。该技术可以在反应过程中保持细胞形态,甚至是单个染色体的形态完整,因此通常被用于正常或异常染色体的基因定位、组织或细胞内基因表达位点的确定、转录水平的分析及病毒或病原体感染的检测等。该技术在遗传学、病理学、基因诊断学等领域得到了广泛的应用。

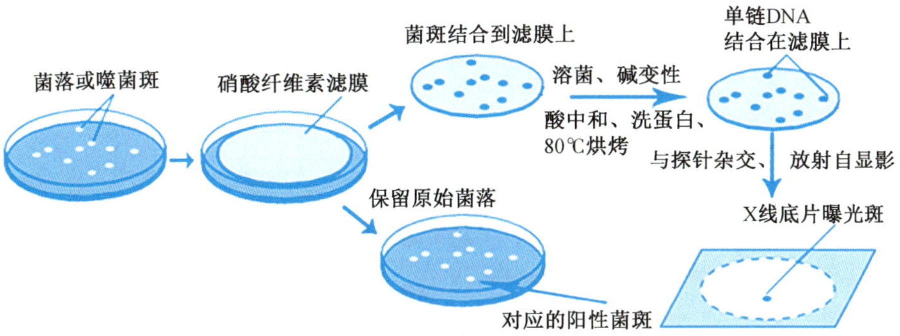

图 8-8 原位杂交

目前应用最多的原位杂交是荧光原位杂交技术(fluorescence in situ hybridization,FISH),其探针应用荧光素直接或间接标记。荧光素(如异硫氰酸荧光素)直接标记的探针杂交后可使用荧光扫描共聚焦显微镜直接观察,该方法操作简单,但是灵敏度差;用生物素或地高辛间接标记的探针杂交后的结果检测,具有直观、快速、高灵敏度的特点,被广泛应用。FISH 技术还被广泛应用于比较基因组杂交、基因图谱的绘制、生殖医学和病原微生物的检测等。

知识拓展

原位杂交技术的发明

1969年，Pardue和John等两个研究小组发明了原位杂交技术(ISH)，采用放射性标记DNA或28S-rRNA；1988年，Giovannoni等首次将ISH引入细菌学研究，使用放射性标记rRNA寡核苷酸探针检测微生物；1989年，Delong首次使用荧光标记寡核苷酸探针检测单个微生物细胞。于是，利用同位素标记核酸探针，可以确定基因在细胞和组织的定位，从而创造了原位杂交技术。随着分子生物学的发展，在经典的原位杂交技术上，又出现了更多简洁、快速的新技术。

二、斑点印迹法

斑点印迹法又名斑点杂交，是将变性后的DNA或RNA待测样品直接点样于硝酸纤维素薄膜或其他固相载体上，然后加入过量的标记核酸探针进行杂交。该技术优点是在同一张膜上可以同时进行多个样品的检测，样品用量少，方法简便、快速、灵敏，缺点是不能鉴定靶核酸分子的大小、特异性低。斑点杂交技术可用于基因组中特定基因及其表达产物的定性和定量分析。

三、Southern印迹法

Southern印迹法又名Southern杂交，是将电泳分离的DNA片段转移到一定的固相支持物上，通过与标记的探针进行杂交，对目的DNA进行检测分析的方法。

Southern印迹法的基本操作过程如下(图8-9)：① 分离提取DNA样品，并经限制性内切酶酶切。② 将酶切后的样品DNA进行琼脂糖凝胶电泳分离，将电泳分离后的DNA样品凝胶放入变性液中，使DNA变性。③ 取出含变性DNA的凝胶，将硝酸纤维素薄膜或其他固相支持物放在其上，通过电转移、毛细管虹吸作用或利用真空抽滤作用等方法使凝胶内的DNA转移到支持物上，再高温烘烤使DNA牢固地吸附在固相支持物上。在转移过程中，要保持各DNA条带之间的位置不变。④ 加入核酸探针，让其与固相支持物上的DNA片段杂交。⑤ 冲洗固相支持物，以除去未杂交的探针。⑥ 检测杂交信号。

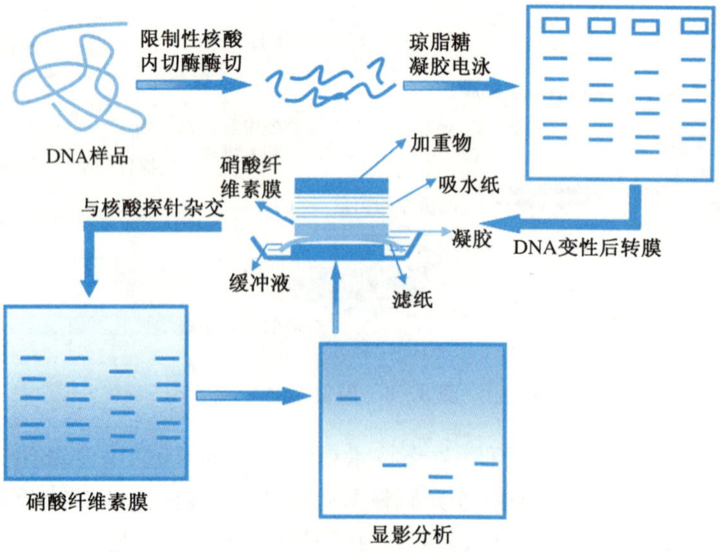

图8-9 Southern印迹法

Southern 印迹法主要用于检测基因组 DNA，如基因组 DNA 中特定基因的定性定量分析、外源基因的转入、内源基因的突变等。

四、Northern 印迹法

Northern 印迹法又名 Northern 杂交，是一种将 RNA 分子从电泳凝胶中转移到一定的固相支持物上，通过与标记的探针进行杂交，然后对 RNA 加以检测分析的方法。

Northern 印迹法的基本过程与 Southern 印迹法相似，只是转移的核酸分子是 RNA。因为 RNA 分子较小，转移前无须限制性内切酶消化，且电泳分离之前需要甲基氢氧化银、乙二醛或甲醛使 RNA 变性，有利于与硝酸纤维素薄膜结合。Northern 印迹法与 Southern 印迹法比较，如图8－10所示。

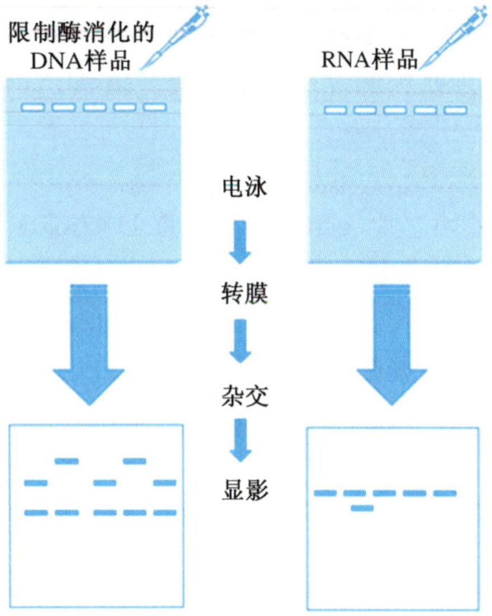

图 8－10 Southern 印迹法和 Northern 印迹法比较

Northern 印迹法目前主要应用于检测某一组织或细胞中已知的特异 mRNA 的表达水平，也可以比较不同组织细胞中同一基因的表达情况。Northern 印迹法检测 mRNA 的表达水平灵敏度较 PCR 差，但其特异性高，假阳性率低，仍不失为一种可靠的检测 mRNA 表达水平的方法。

知识拓展

Southern 印迹法与 Northern 印迹法名称的由来

Southern 印迹法是由英国牛津大学著名生物化学家埃德温·迈勒·萨瑟恩(Edwin Mellor Southern)于 1975 年在爱丁堡大学任职时发明的。该技术是 E.M. Southern 首创的，因此将此项技术命名为 Southern 印迹法。该技术是对基因组 DNA 特定序列进行定位的方法。Northern 印迹法由斯坦福大学的 George Stark 教授于 1975 年发明，因为其方法原理与 Edwin Mellor Southern 教授发明的 Southern 印迹法相似，实验过程也相似，所以取了一个类似的名字叫 Northern 印迹法。其原理是在变性条件下将待检的 RNA 样品进行琼脂糖凝胶电泳，继而按照同 Southern 印迹法相同的原理进行转膜和用探针杂交检测。

五、等位基因特异性寡核苷酸印迹

根据已知基因突变位点的核苷酸序列，人工合成两种寡核苷酸探针：一种是相应于突变基因序列设计的寡核苷酸探针(M)，一种是相应于正常基因碱基序列设计的寡核苷酸探针(N)。用两种探针分别与受检者 DNA 样品进行分子杂交，可能会出现以下 4 种情况：① 受检者 DNA 能与 M 杂交，而不能与 N 杂交，说明受检者是这种基因突变的纯合子。② 受检者 DNA 既能与 M 杂交，又能与 N 杂交，说明受检者是这种基因突变的杂合子。③ 受检者 DNA 不能与 M 杂交，但能与 N 杂交，说明受检者无该种基因突变。④ 受检者 DNA 与 M、N 均不杂交，提示患者缺陷基因可能是一种新型的基因突变。

第三节 DNA 芯片技术

DNA 芯片技术是在 20 世纪末发展起来的一项大规模、高通量的应用核酸杂交技术的新的核酸分析技术，目前已被应用于基因表达分析、基因突变检测、基因诊断、功能基因组的比较研究、基因组作图、新基因的发现等诸多研究领域。

一、DNA 芯片技术概述

基因芯片(gene chip)又称 DNA 芯片、DNA 微阵列，DNA 芯片技术的基本原理是核酸分子杂交。它是指将许多特定的 DNA 探针有规律地紧密排列固定于单位面积的固相支持物上，形成高密度的 DNA 微阵列，然后与待测的荧光标记样品进行特异性杂交，再通过激光共聚焦荧光检测系统对芯片进行扫描，并配以计算机系统对每一探针上的荧光信号做出比较分析，从而迅速得出对目的基因的定性和定量分析结果。基因芯片根据分类依据不同分为不同的种类。根据片基不同分为无机片基芯片(如半导体硅片和玻璃片)和有机合成物片基芯片(如硝酸纤维素薄膜和尼龙膜)；根据应用不同又分为表达谱芯片、诊断芯片、检测芯片等；根据其结构不同分为寡核苷酸芯片、cDNA 芯片和基因组芯片等。

二、DNA 芯片设计与制备

DNA 芯片的设计原则是保证 DNA 探针的特异性和准确性，设计内容主要包括 DNA 探针的特异性设计与芯片 DNA 的点阵定位。DNA 探针的特异性可通过基因文库或 DNA 的测序结果获得。双链 DNA 芯片的 DNA 探针常用 PCR 扩增产物，所以首先必须保证获得产物序列的准确性。PCR 扩增产物序列的准确性可通过设计特异引物、保证引物 Tm 值一致、扩增片段大小的一致性等实现。芯片 DNA 的点阵定位往往设计双重或三重重复点阵，另外在其他区域还需增加阴性和阳性对照用于校正。重复点阵可保证结果的可靠性；阴性对照为不含 DNA 的空点，作为芯片的背景控制；阳性对照为定量加入相应标记的 DNA，获取的信号用作外标准，用于衡量或校正同一芯片上各不同区域的杂交差异。

DNA 芯片主要用于基因表达、转录水平及靶 DNA 片段中是否存在多态性或点突变的检测。根据芯片的应用目的不同，探针序列设计需要具有针对性。对于表达型芯片探针的设计，需设计出针对基因中的特定区域的多套寡核苷酸探针或 cDNA 探针，序列主要来源于已知基因的 cDNA 序列；对于单核苷酸多态性检测芯片的探针设计，一般采用长移位设计法，按靶序列从头到尾取 16～25 bp 的与靶序列完全互补的寡核苷酸形成探针组合，再设计一组相对应的与靶序列不完全互补的寡核苷酸探针，分别与样品和对照进行杂交，比较杂交信号；对于特定突变位点探针的设计，测定的变化点应该出现在设计探针的中心，以便得到突变位置及发生变化的检测。

芯片探针载体的选择也是影响芯片技术的关键。常用的固相载体材料主要有玻片、硅片、硝酸纤维素薄膜、尼龙膜、聚丙烯膜等。材料在使用前必须进行活化，以增加载体与探针的结合能力。活化的主要方式是在载体表面涂布多聚赖氨酸或包被氨基硅烷耦联试剂。

常用 DNA 芯片制备方法主要有直接点样法和原位合成法。① 直接点样法：是指将预先合成好的寡核苷酸、cDNA 或基因组 DNA 通过高速点样机直接点在芯片上，用理化方法使之固定。② 原位合成法：指利用 4 种核苷酸直接在芯片载体上合成所需要的 DNA 探针，适用于制备寡核苷酸芯片和制备大规模 DNA 探针芯片。原位合成的方法主要包括：光导原位合成法、原位喷印合成法和分子印章合成法。光导原位合成法是将半导体工业的光蚀刻技术和 DNA 合成技术结合起来，利用光保护基团修饰芯片片基表面碱基单体的活性羟基，通过设计特定的光刻掩膜和不断地更换曝光区域，使片基上受光保护的羟基脱保护而活化，加入核苷酸底物后，直接在片基上合成寡核苷酸探针。原位喷印合成法是利用微喷头把DNA合成试剂按一定顺序依次逐层地喷印在基片表面的不同位置上。分子印章合成法是指利用分子印章（硅橡胶模板），根据预先设计的探针矩阵依次准确压印在同一片基上，从而得到高密度的基因芯片（图8－11）。在进行芯片制备时，需根据芯片的设计和芯片的用途选择不同的制备方法，以便提高检测结果的准确性。

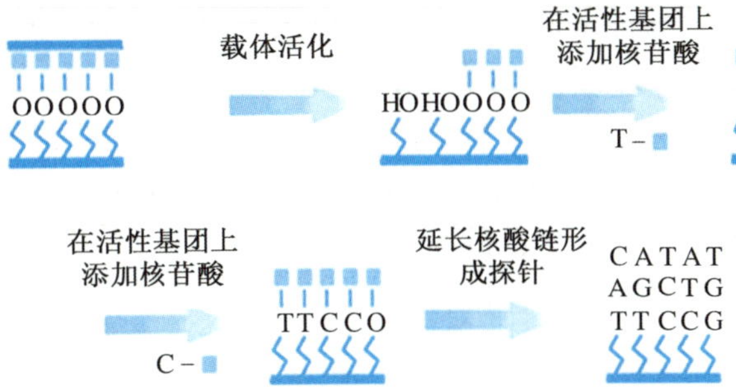

图8－11 原位合成芯片

三、DNA芯片的基本操作

DNA芯片应用的基本操作，主要包括样品制备、杂交反应、杂交信号检测及结果分析（图8－12）。

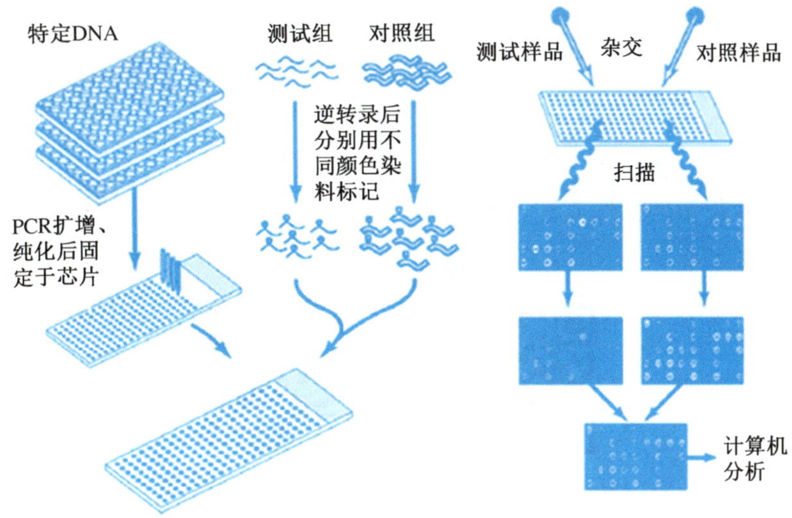

图8－12 DNA芯片的操作流程

1. 样品制备　DNA芯片检测样品的制备包括核酸的纯化、扩增与标记。核酸样品为复杂的生物大分子，其提取物常含有杂质，需要进行纯化。以纯化后的DNA样品作为PCR扩增的模板进行PCR扩增，然后对PCR扩增得到的大量产物进行标记。如果初始样品为总RNA或mRNA时，首先进行RNA的纯化，然后进行RT－PCR扩增，将扩增产物再进行标记。常用的标记方法为荧光标记法，一般使用荧光标记的引物或荧光标记的dNTP，在PCR扩增时将荧光加入到探针中。标记后的样品需要进行再次纯化才能使用，否则会造成荧光背景偏高，影响结果分析。使用的荧光标记物主要有：异硫氰酸荧光素、罗丹明（lissamine rhodamine B200，RB200）、六氯-6-甲基荧光素（6－hexachlorofluo-

rescein，HEX）、四甲基罗丹明（tetramethylrhodamine，TMR）、羧基荧光素（carboxyfluorescein，FAM）等。

2. 杂交反应　DNA 芯片的杂交反应与传统核酸杂交方法相似。在进行杂交反应之前必须考虑杂交温度、杂交液的组分、杂交的时间、标记样品 DNA 的浓度、探针 DNA 的长度、芯片的用途等因素，以提高杂交反应的质量，这直接关系到检测结果的准确性。

3. 杂交信号的检测及结果分析　杂交信号的检测方法要根据标记物的不同进行选择，最常用的是荧光法。荧光信号的检测仪器主要有激光共聚焦芯片扫描仪或电荷耦合装置（charge coupled device，CCD）芯片扫描仪。DNA 芯片检测的原理是基于双色荧光探针杂交。该系统将两个不同来源的样品 DNA 分子用不同的荧光分子（如正常用红色、肿瘤用绿色）进行标记，标记的 DNA 分子等量混合后与基因芯片进行杂交，在两组不同的激发光下检测，获得两个不同样品在芯片上的全部杂交信号。呈现绿色荧光的位点代表该基因只在肿瘤组织表达，呈现红色荧光信号的位点代表该基因只在正常组织表达，呈现两种荧光互补色——黄色的位点则表明该基因在两种组织中均有表达（图 8－12）。扫描后的芯片图谱需要专门的软件进行分析处理。

四、DNA 芯片技术的应用

DNA 芯片技术具有自动化运行、样品检测高通量、灵敏度高、检测结果准确度高等独到的优势，已成为医学分子生物学研究领域的一项重要技术。具体应用体现在以下领域：① 生命科学的研究，如基因表达分析、基因型、基因突变和基因多态性分析、基因组比较等。② 临床疾病的诊断，如遗传性疾病、感染性疾病和肿瘤等诊断，指导用药及治疗方案的确定以及预防医学等。③ 药物的研发，如药物筛选等。随着研究的深入，DNA 芯片技术将会得到更广泛的应用。

（马晓磊　张向阳）

思考题

1. 简述探针的类型与制备方法。
2. 简述常见 DNA 杂交的类型与原理。
3. 简述 DNA 芯片的制备方法。
4. 简述 DNA 芯片技术的操作流程。

本章课件　　本章习题

第九章

基因工程

学习目标

【掌握】

1. 基因工程的概念。
2. 基因工程的基本原理和步骤。

【熟悉】

1. 基因工程常用工具酶。
2. 基因工程载体必备的条件和常用载体。

【了解】

基因工程在科研和临床中的应用。

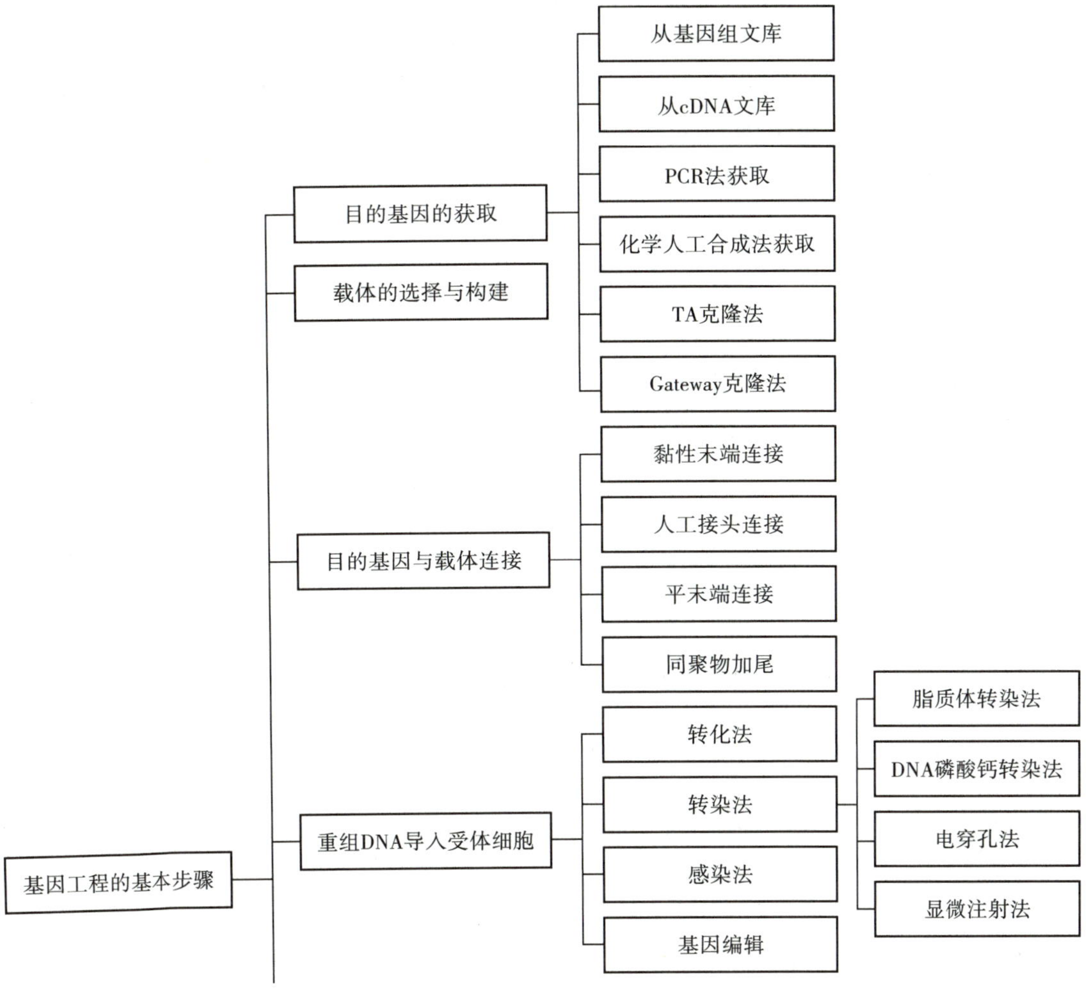

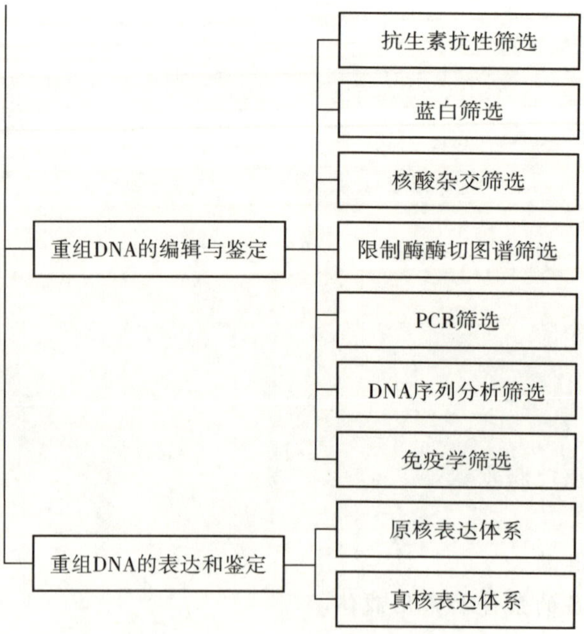

1973 年，Cohen 等首次将不同 DNA 分子在体外进行连接获得重组 DNA 分子，并在大肠埃希菌中成功表达，由此开创了基因工程。此后，基因工程作为分子生物学的一项重要技术得到了迅速发展。基因工程(genetic engineering)又称为分子克隆技术或重组 DNA 技术，是将目的 DNA 与具有自我复制能力的载体 DNA 连接形成重组 DNA 分子，然后将其导入受体细胞中进行复制或表达相关基因产物的过程。利用基因工程可以得到大量的目的 DNA 分子或目的基因的表达产物，并对其产物进行分析。为遗传病、心血管病、肿瘤等多种疾病的研究和治疗提供了新的方法和途径，它对生命科学的发展起到了不可估量的作用。

第一节 基因工程的工具酶

基因工程中需要对 DNA 分子进行切割、重新连接、修饰及合成等操作，这些过程需要许多酶类来完成，主要有限制性核酸内切酶、核酸外切酶、DNA 连接酶、DNA 聚合酶及逆转录酶等。基因工程中常用的工具酶见表 9－1。

表 9－1 基因工程中常用的工具酶

工 具 酶	主 要 功 能
限制性核酸内切酶	识别特异核苷酸序列，切割 DNA 分子
DNA 连接酶	催化 DNA 中相邻的 5′磷酸基和 3′羟基末端之间形成磷酸二酯键，使 DNA 切口封闭或使两个 DNA 分子连接
DNA 聚合酶 Ⅰ	具有 5′→3′的聚合酶活性、5′→3′的核酸外切酶活性和 3′→5′的核酸外切酶活性，用于合成双链 DNA 分子，制作 DNA 探针，DNA 序列分析
BAL31 核酸酶	具有单链特异的核酸内切酶活性，同时也具有双链特异的核酸外切酶活性
DNase Ⅰ	在适当的条件下，能在双链 DNA 上随机地产生单链切口。用于缺口平移标记 DNA 探针、DNase Ⅰ足迹分析法鉴别 RNA 聚合酶等蛋白质在 DNA 上结合位点
碱性磷酸酶	切除核酸 5′末端磷酸基团，在重组 DNA 时防止线性化的载体分子发生自我连接

续　表

工　具　酶	主　要　功　能
核酸外切酶Ⅲ	从双链 DNA 的 3′羟基末端去除单核苷酸，使双链 DNA 分子产生单链区
T4 多聚核苷酸激酶	催化多聚核苷酸 5′羟基末端磷酸化，常用来标记核酸分子的 5′末端，或使寡核苷酸磷酸化
末端转移酶	催化 5′脱氧核苷三磷酸按 5′→3′方向进行聚合，逐个地将脱氧核苷酸分子加到线性 DNA 分子的 3′羟基末端，用于在 3′羟基末端进行同聚物加尾
逆转录酶	催化以 RNA 为模板合成 DNA 的反应，可合成 cDNA、替代 DNA 聚合酶Ⅰ进行填补、标记或 DNA 序列分析
Taq DNA 聚合酶	催化 PCR 反应

一、限制性核酸内切酶

限制性核酸内切酶(restriction endonuclease)简称“限制酶”，是一类能够识别双链 DNA 分子内部的特异 DNA 序列并在其内部或周围通过水解 3′,5′-磷酸二酯键将 DNA 链打断的核酸内切酶。绝大多数的限制性核酸内切酶来源于细菌，与相伴存在的甲基化酶共同构成细菌的限制-修饰体系(restriction modification systerm)，主要用于限制外源 DNA、保护自身 DNA。

(一) 命名原则及分类

限制酶的命名根据首次发现该酶类的细菌的属名与种名相结合的原则，通常用 3 个斜体字母的缩略语来表示。第 1 个字母取自产生该酶的细菌属名，用大写；第 2、第 3 个字母取自该细菌的种名，用小写；若细菌有株系，则用第 4 个字母代表株；若同一菌株含有多种限制酶，则用罗马数字表示其发现和分离的先后顺序。

例如，*Eco*R Ⅰ：*E* 代表 *Escherichia* 属，*co* 代表 *coli* 种，R 代表 RY13 株，Ⅰ代表该菌株发现分离出的第 1 种酶。

限制酶根据结构及作用方式不同可分为 3 类：Ⅰ型、Ⅱ型及Ⅲ型，反应均需要 Mg^{2+} 参与。Ⅰ型限制性内切酶是一类兼有限制性内切酶和修饰酶活性的多亚基蛋白复合体。它们可在远离识别序列的任意处切割 DNA 链，不能产生特异性的限制片段和明确的凝胶电泳条带。Ⅲ型限制性内切酶也是一类兼有限制和修饰两种功能的酶。它们在识别序列之外附近切开 DNA 链，并且要求 DNA 分子中存在两个反向的识别序列以完成切割，这类酶很少能产生完全切割的片段。由于Ⅰ型和Ⅲ型酶的特异性不强，因此，都不具备实用价值，基因工程不使用。

我们通常所说的限制酶是指Ⅱ型限制性核酸内切酶，它能在其识别序列内部或附近特异地切开 DNA 链，其切割位点的序列可知、固定，产生确定的限制性片段和凝胶电泳条带，因此，只有Ⅱ型限制性核酸内切酶在基因工程中得到广泛应用，是最重要的工具酶。

(二) Ⅱ型限制性核酸内切酶作用特点

1. 识别序列的碱基个数　Ⅱ型限制性核酸内切酶识别的核苷酸序列为 4bp、6bp、8bp。如 *Not* Ⅰ的识别序列为 GCGGCCGC；*Eco*R Ⅰ的识别序列为 GAATTC。如果 DNA 中的碱基序列是随机排列的，则一个识别 4bp 的限制酶出现识别并切割的位点的频率，可能是每隔 256bp(4^4bp)就会出现 1 次。依此类推，识别的 6bp 或 8bp 出现的间隔分别是 4^6bp 和 4^8bp。对一段特定的 DNA 而言，限制酶识别的序列越短，切割位点数越多，切割后产生的片段也越小；相反，识别的序列越长，则切割位点数越少，切割后产生的片段越大。

2. 识别的序列为回文结构　Ⅱ型限制性核酸内切酶识别的核苷酸序列具有回文结构(palindrome)，又称为二元旋转对称结构或反向重复序列，指在两条核苷酸链中，从 5′→3′方向的核苷酸序列是一致的。如 *Eco*R Ⅰ的识别序列，在两条核苷酸链中，从 5′→3′方向都是 5′- GAATTC - 3′。

3. 切割产生黏性末端或平端　不同的限制酶切割双链 DNA 的方式也不尽相同。大多数酶交错切开 DNA，产生带有 5′或 3′单链突出的末端，称为黏性末端(sticky end)。如 *Eco*R Ⅰ切割 DNA 后产生 5′黏性末端：

$$\begin{matrix}5'\text{-}G\downarrow AATTC\text{-}3'\\3'\text{-}CTTAA\uparrow G\text{-}5'\end{matrix}\longrightarrow\begin{matrix}5'\text{-}G\\3'\text{-}CTTAA\end{matrix}+\begin{matrix}AATTC\text{-}3'\\G\text{-}5'\end{matrix}$$

也有部分限制性核酸内切酶切开 DNA 后，产生 5′或 3′端平齐的末端，称为平端(blund end)或钝端。如 *Sam* Ⅰ切割后产生平端：

$$\begin{matrix}5'\text{-}CCC\downarrow GGG\text{-}3'\\3'\text{-}GGG\uparrow CCC\text{-}5'\end{matrix}\longrightarrow\begin{matrix}5'\text{-}CCC\\3'\text{-}GGG\end{matrix}+\begin{matrix}GGG\text{-}3'\\CCC\text{-}5'\end{matrix}$$

(三) 异源同工酶和同尾酶

1. 异源同工酶　有些限制酶虽来源不同，但能识别和切割同一序列，称为异源同工酶(isoschizomers)或同裂酶。如 *Bst* Ⅰ和 *Bam*H Ⅰ能识别同一序列并在相同位点切割(G↓GATCC)，产生相同的黏性末端。

2. 同尾酶　有些限制酶虽识别序列不同，但切割 DNA 序列后产生相同的黏性末端，称为同尾酶(isoaudamers)，如 *Bam*H Ⅰ(G↓GATCC)和 *Sau*3A Ⅰ(N↓GATCN)。产生的相同黏性末端称配伍末端(compatible end)。配伍末端相互可进行连接，但连接后的序列不能再被原先的酶识别切割。

(四) 影响限制性核酸内切酶作用的因素

影响限制性内切酶作用的因素包括 DNA 的纯度及结构、DNA 的甲基化程度、缓冲液、反应温度、作用时间等。酶单位数是以切割线性 DNA 为标准规定的，消化其他类型 DNA 时应根据 DNA 分子大小、形状等适当增加或减少所需的酶量。

1. DNA 的纯度和结构　DNA 样品中残留蛋白质、RNA 和有机溶剂等杂质或高分子量 DNA、超螺旋 DNA 均会降低内切酶的消化效率。

2. DNA 甲基化　限制性核酸内切酶识别和切割的 DNA 序列甲基化后不能被识别切割，DNA 序列中甲基化的程度及位置均会影响限制性核酸内切酶的作用。

3. 反应缓冲液　限制性核酸内切酶反应缓冲液的主要成分包括 Tris - HCl、氯化镁、氯化钠或氯化钾、β-巯基乙醇或二硫苏糖醇、牛血清白蛋白及甘油等。不同的限制性内切酶对缓冲液盐浓度的要求各不相同。一般配制低盐(10 mmol/L NaCl)、中盐(50 mmol/L NaCl)和高盐(100 mmol/L NaCl) 3 种缓冲液，用于满足不同酶的消化反应。当用两种酶消化 DNA 时，若各种酶所需盐浓度相同，则消化可同时进行；若需要的盐浓度不相同，则必须先用低盐浓度的限制性内切酶消化后，再调整到高盐缓冲系统，加入高盐浓度的限制性内切酶，继续消化。由于在限制性内切酶消化反应中，甘油浓度超过 5%(V/V)会抑制内切酶的作用，因此在 20 μl 反应体系中，甘油浓度应少于 1 μl。

4. 反应温度及时间　不同限制性内切酶的最适温度不同，大多数酶的最适反应温度为 37 ℃，个别例外，如 *Sma* Ⅰ为 25 ℃，*Bcl* Ⅰ为 50 ℃。反应时间可根据酶和底物的量加以调整，时间太长可能使酶产生非特异性切割，太短则消化不完全。

5. 限制性核酸内切酶纯度和用量　酶的纯度及酶的用量对酶切反应有一定的影响。

二、T4 DNA 连接酶

T4 DNA 连接酶(T4 DNA ligase)是一单链多肽，分子量为 68 kD，可催化一个双链 DNA 的 3′羟基与另一双链 DNA 的 5′磷酸基团形成 3′,5′-磷酸二酯键，使具有相同黏性末端或平端的 DNA 片段连接起来。

三、DNA 聚合酶 Ⅰ

DNA 聚合酶Ⅰ(DNA polymerase Ⅰ)是第一个从大肠埃希菌中发现的 DNA 聚合酶，由单条多肽链构成，分子量为 109 kD。该酶具有 3 种酶活性：5′→3′DNA 聚合酶活性、5′→3′核酸外切酶活性和 3′→5′核酸外切酶活性。可用于 DNA 探针缺口平移标记、3′黏性末端的标记等。

DNA 聚合酶Ⅰ经枯草杆菌蛋白酶裂解后产生的大片段又称 Klenow 片段(Klenow fragment)，保留了 5′→3′DNA 聚合酶活性及 3′→5′核酸外切酶活性。Klenow 片段主要用于：① 补齐双链 DNA 的 3′末端。② 补齐的同时可对 3′末端进行标记。③ 合成 cDNA 的第 2 条链。④ DNA 序列测定。

四、逆转录酶

逆转录酶(reverse transcriptase)催化以 RNA 为模板合成 cDNA 的反应，合成方向为 5′→3′。逆转录酶缺乏 3′→5′核酸外切酶活性，但具有 RNaseH 活性，可从 5′或 3′末端特异的降解 RNA - DNA 杂交分子的 RNA 链，是用于构建 cDNA 文库、逆转录 PCR 等技术中的关键工具酶。

五、末端转移酶

末端转移酶(terminal deoxynucleotidyl transferase，TdT)，又称末端脱氧核苷酰转移酶，在二价阳离子存在时，末端转移酶无须引物即能催化 dNTP 按 5′→3′方向逐个加在 DNA 分子的 3′羟基末端。该酶是一种非特异性酶，4 种 dNTP 中任何一种均可作为其底物，主要用于 DNA 3′末端的标记或同聚物加尾，制备便于重组连接的人工黏性末端；或者在载体和待克隆的片段上形成同聚物尾，以便于进行基因克隆。

六、碱性磷酸酶

碱性磷酸酶(alkalinephosphatase)可去除 DNA 或 RNA 链 5′末端的磷酸基团。在载体和目的 DNA 重组的过程中，用碱性磷酸酶水解载体 5′端磷酸基团，可防止其自身连接环化，提高重组效率。DNA 和 RNA 片段进行 5′端标记前需用该酶处理。常用的碱性磷酸酶有细菌碱性磷酸酶(BAP)和牛小肠碱性磷酸酶(CIP)两种。CIP 在 1% SDS 溶液中 68 ℃加热 15 分钟可失活，因此较为常用。

七、其他工具酶

基因工程中还常会用到其他工具酶，如 *Taq* DNA 聚合酶及其他耐高温 DNA 聚合酶、核糖核酸酶、脱氧核糖核酸酶、T4 多聚核苷酸激酶等。

第二节　基因工程的载体

目的 DNA 片段不具备自主复制能力，即使导入宿主细胞，也不能随宿主细胞的增殖而复制和表达，从而达不到使外源 DNA 片段扩增的目的。因此，目的 DNA 必须借助载体 DNA 分子才能进入宿主细胞进行复制和表达。载体(vector)就是能携带外源目的 DNA 进入宿主细胞进行扩增和表达的一类 DNA 分子，大多数载体为环状双链 DNA，少数为线型。目的 DNA 片段与载体在体外连接，构成重组分子，然后导入宿主细胞，使之进行扩增或表达。

载体按功能分为克隆载体(cloning vector)和表达载体(expressing vector)，前者用于克隆和扩增外源 DNA 片段；后者用于表达外源基因。有些载体兼备克隆和表达两种功能。

理想的载体必须具备的条件：① 包含一个复制起始点，在宿主细胞内可独立自主进行复制。

② 易于从宿主细胞中分离提纯。③ 具备一个或多个筛选标记，利于筛选克隆的重组子。④ 包含多个限制酶的切点，即多克隆位点(multiplecloningsite，MCS)，便于目的基因的插入。⑤ 具有较高的遗传稳定性。

以大肠埃希菌为宿主细胞的载体主要有质粒、λ 噬菌体、黏粒和 M13 噬菌体。近年来发展了一系列新的载体系统，它们能在细菌中扩增，在真核细胞中表达。随着基因治疗研究的深入，构建了一系列病毒载体系统。

一、常用的克隆载体

(一) 大肠埃希菌克隆载体

以大肠埃希菌为宿主细胞的载体主要有质粒、λ 噬菌体和黏粒。

1. 质粒(plasmid) 是常用的克隆载体。是独立存在于细菌染色体之外，能自主复制的闭合环状双链 DNA 分子。天然质粒通常缺乏高质量的克隆载体所必需的元件，需通过人工构建才能应用于基因工程中。质粒一般具有以下特征：① 分子相对较小，大小为 2～200 kb，能在细菌内稳定存在。② 具有松弛型复制子。③ 具有一个以上的遗传标志，便于对宿主细胞进行选择，如抗生素的抗性基因 Amp^r、Tet^r等。④ 具有多个限制性内切酶的切点，便于外源基因的插入。⑤ 有较高的拷贝数。

(1) pBR322 质粒：是较早构建的一种质粒载体，分子相对较小，仅 4 363 bp，具有氨苄青霉素抗性(Amp^r)和四环素抗性(Tet^r)两个基因，许多重要的单一限制酶位点密集于 Amp^r和 Tet^r区，便于外源 DNA 的插入和筛选(图 9－1)。

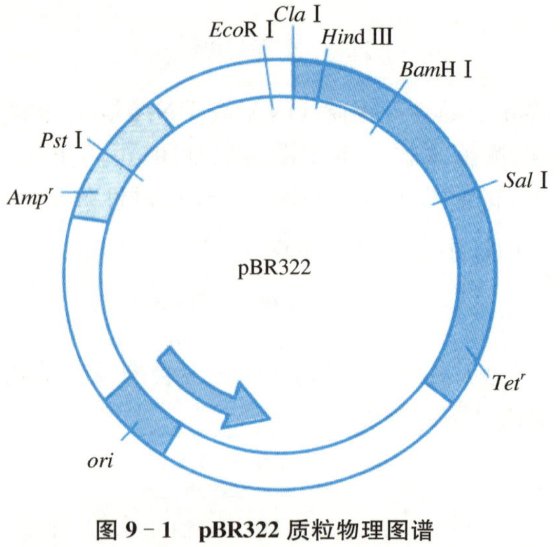

图 9－1 pBR322 质粒物理图谱

(2) pUC 系列质粒：是在 pBR322 质粒载体的基础上改造而成的，长度约为 2.7 kb，包含一个氨苄青霉素抗性基因(Amp^r)和大肠埃希菌 β－半乳糖苷酶基因(*lacZ* 基因)的 α 片段，*lacZ* 基因的 α 片段编码 β－半乳糖苷酶 N 端的氨基酸序列(146 个氨基酸残基)，pUC18 质粒结构见图 9－2。

(3) 穿梭质粒(shuttle plasmid)：是人工构建的具有两种不同的复制起点和筛选标记、能在两种不同种属的受体细胞中存活和复制的质粒。克隆在此类载体上的外源基因可以不必更换载体，直接从一种受体细胞转入另一种受体细胞中复制并遗传。如大肠埃希菌-酵母菌穿梭质粒(如 YEp13)、大肠埃希菌-枯草杆菌穿梭质粒(如 pBE2)、大肠埃希菌-动物细胞穿梭质粒(如 pBPV－BV1)、大肠埃希菌-植物细胞穿梭质粒(如 Ti 质粒)等。这些穿梭质粒不仅可以在大肠埃希菌中复制扩增，也可以在相应的枯草杆菌、酵母、动物或植物细胞中扩增和表达。因此大多数真核载体都构建成穿梭质粒。大

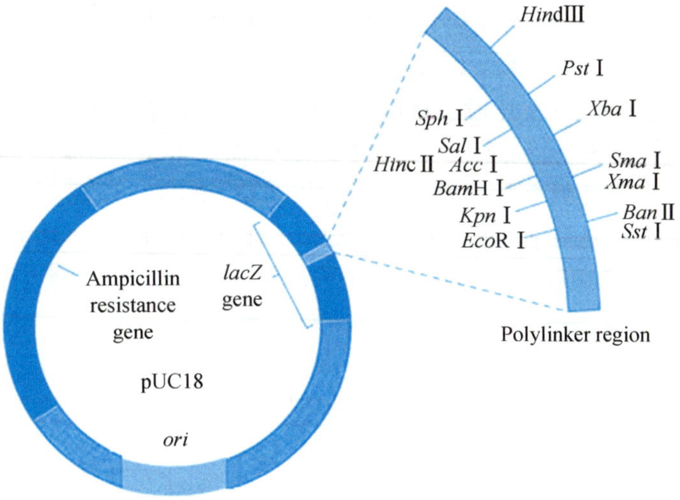

图 9-2　pUC18 质粒物理图谱

肠埃希菌-酵母菌穿梭质粒 YEp13 的结构中，包含 pBR322 的完整序列、2 μm 质粒的复制起点和酵母选择基因 LEU2 等。

质粒一般只能容纳小于 10 kb 的外源 DNA 片段，主要用做亚克隆载体。一般说来，外源 DNA 片段越长，越难插入，越不稳定，转化效率越低。

2. 噬菌体载体　噬菌体(bacteriophage，phage)是一类感染细菌的病毒，常用作克隆载体的噬菌体主要有 λ 噬菌体和 M13 噬菌体两种。两者的基因结构与生物学性状各不同，用途也不同。

(1) λ 噬菌体载体：野生型 λ 噬菌体 DNA 是一种双链线性 DNA 分子，全长 48.5 kb，两端各带有一条由 12 个碱基组成且互补的 5′单链黏性末端。λ 噬菌体在大肠埃希菌中繁殖所需的序列在左右两臂，中间约 40%的区域不是病毒生活所必需的，可以除去。λ 噬菌体感染大肠埃希菌后，线性 DNA 分子即借助两端的黏性末端互补配对形成环状分子，连接区域称为 cos 位点(cohesive-endsite)，是噬菌体包装的必需序列。只有当含有外源 DNA 的重组 λDNA 大小是野生型 λDNA 长度的 75%～105%时，才能在体外被包装成噬菌体颗粒，λ 噬菌体载体的体外包装见图 9-3。

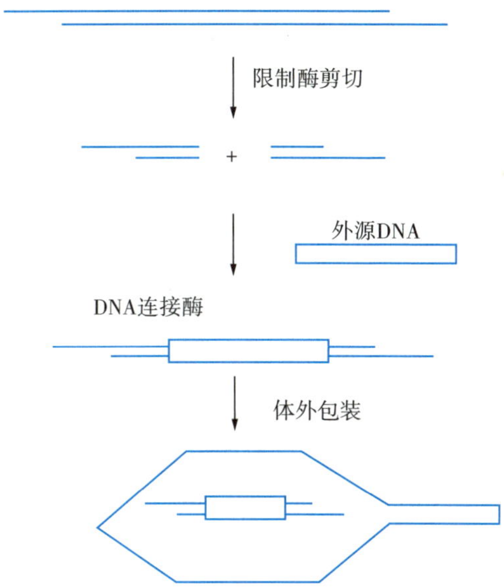

图 9-3　λ 噬菌体载体的体外包装

野生型λ噬菌体经过改造，已衍生出上百种克隆载体，可分为两类：① 插入型载体。插入型载体(insertion vector)一般只有一个限制性酶切位点可供外源DNA插入，只容许小于10 kb的DNA插入，通常用于构建cDNA文库或小片段DNA的克隆。如λgt10和λgt11是目前应用较广的插入型载体。能克隆7 kb以下的外源DNA片段。λgt10大小为43.3 kb，含有CI基因(λ阻遏蛋白基因)，外源基因插入后CI基因失活，使大肠埃希菌形成透明噬菌斑，而未重组的λgt10则不形成透明斑点；λgt11大小为43.7 kb，含有β-半乳糖苷酶基因的α片段(*lacZ'*基因)，外源基因插入后使其失活，在含X-gal的培养基上产生白色噬菌斑，而未重组的λgt11形成蓝色斑点，因此很容易区分重组子和非重组子。② 置换型载体。置换型载体(replacement vector)有多个限制性酶切位点，经酶切后，两个位点之间的kDNA区段是λ噬菌体的非必需区，可被外源DNA插入取代，可承受较大(9～23 kb)的外源DNA片段的插入，所以适用于克隆真核生物的染色体DNA，多用于真核生物基因组文库的构建。目前常用的有EMBL系列和Charon系列等。噬菌体置换型载体EMBL4结构见图9-4。

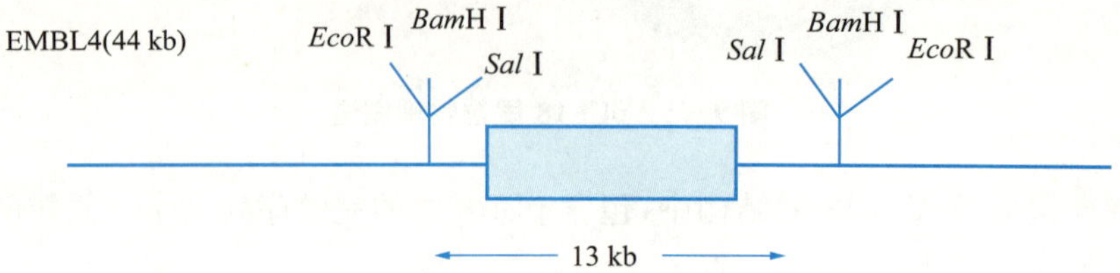

图9-4 EMBL4置换型载体

(2) M13噬菌体载体：载体M13噬菌体是一种丝状噬菌体，可感染含F因子的大肠埃希菌，其基因组为单链闭环DNA分子，长度约为6.4 kb。M13噬菌体感染大肠埃希菌后，在细菌体内以单链DNA为正链复制出互补的负链DNA，形成双链环状DNA，称为复制型(RF)M13DNA。当感染细胞内累计有100～200个RF DNA时，由于特殊蛋白质的参与，此时，DNA的合成几乎只产生子代正链DNA，并以出芽的形式释放出新的带有正链DNA的噬菌体颗粒。复制型M13DNA可以作为克隆载体。M13噬菌体的最大优点在于从细菌释放出的颗粒中所含的是单链DNA，只与被克隆的互补双链中的一条同源，因此可用该单链作模板进行DNA序列分析，或作为标记探针用于杂交分析，也可以作为体外诱变的模板。受M13噬菌体感染的细菌生长受到一定的抑制，在细菌培养基上会形成浑浊的噬菌斑。

野生型的M13DNA无常用的限制酶酶切位点，因此需要构建。在其DNA的Ⅳ基因和Ⅱ基因之间，插入一段*lacZ'*基因，它包含*lacZ*调控序列及编码β-半乳糖苷酶N端146个氨基酸的DNA序列，在*lacZ'*基因中还插入了多克隆位点。Mp系列克隆载体是M13的衍生物，常见的有M13mp18和M13mp19等，两者的区别仅在于*lacZ'*基因内部多克隆位点的顺序恰好相反。含有*lacZ'*基因的载体在进行DNA重组后，可以利用是否产生蓝白色噬菌斑或菌落进行筛选。

3. 黏性质粒(cosmid) 又称黏粒，是一种为克隆大片段DNA而设计构建的杂合载体。它由质粒DNA与λDNA的cos位点序列共同构建而成，具有质粒与λ噬菌体DNA载体的双重性质，为环状双链DNA载体。

黏粒的特点表现在以下几方面：① 含有质粒的复制起始点、限制酶切位点及抗药性标记。当重组的黏粒在体外包装成病毒颗粒并感染大肠埃希菌后，可按质粒复制的方式进行扩增。② 含有λ噬菌体DNA的黏性末端(cos位点序列)，可克隆较长的外源DNA(长达40～50 kb)，可在体外包装成噬菌体颗粒。③ 本身分子较小，只有几kb，因此没有插入外源DNA的非重组黏粒不能在体外包装，利于筛选。

(二) 酵母克隆载体

酵母载体大多数是由细菌质粒DNA与酵母DNA构造成的穿梭质粒。目前常用的酵母克隆载体有酵母整合质粒、酵母复制质粒、酵母附加质粒及酵母人工染色体等。

1. 酵母整合质粒(yeast integrative plasmid，YIp) 是在大肠埃希菌质粒 pBR322 的基础上插入了一个酵母标记基因(如 URA3、LEU2 等)，不含酵母的复制起点。YIp 不能像质粒一样复制扩增，一般只以单个拷贝形式存在于细胞中，能产生稳定的重组子，但转化率极低。

2. 酵母复制质粒(yeast replicating plasmid，YRp) 由一段包括复制起始位点(ARS)及多个酵母基因(如 TRP 等)在内的酵母染色体 DNA 和 pBR322 组成，可以进行复制独立。YRp 转化率极高，在细胞中有很高的拷贝数，但其重组子非常不稳定，由于分配不均匀，母细胞中聚集的大量重组分子，在子代中可能造成拷贝数减少或丢失。

3. 酵母附加质粒(yeast episomal plasmid，YEP) 是含有 2 μm 质粒的载体。YEP 可含完整的 2 μm 质粒，也可只含 2 μm 质粒的复制起点和标记基因，其转化频率、在细胞中的拷贝数及稳定性与 YRp 相似。

4. 酵母人工染色体(yeast artificial chromosome，YAC) 是利用酵母染色体 DNA 与细菌质粒 pBR322 改造而成的 DNA 分子，具备着丝粒(centromere，CEN)、两个端粒(telomere，TEL)、自主复制序列(ARS)、选择标记(如 TRP1 和 URA3)、大肠埃希菌复制起点、Amp^r基因及限制酶酶切位点等序列。YAC 装载容量大，可插入 0.5～2 Mb 的外源 DNA 片段，用于大片段 DNA 的克隆，可代替 λ 噬菌体载体和黏粒载体来构建文库，人类基因组计划即采用该载体来构建物理图谱。

pYAC3 是在 pBR322 基础上插入酵母基因构建而成的，长 11.4 kb。插入的酵母基因包含 URA3、TRP1 和 SUP4 标记基因以及一个复制起点。克隆时，外源 DNA 插入 SUP4 基因使其失活，重组 YAC 导入 trpl－ura3 双营养缺陷的受体酵母菌，在缺乏色氨酸和尿嘧啶的培养基上长出白色克隆，非重组子则长出红色克隆，很容易判断载体中是否插入了外源基因。

(三) 病毒载体可将外源 DNA 带入哺乳动物细胞

近年来，在人类遗传病和恶性肿瘤的基因治疗研究中，常采用逆转录病毒、腺病毒、腺相关病毒、EB 病毒等作为基因转移的载体，将外源基因导入受体细胞，以达到纠正遗传缺陷或杀死肿瘤细胞的目的。多数病毒载体均已质粒化，病毒载体质粒主要由病毒启动子、包装元件、选择性遗传标记及 pBR322 的复制起始点组成。

二、常用的表达载体

表达载体是用来在宿主细胞中表达(转录和翻译)外源基因的载体 DNA。该类载体不仅具有复制起点、选择标记及多克隆位点等一些克隆载体所具备的性质，还包含转录和翻译所必需的 DNA 序列，如启动子、转录终止序列和核糖体结合位点等。根据受体细胞不同，表达载体分为原核表达载体和真核表达载体两类。

(一) 原核表达载体

1. 原核表达载体结构 以典型的大肠埃希菌表达载体为例，原核表达载体具有以下结构特点：含有一个复制起点、多克隆位点和筛选标记基因；具有核糖体结合位点；具有强启动子和强终止子。大肠埃希菌表达载体常用的启动子有 tac 启动子、lacUV5 启动子、λ 噬菌体 P_L启动子和 T7 噬菌体启动子等。大肠埃希菌表达载体的结构模式见图 9－5。

2. 原核表达载体分类 按功能分为 3 类：① 融合蛋白表达载体。目的基因连接于载体启动子后原核结构基因的下游，与载体的结构基因共用同一启动子，使目的基因与载体结构基因以融合的形式表达。通常构建于质粒载体上的原核蛋白包括谷胱甘肽巯基转移酶(GST)和分泌蛋白 A 等。pGEX－4T－1 是一种常见的融合表达质粒载体，含有 *lac* Ⅰ、Amp^r和来自 pBR322 的复制起点 ori，在 tac 启动子后有一段融合蛋白 GST 基因序列，紧接其后的是多克隆位点，便于外源目的基因插入。

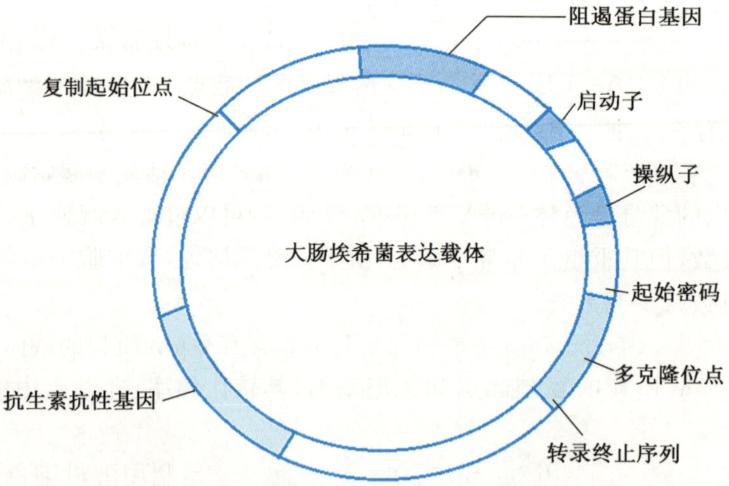

图 9－5 大肠埃希菌表达载体的结构模式

② 非融合型表达载体。该载体表达出的外源蛋白 N 端不含任何原核生物肽段，即将外源基因插入载体的原核启动子和核糖体结合位点下游，使翻译起始位点 ATG 位于外源基因片段的 5′端，这样就可以在原核宿主中表达出非融合蛋白。如 pKK223－3 载体就是一种非融合型表达载体。③ 分泌型表达载体。该载体表达出的外源蛋白 N 端与原核的信号肽连接在一起，可被宿主菌分泌到细胞质或培养基中。

（二）真核表达载体

真核表达载体通常含有选择标记、复制起始位点、启动子、转录终止序列、poly A 加尾信号及克隆位点。真核表达载体大多数为穿梭载体，有两套复制起点和选择标记，分别在原核和真核细胞中起作用。常见的真核表达载体有酵母表达载体和哺乳动物细胞表达载体。

1. 酵母表达载体　多数为穿梭质粒，在酵母和大肠埃希菌中均能进行复制、扩增。通常含有复制起始序列、启动子、筛选标记、分泌信号、终止子、有丝分裂稳定区及外源基因克隆位点。

酵母作为酵母表达载体的宿主有许多优越性：① 作为单细胞生物，其操作和生产相对简单，成本低廉。② 具有蛋白质翻译后加工和修饰系统，可将表达的外源蛋白分泌到培养基中，便于纯化。③ 具有 MOX（Methanol Oxidase）、AOX（Alcohol Oxidase）及 *lac*4 等强启动子。

2. 哺乳动物细胞表达载体　原核启动子在哺乳动物细胞中不能发挥作用，但有些动物病毒载体的启动子，如人类巨细胞病毒（CMV）启动子、Rouse 肉瘤病毒（RSV）基因组长末端重复序列中的启动子等宿主范围较广，在多种受体细胞中可能有一定的活性。因此，目前构建的许多哺乳动物细胞基因表达载体主要来源于动物病毒的基因，如腺病毒载体、逆转录病毒载体、空泡病毒载体（SV40）、牛乳头瘤病毒载体等。病毒载体能相对高效、安全、稳定地将外源基因携带进入宿主细胞并实现表达。

人工构建哺乳动物细胞载体应具备以下条件：① 含有原核复制起始位点及抗生素抗性基因，利于外源基因片段的克隆与筛选。② 具备真核细胞筛选标记基因。常用的标记基因有胸苷激酶基因（thymidinekinase，TK）、二氢叶酸还原酶基因（dihydrofolatereductase，DHFR）、氯霉素乙酰转移酶基因（chloramphemcolacetyltransferase，CAT）、新霉素抗性基因（neomycinresistance，NEO）等。③ 含有转录终止信号和 poly A 加尾信号。④ 具有哺乳动物细胞启动子和增强子。⑤ 含有可选择的剪切信号。⑥ 含有一个以上的限制酶的单一酶切位点。便于真核基因的插入。

第三节　基因工程的基本原理和步骤

基因工程的基本步骤主要包括：① 目的基因的获取；② 载体的选择与构建；③ 目的基因与载体连接形成 DNA 重组体；④ DNA 重组体导入宿主细胞；⑤ DNA 重组体的筛选与鉴定；⑥ DNA 重组体的扩增及表达。基因工程的基本步骤见图 9－6。

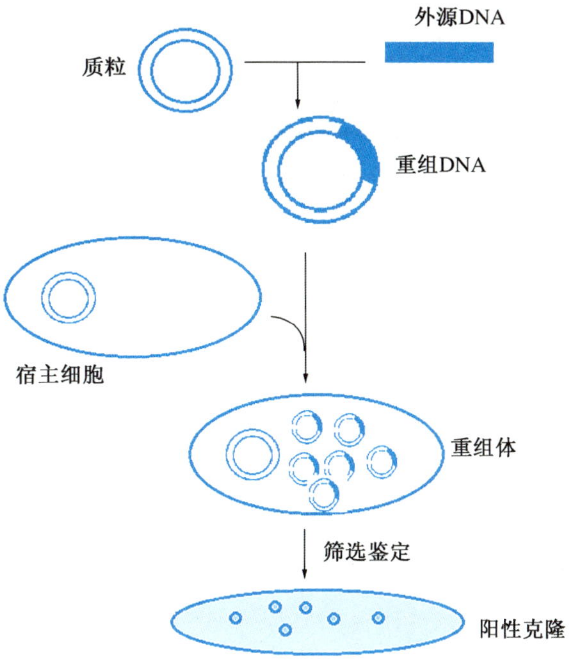

图 9－6　基因工程的基本步骤

一、目的基因的获取

（一）从基因组 DNA 文库获取

基因组文库（genomic library）指含有一个机体细胞基因组 DNA 的全套重组 DNA 分子的集合。从基因组文库中筛选目的基因可以通过核酸分子杂交的方法进行，即用放射性核素标记已知序列的 DNA 片段，后者与基因组文库中的所有克隆进行杂交，经放射自显影筛选出阳性克隆，获得目的基因。

（二）从 cDNA 文库获取

cDNA 文库（cDNA library）是以提取的组织细胞总 mRNA，经逆转录酶催化合成的双链 cDNA（complementaryDNA，cDNA）与适当载体连接后转入受体细胞构建而成的。从 cDNA 文库中获取目的基因的方法与从 DNA 文库中获取的方法相同。此外，从 cDNA 文库中获取还可以利用特异性抗体或特异性结合蛋白筛选目的基因。

（三）PCR 法获取

利用 PCR 可直接以基因组 DNA 或 cDNA 为模板高效快速地扩增出目的基因，但前提是必须知道目的基因 5′和 3′端的各一段核苷酸序列，以设计合成适当的引物，从而可以获得特定的目的基因。

（四）化学人工合成法获取

如果目的基因的序列已知或能根据其蛋白质产物的氨基酸序列推导出此基因的核苷酸序列，则可以利用 DNA 合成仪通过化学方法合成目的 DNA。此法适用于合成较小的 DNA 片段（100 bp 左右），较长的链可分段合成，然后用连接酶按一定顺序加以连接。

二、载体的选择与构建

目的基因必须由合适的载体携带才能进入宿主细胞进行复制和表达。选择合适的载体主要依据基因工程的目的、操作基因的性质和大小，同时还要考虑载体中是否有合适的限制性酶切位点。几种常用克隆载体的性质和用途见表 9－2。

表 9－2 常用克隆载体的性质和用途

载体	插入目的 DNA 大小	受体细胞
质粒	<10 kb	细菌、酵母
λ 噬菌体	<20 kb	细菌
黏粒	<50 kb	细菌
BAC	<400 kb	细菌
YAC	<3 Mb	酵母

无论选用何种载体，首先都要获得载体分子，即分离纯化 λ 噬菌体 DNA 或制备黏性质粒和其他有关质粒 DNA。获得载体 DNA 后，采用适当的限制性核酸内切酶将载体 DNA 进行切割。质粒、黏性质粒、M13 噬菌体复制型 DNA 分子经酶切后得到单一的线性分子；λ 噬菌体 DNA 则是获得左臂和右臂两个线性分子。获得线性 DNA 分子后，用碱性磷酸酶处理，去掉 5′端磷酸，以便与目的基因片段进行连接。

三、目的基因与载体连接

经过不同途径获得的目的基因与构建好的载体分别经限制性核酸内切酶消化后，由 DNA 连接酶催化两个 DNA 片段在体外连接形成重组 DNA 分子。体外连接的方式主要有以下四种。

（一）黏性末端连接

目的 DNA 和载体 DNA 由同一种限制酶切割后产生相同的黏性末端或由不同的限制酶切割形成的互补黏性末端（即配伍末端），当两者一起退火时，黏性末端单链间进行碱基配对，然后由 DNA 连接酶连接末端的缺口，成为环状重组 DNA 分子，此种方法最适合 DNA 片段连接。由一种限制酶处理过的载体因两端的碱基序列互补，可发生自身环化，形成空白载体，从而降低重组效率，为目的基因的筛选带来困难。避免的方法之一是用碱性磷酸酶处理酶切后的载体，可防止其环化。

（二）人工接头连接

人工接头（linker）是指人工设计合成的含有一个或多个限制酶识别位点的一段双链脱氧核苷酸片段。对于平末端的 DNA 可先与人工接头连接，产生新的限制性酶切位点，经切割后，可按黏性末端连接方式进行连接。

（三）平末端连接

DNA 经限制酶切割后产生平末端或是黏性末端经特殊酶处理，将突出的末端削平或补齐，变为平端，均可在 T4 DNA 连接酶催化下连接。平端连接效率远低于黏性末端连接，且不能避免载体 DNA 的自身环化，目的基因的插入载体还会出现正反两种方向的可能性，但是，这种连接方法适合于任何 DNA 片段的连接。为提高连接效率，在连接这样的 DNA 片段时，可适当提高连接反应中 ATP

及 T4 DNA 连接酶的浓度。

(四) 同聚物加尾连接

加入同聚物(homopolymer)尾是处理不易连接的 DNA 片段的另一种有效方法，在基因克隆中应用十分广泛。目的 DNA 经核酸外切酶消化或用能产生 3′黏性末端的限制酶(如 *Pst* Ⅰ)消化，产生具有 3′羟基的单链末端，暴露出的 3′羟基末端在末端转移酶的催化下，将某种单一脱氧核苷酸底物逐一加到 3′羟基末端，形成相应的脱氧核苷酸同聚物尾(如多聚 G)。载体 DNA 则可加上与目的 DNA 同聚物尾互补的脱氧核苷酸同聚物尾(如多聚 C)。将两者混合后，两种 DNA 分子通过互补的同聚物尾互补配对形成氢键，末端间的空隙在导入宿主菌后可由 DNA 聚合酶Ⅰ自行修复连接。

四、重组 DNA 导入受体细胞

重组 DNA 分子必须导入宿主细胞，才能进行复制、表达、扩增。宿主细胞又称受体细胞，分为原核细胞和真核细胞两类。原核细胞包括大肠埃希菌、枯草杆菌、链球菌等，其中以大肠埃希菌最为常用。真核细胞包括酵母、植物细胞、哺乳动物细胞和昆虫细胞。

将重组 DNA 导入宿主细胞的方式有转化、转染和感染。转化(transformation)是将质粒 DNA 或以它为载体构建的重组 DNA 导入受体细胞，使其获得新的表型的过程，常用宿主菌是大肠埃希菌。转染(transfection)指将表达载体导入真核细胞的过程。感染(infection)是以噬菌体或病毒为载体的重组 DNA 分子，在体外包装成具有感染能力的噬菌体或病毒颗粒，然后感染适当的宿主细胞，并将重组 DNA 导入宿主细胞。

作为基因工程的宿主细胞应具备以下特征：① 安全性高，有感染寄生缺陷。如原核细胞常用从大肠埃希菌 K12 改造的安全宿主菌，在肠道内无存活率或存活率极低。② 易于转化。③ 为限制-修饰系统缺陷型。重组 DNA 导入宿主细胞(大肠埃希菌)后可能因宿主限制酶的消化而遭破坏，因此须选用 R^-(restriction negative)菌株。④ 重组缺陷型。为了避免重组 DNA 自发地与宿主染色体 DNA 发生重组，应选择 Rec^-(recombination negative)菌株。⑤ 遗传表型具有互补功能。为便于转化细胞的筛选，尽量选择目的基因功能缺陷的宿主细胞。

(一) 转化法

氯化钙转化法是将处于对数生长期的大肠埃希菌悬浮于冰冷的氯化钙低渗溶液中，细胞发生膨胀，细胞膜磷脂层形成液晶结构，并解离细胞外膜与内膜之间的部分核酸酶，促使细胞成为具有摄取外源 DNA 能力的细胞，即感受态细胞(competent cell)。Ca^{2+} 能与 DNA 分子结合成抗 DNA 酶的羟基——磷酸钙复合物，并黏附于细胞膜表面。经 42 ℃热休克处理 1 分钟，细胞膜液晶结构发生改变，通透性增加，形成间隙，外源 DNA 随即进入细胞内。

(二) 转染法

转染是由转化和感染两个单词构成的新词，指真核细胞主动摄取或被导入外源 DNA 片段而获得新的遗传表型的过程。常用的方法有电穿孔法、磷酸钙共沉淀法、脂质体融合法等。进入宿主细胞的 DNA 可以被整合至宿主细胞的基因组中，也可以在宿主细胞染色体外存在和表达。

1. 脂质体转染法　阳离子脂质体(cationicliposome)是由中性磷脂和阳离子脂质组成的一种磷脂双分子层膜性结构。利用脂质体将外源基因导入到真核细胞是一种常用的简单而快速的基因导入方法。其原理是阳离子脂质体试剂与 DNA 混合后，形成一种稳定的脂质双层复合物，DNA 被包裹在脂质体中间。这种脂质双层复合物可直接加到培养的细胞中，脂质体黏附到细胞表面并与细胞膜融合，DNA 被释放到胞质中。进入细胞的基因可在细胞中酶的作用下进行表达，但不能整合。脂质体转染法对宿主细胞无损伤，且转移效率高。这种温和的基因转移方法适用于将各种类型核酸分子导入培养的细胞内。

一种新型脂质体 Lipofection 即是由阳离子脂质(DOTMA)和中性磷脂二油酰磷脂酰乙醇胺

(DOPE)合成的。其作用机制与传统脂质体不同，并非将核酸包入脂质体囊内，而是阳离子脂质体通过静电引力作用与带负电荷的DNA自发形成DNA-脂质体复合物，净电荷为正的复合物又很容易吸附到带负电荷的细胞膜表面，与细胞融合，通过细胞内吞作用进入胞内。此法适用于把DNA转染入悬浮或贴壁培养细胞，且转染时不需加入血清和抗生素。可用于瞬时转染和稳定转染，转染效率高、稳定性好，近几年被广泛用于将DNA、RNA和蛋白质导入活细胞。

2. DNA-磷酸钙转染法　将待转化的DNA与氯化钙、磷酸缓冲液混合，形成包含DNA的微小磷酸钙颗粒，这些磷酸钙-DNA复合物黏附到细胞膜表面，细胞通过胞饮作用摄入外源DNA。此法能用于任何DNA导入哺乳类动物进行暂时性表达或长期转化的研究，但转化效率较低。

3. 电穿孔法(electroporation)　是通过短暂的高压脉冲电场使细胞膜产生瞬时的可逆性微孔通道，从而将重组DNA分子导入细胞内的方法。此法的转化效率受细胞状态、电压(0.2～2 kV)、电容(25～1 000 μF)、DNA浓度及脉冲时间(0.5～5毫秒)等因素影响。多适用于悬浮培养细胞，也可用于大肠埃希菌的转化。由于操作的稳定性较好，在基因工程中应用很普遍。

4. 显微注射法　在制备转基因动物时，可将外源基因通过毛细玻璃管在显微镜下直接注射到受精卵的细胞核内，这种基因转染方法称为显微注射法(microinjection)。

除此之外，还有DEAE-葡聚糖转染法等多种转染方法。

(三) 感染法

此法模拟了病毒感染细胞的生物过程，以病毒DNA为载体，将外源基因直接转染特定的受体细胞。该方法具有定向性好、导入效率高等优点。如将重组λ噬菌体DNA在体外包装成完整的噬菌体，然后感染大肠埃希菌，即可将重组DNA导入细胞。具有感染能力的噬菌体颗粒包装方法是将重组λDNA与含有大量噬菌体尾部蛋白的λ噬菌体突变株的宿主溶菌物和含有大量噬菌体头部蛋白的另一突变株Dam的宿主溶菌物混合，即可包装成具有感染能力的噬菌体颗粒。

重组逆转录病毒载体的体外包装需要辅助细胞(如ϕ-2细胞)的参与。ϕ-2细胞能表达逆转录病毒的全部基因产物，但由于缺乏包装位点(ϕ位点)，不能包装其病毒RNA产生新的辅助病毒颗粒。如果用重组逆转录病毒载体感染ϕ-2细胞，由于其RNA中含有位点，可被ϕ-2细胞提供的蛋白质包装成新的逆转录病毒，感染宿主细胞后，经过逆转录得到双链DNA，整合到宿主的基因组中。

这种感染方法目前比较常用，可经过包装的逆转录病毒能直接感染宿主细胞，进行逆转录，整合入宿主细胞基因组，并表达外源基因。

利用上述种种方法能将外源基因导入真核宿主细胞，但是只有极少数细胞能将外源基因整合到其基因组内，并且稳定地表达。为了便于鉴定这些稳定转染的细胞株，常将一些选择标记基因与目的基因连接在同一重组载体上，进行转染，由于表达特定的选择标记基因，使重组体能够被筛选与鉴定出来。

五、重组体的筛选与鉴定

筛选(screening)就是从被转化的细胞群中鉴别出真正含有目的基因的转化子。将外源基因导入宿主细胞以后，首要任务是筛选含有目的基因的阳性克隆并加以扩增。所用的筛选方法主要有遗传学方法、免疫学方法、核酸杂交法、PCR法等。

(一) 抗生素抗性筛选

利用克隆载体携带的某种抗生素抗性基因，这种抗生素抗性基因应是受体菌或细胞的缺陷性基因。含有这种完整抗性基因的转化菌能在含该抗生素的培养基上生存并形成菌落，非转化菌则被杀死。这种遗传学选择方法，是从一个数目庞大的细胞群体中筛选特定细胞的直观有效的方法。

有的质粒带有两种抗生素抗性基因，当外源DNA插入到其中一个抗性基因中时，该基因就会失活，重组质粒转化的细菌就不能在含有该抗生素的培养基上生长，而能在含有另外一种抗生素的培养基中生长。由于非重组质粒在含两种抗生素的培养基上均能生长，所以此法常用于区分质粒的重组体和非重组体。

（二）蓝白筛选

蓝白筛选又称 α-互补筛选。此筛选法为功能互补筛选，是带有 β-半乳糖苷酶 N 端长 146 个氨基酸的 α 片段的载体，与带有 β-半乳糖苷酶 C 端序列（ω 片段）的受体细胞互补。单独存在的 β-半乳糖苷酶 α 片段和 ω 片段均无 β-半乳糖苷酶活性。但二者共存时可产生 β-半乳糖苷酶酶活性，在 IPTG 的诱导下，能将无色的人工底物 X-gal 水解生成蓝色产物，从而形成蓝色菌落（或噬菌斑），而无 β-半乳糖苷酶活性菌落（或噬菌斑）呈现白色。故这种筛选方法也称为"蓝-白筛选"。

如含 *lacZ′*基因（α 片段）载体（如 PUC 系列质粒、λgt11 等）的筛选鉴定。载体中的 *lacZ′*基因的编码产物为 β-半乳糖苷酶 α 片段；转化表达 β-半乳糖苷酶 ω 片段的宿主菌（突变型 *lac* -*E.coli*）。如果外源基因插入 *lacZ′*基因的多克隆位点上，则 *lacZ′*基因失活，不能产生 α 片段，丧失了 α-互补能力，从而使菌落（或噬菌斑）呈现白色。而在多克隆位点上没有成功插入目的基因的载体，转化了表达 β-半乳糖苷酶 ω 片段的宿主菌生长的菌落（或噬菌斑）呈蓝色。由于载体同时具有抗生素抗性基因，所以没有成功转化载体的受体菌，则不能生长。这种颜色标志，使重组克隆和非重组克隆的区分一目了然。

（三）核酸杂交筛选

核酸杂交筛选是直接针对克隆的目的基因的筛选。常用的杂交方法有菌落的原位杂交和 Southern 杂交。菌落的原位杂交是先将硝酸纤维膜或尼龙膜覆盖在生长的琼脂平板上的菌落或噬菌斑上，定位好，轻轻揭起膜，这样将有部分细菌或噬菌体吸附于膜上，再处理膜上的 DNA，使之变性、烘干固定，然后用 DNA 或 RNA 探针杂交，筛选找到阳性菌落，进行克隆或表达培养。Southern 杂交的筛选过程是从培养的不同菌落或噬菌斑中提取重组 DNA，琼脂糖凝胶电泳分离后进行变性、转膜，然后与探针进行杂交，筛选出阳性克隆，并进一步培养扩增。

（四）限制酶酶切图谱筛选

使用常规方法提取重组 DNA 后，可直接进行琼脂糖凝胶电泳，如果插入载体的目的基因片段较大，则重组体迁移率明显小于载体，可直接筛选阳性克隆。如不能明确区分迁移率的重组体，则可选择适当的限制性酶进行酶切，若能切出目的基因片段的克隆，则在琼脂糖凝胶电泳图谱中可观察到目的基因条带，即为阳性克隆。

（五）PCR 筛选

根据目的基因两端序列设计引物，以克隆的 DNA 为模板进行 PCR 扩增，能扩增出大量目的基因的克隆，即为阳性克隆。PCR 对阳性克隆的筛选十分有效，且无须提取 DNA 分子即可进行筛选。

（六）DNA 序列分析筛选

直接对培养的克隆 DNA 进行序列分析，含有目的基因序列的克隆即为阳性克隆。同时，经其他筛选方法鉴定出的阳性克隆，也要最终对插入的目的基因进行序列分析，以进一步验证其准确性。

（七）免疫学方法筛选

免疫学方法是应用特异性抗体与目的基因表达产物相互作用进行筛选，属间接选择法。如果克隆基因的表达产物是已知的，并且在菌落或噬菌斑中表达，则免疫法特异性强、灵敏度高，可用相应的抗血清或单克隆抗体，通过放射免疫、化学发光或显色反应进行筛选，适用于筛选不为宿主菌提供任何标志的基因。

六、重组体的表达

基因工程的主要目的之一是获得大量目的基因的表达产物——蛋白质。将目的基因按照正确的位置和方向与表达载体连接，然后导入相应的宿主细胞，培养含有重组体的宿主细胞即可得到目的基因的表达蛋白。主要的表达体系有原核表达体系和真核表达体系。

（一）原核表达体系

大肠埃希菌是当前采用最多的原核表达体系，将外源基因插入到原核启动子下游，由大肠埃希菌RNA聚合酶识别该启动子，使外源基因转录出mRNA，进而翻译成蛋白质。

在原核表达体系中表达的目的基因需具备以下特点：① 无内含子。大肠埃希菌缺乏真核转录后加工系统，不能剪切内含子，因此只能表达真核cDNA，不能表达基因组DNA。② 有强启动子及翻译调控序列。表达载体具有能调控转录、产生大量mRNA的强启动子（如tac、P_L、T7等）及翻译调控序列（如翻译起始位点、SD序列等）。③ 有正确的阅读框架。外源基因插入表达载体后，必须形成正确的阅读框架，以得到正确编码的蛋白质。④ 不能含有信号肽等相应的DNA序列。因为大肠埃希菌缺乏真核细胞特有的蛋白质翻译后加工修饰体系，如糖基化、磷酸化和信号肽的剪切等，所以，编码分泌性蛋白的真核基因必须删除信号肽的编码序列。

另外，目的基因插入载体DNA的位置和宿主的选择对表达蛋白的稳定性具有重要作用。表达的外源蛋白往往不够稳定，易被细菌的蛋白酶降解，可以通过表达融合蛋白的方式或选用缺乏相应蛋白酶的宿主菌来提高其稳定性。

融合蛋白是指表达的蛋白质或多肽链N端是由原核基因或其他特殊DNA序列编码的肽段（即融合标签），C端则由真核外源DNA编码。常用的融合标签，包括GST、6-His标签和GFP标签等。融合蛋白大大方便了表达产物的分离纯化，一般常利用生物分子特异性相互作用来选择合适的亲和层析分离融合蛋白，这些特异性相互作用常见的有酶与底物的诱导契合、受体与配体之间的相互作用、抗原与抗体之间的特异性结合及其他作用方式（如Ni^{2+}与6-His标签的结合）等。如果设计融合基因时，在目的基因与融合标签序列之间加入适当的裂解位点，则融合蛋白经化学处理（CNBr）或特异蛋白酶（如凝血因子Ⅹ、胶原酶、肠激酶等）水解，很容易将目的蛋白从融合蛋白中释放出来。

原核表达体系融合蛋白的表达有几个优点：① 融合蛋白较稳定，不易被细菌蛋白酶水解。② 如果载体携带的大肠埃希菌结构基因片段编码一段信号肽，可产生分泌型产物。③ 可利用针对融合蛋白中原核部分的单抗进行亲和层析，便于纯化。④ 原核蛋白部分可用蛋白酶切掉，释放出天然的真核蛋白质。

选择适当的受体菌株和诱导条件对提高原核表达体系的表达效率非常重要。对于一个特定的蛋白质来说，并不是在所有的菌株中都能获得相同的表达效率，有时需要试几种菌株，以选择最好的一种菌株。

表达产物的检测与鉴定方法主要有：① SDS-PAGE电泳鉴定。转化菌经过诱导表达，提取菌体蛋白，经SDS-PAGE电泳后，染色并脱色，观察是否出现与目的蛋白相应大小的蛋白条带。② Western杂交鉴定。如果SDS-PAGE初步证实存在目的蛋白条带，为进一步鉴定其特异性，常利用能与之特异结合的抗体进行蛋白质杂交。③ 蛋白质生物活性测定。这是判断外源基因是否表达的最有力证据之一。④ 蛋白质序列分析。对目的蛋白进行氨基酸序列分析，以获得准确的最终结果。

（二）真核表达体系

结构复杂的蛋白质在原核细胞中不能被正确折叠或修饰，因而不具有生物学活性；或目的基因为真核基因组DNA时，必须采用真核表达体系。克隆的基因要在哺乳动物细胞中进行表达，必须先将基因插入到适当的真核表达载体中。首先，重组的表达载体在大肠埃希菌中进行扩增，并从大肠埃希菌中提取和纯化重组表达载体，然后，将其导入真核表达体系进行表达。

在哺乳动物细胞中表达的基因，可以是基因组DNA，也可以是cDNA。质粒载体DNA可以用脂质体介导、电穿孔技术、DEAE葡聚糖或磷酸钙共沉淀等方法直接导入宿主细胞。病毒载体DNA则须先进行病毒颗粒包装，获得假病毒颗粒后再用于感染受体细胞。最终筛选出转染细胞后，持续培养，便可在上清中得到表达产物。转染细胞培养中，可持续添加抗生素，并逐渐加大药物浓度，增加选择压力，这样可提高阳性克隆的拷贝数，提高表达效率。

与其他表达系统相比，哺乳动物表达系统的优势在于能够指导蛋白质的正确折叠，提供复杂、准确的糖基化等多种翻译后加工功能，因而表达的产物在分子结构、理化性质和生物学活性方面最接近于天然的高等生物蛋白质。目前，采用最多的受体细胞为COS细胞（猿猴肾细胞）和CHO细胞（中国仓鼠卵巢细胞）。COS细胞来源于经SV40病毒转化的非洲绿猴肾细胞，其中COS－7是最常用的细胞系，能组成性地表达SV40大T抗原，使任何带有SV40复制起始位点的转染质粒能够以很高的拷贝数进行复制，是进行外源基因瞬时表达时用途最广的宿主。COS－7一般用于病毒和转染研究以及对细胞基因转录的研究。CHO细胞则利于外源基因的稳定整合，易于大规模培养，能在无血清和蛋白的条件下生长，是用于真核生物基因表达较为成功的宿主细胞。

酵母是最简单的真核生物，具有遗传背景清楚、操作简单、易于发酵、成本低廉等特点，能像哺乳动物细胞那样对表达的蛋白进行折叠和翻译后修饰。各种不同酵母菌株对表达和分析真核蛋白是非常有用的。与哺乳动物细胞相比，酵母表达系统易于操作、价格便宜。因此，酵母表达系统也是适用于大规模表达重组真核蛋白的理想工具。

昆虫表达系统也是一个理想的重组真核蛋白表达系统。由于昆虫是高等真核生物，与哺乳动物类似，能进行翻译后加工和修饰。昆虫细胞生长速度快，培养条件简单，易于悬浮培养，因此在基因工程中可用于大规模表达蛋白质。主要有两类：果蝇表达系统和杆状病毒表达系统。

知识拓展

电子克隆体系

电子克隆（insilicocloning）是基因克隆的有效辅助手段。随着人类基因组计划和多种模式生物全基因组测序的完成，基因数据库的不断完善，以及各种计算机分析软件的开发与互联网的广泛应用，生物信息学已成为非常重要的一种研究方法，使人们有可能通过基因数据库进行序列搜索、对比分析、拼接整合，预测新的、假定的全长基因，然后通过分子生物学实验方法，加以证实，并从相应的组织、细胞中获得这种基因，这就是电子克隆。

在进行基因克隆时，与传统的基因克隆方法相比，电子克隆大大加快了新基因的发现速度，提高了工作效率，提供了一种基因存在的可能性。各种基因数据库目前日趋完善，囊括有大量基因及其信息的数据库，以及各种分析和预测的软件都将辅助人们成为新型的技术方法之一。

第四节 基因工程的应用

随着基因工程的诞生和技术的发展，目前，基因工程已成为生物科学的核心技术，已经广泛应用于医药卫生和农牧业等众多领域，并取得了巨大成就。

一、基因的定点诱变

在工业生产上，常希望所用的酶具有更长的半衰期、更高的稳定性，能够适应更广的酸碱度范围。在临床医学方面，希望所用的蛋白质或多肽药物的疗效更高、不良反应更小、代谢半衰期更长。显然，天然蛋白质还不能完全满足上述各种需要。因此，需要对自然界存在的蛋白质进行改造，以进一步分析其功能，或者通过基因的改变来修饰、改造某一已知的蛋白质，从而可以研究蛋白质的结构及其与功能的关系、蛋白质分子之间的相互作用，基因工程是其重要手段之一。如现已发展起来的各种体内或体外基因诱变方法，其中具有重要意义的是由 Michael Smith 于 1982 年发明的寡核苷酸介导的定点诱变技术，简称定点诱变技术(site directed mutagenesis)，是利用分子生物学技术，在体外通过核苷酸取代、插入或删除，从而使基因 DNA 序列中任何一个(多个)特定的核苷酸发生改变的技术。

基因工程定点诱变的基本原理如下：① 首先制备单链模板，即利用体外 DNA 重组技术，将待诱变的目的基因插入到复制型双链 M13 噬菌体载体上，转化细菌后，制备以含有目的基因的 M13 单链 DNA 作为诱变的模板。② 根据需要设计并合成带有诱变核苷酸序列的寡核苷酸引物，并与带有目的 DNA 的单链 M13 模板进行杂交。③ 加入 DNA 聚合酶和 4 种脱氧核糖核苷酸，使杂交的寡核苷酸引物延伸。④ 用 DNA 连接酶将新合成的异源双链 DNA 连接成闭合环状分子。⑤ 转化宿主细菌，经过不断复制，即可获得诱变的 DNA 分子。⑥ 筛选带有诱变 DNA 的重组噬菌体，并提取单链 DNA 进行序列分析。⑦ 从重组噬菌体中提取含有诱变 DNA 的复制型 DNA，以进一步对诱变 DNA 进行研究并扩增。

二、基因诊断与基因治疗

基因诊断是从基因水平上检验基因的存在状态与缺陷，从而对疾病作出诊断的方法。使用一个特定的 DNA 片段制成探针，利用 DNA 分子杂交原理，鉴定被检测标本上的遗传信息，达到检测疾病的目的。目前人们已经利用基因工程技术发现了多种人类疾病(包括遗传病、恶性肿瘤、感染性疾病等)的致病基因，为疾病的诊断和治疗提供了坚实的理论基础。

基因治疗是从 20 世纪 80 年代发展起来用于预防和治疗疾病的最具革命性的生物医学技术，其原理是将人或动物的正常基因或有治疗作用的基因通过一定方式导入人体靶细胞以纠正基因的缺陷或发挥治疗作用，从而达到治疗疾病的目的。

三、遗传病的预防

疾病基因的克隆不仅为遗传病的诊断、治疗提供了有力手段，更重要的是，将这一手段应用到产前诊断、症状前诊断，同时结合早期预防、积极治疗等措施，可有效预防遗传病患儿的出生及遗传疾病的发生。一般的表型诊断方法不可能在胎儿出生前和疾病发生前对遗传病进行诊断，只有基因分析技术才能检测到胎儿的异常基因，是遗传病预防的最有效手段。

知识拓展

血红蛋白病的诊断

在基因诊断发展过程中，最早采用基因诊断的疾病就是遗传病。发展到现在，不仅是发病机制清楚、已找到致病基因的疾病可以进行基因诊断，而且，一些发病机制不明的遗传性疾病也可以通过连锁分析进行基因诊断。如血红蛋白病、苯丙酮尿症、杜氏肌营养不良症等的基因诊断就是典型的例子。

血红蛋白病是由于血红蛋白结构或合成异常所致的遗传性血液病，习惯上分为异常血红蛋白和地中海贫血两大类。前者由珠蛋白基因突变引起的珠蛋白肽链结构改变所致，后者由珠蛋白肽合成速率降低、α 链和 β 链合成不平衡引起，也称为地中海贫血。

目前较普遍采用的是 PCR 扩增法，检测这两个基因的缺失情况，并在基因水平上对地中海贫血患者进行基因型分型。应用定量 RT－PCR 技术可测定 β 珠蛋白 mRNA 含量，并根据其改变做出诊断。该方法不仅可诊断地中海贫血，还能准确诊断 β 地中海贫血的杂合子。

四、基因工程制药

许多药物的生产是从生物组织中提取获得的，受材料来源限制，其产量有限，价格昂贵。利用基因工程技术生产有应用价值的药物不仅能解决产量问题，还能大大降低生产成本。世界上第一种基因工程药物是由美国 Lilly 公司于 1982 年率先利用基因工程技术生产上市的重组人胰岛素，它的诞生标志着基因工程药物时代的来临。用基因工程生产药物的效率高、成本低、品质好。迄今为止，已开发出数百种基因工程药物，包括胰岛素、干扰素、凝血因子、促红细胞生成素、人生长激素、各种单抗，以及预防乙型肝炎、伤寒、霍乱、疟疾的疫苗等。其中一部分已投入市场，另有一部分还处于临床试验的不同阶段。

临床应用

基因工程重组人胰岛素

基因定点诱变技术的应用，最经典的是以胰岛素的蛋白质工程为例，基因工程重组人胰岛素作为首个基因工程产品已于 1982 年投放市场。

胰岛素是治疗糖尿病的特效药物。胰岛素分子由 A、B 两条肽链组成，共含有 51 个氨基酸残基。它是第一个被测序的蛋白质，也是第一个被人工合成的蛋白质。临床上已有多种利用蛋白质工程制造的性能优良的胰岛素突变体。

例如一种定点诱变制备长效胰岛素，是将人胰岛素 B 链 27 位的 Thr 改为 Arg，将 B 链羧端氨基化和将 A 链 21 位 Asn 改为 Gly，它在血浆中的半衰期可延长至 35 小时。这主要是因为对胰岛素做了定点诱变之后，其等电点改变，延迟了吸收，从而实际上延长了吸收的半衰期。这种胰岛素类似物已具有较好的临床效果。每天注射一次这种长效胰岛素，可与天然胰岛素分泌水平相近。

还有一种定点诱变制备的胰岛素可被快速吸收。在正常生理情况下，胰岛素在体内是不断地分泌的。当人们进餐后，立即引起体内胰岛素水平升高，1 小时之内即可达到高峰，胰岛素可以下调血液中血糖水平，使之约在 3 小时之内又恢复到基础水平。这样维持血液中血糖始终处于正常水平。但是，在用胰岛素治疗糖尿病时，不可能连续不断地进行注射，同时在皮下注射胰岛素时，吸收非常慢，还会导致高血糖。3～5 小时之内胰岛素水平仍在继续上升，又将会导致低血糖状态。人们为了克服此缺点，利用蛋白质工程的方法制备单体胰岛素。注射单体胰岛素后，它能被快速吸收。

实际血液中循环的胰岛素其活性状态是胰岛素单体。注射用胰岛素溶液在中性情况下多数是与锌结合的六聚体。为了改进注射时胰岛素吸收速度，可以替换一些氨基酸残基，如在二聚体接触面上换上具有相反电荷的残基，或是插入具有大的侧链氨基酸等方法，减少六聚体的形成。这样制备出的人胰岛素类似物，其吸收速度比可溶性野生型胰岛素要快得多。

五、基因靶向与转基因

DNA 重组是基因靶向技术和转基因技术的重要手段。目前已迅速、广泛地应用于生物学及医学的基础研究、动物育种、植物品种改良、转基因药物等领域的研究。目前，人们利用基因工程的方法已经获得了转基因抗虫棉，晚熟保鲜番茄，抗寒番茄，抗除草剂的玉米、油菜和大豆，以及品质优良、抗病、多产的转基因动物等。同时利用外源基因在哺乳动物体内的表达，可获得人类所需要的各种物质，如激素、抗体及疫苗等。

（张竞文）

思考题

1. 请举例说明利用重组 DNA 对基因进行定点诱变改造的实例。

2. 简述基因克隆的基本过程步骤。

3. 假定你分离到一个 *E.coli* 的 Thy-突变体，并推测有可能是 *ThyA* 基因突变。请设计一个方案用 PCR 从染色体 DNA 扩增突变的 *ThyA* 基因，测定突变的序列。（注：*E.coli* 野生型的 *ThyA* 基因的序列是已知的）

4. 论述 DNA 重组技术的原理和主要内容。

5. 论述目的基因的获取和表达检测的主要研究方法和手段。

本章课件　　本章习题

第十章

DNA 测序技术

学习目标

【掌握】

1. DNA 测序技术的分类。
2. 双脱氧末端终止法的原理。

【熟悉】

1. 双脱氧末端终止法的测序体系。
2. 自动 DNA 测序的原理。
3. DNA 测序技术的应用。

【了解】

1. 自动测序仪的主要构成。
2. 第 2 代测序技术和第 3 代测序技术。

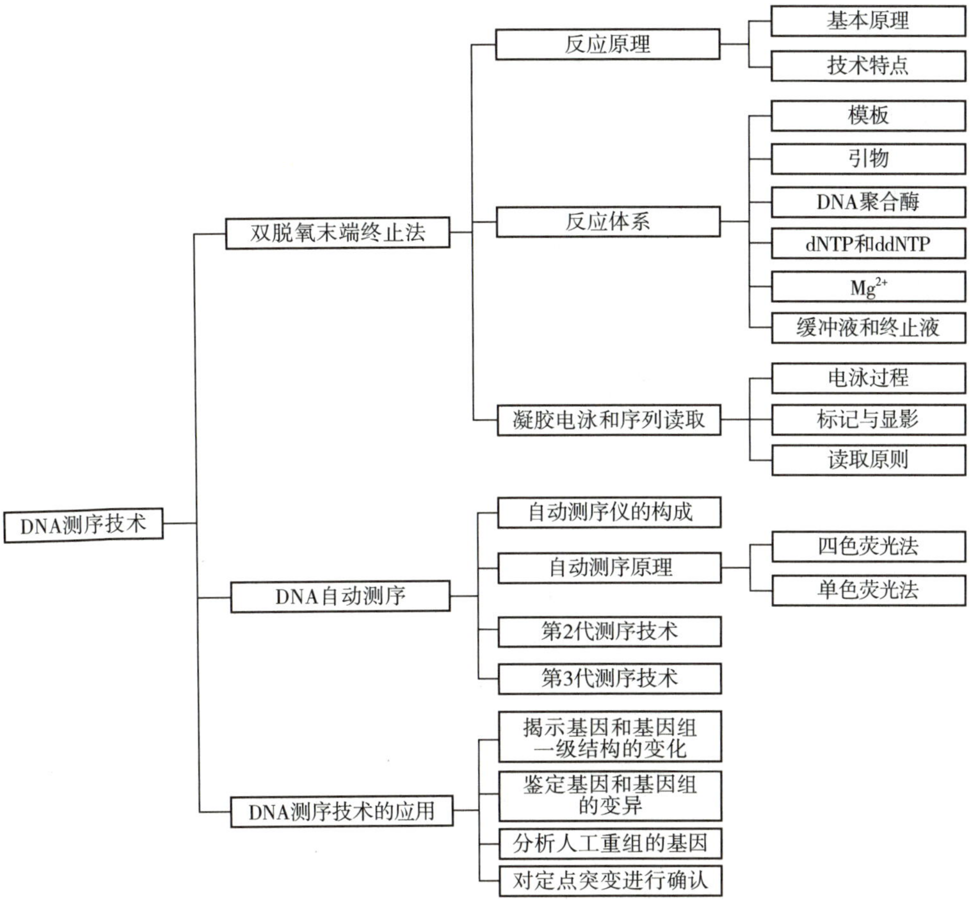

DNA测序技术又叫基因测序技术，是现代生物学研究中的重要手段之一。DNA测序技术能够快速而准确地获取生物体基因组DNA的遗传信息，进而全面地揭示基因组的复杂性和多样性，大大促进了核酸结构、功能及其相关关系的研究，对于生命科学研究具有重要意义。美国科学家Alan Maxam及Walter Gilbert建立了化学降解法；1977年，英国科学家Frederick Sanger等发明了双脱氧末端终止法。这两种技术均为传统的DNA测序技术。经过多年的努力，DNA测序技术已经取得了很大的发展，但是，现代DNA测序技术的基本原理仍源于这两种方法。20世纪80年代中期出现的荧光自动测序技术，使得DNA测序步入自动化测序的时代，这些技术统称为第1代DNA测序技术。在第1代DNA测序技术的基础上，陆续产生了循环芯片测序的第2代DNA测序技术和单分子测序技术的第3代测序技术，从而使测序技术朝着高速、高通量、低成本、长读取长度的方向发展。

第一节 双脱氧末端终止法

双脱氧末端终止法又称为Sanger法或末端终止法，该技术的高明之处在于引入了双脱氧核苷三磷酸(2′,3′ddNTP)作为DNA链合成的终止剂。下面将从双脱氧末端终止法测序的反应体系、基本原理及序列读取3个方面分别介绍。

一、双脱氧末端终止法测序反应体系

双脱氧末端终止法测序反应为体外的DNA合成反应，每个反应体系中需加入模板DNA(待测序DNA)、引物、DNA聚合酶、4种dNTP(含一种^{32}P或^{35}S标记的dNTP)和某一种ddNTP。

(一) 模板DNA

测序模板DNA即为待测序DNA分子。测序模板可为单链DNA或双链DNA分子。单链DNA分子常通过将目标DNA分子克隆至载体M13中获得。对于双链DNA分子，可首先将其克隆至pUC质粒载体，然后通过碱变性处理重组载体获得。采用双链DNA模板能直接对变性的双链DNA的亚克隆进行测序，省去通过载体M13亚克隆获取单链模板的过程，该方法显然既简单又方便，但是，使用单链DNA模板进行测序反应的质量优于双链DNA模板。

(二) 引物

可通过设计对应于亚克隆载体部分序列的寡核苷酸片段作为通用引物进行测序，并适用于单链DNA模板和双链DNA模板。如目前许多厂商出售引物，可专门针对那些通过多种限制酶切位点克隆于不同质粒的目标DNA模板进行测序而设计。对于PCR产物的直接测序，可针对已知部分序列设计特异性的测序引物用于测序分析。

(三) DNA聚合酶

DNA聚合酶是保证测序质量的关键环节。目前可用于测序反应的酶主要有以下3种。

1. 测序酶　是一种经过改造的T7噬菌体DNA聚合酶，消除了原有的3′→5′核酸外切酶活性，该酶具有稳定性高、很强的持续合成能力和快速的反应速度，是测定较长DNA片段的首选酶。

2. T4 DNA聚合酶　常用于PCR循环测序法或线性扩增测序法等DNA测序过程。该酶具有很好的耐高温性质，所需反应模板量少，可对双链模板及含有二级结构或回文结构的模板进行测序等特点。

3. 大肠埃希菌DNA聚合酶Ⅰ的Klenow片段　是最初建立Sanger法所使用的酶。因为该酶的持续合成能力低，使得一些新合成的DNA链的终止并非由于ddNTP的掺入所致，导致背景增高。而且该酶对同聚核苷酸和复杂二级结构的复制效能低，易产生假带。

（四）dNTP 和 ddNTP

dNTP 和 ddNTP 均为测序反应的底物，dNTP 和 ddNTP 的化学结构式见图 10－1。在测序反应中，每个反应管中，需加入的 dNTP 和 ddNTP 比例要适当，以保证新合成的 DNA 链在不同的位置合成终止，从而产生一系列长度不等的多核苷酸片段。一般认为，当 ddNTP：dNTP 为 1：100 时，DNA 合成条带的分离效果较好。传统的 DNA 测序方法常采用 ^{32}P 对 dNTP 进行标记，但由于 ^{32}P 衰变产生的高能 β 射线发生散射，常导致放射自显影图谱条带扩散、分辨率低，影响所读取序列的长度和准确性；同时 ^{32}P 衰变产生的高能 β 射线能引起 DNA 样品的辐射分解，测序反应产物必须在 24 小时内电泳，否则 DNA 将被严重破坏，很难获得满意的结果。近年采取 ^{35}S 对 dNTP 进行标记，^{35}S 产生的 β 射线较弱，克服了 ^{32}P 的不足，测序产物可在－20 ℃保存 4～6 周，其分辨率不受影响。

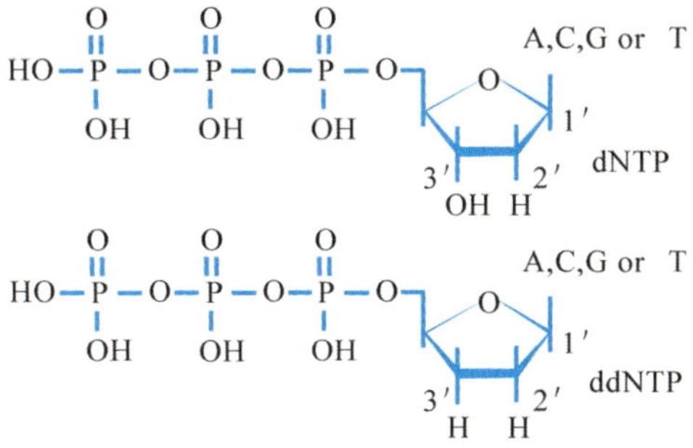

图 10－1 dNTP 和 ddNTP 的化学结构式

（五）反应缓冲液和终止液

双脱氧末端终止法测序反应要求一定的离子浓度和 pH，所以反应缓冲液和终止液的离子浓度和 pH 对保证测序反应的正常进行和反应的适时终止至关重要。

二、双脱氧末端终止法测序反应原理

正常的 DNA 体外合成反应体系中，加入的单核苷酸为 4 种脱氧核苷三磷酸（dGTP、dATP、dTTP 和 dCTP），而在双脱氧末端终止法中，引入双脱氧核苷三磷酸（2′，3′ddNTP）作为 DNA 链合成的终止剂，代替部分脱氧核苷酸（dNTP）作为底物进行 DNA 合成反应。因为双脱氧核苷酸的 2′和 3′位置均脱氧，3′位缺乏羟基基团，所以不能与下一个核苷酸反应形成磷酸二酯键。当某个双脱氧核苷酸一旦掺入到合成中的 DNA 链时，DNA 的合成反应将终止。这样，在 DNA 合成反应混合物中的 4 种普通 dNTP 与少量的 ddNTP 展开竞争，产生一系列不同长度的核苷酸链，其长度取决于合成引物的 5′末端到合成链的终止位置之间的距离。

该方法测序时分为 4 个反应管，每个反应管中除了含有 DNA 合成所必需的模板、DNA 聚合酶、引物、4 种 dNTP（其中一种用放射性 ^{32}P 或 ^{35}S 标记）外，还需按照一定比例分别加入少量的某一种 ddNTP。如可在第 1 个反应管中加入适量 ddGTP，在第 2 个反应管中加入适量 ddATP，在第 3 个反应管中加入适量 ddTTP，在第 4 个反应管中加入适量 ddCTP。在第 1 个反应管中，ddGTP 会随机代替 dGTP 参加反应。一旦 ddGTP 掺入到新合成的 DNA 链中，DNA 链的合成反应将被终止。这样，在第 1 个反应管中的反应产物为一系列长短不一的，均是以鸟苷酸（ddGMP）为结尾的核苷酸链，这些片段具有共同的起点（引物的 5′端）和不同的终点（ddGTP 掺入的位置）。同样，第 2 个反应管中产生的都是以 ddAMP 结尾的核苷酸链，第 3 个反应管中都是以 ddTMP 结尾的核苷酸链，第 4 个反应管中都是以 ddCMP 结尾的核苷酸链（图 10－2）。反应结束后，进行高分辨率的变性聚丙烯酰胺凝胶电泳分析。

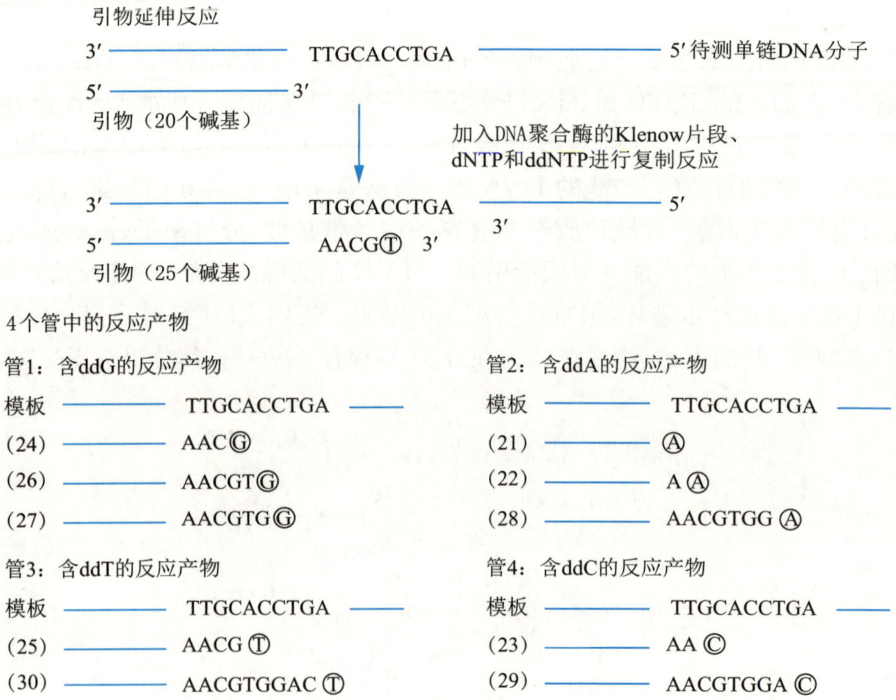

图 10-2 双脱氧末端终止法测序反应原理

三、凝胶电泳和序列读取

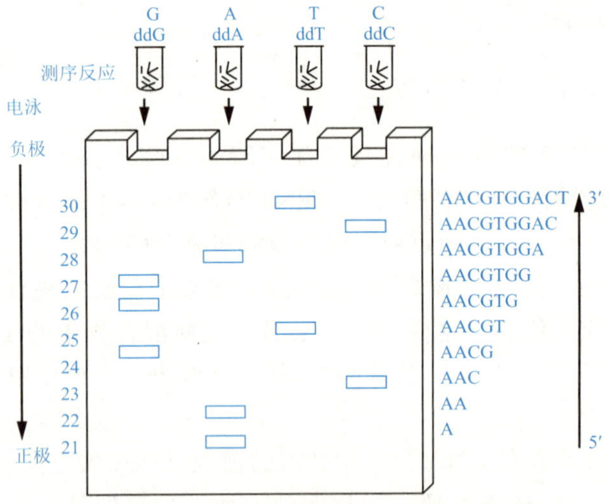

图 10-3 聚丙烯酰胺凝胶电泳和序列读取

测序反应结束后，需将反应产物通过含变性剂（如尿素）的高分辨聚丙烯酰胺凝胶电泳进行分离检测。由于进行了 4 个反应管的 DNA 合成反应（每组加入不同的 ddNTP），可将这 4 个反应管中的合成产物在 4 个不同的泳道同时进行电泳，结束后银染，每组产物电泳后能够产生一系列条带，每个条带都对应于一个 DNA 片段，其长度反映了某一个核苷酸在 DNA 序列中的位置。在电泳过程中，测序反应产物从凝胶的负极端向正极端泳动，片段长度越短，泳动速度越快，越靠近凝胶的正极端。因此，从凝胶的正极端向负极端（即由下向上）阅读即可得出模板 DNA 5′→3′的序列（图 10-3）。若 4 种 dNTP 用荧光染料标记，则可直接从电泳结果读取 DNA 序列；若 4 种 dNTP 用放射性^{32}P或^{35}S标记，则电泳结束后还需进行放射自显影显现这些不同的 DNA 片段，根据片段 3′末端的 ddNTP 便可依次阅读所合成的目的 DNA 片段的碱基排列顺序。

第二节 DNA 自动测序

在 Sanger 法的基础上，20 世纪 80 年代中期出现了以荧光标记代替放射性核素标记、以荧光信号接收器和计算机信号分析系统代替放射自显影的自动 DNA 测序仪。另外,20 世纪 90 年代中期出现的毛细管电泳技术使得测序的通量大为提高。

一、DNA 自动测序仪的主要构成

以 ABI PRISM 310 型基因分析仪为例,它是一台能够自动灌胶、自动进样、自动数据收集分析的自动 DNA 测序仪,主要由毛细管电泳装置、Macintosh 电脑、彩色打印机和电泳等附件组成。采用毛细管电泳技术取代传统的聚丙烯酰胺凝胶电泳,应用四色荧光染料分别标记的 ddNTP(标记终止物法)或引物(标记引物法),通过单引物 PCR 测序反应,反应产物为相差 1 个碱基的单链核苷酸混合物,且反应产物的 3′端(标记终止物法)或 5′端(标记引物法)会带有 4 种不同荧光染料。因此,带有 4 种荧光染料的反应产物可同时在一根毛细管内电泳,避免泳道间迁移率差异的影响,提高了测序的精准度。当不同分子量的 DNA 片段依次通过毛细管读数窗口段时,激光检测窗口的 CCD 摄影机检测器便可对荧光分子进行检测,激发的荧光经光栅分光,通过区分不同颜色的荧光来区分不同碱基信息,并在 CCD 摄影机上同步成像后,自动将不同的荧光转变为 DNA 序列,达到 DNA 测序的目的。

二、DNA 自动测序的原理

尽管全自动激光荧光 DNA 测序技术的基本原理基于 Sanger 双脱氧法,但不同的全自动激光荧光 DNA 测序系统的工作原理却不尽相同,概括起来,可将工作原理分为两类。

1. 四色荧光法　采用 4 种不同的荧光染料标记同一引物或 4 种不同的终止底物 ddNTP,最终结果均相当于赋予 DNA 片段 4 种不同的颜色。因此,一个样品的 4 个反应产物可在同一泳道内电泳,从而减少了不同测序泳道间电泳迁移率的差异对测序结果的精确性所带来的影响。可以将 4 种荧光染料分别标记在同一测序引物的 5′端,经 Sanger 法测序反应后,以某种 ddNTP 终止的所有 DNA 片段的 5′端都标记上了相同的荧光基团;也可以将 4 种荧光染料分别标记在 4 种 ddNTP 底物上,经 Sanger 法测序反应后,反应产物的 3′端便标上了不同的荧光(图 10-4)。

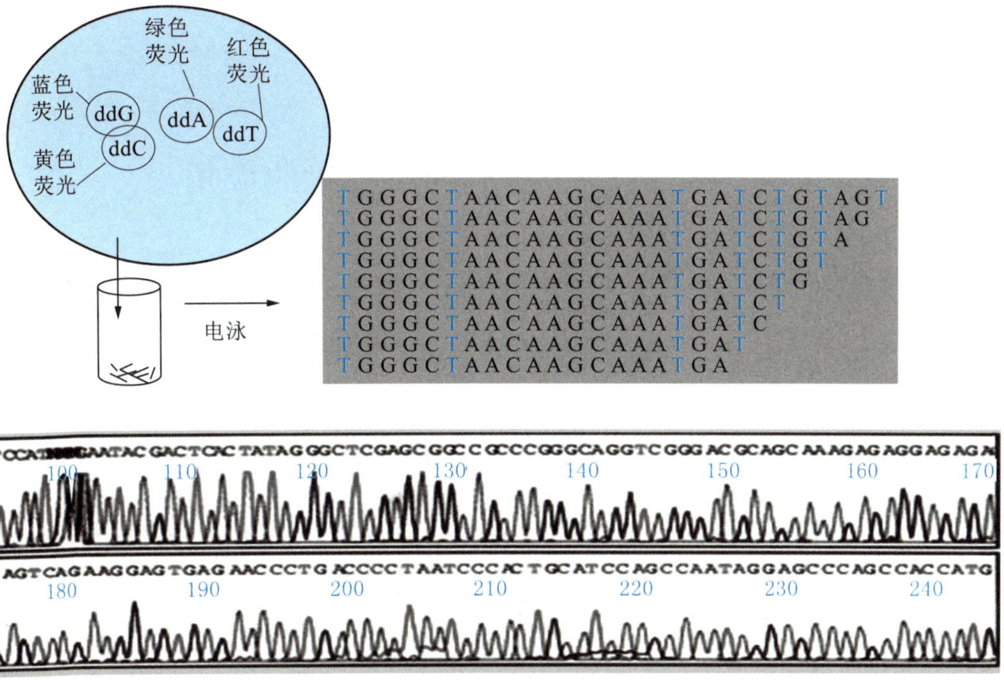

图 10-4　自动 DNA 测序原理

2. 单色荧光法 采用单一荧光染料标记引物5′端或dNTP，经Sanger法测序反应后，所有产物的5′端都带上了同一种荧光标记(即相当于赋予所有DNA片段同一种颜色)。因此，一个样品的4个反应必须分别进行，相应产物也必须在4个不同的泳道内电泳。

知识拓展

第2代测序技术和第3代测序技术

第2代测序技术即循环芯片测序(cyclic-array sequencing)。该方法采用了大规模矩阵结构的芯片分析技术，阵列上的DNA样本可以同时进行分析。其基本原理是对DNA样品芯片进行重复反应，通过显微设备观察并记录连续测序循环中碱基连接到DNA链上过程中释放出的光学信号，从而确定核苷酸序列。第2代测序技术的优势：① 可实现大规模并行化分析。一次实验可读取40万～400万条序列，总长可达1～14 G不等的碱基数。② 不需电泳，设备易于微型化。③ 样本和试剂的消耗量明显降低，大大降低了测序成本。第2代测序技术的最大缺点是测序结果较短，读长通常在30～450 bp，比较适合重测序，而不太适用于没有基因组序列的全新测序。目前常用的第2代测序技术平台有454测序、Solexa测序(又称Illumina测序)、SOLiD测序(sequencing by oligonucleotide ligation and detection)等。

第3代测序技术都是针对单分子进行序列分析，无须扩增。目前，第3代测序技术主要有3种策略：① 通过掺入并检测荧光标记的核苷酸，来实现单分子测序，包括单分子实时技术(single molecule real time technology，SMRT)、基于荧光供体和受体之间荧光共振能量转移(fluorescence resonance energy transfer，FRET)的测序技术。② 利用DNA聚合酶在DNA合成时的天然化学方式来实现单分子测序。③ 直接读取单分子DNA序列信息，如非光学显微镜成像测序技术(sequencing by non light microscope imaging)、纳米孔测序技术(nanopore sequencing)等。在第3代DNA测序技术中，目前SMRT较为成熟。SMRT有高速测序、长序列产出和低成本的优点，其测序速度可达第2代测序速度的1万～2万倍，测序长度可达10^4 bp。

第三节 DNA测序技术的应用

DNA测序技术已经成为生物学、医学最常用的技术之一，在生物学、医学等领域有着广泛的应用。

一、揭示基因和基因组一级结构的变化

基因是控制生物遗传性状的基本单位。除了常见的遗传性疾病，肿瘤、高血压、冠心病、糖尿病、肥胖等疾病或行为也都与基因相关。重大疾病及其相关基因的研究一直是医学研究的重点之一。基因位于基因组中，揭示基因和基因组一级结构变化是推动医学研究发展的关键。通过DNA测序技术，破译基因组的遗传信息，可进一步揭示基因结构与功能的关系，揭示疾病发生、发展的分子机制。

二、鉴定基因和基因组的变异

基因和基因组变异是多种人类遗传性疾病的根本病因，如血红蛋白基因的突变是多种地中海贫血的发病原因，视网膜母细胞瘤是由于Rb抑癌基因突变引起的。但是基因变异也有可能是人类进化的主要原因。利用比较基因组学，比较不同生物基因组和基因序列，可以发现基因的变异。利用

DNA 序列测定，可用于分析基因和基因组的变异情况。通过逐一阅读基因的 DNA 序列，可以准确地发现突变位点和突变碱基。

三、分析人工重组的基因

基因克隆技术使人们可以完全按照意愿合成出自然界本来不存在的基因片段，也可以将已知功能基因进行体外重组。无论采用什么样的方法获得重组基因，必须对基因的 DNA 序列进行测定，以便确定基因序列是否正确。

四、对定点突变进行确认

DNA 序列测定不仅用于基因自然变异的分析，也用于基因定点突变后的确认。基因定点突变是改造基因最常用的方法，对突变碱基的确认一定要经过 DNA 序列测定。

（王清路）

思考题

1. 应用双脱氧末端终止法进行 DNA 测序，如何进行结果的读取？
2. 和第 1 代测序技术相比，第 2 代测序技术和第 3 代测序技术有哪些优缺点？

本章课件　　本章习题

第十一章

转基因与基因打靶

学习目标

【掌握】

1. 动物转基因的基本原理。
2. 基因打靶的原理、基本程序。

【熟悉】

1. 常用的动物转基因技术。
2. 条件性基因敲除的原理。

【了解】

转基因动物的应用。

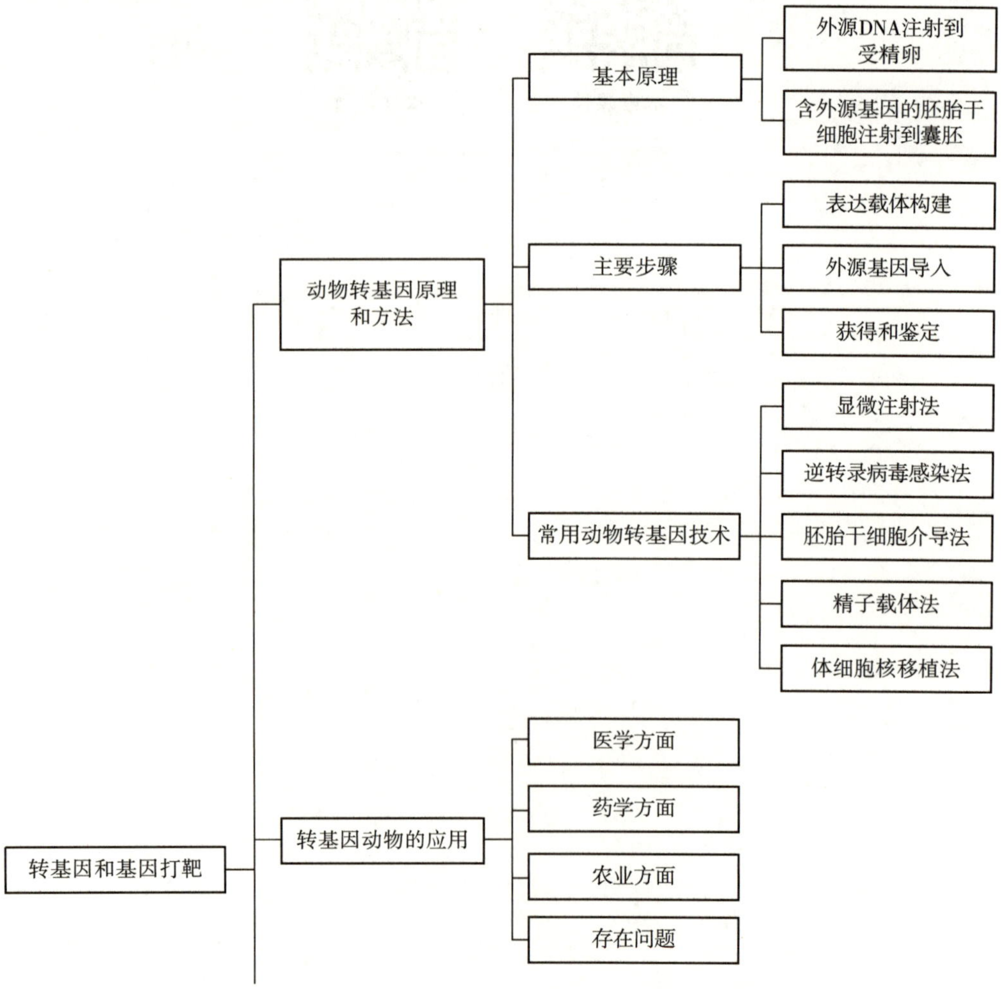

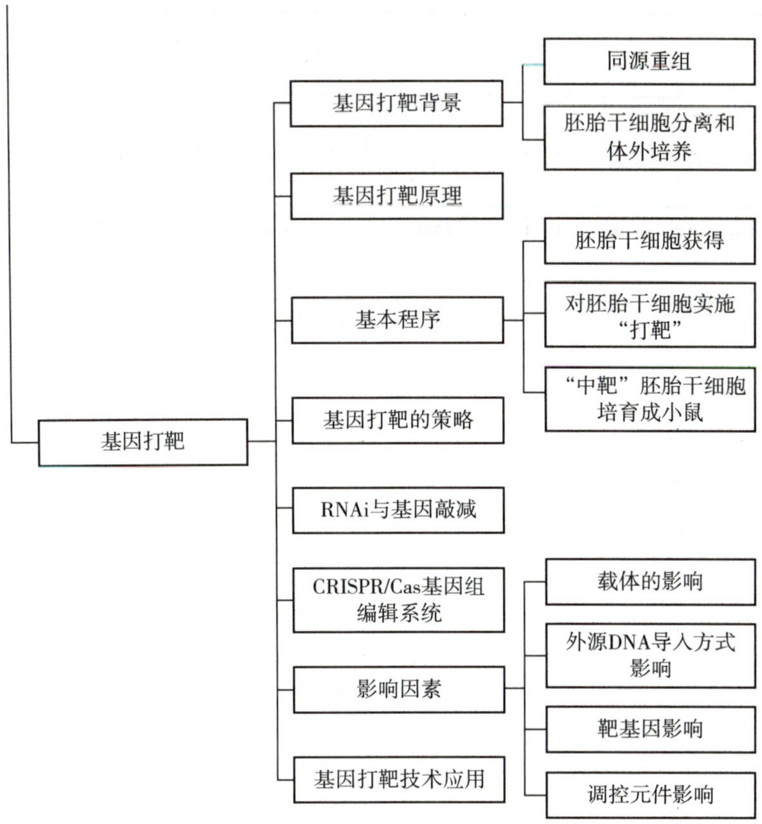

人类基因组计划虽然解析了基因序列，但绝大多数基因的功能尚不清楚。基因功能的确定必须通过实验来验证。转基因技术和基因打靶技术是基因功能研究的常用方法。转基因(transgene)是指整合到生物体染色体上、能稳定遗传的外源基因。转基因技术(transgenic technology)是指将外源基因导入受精卵或胚胎干细胞(embryonic stem cell)，即 ES 细胞，通过随机重组使外源基因插入细胞染色体 DNA，随后将受精卵或 ES 细胞植入假孕受体动物的子宫，使得外源基因能够随细胞分裂遗传给后代。基因打靶(gene targeting)是指通过同源重组定向地从细胞染色体上移除或移入特定基因的过程。转基因技术和基因打靶均可用于基因功能研究，但两者最大的区别在于基因打靶能去除和(或)替换生物体内的固有基因，而转基因技术则未去除或替换固有基因。

第一节　动物转基因原理与方法

动物转基因是指应用转基因技术培育出携带外源基因并能稳定遗传的动物。1980 年底，Gordon 等应用显微注射法首次成功地将重组的外源 DNA 直接注入小鼠受精卵雄性原核中，获得了携带外源基因小鼠，标志着动物转基因技术的建立。1982 年，美国科学家 Palmiter 等把大鼠的生长激素基因导入侏儒小鼠的受精卵内，获得体重为正常个体 2 倍的“超级小鼠”，从而使转基因技术在理论和实践意义上都迈进了一步。之后，Church 获得了首例转基因牛，成为首个人类饲养的转基因牲畜。此后人们相继成功获得了转基因大鼠、鸡、山羊、猪、绵羊等多种转基因动物。

动物转基因技术使人类按照既定目标改造物种的基因型或生物性状成为可能，实现了动物种间遗传物质的交换与重组，它对整个生命科学将产生重大影响。利用转基因动物模型研究外源基因，能够接近真实地再现基因表达所导致的结果及其在整体水平的调控规律。因此，转基因动物已成为探讨基因调控机制以及研究遗传病、心血管疾病、肿瘤等疾病的发病机制和治疗措施的有力工具。

一、动物转基因的基本原理

动物转基因的基本原理即建立转基因动物的方法，通常有两种方式。一是直接将外源目的 DNA 显微注射到受精卵的雄性原核，然后植入假孕雌性动物体内，使之发育成幼仔；二是将带有外源目的基因的胚胎干细胞注射到囊胚，然后在动物体内发育成幼仔。在出生的动物中即含有在一个等位基因位点进行了 DNA 整合的小鼠，即转基因杂合子（或嵌合体转基因动物）。经子代杂合子交配，在其后代中可筛选到纯合子，也就是携带外源基因的转基因动物。

动物转基因技术可用于分析转基因和动物表型的关系，研究外源基因的功能；另外，也可以通过转入外源基因培育优良的动物品种。

二、培育转基因动物的主要步骤

转基因动物的制备步骤主要包括转基因表达载体的构建、外源基因的导入、转基因动物的获得和鉴定、转基因动物品系的繁育等。

（一）转基因表达载体的构建

构建转基因表达载体，首先制备目的基因。克隆、分离目的基因是转基因技术的一个重要环节。获得目的基因的方法有很多种，目的基因可来自基因组 DNA 片段或 cDNA，将目的基因与克隆载体连接形成重组体，导入大肠埃希菌等宿主细胞中，筛选、鉴定含外源基因的阳性克隆并进一步增殖；也可采用 PCR 的方法扩增，获得目的 DNA 的大量拷贝。提取、鉴定目的基因，并与表达载体连接构成转基因表达载体，才能有效转入受体细胞。

作为转基因的外源基因至少应该包括结构基因及其调控序列两部分。为了方便检测外源基因在转基因动物中存在与否以及表达情况，常引入报告基因或报告序列，如 β-半乳糖苷酶、绿色荧光蛋白（green fluorescence protein，GFP）等。调控序列主要选用表达活性高且无组织特异性的强启动子（如 P_{CMV}、P_{GK}等）。为了防止外源基因高表达对胚胎细胞发育造成影响，也可以选用可诱导的启动子。

（二）外源基因的导入

1. 选择受体细胞　接受转基因的受体细胞应该是全能细胞或多能细胞。全能细胞随着细胞分化、胚胎发育，可以把其基因组贮存的全部遗传信息传递到生物体的所有细胞中。满足转基因动物需要的受体细胞主要有以下几种：① 原生殖细胞。禽类的原生殖细胞容易分离、培养和冷冻，所以，这种受体细胞在禽类动物较为常用。② 配子。配子能把自身携带的基因组全部信息和外源插入的基因序列，完整地转移给合子。所以，精子可以作为转移目的基因的载体。如用携带外源基因的重组病毒直接感染精子，精子即可把外源基因转移到合子。③ 受精卵或胚胎内细胞团。精子和卵子结合形成的单细胞受精卵，是最常用的外源基因转移的受体。若用受精后的早期胚胎及囊胚期稍后的胚胎含有的内细胞团作为外源基因的受体细胞，则也能实现基因转移的目的，但这种情况下制备的转基因动物多为嵌合体。

2. 实验动物的准备　在转基因动物中，以转基因小鼠最为常见。这里以利用显微注射法制备转基因小鼠为例，介绍实验动物的制备程序。

（1）不育雄性公鼠：受结扎的公鼠需 8 周以上，对种系无特殊要求。麻醉后将其双侧输精管夹断，使之丧失授精能力。结扎 1 个月后，将结扎公鼠与正常母鼠合笼饲养 2～3 周，未见母鼠怀孕者，则证明结扎成功。

（2）假孕母鼠：正常母鼠与结扎公鼠交配，12 小时后发现有精栓者即为假孕母鼠。一般选择 6 周龄至 5 个月的健康母鼠较合适，对种系无特殊要求。其生殖系统的生理状态应与植入胚胎的发育阶段同步化，从而为移植胚胎提供着床和继续发育的生理条件。

（3）供卵母鼠：一般选择 4～6 周母鼠通过激素催情法促使其超排卵，并与正常种公鼠交配，12 小时后检查有精栓者为供卵母鼠。将其于当天处死，提取受精卵细胞放入 CO_2 培养箱中培养，待用。

（4）种公鼠：选择 6～8 周的正常公鼠与供卵母鼠交配，12 小时后使母鼠产生精栓者为种公鼠。

3. 外源基因导入受体细胞　其方法主要包括显微注射法、逆转录病毒感染法、胚胎干细胞介导法、精子载体法、体细胞核移植法等。

（三）转基因动物的获得和鉴定

将导入外源基因的受体细胞植入到雌性动物体内，可发育成幼仔，即有可能获得带有外源基因的转基因动物。为了进一步确定，还需提取待测转基因动物组织的基因组 DNA，从染色体和基因水平、转录水平、翻译水平等不同层次进行外源基因的检测鉴定。

1. 外源基因的染色体和基因水平检测　检测动物基因组中是否携带外源基因。常用的方法为 PCR，即选用目标基因的一段序列作为引物进行扩增，再通过电泳初步检测是否含有目标基因。其他的方法还有 Southern blotting、DNA 斑点杂交及染色体原位杂交技术等，可以确定外源基因是否整合到该动物的基因组 DNA 中、整合的拷贝数及整合的确切位点。

2. 外源基因的转录水平检测　可利用 Northern blotting、RT－PCR 及 RNase 保护分析等方法确定外源基因是否转录及其转录水平。

3. 外源基因的翻译水平检测　检测转基因动物组织中是否含有外源基因编码的外源蛋白质，常用的方法有酶联免疫法、免疫荧光法和 Western blotting。

（四）转基因动物品系的繁育

第 1 代的转基因动物是嵌合体转基因动物，因为外源基因仅在一条染色体上稳定整合。只有通过选种选配，将两个嵌合体转基因动物成功交配，才能得到纯合子转基因动物，建立转基因动物品系，外源基因才能在后代中稳定遗传。

三、常用的动物转基因技术

外源基因导入受体细胞是动物转基因技术的关键部分。如前所述，外源基因导入受体细胞的方法主要包括显微注射法、逆转录病毒感染法、胚胎干细胞介导法、精子载体法、体细胞核移植法等。动物转基因技术流程见图 11－1。

（一）显微注射法

显微注射法是动物转基因技术中最常用的方法。它是在显微镜下用显微注射针将外源 DNA 溶液直接注射到动物受精卵细胞的原核内，使外源基因通过复制与胚胎基因组整合，然后进行体外培养，最后将整合了外源基因的受精卵植入假孕动物的子宫内发育，从而得到转基因动物。这样分娩的动物体内的每一个细胞都含有新的外源 DNA 片段。此法的优点是，在一定设备和经验条件下，实验过程大为简化，任何 DNA 序列都可直接导入受精卵细胞的原核内。其缺点在于导入的外源 DNA 通常以多拷贝串联的形式随机地整合于受体细胞基因组中，造成表达结果的不确定性，妨碍其表达的正常调节。利用显微注射法制备转基因小鼠的流程见图 11－2。

（二）逆转录病毒感染法

逆转录病毒是双链 RNA 病毒，它感染细胞后可通过自身的逆转录酶以 RNA 为模板，在宿主细胞内经过逆转录生成 DNA。在利用逆转录病毒作为载体进行转基因时，首先要对逆转录病毒进行改造，将外源基因插入到逆转录病毒的基因组中，然后利用此病毒感染胚胎细胞，即可对胚胎细胞进行遗传转化。如果在第 1 次卵裂之前将外源基因整合到胚胎基因组中，可获得转基因动物。如果在第 1 次卵裂之后整合，会产生嵌合体转基因动物，其第 2 代可能出现转基因动物。

该方法操作简单，重组逆转录病毒可同时感染大量胚胎细胞，感染后的整合率高；外源基因在整合时不发生重排，为单位点、单拷贝整合，并且不受胚胎发育阶段的限制。缺点是携带外源基因的长度不能超过 15 kb，载体逆转录病毒基因有潜在的致病性，威胁受体动物的健康安全。

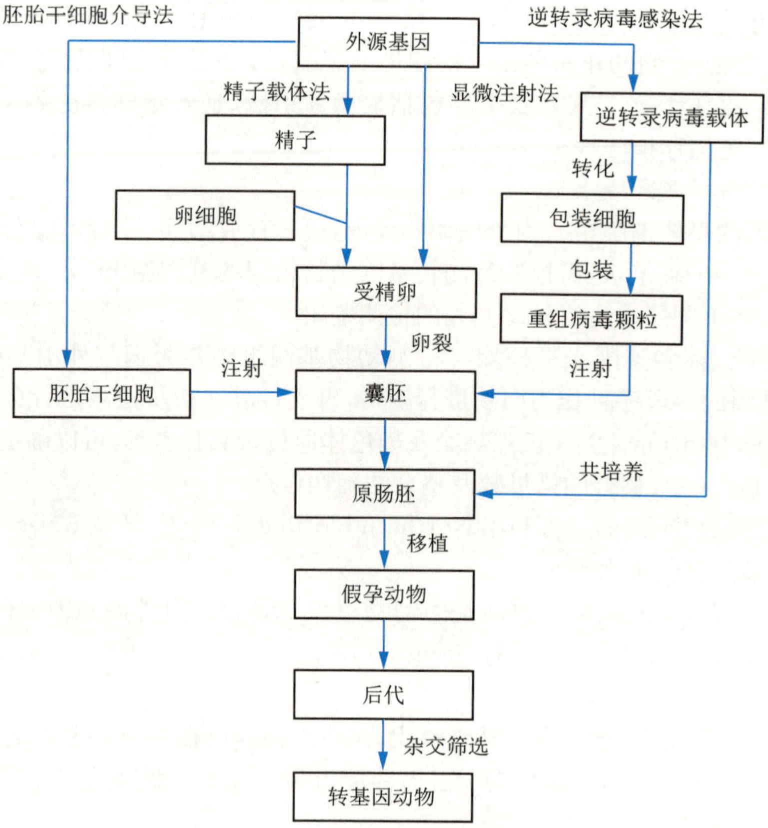

图 11－1 动物转基因技术流程

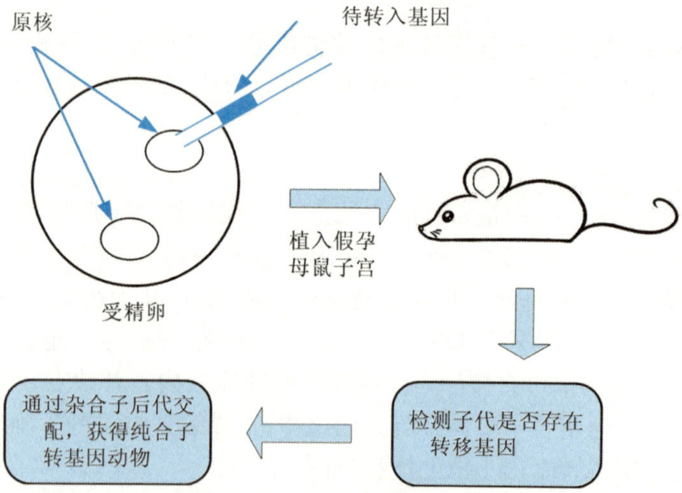

图 11－2 显微注射法制备转基因小鼠的基本过程

（三）胚胎干细胞介导法

胚胎干细胞是从早期胚胎未分化的内部细胞团中分离获得的一种多潜能细胞系。如果将胚胎干细胞注射到正常发育的囊胚腔中，它们能很快地与受体内的细胞团聚集在一起，参与宿主正常的胚胎发育，形成嵌合体。因此，可以将其作为一种载体，将外源基因导入动物个体，获得转基因动物。其基本过程为：外源基因通过适当方法转染胚胎干细胞，经过筛选和增殖，再将重组胚胎干细胞注射入受体囊胚腔，即可发育成携带外源基因的嵌合体。该法外源基因的整合率高，但产生的转基因动物都是嵌合体。

（四）精子载体法

精子载体法是以精子作为载体，将外源 DNA 与精子一起孵育，精子可捕获外源 DNA，通过体外授精作用将外源基因导入卵细胞中，再整合到受精卵的染色体上，将受精卵移植入假孕动物的子宫内，经过胚胎的发育，即可获得整合有外源基因的转基因动物。同显微注射法相比，此法不仅成本很低，且不涉及对动物进行处理，操作相对简单。1989 年，意大利的 Lavitrano 等首次报道利用精子作为载体获得了转基因小鼠。

（五）体细胞核移植法

体细胞核移植法是把转基因技术与动物克隆技术相结合产生的一种新技术。该方法是先将外源基因导入在体外能继代培养的动物体细胞中，使外源基因整合到供体细胞上，筛选获得带转基因的细胞。然后，将携带转基因的供体细胞核移植到去掉细胞核的成熟卵母细胞（受体细胞），形成重组胚胎。重组胚胎再移植到假孕雌性动物子宫内，待其妊娠、分娩，即可获得转基因的克隆动物。

知识拓展

转基因与医学

癌基因的引入会导致肿瘤的形成。携带 SV40 病毒早期编码序列和调控元件的转基因小鼠只在一些组织（脑、胸腺、肾）中表达大 T 和小 t 抗原。T/t 抗原是剪接蛋白质，由病毒的早期基因区域编码，它们能使正常细胞转变为肿瘤细胞。转基因小鼠通常在长到 6 个月之前就死亡，通常是由于脑瘤所致。有时也会在胸腺和肾中发现肿瘤。不同的癌基因可以引发小鼠产生不同的肿瘤，从而我们可以建立起一系列模型系统。如 *myc* 基因属于癌基因，将其导入活性启动子的控制下会诱发腺癌或者其他癌症。

是否可以通过转基因技术使功能基因取代缺陷基因呢？一个成功的例子是对性腺功能减退（hypogonadal，*hpg*）小鼠的治愈。*hpg* 小鼠缺少编码性腺激素释放激素（gonadotropin-release hormone，GnRH）和 GnRH 相关多肽（GnRH-associated peptide，GAP）这些糖蛋白前体基因的远端，结果这种小鼠是不孕的。当完整的 *hpg* 基因通过转基因技术导入小鼠细胞后，它能够在合适的组织中表达。这些小鼠的后代是正常的，这说明转基因的表达调控与其正常的等位基因是没有区别的。

第二节 转基因动物的应用

自 1982 年转基因鼠问世以来，转基因动物在医学、生物学、药学、农业等许多方面都取得了令人瞩目的成就，并展示出了广阔的应用前景。

一、医学生物学方面的应用

在基础生物学研究中，动物转基因技术已用于研究真核生物的基因转录、表达和调控规律及个体发育的分子调控规律。借助转基因动物模型，人们有可能将分子、细胞、组织、器官及个体的发生发育和衰老统一起来，从时间和空间角度综合研究基因的表达调控规律。如利用神经组织特异性或心肌组织特异性调控因子与标记基因（如绿色荧光蛋白基因或 β-半乳糖苷酶基因）构建在一起，制备出转基因动物，通过检测标记基因的表达产物可研究神经或心肌组织的发生、发育规律。

在基础医学研究中，可通过动物转基因技术制备疾病的动物模型，用于研究疾病的发生、发展规律和治疗方案的选择。目前，建立的疾病动物模型已有数百种，包括人类的遗传病以及糖尿病、动脉粥样硬化症、高脂血症等常见疾病。

二、药学方面的应用

转基因动物可作为医用或食用蛋白的生物反应器用于生产基因产物。例如，以转基因小鼠生产凝血因子Ⅸ、组织型血纤溶酶原激活因子(t-PA)、白介素-2、α_1-抗胰蛋白酶，以转基因绵羊生产人的α_1-抗胰蛋白酶，以转基因山羊、奶牛生产LAt-PA，以转基因猪生产人血红蛋白等，这些基因产品具有高效、优质、廉价的优点，与相应的人体蛋白具有同样的生物活性，且多随乳汁分泌，便于分离纯化。

三、农业方面的应用

由于动物转基因技术可以改造动物的基因组，使家畜、家禽的经济性状改良更加有效。例如，通过生长素基因、多产基因、促卵素基因、高泌乳量基因、瘦肉型基因、角蛋白基因、抗寄生虫基因、抗病毒基因等基因转移，可使家禽、家畜的生长周期缩短，产仔、生蛋多和泌乳量高，瘦肉率提高，生产的肉类、皮毛品质与加工性能好，并具有抗病性等。已在牛、羊、猪、鸡、鱼等家畜、家禽中取得一定成果。

四、动物转基因技术存在的问题

然而，动物转基因技术仍存在一些亟待解决的问题。例如，外源基因插入宿主基因组是随机的，可能产生插入突变，破坏宿主基因组功能；外源基因在宿主染色体上整合的拷贝数不等；整合的外源基因遗传丢失而导致转基因动物症状的不稳定等。为解决上述问题，可以在转基因动物利用组织特异性启动子实现外源基因的时空特异性表达。

第三节 基因打靶

基因打靶是一种按预期方式准确改造生物遗传信息的实验手段。该技术的巧妙之处在于将胚胎干细胞技术和DNA同源重组技术结合起来，实现对染色体上某一基因的定向修饰和改造，从而深入地了解基因的功能。基因打靶包括基因敲入、基因敲除、点突变、缺失突变、染色体大片段删除等。

一、基因打靶研究的背景

基因打靶技术将胚胎干细胞技术和DNA同源重组技术有效地结合起来。利用哺乳动物染色体DNA间的同源重组，能够精确地找到感兴趣的基因，通过分子生物学技术处理，对其进行深入研究，从而了解该基因的功能或是修复带有缺陷的基因；而胚胎干细胞分离和体外培养的成功使得基因水平的改造能够通过生物功能的变化反映出来，即将结构变化成功转换为功能研究。因此，哺乳动物中同源重组的存在、胚胎干细胞分离和体外培养的成功是基因打靶技术成功实施的理论和技术基础。

（一）同源重组

30多年前，研究者们认为定点破坏一个基因或者基因组，再准确定位引入另一个基因，这项工作在携带了庞大遗传信息的哺乳动物细胞中是几乎不可能完成的，因为任何插入的外源DNA都会随意地将自己嵌入染色体。然而，随着分子生物学技术的发展，Mario Capecehi 和 Oliver Smithies 率先提出了将同源重组运用于哺乳动物细胞内特定基因的靶向修饰，并经过大量研究证实了该设想。

同源重组(homologus recombination)是指发生在姊妹染色单体(sister chromatin)之间或同一染色体上含有同源序列的DNA分子之间或分子内的重新组合。同源重组的发生需要一系列酶的参与。哺乳动物细胞中含有催化DNA分子间进行同源重组的酶系。这些酶不仅能够催化细胞内不同DNA

分子之间的交换，还可催化外源 DNA 和内源 DNA 之间的重组，这就为目的基因插入哺乳动物细胞染色体 DNA 提供了理论基础。由于重组仅仅发生在同源序列之间，这不仅保证了基因打靶的精确性，还能够确保有效改变生物后代的基因，从而稳定地用于后续的研究和利用。

（二）胚胎干细胞分离和体外培养

胚胎干细胞分离和体外培养是基因打靶技术能够实施的重要技术基础。胚胎干细胞是指在人胚胎发育早期囊胚（即受精后 5～7 天）中未分化的细胞。这些未分化的细胞簇集于囊胚腔的一侧，随着受精卵的发育可不断地增殖、分化，最后发育形成完整个体。胚胎干细胞具有细胞全能性，同时还具有正常整倍体核型，是研究哺乳动物个体发育、胚胎分化、性状遗传机制的理想模型。胚胎干细胞的分离和体外培养成功，为用于同源重组的重组载体找到了理想的受体细胞。只要能将改造后的胚胎干细胞导入受体的囊胚腔内，该细胞将会继续生长增殖，最终发育成为成熟个体。

虽然理论上各种哺乳动物的干细胞都可以用于基因打靶技术研究，科学家们也在尝试使用兔、猴等作为实验动物，但是迄今为止，小鼠干细胞的建系方法最成熟、效果也最稳定。之所以选择小鼠作为研究模型，是因为小鼠所具有的各项生理指标与人类非常相近，而且其基因组和人类基因组也高度同源，所以利用小鼠构建动物模型有利于人类疾病的研究。与常用的大肠埃希菌和酵母基因组的改造相比，在小鼠体内实现该技术对于人类生命科学的研究就显得更有意义。

知识拓展

基因打靶技术的建立

1987 年，美国科学家 M. Capecchi 和 O. Smithies 分别独立开发了基因打靶技术。该技术可以使特定基因精确导入小鼠 ES 细胞。它们来源于减数分裂过程中，姊妹染色体交叉互换同源区域。生殖细胞中同源重组比较常见，但是在体细胞中比较罕见。这样，外源 DNA 序列往往随机整合到宿主基因组，偶尔也整合到同源序列。Smithies 和 Capecchi 发明了筛选出同源重组细胞的方法，即“加减法”。包括筛选出缺失特定基因的细胞（基因敲除）和敲入工程化改造基因的细胞（基因敲入）。1981 年，英国科学家 Martin J. Evans 发明的胚胎干细胞技术也为基因打靶技术的实现奠定了重要基础。这 3 位科学家因基因打靶技术分享了 2007 年诺贝尔生理学或医学奖。

二、基因打靶原理

基因打靶的原理如下：① 从小鼠囊胚（受精卵分裂至 8 个细胞左右即为囊胚，此时受精卵只分裂不分化）分离出未分化的胚胎干细胞。② 利用细胞内的染色体 DNA 与导入细胞的外源 DNA 在相同序列的区域内发生同源重组的原理，用含有筛选标记的打靶载体，对胚胎干细胞中的特定基因实施“打靶”。③ 将“中靶”的胚胎干细胞移植回小鼠囊胚，进而与囊胚一起分化发育成相应的组织和器官，最后产生具有基因功能改变的“嵌合鼠”。由于“中靶”的胚胎干细胞保持分化的全能性，因此可以发育成为嵌合鼠的生殖细胞，使得经过定向改造的遗传信息可以代代相传。

三、基因打靶的基本程序

（一）胚胎干细胞的获得

1981 年，埃文斯成功地从实验鼠早期胚胎中获得胚胎干细胞，并将这些细胞植入到实验鼠的受精卵内。这些细胞能够正常增殖分化，最终把特定遗传性状传递给后代。这次发现为基因打靶技术的实现找到了理想的细胞模型。随着基因打靶技术的不断完善，胚胎干细胞的获得方式也在不断改进，但是胚胎干细胞的供体仍然以小鼠为主，这不仅是因为小鼠胚胎干细胞的获取方式最为成熟，还由于小鼠基因与人类高度同源，使用小鼠作为实验模型更有利于人类疾病的研究。

（二）对胚胎干细胞实施“打靶”

1. 基因载体的构建　与传统基因工程中载体构建相比，基因打靶技术的载体构建有其自身特点。成功构建的载体除了需要含有目的基因和必要的筛选标志以外，还必须携带有与转入胚胎干细胞内染色体 DNA 同源的 DNA 片段。简单来说，就是把目的基因和与靶基因两端同源的特异性 DNA 片段重组到带有标记的载体上。只有同时满足以上条件，才能够利用同源重组的方式成功将目的基因转入受体细胞中。把目的基因与具有细胞内靶基因特异片段同源的 DNA 分子重组到载体上，通过同源重组就可以对细胞内染色体 DNA 进行修饰，同时不影响靶基因以外任何基因的表达。

2. 同源重组　作为基因打靶研究的核心步骤，其效率的高低直接决定着该方法的成功与否。将同源重组载体通过一定方法导入到受体小鼠胚胎干细胞，利用重组载体上与小鼠干细胞内染色体 DNA 的同源片段，将外源 DNA 整合到内源基因组中，从而实现将目的基因导入到小鼠干细胞内并得以表达。目前常用的将重组载体导入胚胎干细胞的方法有两种：一是显微注射法，主要是利用管尖极细（0.1～0.5 μm）的玻璃微量注射针，将重组载体直接注射到胚胎干细胞中。该方法命中率高，但技术难度相对较大，而且需要相当精密的显微操作仪器。二是电穿孔法，在直流电场作用下，细胞膜表面会形成微小通道（105～115 μm），这种通道能维持几毫秒到几秒，然后自行恢复。在此过程中，重组体就可以经过这些通道进入细胞。该方法导入效率相对较低，但操作简单。

3. 筛选“中靶”细胞　将重组体导入胚胎干细胞后，并不是所有的目的片段都能够整合到内源基因组中。实际上，同源重组的自然发生率很低，动物的重组概率为 10^{-5}～10^{-2}，植物的概率为10^{-5}～10^{-4}。因此，如何从庞大的细胞群中发现重组成功的目标细胞将是一项非常艰巨的任务。正负筛选法（PNS 法）、标记基因的特异位点表达法以及 PCR 法都可用于同源重组后靶细胞的筛选，其中 PNS 法是目前最常用的筛选方法之一。

（三）将“中靶”胚胎干细胞培育成基因打靶小鼠

通过筛选得到重组成功的细胞后，将筛选出来的细胞采用囊胚注射技术注入正常小鼠的囊胚腔内。此时，胚胎中不仅含有筛选出来的修饰后的重组细胞，而且含有正常的胚胎细胞。将混合胚胎植入假孕母鼠的子宫内，经过一段时间的增殖发育，母鼠会产下嵌合体小鼠。嵌合体小鼠成熟后可互相交配，经过至少两代的繁殖，最后可筛选出纯合体小鼠进行后续研究。制备基因打靶小鼠的过程见图 11－3。

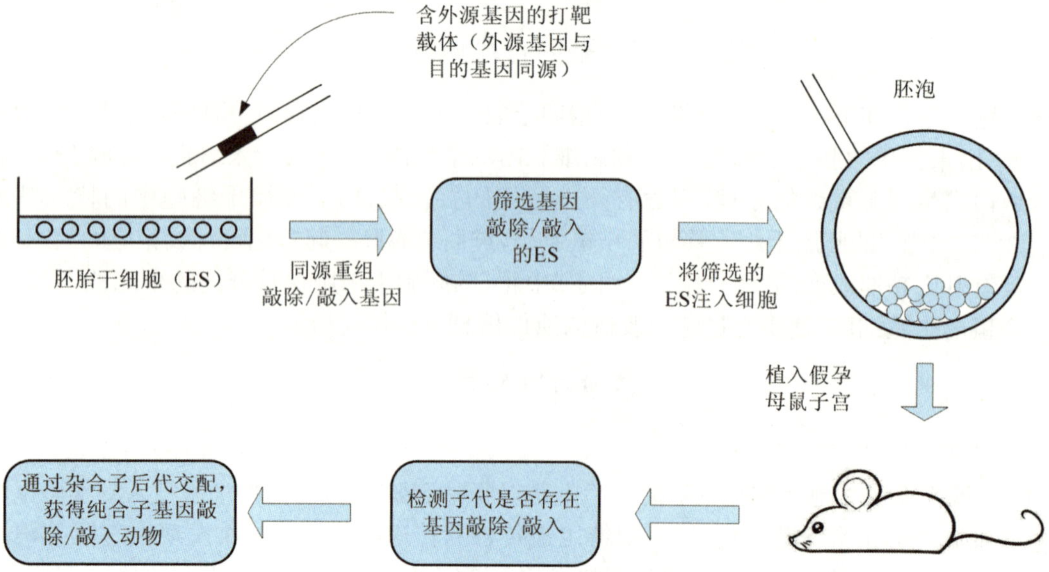

图 11－3　基因打靶小鼠的制备过程

四、基因打靶的策略

基因敲除(gene knock-out)属于基因打靶的一种,其利用同源重组的原理,在胚胎干细胞中定点破坏内源基因,然后利用胚胎干细胞发育的全能性,获得带有预定基因缺陷的动物。然而,基因被完全敲除之后使得表型分析受到很多限制。如有些重要的靶基因被敲除后会引起胚胎早期死亡,使得无法分析该基因在胚胎发育晚期和成年期的功能;某些基因在不同的细胞类型中执行不同的功能,完全敲除会导致突变小鼠出现复杂的表型,使研究者很难判断表型的异常是由一种细胞引起还是多种细胞共同引起的。随着研究的进展,为了克服以上不足,条件性基因敲除(conditional gene knock-out)技术出现了,该技术使基因敲除效果更加精确可靠,理论上可达到对任何基因在不同发育阶段和不同器官、组织的选择性敲除。

条件性基因敲除是基于 Cre/loxP 系统建立的,其原理:Cre 重组酶属于位点特异性重组酶,能介导两个 34 bp 的 loxP 位点之间的特异性重组,使 loxP 位点间的序列被删除。重组酶介导的条件性基因敲除通常需要两种小鼠,一种是在特定阶段、特定组织或细胞中,表达 Cre 重组酶的转基因小鼠;另一种是在基因组中引入了 loxP 位点的小鼠,即靶基因或其重要功能域片段被两个 loxP 位点锚定的小鼠。两种小鼠交配后,Cre 基因产生的 Cre 重组酶就会介导靶基因两侧的 loxP 间发生切除反应,结果将一个 loxP 和靶基因切除。由于可以控制 Cre 重组酶在特定阶段、特定组织或细胞中表达,使得 Cre 介导的重组可以发生在特定的阶段、组织或细胞中,导致这些组织或细胞中的靶基因在特定的阶段被敲除,而其他组织或细胞中因不表达 Cre 而使得靶基因不被敲除。Cre/loxP 系统的条件性基因敲除的原理见图 11-4。

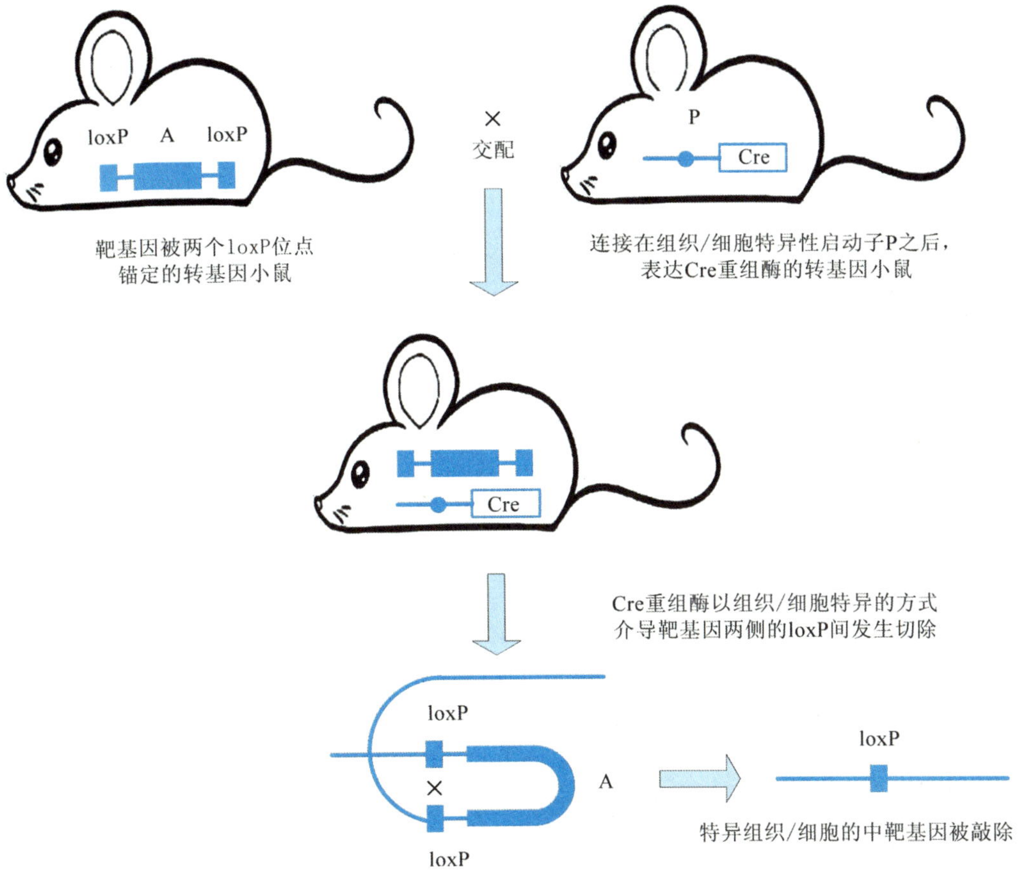

图 11-4　Cre/loxP 系统的条件性基因敲除的原理

五、RNAi 引起的基因敲减

RNA 干扰可引起基因敲减(gene knock - down)。RNA 干扰(RNA interfering,RNAi)是指由短双链 RNA 诱导的同源 RNA 降解的过程。短双链 RNA 可由细胞内的干扰小 RNA(siRNA,一种双链 RNA)在特定的情况下通过一定的酶切机制转变而成,长度一般为 21～23 个碱基。

RNAi 的基本原理:利用短双链 RNA 能与细胞内无活性或低活性的酶复合物 Dicer(由核酸内切酶和解旋酶等组成)相结合使其激活,并特异性地切割双链 RNA,被切割的双链 RNA 与一些蛋白质结合形成 RNA 诱导的沉默复合物(RNA-induced silencing complex,RISC)。RISC 与特异的靶 mRNA 完全互补结合,导致靶 mRNA 降解,阻断翻译过程。这种放大效应最终清除所有的靶 mRNA,实现高效、快速的基因敲减。

六、CRISPR/Cas 基因组编辑系统

CRISPR/Cas 系统是细菌和古细菌的一种获得性免疫系统,用于抵御存在于噬菌体或质粒的外源遗传元件的入侵。基于此衍生出一种新型的基因组编辑技术,该技术设计简单、特异性强、效率高,为基因组定向改造调控和应用带来了突破性的革命。

(一) CRISPR/Cas 序列结构特点

成簇规律间隔短回文重复(clustered regularly interspaced short palindromic repeats,CRISPR)座是指细菌基因组上成簇排列的、由来自噬菌体 DNA 的间隔序列和宿主菌基因组的重复序列所形成的特殊重复序列-间隔序列阵列。对于重复序列而言在长度和序列上几乎一致,在不同的物种之间长度范围在 21～47 bp,平均在 32 bp;间隔序列在长度上是一致的,长度范围在 20～72 bp,但在序列上表现出多样性,见图 11 - 5。位于 CRISPR 座 5′端成簇的 Cas 基因(CRISPR-associated gene,Cas gene),主要包括一些核酸酶、解旋酶、聚合酶和 RNA 结合蛋白等,主要参与 CRISPR/Cas 系统介导的免疫过程。

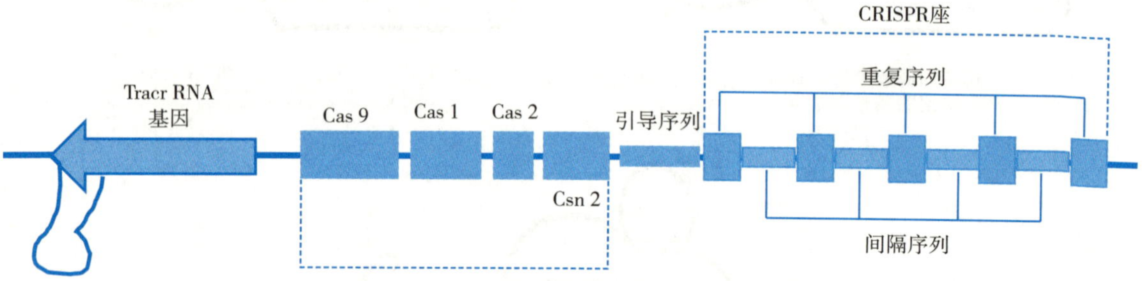

图 11 - 5 细菌基因组的 CRISPR/Cas 系统

(二) CRISPR/Cas 系统工作基本原理(Type Ⅱ 为例)

目前对于 CRISPR/Cas 系统主要分为 3 种类型:Type Ⅰ、Type Ⅱ、Type Ⅲ,一个简易的 Type Ⅱ CRISPR/Cas 系统必定要含有 Cas9 和 gRNA,Cas9 核酸酶具有改造 crRNA 和破坏双链 DNA 的双重功能,位于 gRNA 5′端的 20 个左右的碱基及其序列一致 DNA 链 20 个碱基 3′端的 3 个碱基(通常为 NGG,称为 PAM 位点)决定 CRISPR/Cas9 系统在应用时 Cas9 核酸酶特异性切割的部位,主要负责决定 CRISPR/Cas9 系统的特异性。

基本原理(图 11 - 6):首先,Cas9 蛋白与 gRNA 形成复合体;其次,上述复合体切割与 gRNA 的 spacer 互补的基因组 DNA 序列;随后造成双链 DNA 的损伤;最后通过体内的非同源性末端接合(Non-homologous end joining, NHEJ)或同源重组(Homologous recombination,HR)修复机制将引入基因突变。

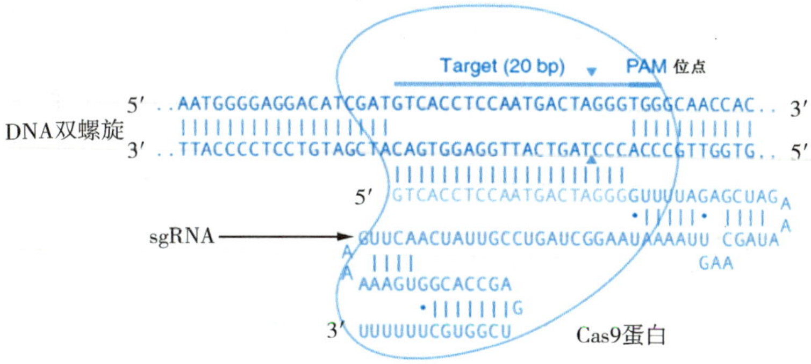

图 11 - 6　CRISPR/Cas9 工作原理

（三）CRISPR/Cas 系统与疾病研究

基于 CRISPR/Cas9 系统，通过对 *Cas9* 基因的改造并融合表达胞嘧啶脱氨酶（C→T）或腺苷脱氨酶（A→G）实现了基因组单碱基的编辑技术，为遗传类疾病的根治奠定了基础。除此之外，基因组编辑技术还可应用于构建疾病模型，如骨髓瘤、遗传病等多种疾病模型。在基因治疗上，可以采用 CRISPR/Cas 系统治疗艾滋病、白内障、地中海贫血、囊性纤维病等基因突变引起的相关疾病。

七、基因打靶的影响因素

1. 打靶载体的影响　打靶载体包括载体骨架、靶基因同源序列和突变序列及选择性标记基因等非同源序列。其中同源序列是决定同源重组效率的关键因素。Thomas 和 Capecchi 研究表明，当载体同源序列长度从 4 kb 增加至 9 kb 时，基因打靶效率增加 10 倍。与此同时，非同源重组效率增加 40 倍。Hasty 等研究发现，同源序列达一定长度后，继续的增加对同源重组效率不产生显著影响。另外，载体上的非同源序列对打靶效率可能产生影响，片段插入的数目和位点可能与同源重组效率有关，但不是主要的影响因素。

2. 外源 DNA 导入方式的影响　目前，外源 DNA 导入的方式主要有显微注射法、电穿孔法、胚胎干细胞法、精子载体法和逆转录病毒感染法。不同的导入方法对同源重组效率有明显影响，目前应用最广的是显微注射法。Capecchi 报道，用显微注射法导入可得到很高的转染效率，占接受外源 DNA 细胞的 10%～20%。但显微注射每次只能注射一个细胞，而用电穿孔法可同时使许多细胞得到转染，小鼠胚胎干细胞的建立，为基因打靶提供了理想的受体细胞。胚胎干细胞传代稳定，体外可操作性强，可在体外培养的水平上进行转基因整合的筛选鉴定，达到定点整合的效果，对制作转基因小鼠和研究转基因的结构和功能起到了巨大的推动作用。

3. 靶基因的影响　早期研究缺陷型标记基因时发现，整合标记基因的同源重组效率与它在基因组中的插入位置有关，说明基因组中的不同区域对同源重组过程产生了影响。特定的区域有利于外源基因的整合。基因结构顺序对同源重组效率有影响。一般认为，有转录活性的基因有利于同源重组，靶基因拷贝数的增加并不能提高同源重组效率。

4. 调控元件的影响　目前，转基因的整合具有位置效应已被公认。5′端的启动子和增强子，3′端终止子都对转基因的整合产生作用，这也是某些打靶载体选择组织特异性启动子的原因。外源转基因的有效表达，还取决于其是否有内含子，因为内含子中存在的转录调控元件可影响 mRNA 的剪接和启动子与内含子间的调节反应。另外，内含子可能含有能开放染色体功能域的一些序列，也可能通过影响核质成分、位置等来提高转基因表达。此外，核基质附着区和主要控制区均具有特异的位置独立性表达。

此外，目的基因插入片段大小、载体 DNA 是否线性化等也影响基因打靶的效率。

八、基因打靶技术的应用

基因打靶技术的应用如今已经遍及生物医学各个领域，此项技术改变了传统的医学科学研究模式，为某些疾病的基因治疗提供了新的依据，带来了新的希望。

1. 在心血管系统疾病中的应用　载脂蛋白 E(apolipoprotein E，ApoE)基因敲除小鼠如今已成为心血管系统疾病研究中最常用的动物模型。1992 年，Smithies 研究小组通过敲除小鼠 *ApoE* 基因成功构建了基因敲除小鼠模型，最早在国外实验室用于动脉粥样硬化(AS)及其相关疾病的研究。*ApoE* 基因敲除小鼠所致 AS 是基于遗传损伤，与常规研究中高脂饮食所导致的 AS 相比，其发病机制、病理形态、临床表现等都更接近于人类 AS，所以模型为筛选抗 AS 药物、AS 发病机制研究提供了良好的实验平台，同时也是 AS 相关病理研究较为理想的动物模型。除了 *ApoE* 基因敲除小鼠，更多与心血管相关的基因敲除小鼠模型也开始运用于疾病研究。通过基因打靶技术构建的小鼠模型将会为人类了解心血管疾病发病机制、筛选高效治疗药物带来新的希望。

2. 在肿瘤治疗中的应用　随着基因打靶技术的日趋成熟，肿瘤的基因治疗已经成为生物医学领域的研究热点。通过基因敲除或基因敲入可找到更多与肿瘤发病相关的癌基因和抑癌基因，能够帮助我们发现更有效的药物作用靶点。*P53* 基因作为目前研究较为成熟的抑癌基因，在小鼠体内对该基因进行靶向改造，通过观察小鼠对肿瘤的易感程度和类型，从而判断 *P53* 基因在肿瘤形成中的作用。通过基因打靶技术，构建与肿瘤相关基因的基因敲除小鼠模型，为探索肿瘤基因治疗提供了最佳实验材料。

3. 在消化系统疾病治疗中的应用　研究表明，特定基因敲除的小鼠模型在没有外界因素刺激的作用下对某些消化系统疾病易感。如 NS-GAS 转基因小鼠能自发出现萎缩性胃炎、肠化生等；APC 被认为是家族性息肉病的主要致病原因，当其与 *ras*、*P53* 等基因关联突变后，导致结肠癌发生的概率将会增加。

如今，基因打靶技术不仅用于建立人类疾病的动物模型，而且涉及更广阔的研究领域，主要包括：① 改造动物基因型，鉴定新基因及其新功能。② 提供廉价的异种移植器官。③ 治疗遗传性、免疫性疾病。④ 改造生物、培育新的生物品种。

（王清路）

思考题

1. 转基因动物有哪些应用？该技术有哪些优缺点？
2. 常用的基因打靶技术有哪些？是如何实现的？

本章课件　　本章习题

第十二章

siRNA 与 miRNA

学习目标

【掌握】

1. RNA 干涉的概念及基本过程。
2. miRNA 的概念及其结构特征。

【熟悉】

1. RNA 干涉的作用特点及其功能。
2. 循环 miRNA 的概念及生成。
3. RNAi 技术的基本程序及应用。

【了解】

miRNA 的生理功能及其临床应用。

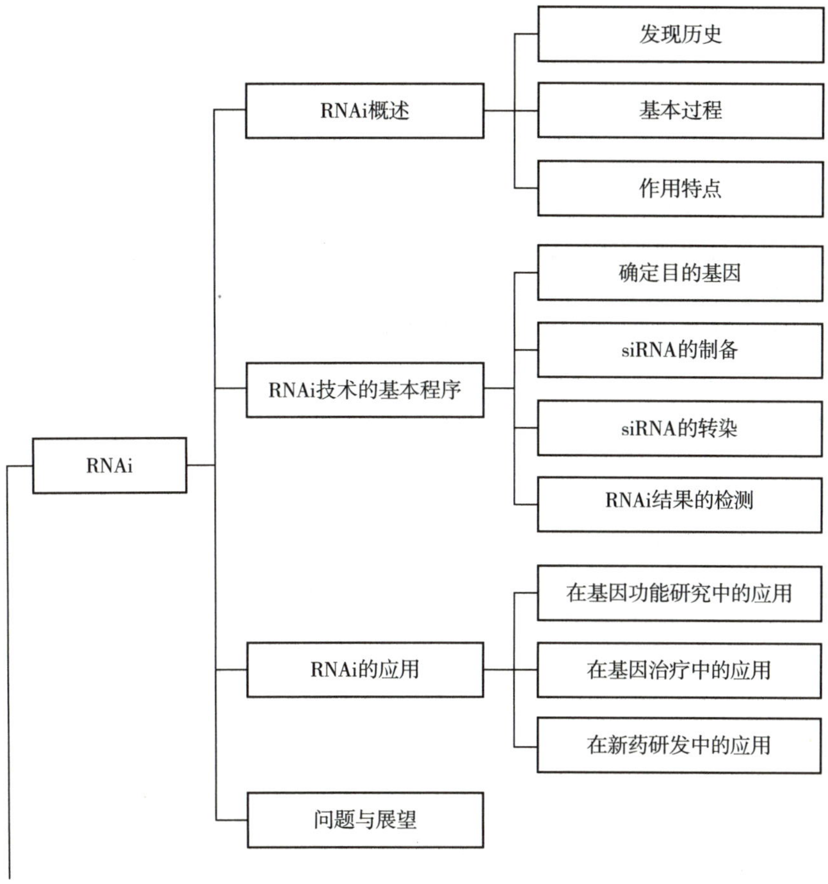

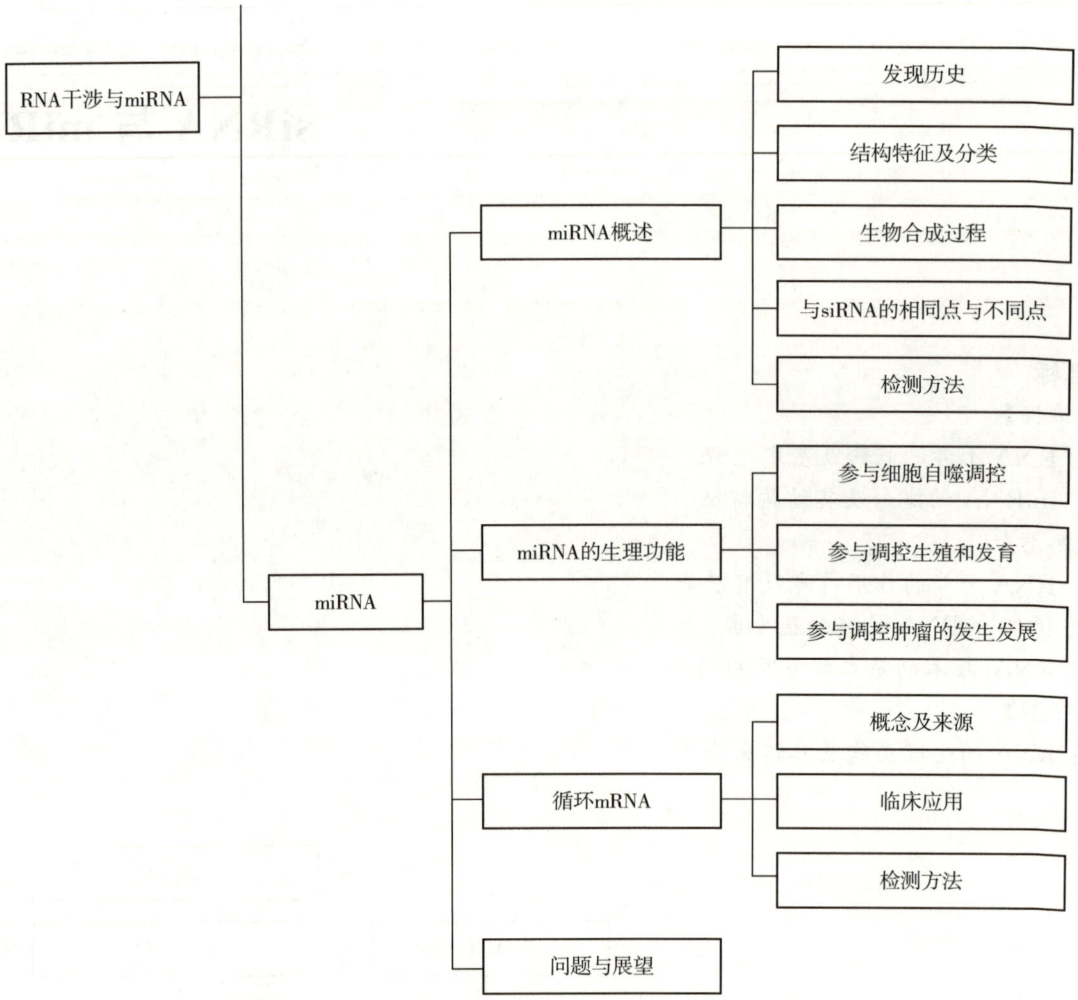

自 1869 年 RNA 被发现至今已有 150 多年的历史，它与 DNA 和蛋白质一起构成生命的基本框架，是生物体内最重要的物质基础之一。但与 DNA 和蛋白质相比，RNA 长期以来一直被认为是微不足道的。直到 20 世纪 50 年代，科研人员才开始对 RNA 进行系统研究并逐渐发现了它在蛋白质合成、基因遗传、催化生物反应、调节基因表达等方面的重要作用。尤其是小干扰 RNA（small interfering RNA，siRNA）及其介导的 RNA 干涉（RNA interference，RNAi）的发现，重新唤起了科学家们对“RNA 世界”的高度重视。目前普遍认为，包括 siRNA 和微小 RNA（microRNA，miRNA）等在内的短链非编码 RNA（small non-coding RNA，sncRNA）组成了巨大的分子网络参与调节细胞的生命活动，它们与蛋白质-蛋白质相互作用网络相对应，将为基因研究、生命科学研究以及疾病的预防和治疗等提供美好前景。

第一节　RNAi 与 siRNA

一、RNA 干涉

近年来的研究表明，将与 mRNA 对应的正义 RNA 和反义 RNA 组成的双链 RNA（double stranded RNA，dsRNA）导入细胞，可以使 mRNA 发生特异性的降解，导致其相应的基因沉默，从而产生相应的功能表型缺失。这种转录后的基因沉默机制（post-transcriptional gene silencing，PTGS）被称为

RNA 干涉(RNA interference, RNAi)。RNAi 是真核生物中普遍存在的一种自然现象,这一现象广泛存在于自然界,是生物体进化过程中抵御外来基因侵害的一种机制,为稳定基因组发挥了重要作用。

(一) RNAi 的发现历史

20 世纪 90 年代初期, Jorgensen 研究小组将色素合成基因导入矮牵牛属植物中, 增加色素合成基因的拷贝数,为得到颜色更深的矮牵牛花,但发现转基因后部分花的颜色不但没有加深, 意外获得白色和白紫杂色的矮牵牛花,据此推测外源转入的编码色素合成基因的同时抑制了花中内源色素合成基因的表达,并将这一现象称为共抑制(cosuppression)。1995 年,康奈尔大学的研究人员 Su Guo 等在实验中通过反义 RNA 阻断线虫的 *par-1* 基因表达,同时采用正义 RNA 做了一个对照,试图观察对照试验组基因表达增强的现象,但结果却发现了反义和正义 RNA 都阻断了该基因的表达,该结果不能使用反义 RNA 技术的理论做出合理解释。直到 1998 年,华盛顿卡耐基研究院的 Andrew Fire 和马萨诸塞大学医学院的 Craig Mello 才发现这是由于 Guo 在实验中污染了双链 RNA 而引起的,同时他们还证明转录得到的单链 RNA 经纯化后注射线虫所引起的阻断作用十分微弱,而经纯化的双链 RNA 则能高效特异地阻断相应基因的表达,他们将此过程称为 RNAi 现象。Andrew Z. Fire 和 Craig C. Mello 因发现了 RNAi 现象而获得 2006 年诺贝尔生理学或医学奖。

1999 年,Hunter 等的实验进一步验证了 RNAi 的存在。他们将 dsRNA 去除后,再将正义或反义的单链 RNA(single-stranded RNA, ssRNA)注入线虫卵中,没有产生基因沉默现象。相反,如果将上述正义及反义 ssRNA 混合,经退火复性后得到的 dsRNA 注入线虫卵中可以显著地产生基因沉默现象,从而印证了 Fire 等提出的 RNAi 作用是由 dsRNA 引起的结论。在后来的研究中,不断发现由 dsRNA 介导的 RNAi 现象出现在多种真核生物中,如真菌、果蝇、拟南芥、锥虫、水螅、涡虫、斑马鱼等。

(二) RNAi 的基本过程

RNAi 的基本过程主要包括起始阶段、效应阶段和倍增阶段,见图 12-1。

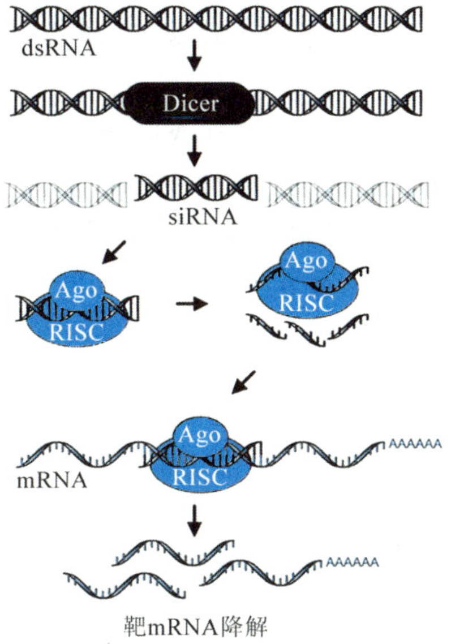

图 12-1 RNAi 的基本过程

1. 起始阶段 外源性导入或由转基因、转座子、病毒感染等多种方式引入 dsRNA, 在细胞内特异性地与 RNAaseⅢ核酸内切酶 Dicer 结合,dsRNA 被切割成 21～23 个核苷酸长的带有 3′端单链尾巴及磷酸化的 5′端的短链 dsRNA,即 siRNA。

2. 效应阶段 双链 siRNA 可以与含 Argonauto(Ago)蛋白的核酶复合物结合形成 RNA 诱导沉默复合体(RNA-induced silencing complex,RISC)并被激活。RISC 中含 siRNA、核酸内切酶、核酸外切酶及解旋酶等。在 ATP 供能情况下，激活的 RISC 将 siRNA 的双链打开，siRNA 解链成为单链，RISC 中核心组分核酸内切酶 Ago 负责催化 siRNA 的反义链识别与其同源的靶 mRNA，并与靶 mRNA配对结合，然后 RISC 在距离 siRNA 3′端 12 个核苷酸的位置将 mRNA 切断降解，从而阻止靶基因表达，使基因沉默。

3. 倍增阶段　siRNA 可作为一种特殊引物，在 RNA 依赖 RNA 聚合酶(RNA dependent RNA polymerase，RdRp)作用下，以靶 mRNA 为模板合成 dsRNA，扩增产生足够数量的 dsRNA，dsRNA 作为底物提供给 Dicer 酶形成新的 siRNA，同时新生成的 siRNA 又可进入上述循环。这种过程称为随机降解性多聚酶链反应(random degradative PCR)。新生的 dsRNA 反复合成和降解，不断产生新的 siRNA，再次形成 RISC，并继续降解 mRNA，从而产生级联放大效应，并继续作用于靶 mRNA，从而使靶 mRNA 渐进性减少，呈现基因沉默现象。如此反复倍增，从而使 RNAi 的作用进一步放大。RdRp 一般只对所表达的靶 mRNA 发挥作用，这种在 RNAi 过程中对靶 mRNA 的特异性扩增作用，有助于增强 RNAi 的特异性基因监视功能。每个细胞只需要少量 dsRNA，即能产生高效的基因沉默效果，完全关闭相应基因表达。

(三) RNAi 的作用特点

1. 高特异性　RNAi 是转录后水平的基因沉默机制，有高度的序列特异性，19nt 的 dsRNA 几乎可以完全抑制基因的表达，而其中的任意 1 个核苷酸突变后，它对基因的抑制作用就会消失，这种高度的序列特异性使 dsRNA 高度特异地诱导与之序列同源的 mRNA 降解，避免降解与目的 mRNA 同家族的其他 mRNA，从而实现对目的基因的精确沉默。

2. 高效性　RNAi 存在级联放大效应，由于 Dicer 酶切产生的 siRNA 与同源 mRNA 的结合并降解后者，产生新的 siRNA；新产生的 siRNA 可再次与 Dicer 酶形成 RISC 复合体，介导新一轮的同源 mRNA 降解的多次利用，如此循环，使相对很少量的 dsRNA 分子就能产生强烈的 RNAi 效应。

3. 高稳定性　dsRNA 可被细胞内的特异性核糖核酸酶家族成员 Dicer 酶切割为 21～23nt 的 siRNA。切割后的 siRNA 由于 3′端悬垂 TT 或 UU 碱基，化学性质稳定，使其不再需要进行任何修饰就能避免细胞内核酸酶类降解而较稳定地存在。

4. ATP 依赖性　RNAi 中至少有两个过程需要 ATP 供能：一是 dsRNA 被 Dicer 酶酶切后产生 siRNA；二是 siRNA 与 RISC 结合解链后形成有活性的 RISC，此过程需要 ATP 供能。

5. 传播性　Fire 等观察到将 dsRNA 注射入线虫体内，这些 ds RNA 可以从注射处的细胞扩散到体内其他细胞，引起其他细胞的基因沉默，表明了 RNAi 作用的可扩散性。

6. 遗传性　dsRNA 分子能够通过细胞膜、细胞间隙和细胞屏障转运。如经线虫小肠显微注射等方法进入其体内的 dsRNA 能被转运至全身各处，抑制各组织中的靶基因，在体细胞和生殖细胞中都能检测到 RNA 的表达，并且其子代也产生了对靶基因强烈的抑制效应。说明 RNAi 机制中可能存在维持 mRNA 降解序列特异性的信号分子，但这种遗传只限于子一代。

7. 靶基因位点的高选择性　外源性 dsRNA 转导进入细胞中，仅对成熟 mRNA 产生作用，对 mRNA 前体没有或很少具有影响，以内含子或启动子转录的外源 dsRNA 无法引起 RNAi 效应。

二、RNA 干涉的应用

在过去的 20 年，RNAi 作为沉默基因表达的本能机制而被发现，RNAi 的生物功能遍布生物体的整个生命周期，包括发育、代谢、对刺激的反应、疾病的抗性及其他各个方面。RNAi 作为基因沉默的一个工具，具有特异性，能简单高效地阻抑特定基因的表达，已被广泛用于基因功能研究、基因治疗和新药研究与开发等方面。

1. RNAi 在基因功能研究中的应用　随着越来越多生物全基因组序列的公布，了解这些基因在生长和发育中的作用越来越受到人们的关注。RNAi 技术具有高效特异阻断基因的表达等特征，可运用 RNAi 技术进行大规模的基因组筛选。其基本原理为针对基因组不同的部分设计对应的 dsRNA，构建 dsRNA 文库，分别导入不同个体细胞内，通过蛋白表达的改变来筛选基因并确定基因功能。目前，哺乳动物中非特异性 RNAi 效应的新型表达载体的问世，为哺乳动物基因功能的研究提供了一种高效的途径，其与基因芯片等技术结合，可高通量分析各基因的功能。通过 RNAi 特异沉默基因表达，比较基因沉默前后生物表型的变化，可以阐明基因的功能。RNAi 进行基因功能研究具有许多传统方法所不具备的优点，如高效(RNAi 引起相应基因沉默的频率比传统的方法要高出十倍甚至上百倍)、快速、特异性强、操作简单、可对多基因家族的功能进行研究等优点，已成为研究基因功能的强有力工具，在后基因组时代中发挥重要作用。

2. RNAi 在基因治疗中的应用　siRNA 的特异性有效保证了哺乳动物细胞中 RNAi 效应的特异性，结合已有的高效基因导入系统，探索利用 siRNA 来治疗肿瘤、病毒感染和免疫缺陷等重大疾病，其作用优于目前以抑制基因表达为目的而采用的反义技术和核酶等方法。如肿瘤是机体在多种致瘤因素作用下局部组织细胞内的癌基因与抑癌基因表达失衡，由多基因参与、多阶段演变而形成的多基因疾病。目前临床上使用的手术治疗、放射治疗和化学治疗无法完全根除或彻底杀灭肿瘤细胞，常出现肿瘤转移或复发现象；不仅如此，常规化学治疗的特异性较低，杀伤肿瘤细胞的同时也损坏了正常细胞，尤其对机体免疫系统有很大的损伤，且有较严重的毒性及不良反应。

近年来，使用 RNAi 技术来治疗肿瘤是热门的研究方向，许多种恶性肿瘤都已证实，RNAi 技术可以抑制肿瘤的体外和活体内的生长，如肝癌、宫颈癌、乳腺癌、鼻咽癌及胰腺癌等。肿瘤细胞中调节细胞增殖、凋亡、细胞周期和信号转导等的肿瘤相关基因都可作为肿瘤治疗药物的靶分子。通过 RNAi 可以使肿瘤细胞这些相关基因表达沉默，从而达到治疗肿瘤的目的。利用基因家族中多个基因具有同一段同源性很高的保守序列这一特性，针对这一区段序列设计相应的 siRNA，通过体外合成或构建在体内表达 siRNA 的载体的方法转入细胞中，可以特异性地封闭这些基因的转录产物而不影响其他基因的表达。如 Cmkovic-Mertns 等研究发现在宫颈癌细胞中，他们选用可产生凋亡作用的 *livin* 基因作为研究对象，用针对 *livin* 基因的 siRNAs 特异性高效地抑制肿瘤细胞中 *livin* 基因的表达，同时还发现针对 *livin* 基因的 siRNA 能够有效增加 *livin* 阳性肿瘤癌细胞对诱导细胞凋亡的刺激因素的敏感性。

RNAi 技术可以从基因水平上抑制肿瘤细胞某些基因的表达，从而导致肿瘤细胞分裂增殖或者转移被抑制，甚至可以导致肿瘤细胞的死亡。运用 RNAi 技术可设计一系列有效的抗癌策略，如沉默与肿瘤发生和转移相关的基因；沉默与肿瘤耐药相关的基因；沉默与抑制细胞凋亡相关的基因；沉默与肿瘤信号通路相关的基因；沉默与肿瘤细胞有丝分裂相关的基因，从而降低其恶性程度，提高治疗效果。除单独应用 RNAi 技术之外，还可以将其与化学治疗、放射治疗和免疫治疗等其他治疗肿瘤的方法联合应用，实现协同治疗肿瘤的目的。相较传统的治疗方法，RNAi 技术更能从源头解决肿瘤治疗的问题，提高病人生存率和生存质量。总之，RNAi 是一个新兴的、充满发展前景的技术，为重大疾病的基因治疗提供了新的思路。在未来的研究中，随着 RNAi 技术的完善，该项技术定会在基因治疗中广泛应用。

临床应用

RNAi 技术治疗 HIV

引起 ADIS 的病毒是人类免疫缺陷病毒(human immunodeficiency virus，HIV)。从发现到现在短短几十年时间内，随着 HIV 的广泛传播和流行，ADIS 已成为危害人类的又一大疾病，而对它的治疗却一直没有行之有效的方法，大多数抗 HIV 治疗药物不能对疾病进行彻底治疗，而且患者还需要终身服药。RNAi 技术则为 ADIS 的治疗带来了新的希望。其基本策略是选择 HIV 病毒或宿主细胞基因作为靶点，如在 *nef*、*tat* 基因及 HIV21 辅助分子的相应基因或是针对宿主的细胞表面受体，设计 siRNA 通过慢病毒载体针对 CD4、CXCR4 和 CCR5 来阻止病毒的入侵，以期达到治疗 HIV 的目的。

3. RNAi 在新药研究与开发中的应用　随着 RNAi 干扰机制的深入研究与广泛应用，RNAi 已用在药物研究的各个领域，尤其在药物开发上，能够解决临床前药物开发的一些瓶颈问题，如有效药物靶点难以筛选的难题，利用 RNAi 能够特异高效地抑制基因表达，获得去基因功能表型，能够在短时间内大规模筛选靶点，缩短药物研发时间，从而节省时间和资金，并提高成功率，加速药物的临床研究。

案例分析

RNAi 技术在药物靶标筛选中的应用

美国冷泉港实验室、奥地利分子病理研究所及美国纽约州立大学石溪分校等处的研究人员利用 RNAi 技术，在急性骨髓性白血病模型小鼠中筛选了一千余个短发夹 RNA(short hairpin RNA，shRNA)，抑制了 243 个已知染色质的表观遗传学调节蛋白，从而揭示出了急性骨髓性白血病的关键性作用酶 Brd4 作为潜在的药物靶标。

三、RNA 干涉技术的基本程序

（一）确定目的基因

在哺乳动物细胞内引发特异的基因沉默最有效的 siRNA 具有 19～29 个互补核苷酸，由正义链和反义链组成，两条链 3′端均有 2 个碱基突出，一般为 UU，其中正义链的前 19 个核苷酸序列与靶基因序列相同。在设计 siRNA 序列时，目的基因序列的选取原则：① 从转录本(mRNA)的 AUG 起始密码开始，寻找“AA”二连序列，并记下其 3′端的 19 个核苷酸序列，作为潜在的 siRNA 靶位点。② 将潜在的序列和相应的基因组数据库(人、小鼠或大鼠等)进行比较，排除那些和其他编码序列/EST 同源的序列。如在网站(www.ncbi.nlm.nih.gov/BLAST/)进行比较。③ 选出合适的目标序列进行合成。通常一个基因需要设计多个靶序列的 siRNA，以找到最有效的 siRNA 序列。

（二）siRNA 的制备

根据选取的目的基因相对应的核酸序列设计出 siRNA 的序列。目前，获得 siRNA 有很多种方法，常用的有以下 3 种。

1. 化学合成法　体外化学合成长为 21 个核苷酸，3′端带有 2 个突出碱基的 siRNA。通过专用的 RNA 转染试剂，瞬时转染，将这些 siRNA 转入细胞内进行实验，具有较高效率降解目的 mRNA 的效果。该方法合成的 siRNA，具有组成均一性高，产量高，能进行更多的化学修饰等优点。缺点是合成费用相当高，且耗时长。由于在哺乳动物细胞中不同的 siRNA 的效率不一，一般一个靶基因至少需要设计 3～4 对不同的 siRNA 进行实验以确定最有效的一个，这无疑提高了 RNAi 的成本。另外，由于 siRNA 相对分子质量较小，在血浆中半寿期较短，极不稳定，在体内作用时间短，基因沉默效应持续时间短，使其应用受到限制。

2. 体外转录　在体外条件下，以短的双链寡核苷酸为模板，利用 RNA 聚合酶启动子 T7 或 U6 分别控制反义链和正义链的合成，转录得到 siRNA。该方法中，siRNA 的两条链分别合成，杂交后进行纯化。进行体外扩增时，通常要求序列为首 2 个碱基为 GG 或者 GA 以提高合成效率，GG 或 GA 外的碱基则会大大降低 siRNAs 的活性。不同的 siRNA 有不同的干扰效率，这就要求选取多个位点进行筛选。对此，一种有效的方法就是先在体外转录出 dsRNA，再用 Dicer/RNaseⅢ消化片段双链 RNA 制备 siRNA。该方法在构建 RNAi 文库中有一定作用，且费用低。但是，筛选验证有效 siRNA 的过程较繁琐，而且通常体外转录很难高效合成这么小的 RNA（通常至少要 25 个核苷酸以上）。

3. 载体表达法　siRNA 的载体上包含有 RNA 聚和酶Ⅱ/Ⅲ启动子和 4～5 个 T 的转录终止位点。将编码一小段对应目的基因特异序列的、其 RNA 能形成发夹结构(即回文结构)的 DNA 序列插入载体中启动子的下游，转入哺乳动物细胞，载体就能表达出发夹结构的短发夹 RNA(short hairpin RNA, shRNA)，在细胞中加工成为大约 21 个核苷酸大小的类似 siRNA 的分子，随后起始 RNAi 过程，引发基因沉默。采用这种方法的优点在于，通过 siRNA 表达质粒的选择标记，siRNA 载体能够更长时间地抑制目的基因表达。由于质粒可以复制扩增，故能够显著降低制备 siRNA 的成本。

（三）siRNA 的转染

将制备好的 siRNA 或 siRNA 表达载体转导至细胞中，常见以下几种方法：磷酸钙共沉淀、电穿孔法、DEAE－葡聚糖和 polybrene 法、机械法、阳离子脂质体法。其中阳离子脂质体法是目前最常用的转染方法。

（四）RNAi 结果的检测

RNAi 分子水平主要通过 mRNA 和蛋白两个方面进行检测。对于 mRNA 水平检测，可以采用 RT－PCR、荧光定量 PCR 或 Northern 杂交等，通过信号强弱判断目的基因的沉默效果。蛋白水平检测可通过 Western 杂交、ELISA、免疫荧光染色等方法。

四、问题与展望

RNAi 的高效性、特异性及稳定性，使这项技术成为生物医学领域一次划时代的革命。RNAi 技术的应用，能大大推进人类后基因组计划的发展，高通量地筛选药物靶基因，通过逐条检测人类基因组的表达抑制情况来明确基因的功能，并且它还将应用于基因治疗、新药开发、神经系统研究、生物医学研究等领域。用 RNAi 技术来抑制基因的异常表达，为治疗恶性肿瘤、遗传病等疾病开辟了新的途径。

虽然 RNAi 技术在体内外实验研究中取得了一定的成果，并显示出良好的应用前景，但在该技术广泛用于临床前，仍存在一些问题亟待解决，如如何将 siRNA 安全有效地导入细胞，并使其在体内稳定表达。siRNA 作为药物应用的主要障碍在于药物运送系统及给药方式，开发一个安全高效的运载系统仍是科研工作者和临床医师亟待解决的问题。RNAi 作为一门新兴技术，将更广泛地应用于基础和临床医学研究的各个领域，相信随着 RNAi 的不断深入研究、新靶标的不断发现，RNAi 技术难题的不断破解和安全性的不断提高，可为目前无法治疗的疾病在基因治疗方面带来曙光。

第二节　miRNA 和基因沉默

一、miRNA

（一）miRNA 的发现历史

miRNA 的研究起始于时序调控小 RNA(small temporal RNA, stRNA)。1993 年，Lee 等在秀丽新小杆线虫中发现了第 1 个可时序调控胚胎后期发育的基因 *lin*－4。2002 年，Reinhart 等又在线虫中发现第 2 个时序开关基因 *let*－7。2001 年 10 月 *Science* 报道了 3 个实验室从线虫、果蝇和人体克隆的几十个类似线虫的 *lin*－4 的小 RNA 基因，称为 miRNA。随后多个研究小组在包括人类、果蝇、植物等多种生物物种中鉴别出数百个 miRNA。最近的 miRNA 研究发现，miRNA 参与生命过程中一系列的重要进程，包括发育进程、造血过程、器官形成、凋亡、细胞增殖和肿瘤发生等。

（二）miRNA 的结构特征及分类

miRNA 是一种 21～25 个核苷酸长的单链小分子 RNA，广泛存在于真核生物中，是一组非编码蛋白质的短序列 RNA，它本身不具有开放阅读框(open reading frame，ORF)。成熟的 miRNA，5′端有一个磷酸基团，3′端为羟基，是由具有发夹结构的 70～90 个核苷酸大小的单链 RNA 前体经过 Dicer 酶加工后生成的。成熟的 miRNA 5′端的磷酸基团和 3′端羟基则是它与相同长度的功能 RNA 降解片段的区分标志。miRNA 独有的特征是其 5′端第一个碱基对 U 有强烈的倾向性，而对 G 却有抗性，但第 2～4 个碱基缺乏 U。一般来说，除第 4 个碱基外，其他位置碱基通常都缺乏 C。miRNA 具有高度的保守性、时序性和组织特异性。

根据 miRNA 基因在基因组中的定位，可将其分为 4 类：① 位于可编码基因内含子的 miRNA，如 miR - 25～93～106b 基因簇位于 *MCM7* 的内含子区。② 位于非编码基因内含子的 miRNA，如 *DLEU2* 内含子中的 miR - 15a～16 - 1。③ 位于可编码基因外显子的 miRNA，如 *CACNG8* 中的 miR - 985。④ 位于非编码基因外显子的 miRNA，如 *BIC* 外显子区的 miR - 155。

（三）miRNA 的生物合成过程

据体内外实验研究表明，miRNA 的生成需要两个步骤：① miRNA 基因的初级转录产物(pri-miRNA)在细胞核中被 RNase Ⅲ Drosha 切割成为前体 miRNA(pre-miRNA)。② 在最初的剪切后，pre-miRNA 在转运蛋白 exportin - 5 的作用下由核内转到胞质中，然后由另一种 RNase Ⅲ Dicer 进一步切割产生成熟的 miRNA。这些成熟的 miRNA 与其他蛋白质一起组成 RISC，从而引起靶 mRNA 的降解或者翻译抑制。

（四）miRNA 与 siRNA 的联系与区别

miRNA 与 siRNA 长度都在 22 个核苷酸左右，5′端是磷酸基，3′端是羟基，其合成均依赖 Dicer 酶双链的 RNA 或 RNA 前体形成，成为 RISC 组分，其功能都可以阻遏靶标基因的翻译，也可以导致 mRNA 降解，即在转录水平后和翻译水平起作用。然而，两者在结构和功能上具有如下区别：① siRNA主要以双链形式存在，与靶 mRNA 的结合是完全互补配对的，而 miRNA 主要以单链形式存在，与靶 RNA 的结合并不完全互补，存在错配现象。② miRNA 参与正常情况下生长发育基因调控，而 siRNA 不参与动物体的正常生长，只有在病毒或其他 dsRNA 诱导情况下才产生 siRNA，作为 miRNA 的完善和补充。③ miRNA 不仅在转录后水平调节基因表达，推测在翻译水平也起作用，而 siRNA 只在转录后水平上调控基因表达。④ Dicer 酶对两类 RNA 的加工过程，miRNA 为不对称性，仅来自含茎-环结构 RNA 前体的一侧臂，剩余部分很快降解，而这种不对称性不存在于 siRNA 加工过程中。

知识拓展

piRNA

piRNA(piwi-interactiing RNA)是一类长度为 24～32 个核苷酸的非编码 RNA。在所有的非编码 RNA 中，piRNA 数量最多，主要存在于哺乳动物的生殖细胞和干细胞中。在 3 类小 RNA (miRNA，siRNA 和 piRNA)中，5′端均含有一个单磷酸基团，siRNA 和 piRNA 的 3′端 2 - OH 被甲基化，而 miRNA 没有甲基化。miRNA 和 siRNA 的加工都需要 RNaseⅢ蛋白 Dicer，而 piRNA 由基因组序列转录加工而来，且不需要 Dicer 的剪切。

（五）miRNA 的检测

越来越多的研究成果表明，miRNA 在疾病，特别是恶性肿瘤的诊断和治疗中起到积极的深远作用。与蛋白编码基因表达谱相比，用 miRNA 表达谱对恶性肿瘤进行分型更加精确可靠。此外，在常规收集、甲醛溶液固定、石蜡包埋的临床组织标本中，miRNA 都表现出较高的稳定性，预示其作为诊断性分子标记物的巨大潜能。因此，研究特定细胞 miRNA 的表达图谱、筛选未知 miRNA、探究每种 miRNA 的特定功能成为当前的研究热点。目前常见的 miRNA 检测方法包括 Northern 杂交、微阵列芯片、实时荧光定量 PCR、高通量测序等技术。

二、循环 miRNA

（一）循环 miRNA 概念及来源

在血浆中稳定存在并可检测的 miRNA 称为循环 miRNA。2008 年 Lawrie 等首次检测到人体循环 miRNA。迄今为止，已有超过 500 种人类循环 miRNA 被发现。这是一类小分子的非编码 miRNA，由于这些循环 miRNA 被一些微粒（包括外泌体、微泡或凋亡小体）包裹，或与 RNA 结合蛋白（如 argonaute 2、nucleophosmin 1 等）或载脂蛋白结合，故可以稳定存在于血液、尿液等体液中，不会被内源的 RNA 聚合酶降解。

关于循环 miRNA 的来源存在较大争议，目前主要有两种观点：① miRNA 从受损或凋亡的细胞中被动渗出进入体液循环，如 miRNA－208 在心脏中特异性表达，当发生心肌梗死时可在血浆中检测到。② miRNA 通过两种方式主动分泌进入体液循环，一种是与高密度脂蛋白、核酸蛋白 1 及家族蛋白 2 等特异结合分泌至细胞外，进入体液循环；另一种则是 miRNA 被包装在微体（microvesicle）或外泌体（exosomes）等活性囊泡中分泌至细胞外，进入体液循环。

（二）循环 miRNA 的临床应用

循环 miRNA 可作为诊断标志物，同时整合基因组学、转录组学、蛋白质组学、代谢组学和系统生物学等相关研究的知识，从全方位阐明多种疾病产生和发展的分子机制，使疾病检测手段更加丰富和有效。如循环 miRNA 的表达水平与癌症的发生和演进密切相关，可作为癌症标志物进行早期筛查诊断。另外，循环 miRNA 可作为产前诊断标志物，也可作为心血管疾病潜在标志物早期诊断，包括心肌梗死、心力衰竭、高血压及脑卒中等。

（三）循环 miRNA 的检测方法

近年来发展了多种有效的循环 miRNA 检测方法，不仅包括传统的 cDNA 文库克隆法和 Northern 杂交、RT－PCR 法，还包括新近发展起来的基因芯片技术、高通量测序技术、基于微球的流式细胞术等。

三、miRNA 的生理功能

miRNA 参与生命过程中的一系列重要进程，如调控细胞的增殖、分化、凋亡，维持组织的特异性，参与生殖细胞发育分化、恶性肿瘤的侵袭和转移等。

（一）miRNA 参与细胞自噬调控

miRNA 在自噬的启动（induction）、囊泡成核（vesicle nucleation）、囊泡延伸（vesicle elongation）、自噬回收（retrieval）与囊泡融合（fusion）等几个阶段中均参与调控。此外，miRNA 也可通过直接调控和间接调控方式调节细胞自噬。直接调控作用的位点包括 *STMN1* 基因（该基因编码的 Stathmin 蛋白被发现参与自噬调控）、DRAM2、IRGM、线粒体自噬受体 FUNDC1 和 NIX 等。间接调控，即通过对细胞分子通路中重要的调控性蛋白进行调控，从而间接地调控自噬的过程。其调控靶点包括 SMAD4、FOXO3、ATM、RUNX3、p53、EZH2、PI3K/AKT 通路、hnRNP A1、EGFR 等。

（二）miRNA 参与生殖细胞发育分化

近年来的研究表明，miRNA 在哺乳动物生殖细胞中发挥着重要作用。miRNA 对配子的生成起调控作用，异常的调控可引起配子发育异常，从而影响生育能力及胚胎发育。随着受精卵的形成，

miRNA 的表达也随之发生较大的变化，并且这些 miRNA 的正确表达可能与胚胎的正常发育有关。目前已发现，生殖细胞系编码 miR－17－92 多顺反子 miRNA 簇的 *MIR17HG* 杂合突变，致使患者产生头小、体矮和手指畸形，表明 miR－17－92 在生长和骨骼发育中有重要的调控功能。

（三）miRNA 在肿瘤中的调节机制

在肿瘤细胞中表达水平升高的 miRNA 被认为是致癌基因，通过抑制抑癌基因和（或）抑制控制细胞分化和凋亡的基因来促进肿瘤进展。如 miR－17－92 群簇被认为在肿瘤细胞调节中起重要作用，miR－17－92 群簇可能通过调节两个抑癌基因——*PTEN* 基因（gene of phosphate and tension homology deleted on chromsome ten，*PTEN*）和视网膜母细胞瘤基因家族的 *Rb2*/ *p130* 基因促进肿瘤进展。*PTEN* 通过 PI3K－AKT/PKB 通路促进凋亡。miR－372 和miR－373 是另外两个致癌的 miRNA，通过直接抑制抑癌基因 *LATS2* 的表达来解除 *P53* 介导的对细胞周期依赖性蛋白激酶（cyclin-dependent protein kinases，CDK）的抑制，进而促进细胞增殖和肿瘤进展。

在肿瘤细胞中表达水平降低的 miRNA 被认为是抑癌基因，通过抑制致癌基因和（或）抑制控制细胞分化和增殖的基因来抑制肿瘤进展。*LET－7* 家族的 miRNA 在许多肿瘤中表达下调，其作用的靶基因可能是 *RAS* 癌基因，包括肺癌和乳腺癌中的 miR－29 家族成员也是通过靶向结合抗凋亡蛋白基因 *MCL1* 和致癌基因 *TCL1* 表现出抑癌作用。此外，在白血病患者、垂体腺瘤患者中，miR－15 和 miR－1 均表现出表达的抑制。

四、问题与展望

在过去几十年中，随着 miRNA 的发现，计算生物学及生物技术的不断发展与进步，使得对 miRNA 的研究与理解不断深入。许多研究还主要集中在 miRNA 生成与表达，而不是调控及功能。随着研究水平及相关技术的不断发展，关于 miRNA 介导的转录后基因调控信息将会得到进一步研究而应用于临床治疗。如循环 miRNA 应用于产前诊断、肿瘤及其他疾病诊断方面还处于初级阶段，单个的 miRNA 标记物在不同的病理条件，即使是相同的疾病，使用一种标记物也是不可靠的方法；而且目前实验样本量较小，检测方法繁琐且价格昂贵，这些都不利于临床应用。如果建立一套标准的 miRNA 标记物表达谱，随着技术的进步，在不久的将来，不仅血清或血浆中的 miRNA，其他体液中的 miRNA，如尿液和唾液中的 miRNA 也可作为标记物应用于临床，为多种疾病的诊断和治疗提供靶点。

（黄 涛）

思考题

1. RNAi 及其产生的机制是什么？
2. RNAi 的分子生物学特性是什么？
3. siRNA 与 miRNA 之间有什么区别和联系？
4. 何为 miRNA？它的调控机制是什么？

本章课件

本章习题

第四篇

基因与疾病

基因就是生物传递遗传信息的物质，它遍布在人体中的每个细胞（除红细胞外）中。人类和各种生物细胞的遗传信息是相对稳定的，正常情况下基因通过编码合成蛋白质参与人的生长发育过程。但是，在一定的内外环境因素的影响下，遗传物质的结构及其表达产物均可能发生变化。由于在长期的自然选择中，生物体已经形成了一套适应一定环境条件的遗传基础，如果基因发生变异，必将引起原有的协调与适应关系发生改变，引起疾病的发生。目前认为，绝大多数疾病都与基因有关，如肿瘤、高血压、糖尿病等疾病都与某些基因的突变有着密切的关系。疾病产生的模式是：疾病＝内因＋外因。内因（基因）和外因（环境）共同对疾病产生作用，通过对内因的了解，可有效地避免外因的影响，从而降低患病的风险。

随着分子生物学理论和技术的发展，更多的分子生物学理论已经应用于肿瘤等疾病的研究。许多分子生物技术也已经应用于临床疾病的诊断和治疗。本篇主要介绍肿瘤相关基因、基因诊断和基因治疗的有关基础知识。

第十三章

基因诊断

学习目标

【掌握】

1. 基因诊断的概念、特点。
2. 基因诊断常用技术的基本原理。

【熟悉】

基因诊断的基本策略。

【了解】

基因诊断的应用。

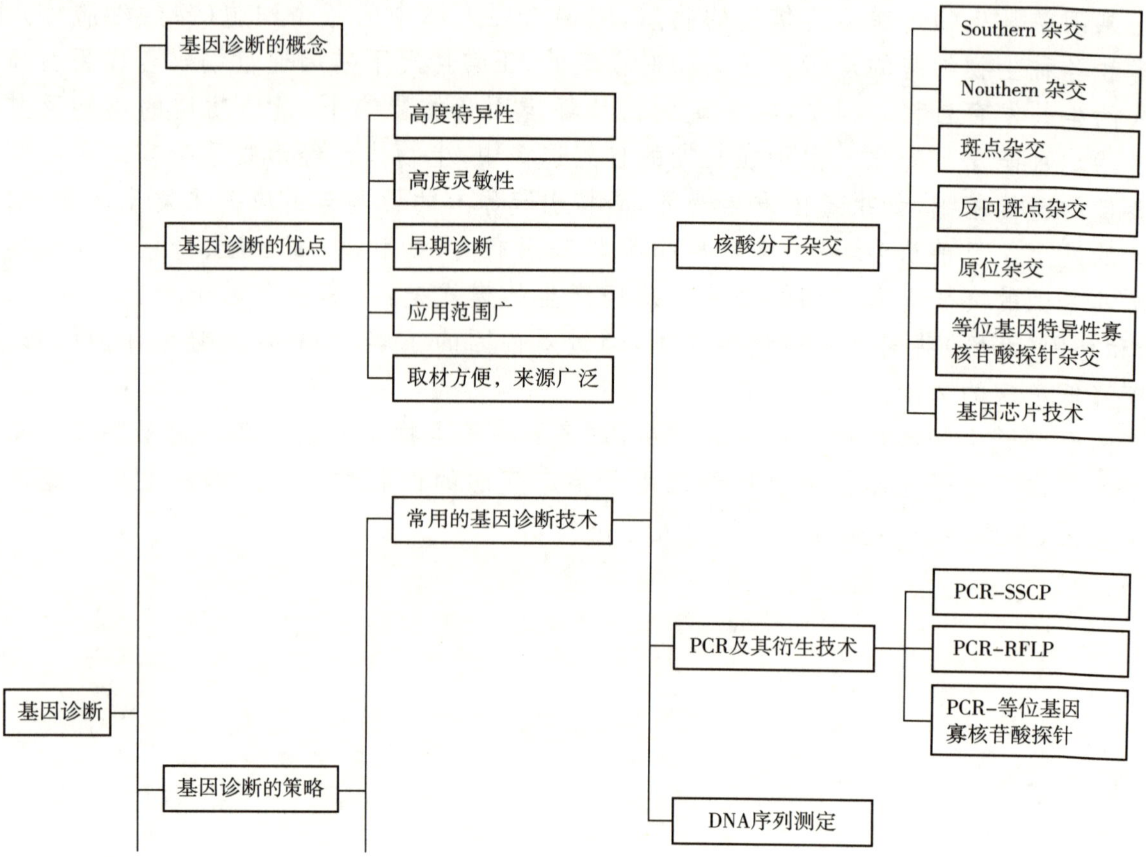

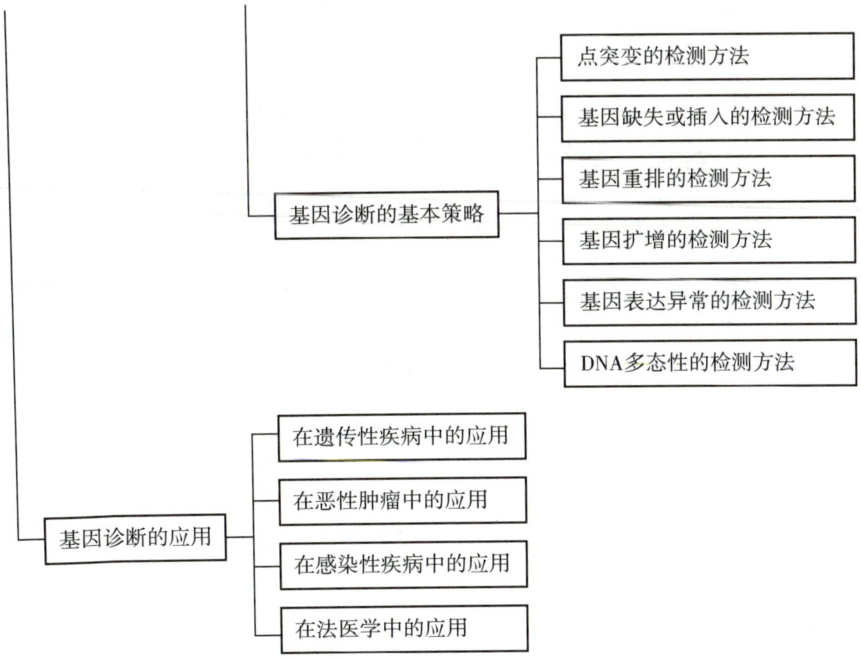

人类对疾病的病因和发病机制的认识正在不断深入，已有研究表明几乎所有的疾病都是遗传因素和环境因素相互作用的结果，直接或间接都与基因有关。目前，疾病诊断主要是依据临床表现，辅助于实验室诊断技术而对患者做出诊断。长期以来，实验室诊断技术共同特点均为针对疾病的表型改变建立诊断指标。如今从基因水平对疾病进行诊断的技术正日趋成熟，并应用于临床实践。

基因诊断(gene diagnosis)亦称分子诊断(molecular diagnosis)，广义上讲，是指采用分子生物学的技术检测某一特定基因的结构和表达水平是否异常，从而对疾病做出相应诊断的方法。基因诊断检测的目标分子是 DNA、RNA 或者蛋白质。与传统诊断技术相比，基因诊断具有以下优点：① 以基因的结构变异为基础，从基因水平进行检测，探求疾病发生的根本原因，因而具有高度特异性。② 采用了核酸分子杂交、高扩增效率的 PCR 等先进技术，可以检测到微量样品(目标核酸片段检测的灵敏度达 pg 水平)的基因改变，具有高度的灵敏性。③ 基因诊断操作简单、快速，敏感度高，可以在疾病表现出相应临床症状之前，就做出早期诊断，甚至可以对某些遗传疾病进行早期预测、警示。④ 基因诊断不仅可用于疾病诊段，也可用于其他检测，如法医物证鉴定等，其实用性强，应用范围广。⑤ 基因诊断的样品可以是血液、精液、唾液、尿液、羊水、绒毛、细胞、微生物、新鲜或冻存的组织块、毛发(含毛囊)等。这些样品取材极为方便，且来源广泛。

人类基因组 DNA 序列图谱的完成标志着功能基因组时代的到来。人类对自身基因的功能，特别是与疾病相关的基因的了解更加深入，这极大地推动了基因诊断技术的发展，基因诊断已从单一的诊断疾病，发展到在临床遗传学、肿瘤学、法医学、组织病理学、流行病学等多个领域都得以广泛应用。本章主要围绕基因诊断的基本技术、基因诊断策略及应用来展开阐述。

第一节　基因诊断的策略

一、常用的基因诊断技术

基因诊断的基本方法主要是建立在核酸分子杂交、聚合酶链式反应(PCR)和 DNA 序列分析技术或几种技术联合使用的基础之上。以下主要对基因诊断中常用的一些分子生物学技术基本原理和方法进行介绍。

（一）核酸分子杂交技术

核酸分子杂交技术是利用DNA变性与复性这一基本性质，将来源不同的核酸片段，按照碱基互补配对规律形成异源双链，对DNA或RNA进行定性或定量分析的一项技术。核酸分子杂交技术根据诊断目的的不同又可分为Southern杂交（Southern blotting）、Northern杂交（Northern blotting）、斑点杂交（dot blotting）、反向斑点杂交（reverse dot blotting, RDB）、原位杂交（in situ hybridization, ISH）、等位基因特异性寡核苷酸（allele specific oligonucleotid, ASO）杂交和DNA芯片技术（DNA chip）等。核酸分子杂交技术基本流程见图13－1。关于核酸分子杂交基本原理、过程及探针选择、制备与标记等相关知识详见杂交与芯片技术。

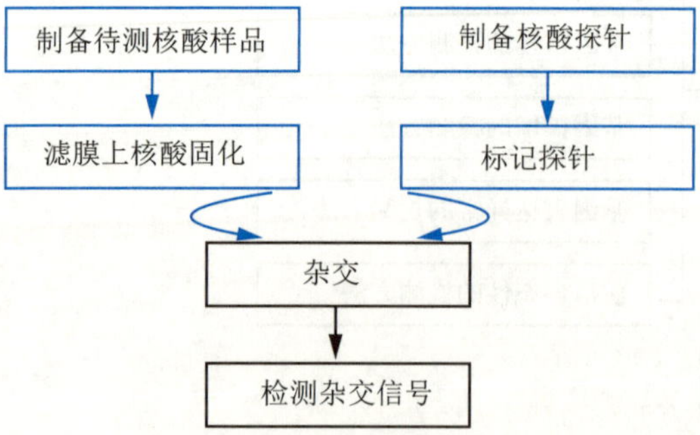

图13－1 核酸分子杂交基本流程

1. Southern杂交　是将电泳分离的DNA片段转移到一定的固相支持物上，通过与标记的探针进行杂交，然后来对DNA加以检测分析的过程。Southern杂交主要用于检测基因组DNA，如基因组中特定基因的定性、定量分析，基因缺失型突变检测等。该法的局限是灵敏度相对较低，对样本DNA纯度和量的要求较高。

2. Northern杂交　又称为RNA印迹。该法将RNA分子从电泳凝胶中转移至一定的固相支持物上，通过与标记的探针进行杂交，然后来对RNA加以检测分析的过程。Northern杂交目前主要用于检测某一组织或细胞中已知的特异mRNA的表达水平，也可以比较不同组织和细胞中的同一基因的表达情况。Northern杂交检测mRNA的表达水平灵敏性较PCR差，但其特异性高，假阳性率低，仍不失为一种可靠的检测mRNA表达水平的方法。

3. 斑点杂交　是将变性后的DNA或RNA待测样品直接点样于硝酸纤维素膜或其他固相载体上，然后加入过量的标记核酸探针进行杂交。该技术优点是同一张膜上可以同时进行多个样品的检测，样品用量少，方法简便、快速、灵敏，缺点是不能鉴定所测基因的分子量、特异性低。斑点杂交可用于基因组中特定基因及其表达产物的定性、定量分析。

4. 反向斑点杂交　不同于一般的斑点杂交，反向斑点杂交是将探针固定于膜上，用一张具有多种特异性寡核苷酸探针的膜与已被标记的待测目的基因杂交，一次杂交即可同时鉴定出待测个体多种基因突变情况。该法具有快速、简便、高敏感性、特异性强的特点，尤其在基因分型、基因突变和病原体的检测等方面有独特的优势。

5. 原位杂交　是用已标记的核酸探针与细胞或组织切片中的待测核酸杂交，从而对其进行定位、定性和定量分析。该方法主要应用于组织细胞中的mRNA和病毒DNA、RNA的检测，以及特定基因在染色体上的定位、基因转移效果分析等。

6. 等位基因特异性寡核苷酸探针杂交　根据已知基因突变位点的核苷酸序列，人工合成两种寡核苷酸探针：一种是相应于突变基因序列设计的寡核苷酸探针（M），一种是相应于正常基因碱基序列设计的寡核苷酸探针（N）。用两种探针分别与受检者DNA样品进行分子杂交，可出现下列4种情况：① 受检者DNA能与M杂交，而不能与N杂交。说明受检者是这种基因突变的纯合子。② 受检者既能与M杂交，又能与N杂交。说明受检者是这种基因突变的杂合子。③ 受检者DNA不能与M杂交，但能与N杂交。说明受检者无该种基因突变。④ 受检者DNA与M、N均不杂交。提示患者缺陷基因可能是一种新型的基因突变。

7. 基因芯片技术　是指将大量的靶基因或寡核苷酸片段作为探针固定在固相载体上形成的高密

度 DNA 微阵列。与待测样品的基因进行杂交，再通过激光共聚焦荧光检测系统等对芯片扫描，并配以计算机系统对每一探针上的荧光信号做出比较分析，获得病变 DNA 信息。

基因芯片技术与其他基因诊断技术相比，具有处理样品能力强、自动化程度高、结果准确可靠等独特优势，已成为分子生物学技术领域的热点，应用前景广泛。如检测是否携带艾滋病病毒的 HIV 芯片，诊断有无药物代谢缺乏症的细胞色素 P-450 芯片等已相继面世，投入市场。

(二) 聚合酶链式反应

聚合酶链式反应(PCR)是一种体外特异性扩增已知目的基因的方法。PCR 能快速、特异性地扩增目的 DNA 片段，微量样品即可检测，灵敏度极高，目前以 PCR 为基础的各种联合检测技术的应用日益广泛，这些方法可省去繁琐的杂交步骤，从而避免了放射性污染，已成为基因诊断的主要手段。

1. PCR-单链构象多态性分析(single strand conformation polymorphism，SSCP) 是一种检测碱基突变和 DNA 多态性的方法。1989 年，由日本关谷实验室结合聚合酶链反应和单链 DNA 非变性聚丙烯酰胺凝胶电泳首先创立。其基本原理：PCR 产物变性后产生两条互补的 DNA 单链，各单链根据自己的一级结构，靠着分子内局部顺序的相互作用(主要为氢键)自身折叠形成了具有一定空间结构的构象。相同长度的 DNA 单链如果碱基序列不同，即使只是单个碱基发生改变，其空间构象也会随之变化。DNA 单链在不含变性剂的中性聚丙烯酰胺凝胶中电泳时，其迁移率除与 DNA 链的长短有关外，更主要的是取决于 DNA 单链所形成的构象，所以 PCR 产物变性后产生的两条互补单链由于构象不同，其电泳迁移率不同便形成了两条正常单链的带型，如果有突变存在则因迁移率变化出现泳动变位，就可能会出现异常单链的“快带”或“慢带”，从而达到检测的目的。

PCR-SSCP 一般针对短片段(<300 bp)的突变分析有效，与核酸序列测定相比准确率低，但该技术能快速、便利地检测大量样品，因而更多被应用于突变基因的初步筛查。

PCR-SSCP 基本操作步骤：① 对受检者和正常者的目的基因进行 PCR 扩增，将获得的 PCR 产物变性。② 将受检者及正常者变性 PCR 产物进行聚丙烯酰胺凝胶电泳。③ 将电泳后的凝胶染色，以显示电泳条带。④ 比较受检者和正常者的基因迁移位置，分析受检者是否存在致病基因(图13-2)。

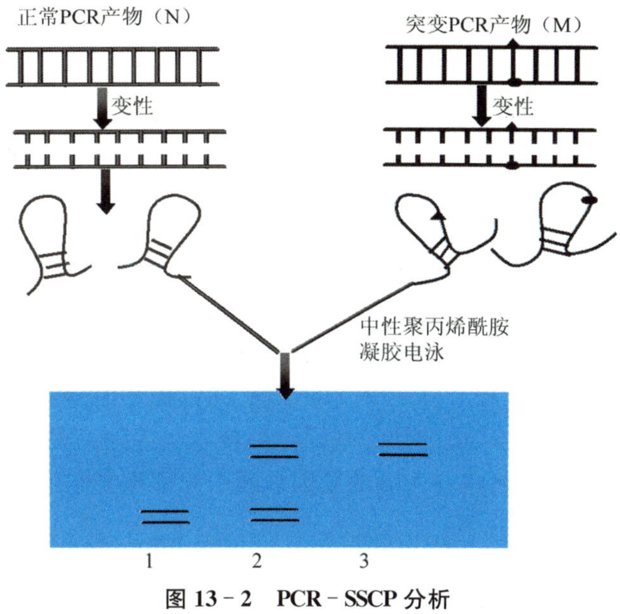

图 13-2 PCR-SSCP 分析

样本 1 为正常纯合子(N/N)；样本 2 为突变杂合子(M/N)；样本 3 为突变纯合子(N/N)

2. PCR-限制性片段长度多态性 人类基因组中存在许多限制性内切酶酶切位点，当用某种或几种限制性内切酶对某一段基因进行消化时，就会产生大小不同的特定片段，这些片段称为限制性片段。同种生物不同个体中出现不同长度限制性片段，称为限制性片段长度多态性（restriction fragment length polymorphism，RFLP）。凡是可以引起酶切位点变异的突变如点突变（新产生和去除酶切位点）和一段 DNA 的重新组织（如插入和缺失造成酶切位点间的长度发生变化）等均可导致 RFLP 的产生。PCR-限制性片段长度多态性（PCR-RFLP）就是先 PCR 扩增相应目的片段，而后进行限制性内切酶切反应，电泳后观察比较限制性图谱来分析序列之间的差异。如基因突变恰好发生在某种限制性内切酶识别位点上，使原有酶切位点消失或形成了新的酶切位点，则用该种限制性内切酶进行酶切后，产生的 DNA 片段长度或数目随之发生改变，通过分析凝胶电泳结果可做出判断。如 Leber 遗传性视神经病，该病患者线粒体 DNA 第 11 778 位碱基发生点突变（G→A），这一突变使限制性内切酶 *sfa*NⅠ在基因内部的酶切位点丢失。针对该突变位点两侧序列设计一对引物进行 PCR 扩增。正常个体和带有突变基因个体的 PCR 产物均经 *sfa*NⅠ酶切后进行凝胶电泳，根据 DNA 片段长短和数目的不同，即可将正常人、突变携带者和 Leber 病患者区别开来（图 13-3）。

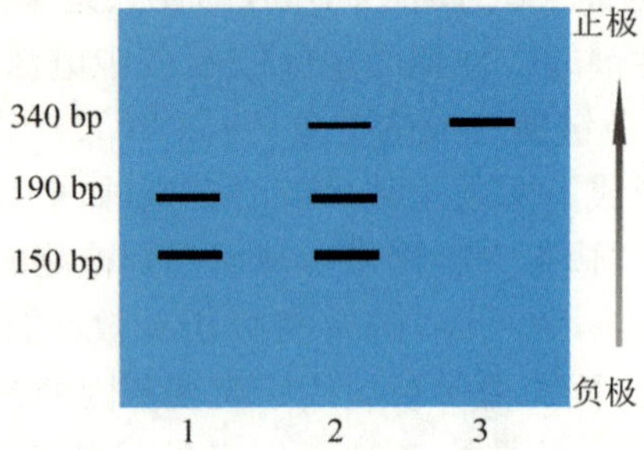

图 13-3 Leber 病患者 PCR-限制酶谱分析

1 为正常人；2 为突变携带者；3 为患者

RFLP 按孟德尔方式遗传，在一个遗传病家系中，如果致病基因与特异的多态性片段紧密相关，就能以这一多态性片段，作为这种遗传病的诊断指标，间接判断家系成员是否携带致病基因。如甲型血友病、苯丙酮尿症和囊性纤维病变等均可用此方法诊断。

3. PCR-等位基因特异性寡核苷酸探针 等位基因特异性寡核苷酸探针在前文已有介绍。PCR 和等位基因特异性寡核苷酸探针技术的联合应用极大地简化了后者的操作步骤，使其更为快速、方便。

（三）DNA 序列测定

DNA 序列测定是针对基因基本结构，分析 DNA 的碱基组成和排列顺序的核心技术。1977 年，英国科学家 F. Sanger 首先创立了 DNA 链末端合成终止法测序，几乎同时美国科学家 A. Maxam 和 W. Gilbert 的化学裂解法也问世。两种核酸序列测定方法的原理详见本书第十章。后来，随着 PCR 技术、荧光标记技术的发明，人们将 DNA 序列测定与其结合，发展为 DNA 自动测序。DNA 序列测定不仅可以确定基因突变的部位，还可确定突变的性质，尤其在其他分析方法的灵敏度和特异性受到限制时，DNA 序列测定将是最直接、最准确的基因诊断技术。伴随商品化自动 DNA 测序仪的发明，测序费用大大降低，DNA 测序技术将在疾病的基因诊断中发挥重要作用。

二、基因诊断的基本策略

人类疾病病种复杂，致病病因，甚至发病机制也各不相同。有些疾病由于机体受先天遗传背景的差异和后天内外环境因素的影响导致内源基因的变异，而引起疾病的发生；有些疾病由于外源基因的入侵，如各种病原体感染机体后，其特定基因在人体内增殖，从而引起疾病发生。但截至目前，绝大多数疾病发病病因、发病机制仍不十分清楚。基于人类对病种研究、认识程度的差异，如致病基因或相关基因是否属已知基因，突变位点是否已明确等，面对不同的致病病因，需采用不同的基因诊断策略。现将部分基因诊断常用的策略方法分述如下。

（一）点突变的检测方法

点突变是指 DNA 分子上单个碱基位点的改变。检测点突变的方法可分为两类：① 已知点突变的确切位置的检测方法，常用技术有 PCR－等位基因寡核苷酸探针杂交法和 PCR 等位基因特异性扩增法。② 未知点突变的检测方法，常用 PCR－SSCP 对突变进行初筛，然后联合 DNA 序列测定进一步明确突变性质。另外温度梯度凝胶电泳和变性梯度凝胶电泳也可以被应用。

（二）基因缺失或插入的检测方法

基因插入或缺失是指 DNA 的核苷酸增加或减少。检测常用方法有 Southern 杂交法、跨越断裂点的 PCR（又称裂口 PCR）和 PCR－RFLP 等。其中 Southern 杂交法是检测大片段核苷酸的丢失或插入的经典方法，实验结果可靠，但操作步骤复杂。而裂口 PCR 因其操作简便灵敏，被广为采用。

（三）基因重排的检测方法

基因重排是指 DNA 分子内有较长序列的重新排布，也称基因重组。对基因重排的基因诊断可采用核酸分子杂交的方法，如 Southern 杂交、斑点杂交、荧光原位杂交等进行检测。FISH 与经典原位杂交一样，不需提取和纯化核酸，且荧光标记探针较之放射性探针标记更稳定，无放射性污染。另外，也可采用基于 PCR 的方法，如多重 PCR 等。

点突变、基因缺失或插入和基因重排均属于基因突变，表 13－1 列举了一些常见的基因突变导致的遗传性疾病。

（四）基因扩增的检测方法

某些类型的肿瘤是由癌基因的扩增所致，原癌基因的拷贝数大量增加，可以从几十到上千倍不等。这类疾病的基因检测方法可选用 Southern 杂交法进行检测。具体是以待检测的基因 DNA 或 cDNA 片段作为探针，采用适当限制性内切酶酶切基因组 DNA 进行杂交，分析 Southern 印迹，对基因扩增进行检测。如果基因组中该基因扩增发生，杂交后显示的条带位置会发生改变，杂交信号也会增强。对显影条带进行光密度扫描，可对基因扩增定量分析。

表 13－1 基因突变导致的常见遗传性疾病

遗传病种类	致病基因	突变类型
α－地中海贫血	α－珠蛋白	缺失为主
β－地中海贫血	β－珠蛋白	点突变为主
甲型血友病	凝血因子Ⅷ、Ⅸ	点突变为主
乙型血友病	凝血因子Ⅸ	点突变、缺失等
苯丙酮尿症	苯丙氨酸羟化酶	点突变
蚕豆病	葡萄糖－6－磷酸脱氢酶	点突变
Leber 遗传性视神经病	线粒体 DNA	点突变
肝豆状核变性	WD	点突变、缺失、插入

（五）基因表达异常的检测方法

基因表达异常时，主要检测对象是基因转录产物 mRNA，针对 mRNA 检测可采取以下方法：① mRNA 的相对定量分析，常用技术方法有斑点杂交、狭缝杂交和逆转录 PCR 等。② mRNA 的绝对定量分析，常用技术方法有逆转录 PCR 和竞争性 PCR 等。③ mRNA 的长度分析，采用逆转录

PCR 获得扩增产物之后，对其产物电泳条带的长度和大小进行分析，可获悉突变基因中编码序列的插入和确切的信息。

（六）DNA 多态性的检测方法

DNA 多态性是指群体中的 DNA 分子至少存在两种不同的基因型，即个体间同一染色体的相同位置上 DNA 核苷酸序列存在一定的差异或变异。且这种多态性的任一变异在人群中出现的频率一般应大于 1%。DNA 多态性本身与疾病并无直接联系，故称为“中性突变”，但有时这种多态性可能与某种遗传病致病基因有一定的连锁关系。所谓连锁是指同一染色体上位置相邻的 DNA 片段，通常没有发生重组而被一起遗传。连锁分析一般针对某些无法直接进行基因突变检测的疾病，只能借助与致病基因关联的遗传标志进行连锁分析。连锁分析常用检测技术有基于微卫星 DNA 限制性片段多态性、PCR -短串联重复序列（short tandem repeat，STR）和 PCR -单核苷酸多态性（single nucleotide polymorphism，SNP）等。

第二节 基因诊断的应用

随着医学分子学的蓬勃发展，越来越多的疾病基因和疾病相关基因被克隆，为基因诊断提供了坚实的理论基础，基因诊断已广泛应用于遗传性疾病、恶性肿瘤、感染性疾病和法医学鉴定等多个学科领域，发挥出其独特的优势。

一、在遗传性疾病中的应用

遗传病是最早采用基因诊断的疾病。遗传病据病因大致可分为单基因缺陷遗传病、多基因缺陷导致的复杂遗传病和染色体的结构和数目异常引起的遗传病。目前基因诊断已应用于地中海贫血、血友病、脆性 X 体综合征等多种遗传病的诊断，其中应用于单基因遗传病的确诊及其症状前诊断最为成功。如镰刀形红细胞贫血病，患者 β -珠蛋白基因第 6 个密码子发生碱基点突变（A→T），致使患者血红蛋白 β 亚基的第 6 位氨基酸由正常的谷氨酸变成了缬氨酸，仅一个氨基酸之差，导致患者红细胞变形成镰刀状而极易破碎产生贫血。且这一碱基突变使限制性内切酶 *Mst* Ⅱ（酶切位点：CCTNAGG）在基因内部的酶切位点丢失。因此，可利用 RFLP 技术，将正常人、带有突变基因的携带者和患者基因组 DNA 分别用 *Mst* Ⅱ 酶切后，与 β 珠蛋白探针杂交，即可将三者区别开来（图 13 - 4），可对患者作出明确诊断，也可对该病进行产前诊断。

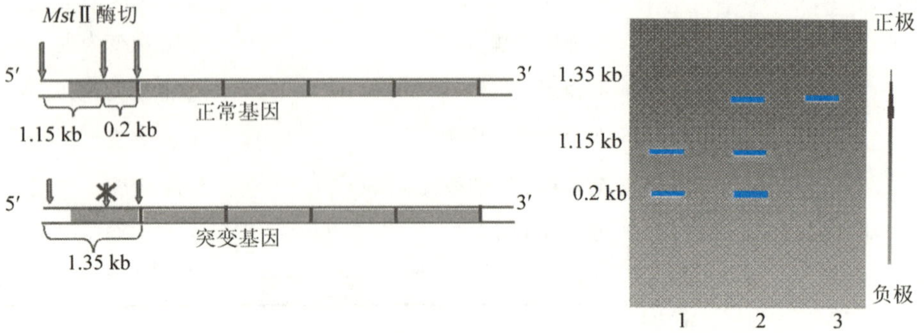

图 13 - 4 镰刀形红细胞贫血患者基因组限制性酶切分析

1 为正常人；2 为突变携带者；3 为患者

案例分析

1. 临床案例　一对夫妇均被检测出为镰刀形红细胞贫血症致病基因的突变携带者。该夫妇为了能产下健康胎儿，每次妊娠早期都进行产前诊断。现在妻子又妊娠了，要求对该孕妇腹中胎儿进行产前诊断。

2. 问题思考　请根据所学知识，利用限制性内切酶酶谱分析法，设计诊断过程，对胎儿进行产前诊断。

二、在恶性肿瘤中的应用

恶性肿瘤的发生是一个复杂的多因素、多步骤发展过程，需要多种癌基因协同作用所致。随着基因变异和疾病相关知识的积累，人类对某些肿瘤发生发展的分子机制已有较深入认识，但对大多数肿瘤发生发展的分子机制认识还处于浅表阶段。对肿瘤进行基因检测，可以从以下几方面着手：① 检测肿瘤相关基因，如癌基因、抑癌基因和肿瘤转移基因等。② 检测肿瘤相关病毒的基因，如与鼻咽癌相关的 EB 病毒、宫颈癌相关的 HPV 病毒等。③ 检测肿瘤标志物基因或 mRNA。肿瘤标志物是由肿瘤细胞产生的，与肿瘤发生和发展相关的物质，包括肿瘤抗原、激素、酶和同工酶等。

目前，研究较多的与肿瘤相关的基因是癌基因和抑癌基因，因此对癌基因和抑癌基因的突变分析，成为基因诊断的重要靶点。如 *ras* 基因是肿瘤中最易被激活的癌基因，其最常见的点突变是第 12、13 或 61 密码子。又如与人类肿瘤相关性最高的 *P53* 基因，其野生型是一种抑癌基因，野生型 *P53* 在维持细胞正常生长、抑制恶性肿瘤增殖中起着重要作用，因而被冠以“基因卫士”的称号。当 *P53* 基因发生突变，将丧失抑制肿瘤增殖作用，且突变本身又使该基因具备癌基因功能。现研究发现超过 50%的肿瘤都存在 *P53* 和其相关基因的突变和缺失。*P53* 基因突变主要是点突变，热点区域位于密码子 130～290，其中 175、273 和 284 密码子突变最常见。利用 PCR－SSCP、PCR－DNA 序列测定和 PCR－RFLP 等技术可对癌基因和抑癌基因进行突变检测，为肿瘤的早期预防、早期诊断和早期治疗提供依据。

三、在感染性疾病中的应用

感染性疾病病原体种类繁多，包括病毒、细菌、真菌、支原体、衣原体、立克次体和寄生虫等。除个别病原体外，所有病原微生物都以核酸（DNA 或 RNA）作为遗传物质。通过基因诊断可发现和鉴定这些外源性基因组、基因或基因片段的存在，证实是否感染了某种病原体，从而有针对性地用药。对感染性疾病，基因诊断不仅可以检测出正在生长的病原体，也能检测出潜伏的病原体，尤其是检测不易在体外培养或安全培养的病原体。

基因探针技术对各种病原体的检测具有重要意义，人类可以针对病原体特异的核酸序列设计探针，直接从临床标本中检出特异性病原体，也可对某些不宜在体外培养的病原体，如结核杆菌、立克次体等做出检测。以 PCR 技术为基础的各种联合技术的发明也为感染性疾病的诊断提供了更加快速、敏感的方法。以下以 SARS 病毒为例，对基因诊断在感染性疾病中的应用进行说明。新型变异冠状病毒（SARS－CoV）可引起传染性非典型性肺炎，临床症状以肺部感染病变为主要特征，死亡率极高。SARS－CoV 基因组为 RNA，有 11 个开放阅读框架，编码 RNA 聚合酶的序列为基因组的特异保守序列。人类根据这段保守序列设计了特异性引物，建立了常规和实时定量 PCR 技术，对 PCR 产物电泳分析结果进行判断，可灵敏准确地检出 SARS 病毒。

与传统的病原体诊断方法（如对病原体培养分离或检测患者体内特异性抗体等）相比，基因诊断优势在于可在疾病的早期获得阳性结果，简便、特异和快捷，不足在于不能明确病原体在机体内会产生何种反应，反应的结果是什么等问题。但是，目前基因诊断还不能完全取代其他诊断技术。

四、在法医学中的应用

基因诊断在法医学上主要用于个体认定、亲子鉴定和刑侦样品鉴定。其中 DNA 指纹分析(DNA fingerprinting)已成为排查犯罪嫌疑人和确定个体间亲缘关系的重要技术手段。人类基因组 DNA 序列中存在众多的多态性遗传标记，除非同卵双生，否则几乎没有任何两个人的 DNA 分析图谱会完全相同，这就如人的指纹一样，因而被称为 DNA 指纹，它是个体识别的有力证据。

DNA 指纹分析技术基于两类遗传标记：第 1 类遗传标记是可变串联重复序列(variable number of tandem repeat，VNTR)。VNTR 主要存在于基因的非编码区，是由头尾相连的串联重复序列组成的，具有高度多态性，VNTR 区的重复单位数目不同，所以该区的 DNA 长度不同，但每一位点 VNTR 的核心序列却有高度的保守性，因此可认为 VNTR 是一种判断个体的遗传标记。第 2 类遗传标记是短串联重复序列(STR)，人类基因组中存在数量众多的 STR，STR 的重复单元较短，核心序列含 2～4bp，DNA 片段长度为 100～500 bp，故称为微卫星 DNA(microsatellite DNA)。与 VNTR 相同，有不少的微卫星 DNA 存在着个体间重复单元数目不等的多态性，是一种应用价值很高的遗传标记。由于 STR 位点具有突变率低、扩增成功率高和对检材质和量要求低等特点，基于 STR 的 DNA 指纹分析技术相对基于 VNTR 的传统 DNA 指纹分析技术已更多地应用于法医学鉴定。

图 13-5 是研究人员在一个家系中获得的一张具有高度多态性的基于 STR 的 DNA 指纹图谱，图谱中每一个成员都有各自独特的 DNA 电泳条带。在该家系图谱中，可见各子代成员的区带完全符合孟德尔遗传规律：均由亲代遗传而来，半数与父亲区带一致，半数与母亲区带一致。

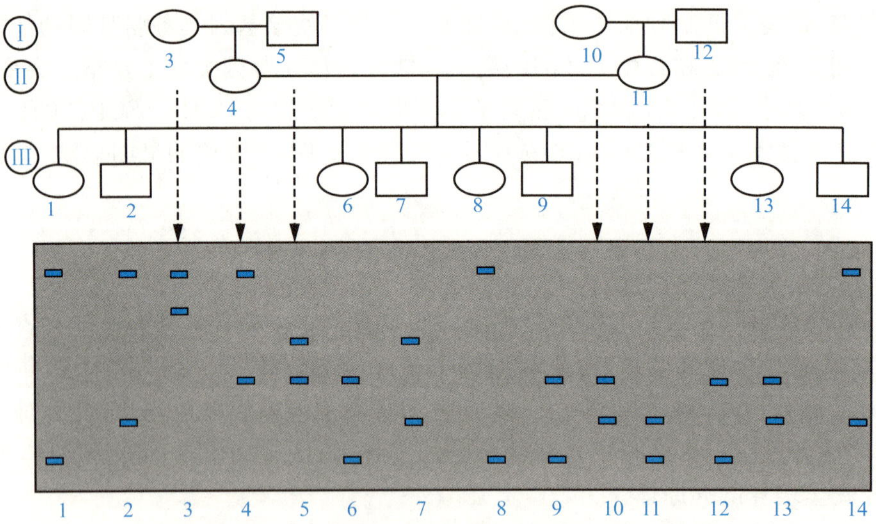

图 13-5 一个家系中基于 STR 的 DNA 指纹图谱

知识拓展

DNA 指纹图谱

1985 年，英国遗传学家 A. Jeffreys 等根据 VNTR 的特点，选用某些核心序列作为探针，并选用在核心序列无切割位点的限制性内切酶，对 DNA 样品进行酶切，然后作 Southern 印迹法。图谱显示不同个体具有不同条带，如同人的指纹一样具有高度的个体特异性，因此把这种 Southern 印迹图称为

DNA 指纹图谱。当前，基于 PCR 扩增的 DNA 指纹技术已经取代了基于 Southern 印迹法的操作，方法更为快速、灵敏。

基因是我们血脉相传的纽带，它不仅决定了我们的外貌体征，也蕴含了我们家族及决定我们生、老、病、死的遗传信息，基因诊断技术从基因水平诊断疾病，探究疾病发生发展的本质，属于病因学诊断，具有其他诊断技术不可比拟的优势。然而伴随这种诊断方法的广泛应用，推动医学发展的同时，也随之带来诸多问题。在技术方面，基因诊断对仪器设备、试剂、操作人员具有高要求，因而诊断费用高昂，同时由于高灵敏度的优点，更易在标本被污染情况下，做出假阳性的诊断。在医学伦理方面，基因诊断并非仅仅是一个技术诊断，它的症状前诊断、早期预警，有可能导致一些还未产生临床症状的"患者"，在现实生活中无法正常工作或结婚生子等。诸如此类的问题，要求人类在大力推崇基因诊断技术的同时，也应不断完善该技术，完善相关政策、制度，使基因诊断技术为人类提供更好的服务。

（汪军梅）

思考题

1. 何为基因诊断？和其他诊断方法相比，基因诊断有哪些优势？
2. 基因诊断在临床上有哪些应用？请举例说明？

本章课件　　本章习题

第十四章

基因治疗

学习目标

【掌握】

1. 基因治疗的概念。

2. 基因治疗的基本方法。

【熟悉】

基因治疗的基本程序。

【了解】

基因治疗的应用现状。

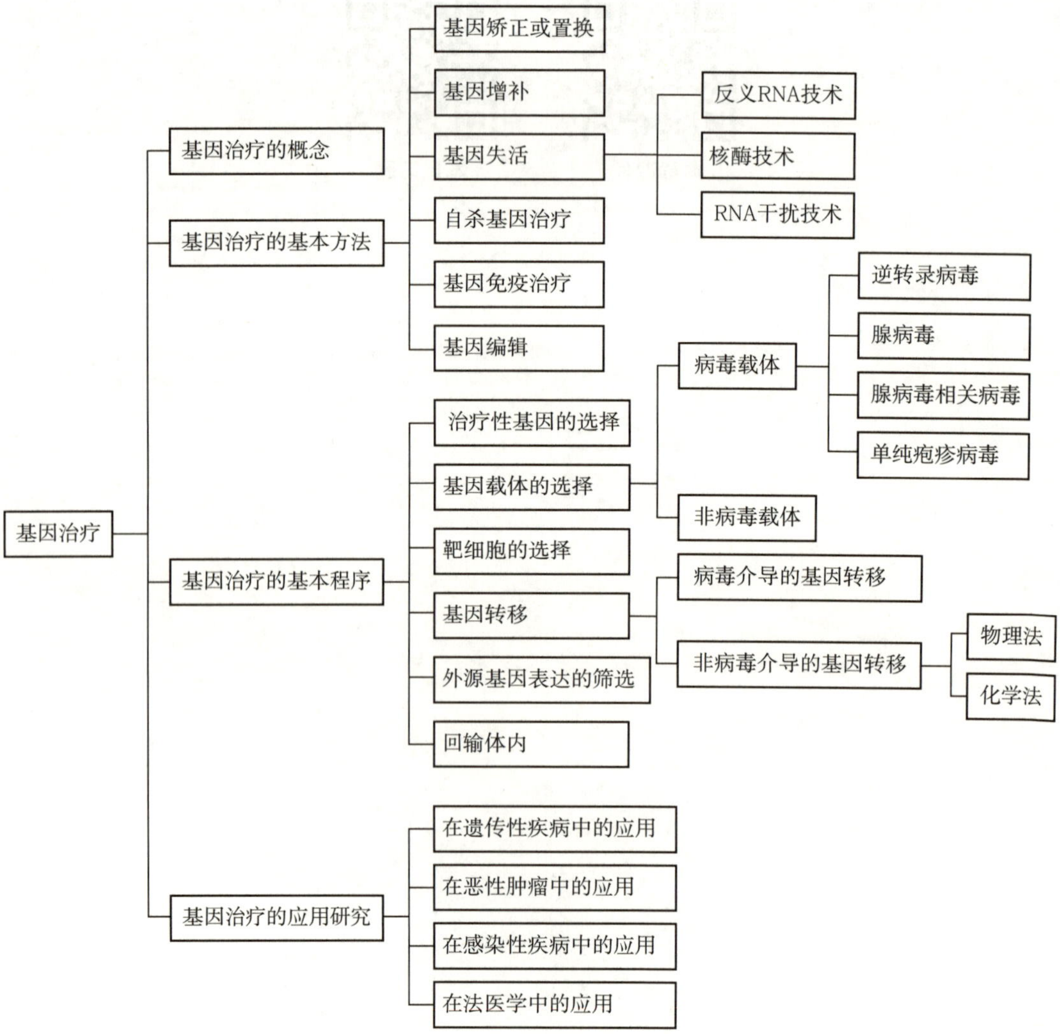

生物医学研究表明，人类的各种疾病都直接或间接与基因有关。从基因水平进行疾病的诊断和治疗已成为医学发展的重要方向。基因治疗(gene therapy)作为针对异常基因本身的一种治疗方法，日益受到研究者的重视。

目前从广义上讲，将某种遗传物质转移到患者细胞内，使其在体内发挥作用，以达到治疗疾病的方法，均可定义为基因治疗。它是现代分子生物学技术与医学科学交差渗透而形成的全新治疗领域。本章主要围绕基因治疗的基本方法、程序及应用研究进行简要阐述。

第一节 基因治疗的基本方法和程序

一、基因治疗的基本方法

目前基因治疗所采用的主要方法可分为以下几种。

(一) 基因矫正或置换

基因矫正(gene correction)指将缺陷基因的异常碱基进行纠正，而正常部分予以保留，对缺陷基因进行精确地原位修复。基因置换(gene replacement)指以正常基因通过体内基因同源重组，原位替换致病基因，使细胞内 DNA 恢复正常序列。基因矫正或置换不涉及基因组的任何改变，是最为理想的治疗方法，但由于各种技术原因并未广泛实施。目前前者主要用于单基因遗传病，后者由于同源重组率低，在临床应用中也受到限制。

(二) 基因增补

基因增补(gene augmentation)或称基因添加，是指在不去除异常基因前提下，将外源基因导入病变细胞或其他细胞，使其表达正常产物，从而补偿缺陷基因的功能或使原有的功能加强。根据导入外源基因的不同，基因增补可有两种方式：① 针对缺陷基因，导入其相应正常基因，通过其表达正常产物，补偿缺陷基因功能。② 促进细胞正常代谢和抗性的基因导入靶细胞内，利用其表达产物增强某些功能，达到治疗疾病的目的。如对某些恶性肿瘤患者，可导入其体内编码干扰素的基因，通过干扰素的表达，激活免疫应答，增强机体免疫能力。基因增补是目前临床上使用的主要基因治疗策略。

(三) 基因失活

基因失活(gene inactivation)是指将特定的序列导入细胞后，在转录或翻译水平阻断或降低某些基因的异常表达，从而达到疾病治疗的目的。基因失活治疗往往是针对癌基因或病毒癌基因的过度表达，导致肿瘤疾病的发生。常采用的技术有反义 RNA、核酶、RNA 干扰、肽核酸和三链技术等。基因失活技术的研究由于机体内环境的复杂性，主要仍以体外实验为主。

1. 反义 RNA 技术　反义 RNA 是指能与细胞内 mRNA 序列特异互补结合，调控其翻译，从而阻断与疾病发生直接相关基因表达的 RNA 的翻译。利用反义 RNA 技术对体外培养的细胞进行基因表达调控的方法有两种：① 体外合成反义 RNA，直接作用于培养细胞，让其吸收后产生作用。② 构建一些能通过转录合成反义 RNA 的重组质粒，将这种质粒转入细胞中，转录出反义 RNA 再发挥作用。反义 RNA 技术是继基因克隆和重组技术之后在分子生物学领域兴起的一门全新基因工程技术。该技术具有特异性强、安全性高和操作简单等特点，然而特异性转移问题和进入靶细胞之前的降解问题是其面临的两个技术难点，目前反义 RNA 尚仍处于研究阶段。

2. 核酶技术　根据靶基因序列特点，人工设计合成特定的核酶后，将核酶分子结合到靶 RNA 上，核酶具有较稳定的空间结构，不易受 RNA 酶的攻击，其分子中的适当部位，能形成锤头状核酶结构，

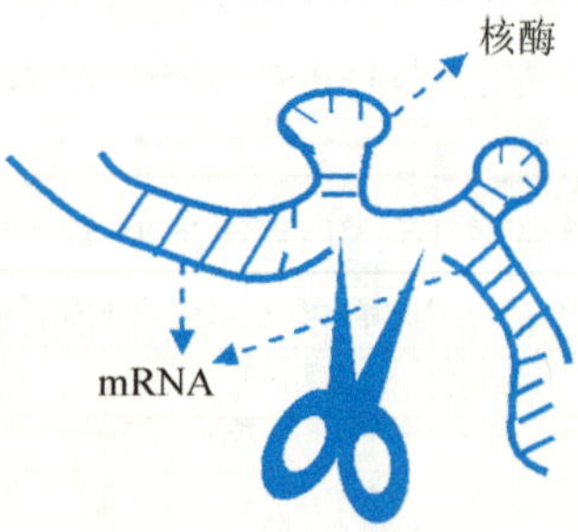

图 14-1 核酶作用机制

催化靶 RNA 将其切断，破坏靶 RNA，从而达到治疗疾病的目的。核酶的作用机制见图 14-1。且在切断 mRNA 后，可从杂交链上脱离下来，重新被利用。例如，基因表达和病毒复制的抑制剂，就是应用这一原理。

3. RNA 干扰技术 RNA 干扰（RNA interference，RNAi）是一种由双链 RNA 诱发的基因沉默现象。具体而言在某些特定因子作用下，导入细胞内的长双链 RNA 降解成约 22nt 的短双链 RNA，称为小干扰性 RNA（small interference RNA，siRNA）。siRNA 与细胞内某些酶和蛋白质形成复合体，该复合体可识别与 siRNA 有同源序列的 mRNA，并在特异位点切断 mRNA 或者抑制蛋白质翻译。siRNA 诱发的基因抑制具有高度的特异性，含有 siRNA 完全互补序列的 mRNA 才能被降解，这一特性可减少或避免抑制不相关基因，用于治疗人类疾病时尤为重要。另外，siRNA 还可利用体内转录系统生成第二代 siRNA，从而具有长期效应和放大效应。RNA 干扰技术可用于治疗有异常表达基因的恶性肿瘤或病毒性感染疾病。例如 siRNA 可抑制人类免疫缺陷病毒某些基因的表达。RNA 干扰作为一种新兴的反基因策略技术，备受人类重视。目前除人工合成的 siRNA 外，发卡状 RNA、以质粒或病毒为载体在细胞内生成的 siRNA 都已被成功应用。

值得一提的是，近年发展起来的肽核酸、三链技术和基因敲除技术也可用于基因失活。

（四）自杀基因治疗

研究发现，某些病毒或细菌产生的酶能将对人体无毒性或低毒性的药物前体在机体细胞内转变为细胞毒性物质，从而导致细胞死亡。据此，将这些病毒或细菌基因组中的前药转换酶基因（又称自杀基因）导入靶细胞，该基因编码的酶能催化无毒的药物前体，使之转化为细胞毒性代谢物，导致靶细胞死亡。自杀基因的作用机制见图 14-2。

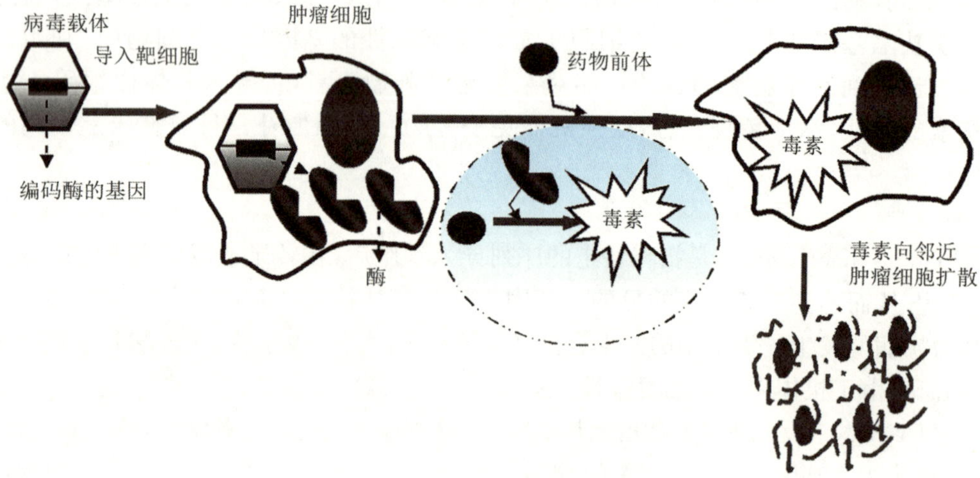

图 14-2 自杀基因的作用机制

自杀基因治疗是恶性肿瘤基因治疗的主要方法之一。自杀基因导入肿瘤细胞后，该基因表达产物导致肿瘤细胞被杀死，而正常细胞不含这种外源基因，故不受影响。这种治疗方式由于不伤及正常细胞，相对传统治疗而言，对人体不良反应小。如某些自杀基因或条件性复制病毒，只能在 *P53* 缺陷的肿瘤细胞内繁殖而达到清除该肿瘤细胞的目的。

知识拓展

自杀基因治疗旁观者效应

1986 年，Moolten 将转导自杀基因的纤维肉瘤细胞和非转导细胞混合培养，当转导细胞占肿瘤细胞总数 10%时，转移基因阳性表达细胞的死亡可以引起邻近阴性细胞的死亡，这一效应被称为旁观者效应。此后，又有学者观察到该效应也可以使远处的肿瘤细胞消除或停止生长，即远距离旁观者效应。旁观者效应明显增强了自杀基因对肿瘤的杀伤作用，对恶性肿瘤的治疗具有很重要的意义。

（五）基因免疫治疗

基因免疫治疗是指将抗癌免疫增强细胞因子或 MHC 基因导入肿瘤细胞，以增强肿瘤微环境中的抗癌免疫反应。基因免疫治疗也属于基因增补，但其目的并非修复细胞功能或利用细胞产生的蛋白质来治疗疾病，而是通过改变或改善细胞功能，使细胞具有新的生物学特性，从而达到疾病治疗的目的。

（六）基因编辑

基因编辑（gene editing）是一种新兴的、能比较精确的对生物体基因组特定目标基因进行修饰的一种基因工程技术。该技术功能强大，技术门槛低，在未来基因治疗中必将发挥重要作用。

二、基因治疗的基本程序

基因治疗是针对疾病的根源“异常基因”本身，进行疾病治疗的一种方法，它融合了分子生物学和细胞生物学技术，其治疗基本程序可概括为六步：① 治疗性基因的选择；② 基因载体的选择；③ 靶细胞的选择；④ 基因转移；⑤ 外源基因表达的筛选；⑥ 回输体内。现分述如下。

（一）治疗性基因的选择

选择恰当的治疗性基因是基因治疗的首要问题。从遗传学和分子生物学角度讲，疾病的发生可以说都直接或间接与基因有关。理论上所有能够正确表达或帮助机体蛋白质正确表达的基因都是治疗性基因。然而在进行基因治疗时，需要考虑控制治疗性基因表达的时间、空间和水平三方面。其中，时间控制要求：① 治疗基因在患者需要实施治疗时才表达，而平时不需要治疗时则处于关闭状态。② 疾病不同，控制治疗基因持续表达的时间跨度也不同。空间上要求治疗基因必须限制只在靶细胞中表达，避免干扰非靶细胞的正常生长。在治疗基因表达水平控制上，希望治疗基因在一个适当水平上表达。由于诸多因素、机体本身的复杂性及现有理论和技术水平的限制，所以真正可用于临床试验和治疗的基因并不多。目前，一些生长因子、细胞因子、多肽类激素、原癌基因产物和抑癌基因产物等的正常基因可以作为治疗性基因的选择。

（二）基因载体的选择

选定治疗基因后，如何将治疗基因安全有效地导入细胞内表达是基因治疗的关键。目前使用的将基因或其他核酸物质运载到细胞中的基因载体有两类：病毒载体和非病毒载体。

1. 病毒载体　是将外源基因包装到天然病毒中形成有侵染力的病毒，利用病毒对宿主细胞的感染性将外源基因导入细胞中。病毒具有靶细胞定向感染性和寄生性两大特征。在利用病毒时，通常是把某个病毒基因拿掉，形成的空间由治疗基因取代而制备出具有感染力的病毒。野生型病毒在作为病毒载体时，必须剔除病毒复制必需的基因和致病基因，经过改造安全后才能作为基因治疗载体。目前常用的基因转移病毒载体：逆转录病毒（retro-virus，RV）、腺病毒（adeno-virus，AV）、腺病毒相关病毒（adeno-associated virus，AAV）和单纯疱疹病毒（herpes simplex virus，HSV）等，其中逆转录病毒更为常用。

（1）逆转录病毒：是一种RNA病毒，其感染颗粒是由包装蛋白的两条RNA链组成的。逆转录病毒虽是RNA病毒，但其基因组中含有编码逆转录酶和整合酶的基因，可使RNA逆转录为双链DNA，再随机整合到宿主细胞基因组DNA上。研究者利用这一特性，将逆转录病毒复制所需的基因剔除，由治疗基因取而代之，构成重组逆转录病毒载体。这种改造后的逆转录病毒载体的病毒称为缺陷型逆转录病毒，它缺失病毒的包装蛋白基因，可以克隆并表达外源治疗基因，但不能自我包装成有增殖能力的病毒颗粒。所以需借助另一种缺陷型逆转录病毒（能合成包装蛋白，但本身不能包装成辅助病毒颗粒）进行包装。逆转录病毒载体的优点是具有穿透细胞的能力、转化细胞效率高、DNA整合率高等；缺点是载体容量小，随即整合，可有插入突变、激活癌基因的潜在风险等。

（2）腺病毒：是一种双链无包膜DNA病毒。其通过受体介导的内吞作用进入细胞，但基因组不整合进入宿主细胞基因组中，保持在染色体外。腺病毒由于基因组太大、酶切位点复杂，常用同源重组的方法进行载体构建。腺病毒作为基因载体的优点是载体容量大、基因导入效率高、可感染包括非分裂期细胞在内的多种细胞、外源基因可得到瞬时的高表达等；缺点是基因组结构过于复杂、不能整合到靶细胞的基因组DNA中，外源治疗性基因不能长期稳定表达等。

（3）腺病毒相关病毒：是一种单链DNA缺陷型病毒，无包膜，外形为裸露的20面体颗粒。腺病毒相关病毒不能独立复制，只能在辅助病毒存在的条件下才能进行复制和溶细胞性感染。腺病毒相关病毒载体是目前正在研究的一类新型安全载体，它对人类无致病性。腺病毒相关病毒载体优点是毒性小，不具备致病性，可整合入细胞基因组，获得长期稳定表达等；缺点是载体容量小，感染效率比逆转录病毒低，由于大多成年人机体存在过这种病毒感染，可能会引起免疫排斥反应等。

野生型逆转录病毒、腺病毒、腺病毒相关病毒载体的基因结构见图14-3。

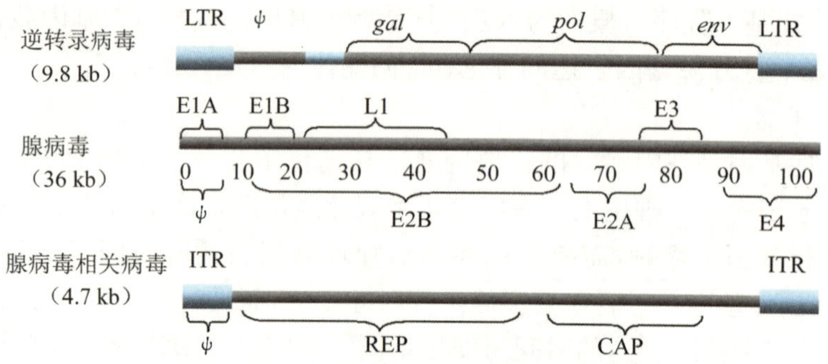

图14-3　3种野生型病毒载体的基因结构

ψ是包装序列信号；LTR是长末端重复序列；E1～E4和L1为结构基因；ITR为反向末端重复序列；REP和CAP为结构基因

野生型逆转录病毒、腺病毒、腺病毒相关病毒载体的特点及其比较见表14-1。

表14-1　几种常用病毒载体的比较

	逆转录病毒载体	腺病毒载体	腺病毒相关病毒载体
基因组大小	9.8 kb	36 kb	4.7 kb
核酸类型	RNA	DNA	DNA
外源基因容量（kb）	小于9	2～7	小于3.5
基因整合	随机整合	不整合	定点整合
外源基因表达情况	短暂表达/稳定表达	短暂表达	稳定表达
基因转移效率	高	高	

续 表

	逆转录病毒载体	腺病毒载体	腺病毒相关病毒载体
优点	稳定整合,易操作	安全,易制备,容量大	定点整合,无致病性
缺点	仅转染分裂细胞,有插入突变风险	短暂表达,可诱导免疫反应	难制备,容量小

2. 非病毒载体　是将外源基因用各种人工或天然材料包装起来形成的“人工病毒”。如脂质体介导的基因转移、受体介导的基因转移等。

(三) 靶细胞的选择

基因治疗根据受体细胞的不同,可分为体细胞(somatic cell)基因治疗和生殖细胞(germline cell)基因治疗。体细胞基因治疗,即改变体细胞的基因表达,基因型的改变只限于某一类体细胞,其影响也只限于某个体的当代。生殖细胞基因治疗,即改变生殖细胞的基因表达,对缺陷的生殖细胞进行矫正,其不仅影响个体当代,也会波及子代。出于伦理学等诸多因素考虑,国际上禁止用生殖细胞进行基因治疗。基因治疗靶细胞的选择原则有:① 易于从人体分离又便于回输体内,生命周期较长。② 易于在体外培养和易受外源遗传物质的转化。③ 最好具有组织特异性。目前已被研究应用于基因治疗的靶细胞有成纤维细胞、肌细胞、造血干细胞、淋巴细胞、上皮细胞、内皮细胞和肿瘤细胞等。由于许多细胞不易在体外培养,其中成功应用于基因治疗的细胞主要是成纤维细胞、肌细胞和造血干细胞。

1. 成纤维细胞　具有可在体外培养、易移植、增殖能力强等特点,因此可以作为基因转移的靶细胞。用携带目的基因的逆转录病毒载体转染成纤维细胞,已表达具有生物活性的腺苷酸脱氨酶、低密度脂蛋白受体和嘌呤核苷磷酸化酶等。

2. 肌细胞　逆转录病毒载体介导的基因转移对骨骼肌细胞几乎无效。骨骼肌细胞作为基因治疗靶细胞的突出特点是,可采用直接体内基因转移,将裸露的携带外源治疗基因的重组质粒 DNA 直接注射入细胞。经检测重组质粒上的外源基因可较长期持续表达。肌细胞容易采集,可体外培养增殖,易移植,是基因治疗可选靶细胞。

3. 造血干细胞　能进一步分化为其他各系血细胞,具有移植方便、增殖能量强等特点,因此作为基因转移的受体细胞研究较多,其中骨髓最受重视。但骨髓中干细胞数量少,且分离和培养难度大,现已有研究者选择脐带血造血干细胞进行基因治疗,获得一定疗效。

(四) 基因转移

如何将外源基因有效地导入受体细胞,是基因治疗研究中的一个重要环节。基于两类基因载体(病毒载体和非病毒载体)的不同,在体外研究中将基因转入哺乳类动物细胞的基因转移方法也分为两类:① 病毒介导的基因转移(前文病毒载体中已有介绍)。② 非病毒介导的基因转移,这个又可分为物理法和化学法。

非病毒介导的基因转移的物理方法如下:① 直接注射法。直接注射法不需要进行基因工程的繁琐操作,直接将裸露 DNA 注入动物肌肉或某些组织器官内。动物实验表明,接受外源 DNA 的小鼠能够按其基因编码合成相应的蛋白质,并能维持数月之久。该种基因转移方法操作简便,安全性高,但转移效率低。② 基因枪法。基因枪法又称为生物弹道技术或微粒轰击技术,是一种体内体外都有效的基因转移方法,但不易于内脏器官的在体操作。③ 电穿孔法。电穿孔法是将外源基因通过电场作用,导入动物目标组织或器官。该方法需要使用高压电流,会导致细胞大量死亡,故不适用于临床应用。

非病毒介导的基因转移的化学方法如下:① 脂质体介导的基因转移法。脂质体是由磷脂和相似的两性脂所形成的微囊泡,可分为阳离子脂质体和阴离子脂质体,前者在研究中更为常用。脂质体的脂双层结构可携带DNA或RNA穿过细胞膜，进入细胞。脂质体介导的基因转移基本原理是利用阳离子脂质单体与DNA混合后，可以自动形成包埋外源DNA的脂质体，将这种DNA-脂质体复合物与细胞一起孵育，即可通过细胞内吞作用将外源DNA转移至细胞内，并进行表达(图14-4)。该法优点是操作简便、成本低廉，缺点是转移效率低。② 受体介导的基因转移技术。受体介导的基因转移技术是指将DNA与细胞或组织亲和性的配体耦联，可使DNA具有靶向性。这种耦联通常通过多聚阳离子来实现。多聚阳离子与配体共价连接后，又通过电荷相互作用与带负电的DNA结合，将DNA包围，只留下配体暴露于表面，这样形成的复合物可被带有特异性受体的靶细胞吞饮，从而将外源DNA导入靶细胞。③ 磷酸钙共沉淀法和DEAE葡聚糖法。磷酸钙共沉淀法制备简单，但转移效率低；DEAE葡聚糖是一种高分子量的多聚阳离子试剂，DEAE葡聚糖法方法简单、重复性高，特别适用于研究基因瞬时表达实验。

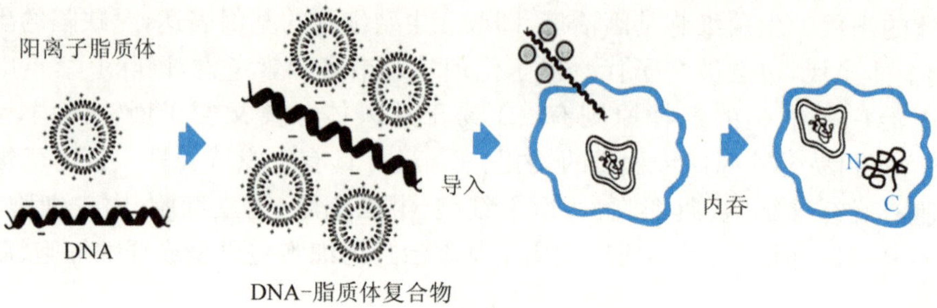

图 14-4 脂质体介导的基因转移

非病毒载体具有无传染性、不限制载体容量、化学结构可控制、操作简单、安全及可大量制备等优点。然而其介导的基因转移较病毒介导的基因转移转染效率有限，所以尽管后者存在载体自身容量有限、制备滴度不高、安全性不高等问题，但现阶段基因治疗的临床研究中仍以其为主。

在人类基因治疗时，基因导入机体的方式可分为：① 间接体内疗法(ex vivo)，即在体外将外源治疗性基因导入靶细胞内，再将这种基因修饰过的细胞回输患者体内，使带有外源基因的细胞在体内表达相应产物，从而达到治疗目的。② 直接体内疗法(in vivo)，不需要细胞移植，直接将外源治疗性基因导入人体内有关的组织器官，使其进入相应的靶细胞并表达相应产物，使疾病得以医治。两种方式基本操作流程见图14-5。

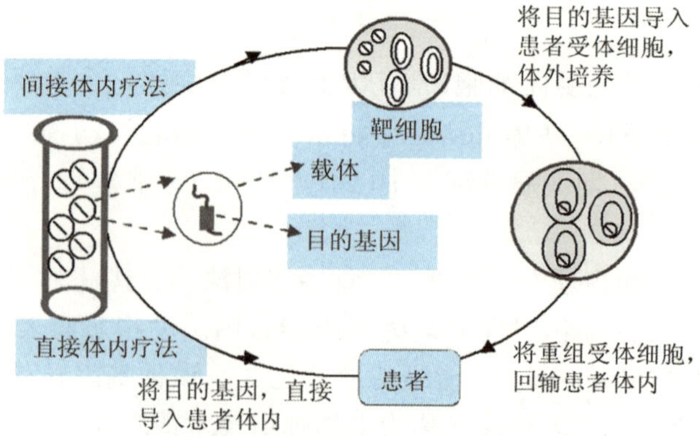

图 14-5 间接体内疗法和直接体内疗法基本流程

相比而言，直接体内疗法操作简单、直接、经济，但技术尚不成熟，间接体内疗法虽然步骤复杂，但比较安全、效果容易控制，目前被广为采用。在此需特别指出的是，本文介绍的基因治疗的基本程序也是按间接体内疗法进行划分的。

（五）外源基因表达的筛选

在体外培养的细胞，基因转染率很难达到 100%，若要筛选出转染细胞，则需利用载体中的标记基因，如抗性基因和荧光标记等。如大多表达载体有 neor（抗新霉素）标记基因存在，向培养基中加入药物 G418 进行筛选，只有被转染的细胞才能存活。然后再对筛选出的阳性细胞进一步检测，确信靶基因转染成功，并且检测外源基因是否在细胞内稳定表达，从而才能继续后续实验。

（六）回输体内

经治疗性基因修饰过的细胞，可以各种不同方式回输患者体内发挥作用，以达到预防或治疗疾病的目的。如淋巴细胞可经静脉回输入血，造血细胞可采用自体骨髓移植的方法。

第二节 基因治疗的应用研究

21 世纪是基因治疗技术发展的时代，1990 年，人类首例基因治疗方案成功实施。基因治疗作为分子生物学和临床医学结合的新技术，已在世界各国展开广泛研究。我国也在 1991 年进行首例基因治疗 B 型血友病获得成功。现阶段基因治疗的研究范围已经从遗传性疾病领域扩展到恶性肿瘤、心脑血管疾病、病毒性感染疾病、神经系统疾病等多个领域。

一、在遗传性疾病中的应用研究

目前人类对遗传病基因治疗的研究还有限，选择理想基因治疗对象时，一般应考虑以下几点：① 在 DNA 水平明确其发病原因及发病机制。② 必须是单基因遗传病，而且属于隐性遗传。③ 该基因的表达不需要精确调控。④ 该基因能在一种便于临床操作的组织细胞中表达并发挥生理作用。⑤ 该遗传病不经治疗将有严重后果。遗传病有数千种之多，符合上述条件的仅 30 余种。

1. 腺苷脱氨酶（ADA）缺乏症　是一种常染色体隐性遗传代谢缺陷性疾病，ADA 在发育中 T 淋巴细胞和 B 淋巴细胞中含量丰富，当其缺乏时，不能催化腺苷或脱氧腺苷转变为相应产物，细胞内腺苷或脱氧腺苷堆积，最终 DNA 的合成受到抑制，淋巴细胞功能缺陷，致使患者产生严重的免疫系统功能障碍，患者很少活到成年。ADA 缺乏基因治疗基本步骤：① 克隆正常 ADA 基因。② 与逆转录病毒载体连接为重组体。③ 导入患者体外培养的淋巴细胞。④ 根据遗传标记，筛选转染成功的阳性细胞，并体外扩增培养。⑤ 回输阳性淋巴细胞到患者体内。

知识拓展

世界上首例基因治疗案例

1990 年，人类历史上首例基因治疗方案应用于一患腺苷脱氨酶（ADA）缺乏症的 4 岁女孩。ADA 缺乏使该患儿 T 淋巴细胞和 B 淋巴细胞发育受阻，导致重症联合免疫缺陷。美国科研人员将患儿血细胞中的单个核细胞在体外进行培养增殖并用携带 ADA 基因的逆转录病毒转染，数日后将细胞输回患儿体内。在接受携带 ADA 基因的逆转录病毒转染的自体细胞输注后，患儿免疫功能增强，临床症状改善。1991 年 1 月起，第 2 例患儿接受同样基因治疗并取得类似疗效。

---

2. β-地中海贫血　除少数是由于基因缺陷引起外，大多数是由 β 珠蛋白基因点突变所致，属于单基因遗传病。单基因遗传病由于致病基因比较清楚，所以一般基因治疗设计方案为：通过各种途径将正常基因导入患者体内，表达出正常蛋白质，执行相应生物学功能。但因为 β-珠蛋白基因表达具有

较高的组织特异性，仅在红系造血细胞中表达，需要精确调控才使α-珠蛋白和β-珠蛋白合成比趋向平衡，所以β-地中海贫血基因治疗较ADA缺乏更为困难。

二、在恶性肿瘤中的应用研究

目前，肿瘤已居死亡病因中的首位，严重危害人类健康。人类对肿瘤发病机制的认识也从最初肤浅的物理致癌、化学致癌、病毒致癌和基因突变致癌等单一学说上升到多因素、多步骤综合致癌学说。面对如此复杂的疾病，传统治疗一般为手术、放射性治疗或化学药物疗法。然而这三种经典治疗的局限性和严重的不良反应促使肿瘤的基因治疗成为研究的热点。

肿瘤基因治疗的基本策略和常用方法：① 通过自杀基因治疗直接杀死肿瘤细胞。② 通过基因失活技术抑制肿瘤细胞异常表达的癌基因或肿瘤相关基因，从而降低其表达活性，甚至不表达。③ 通过基因免疫治疗激发机体肿瘤免疫效应或提高免疫效应细胞功能，间接杀伤或抑制肿瘤。④ 通过基因置换将外源性的正常抑癌基因直接导入肿瘤细胞，表达正常功能产物，改变肿瘤细胞对恶性表型。如抑癌基因 *P53* 的突变与多种肿瘤发生密切相关。将野生型 *P53* 转导至 *P53* 缺陷的恶性肿瘤细胞，使其表达正常的P53蛋白，正常P53蛋白具有抑制恶性肿瘤细胞生长和诱导肿瘤细胞凋亡的作用，从而达到抗癌效果。⑤ 针对患者机体内肿瘤细胞对化疗药物敏感程度的不同和解决化疗所致骨髓细胞造血功能受到严重抑制等问题，辅以药物增敏基因治疗和耐药基因治疗，以提高化学药物治疗效果。

知识拓展

重组人 *P53* 腺病毒注射液

2003年10月16日，拥有自主知识产权的重组人 *P53* 腺病毒注射液，在我国获得国家食品药品监督管理局批准的新药证书。这是世界上首个获得正式批准的基因治疗药物。该药与放射治疗联合可试用于现有治疗方法无效的晚期鼻咽癌的治疗。

三、在心脑血管疾病中的应用研究

心脑血管疾病主要有动脉粥样硬化、冠心病、高血压、高血脂、脑血栓等类型。这些疾病大部分是多复杂性疾病，具有“发病率高、致残率高、死亡率高、复发率高”的特点。目前，心脑血管疾病的基因治疗实验研究已在国内外迅速开展。

心脑血管疾病包括单基因控制和多基因控制两大类，前者多由某个基因突变引起，基因治疗的靶基因明确。后者发病病因、发病机制复杂，仍不十分清楚。目前，心脑血管疾病中基因治疗最多的是外周血管疾病造成的下肢缺血及心脏冠状动脉阻塞造成的心肌缺血。基因治疗方案一般为：通过一定方法转移血管内皮细胞生长因子、成纤维细胞生长因子或血小板衍生生长因子等基因于血管病变部位，这些基因正常表达的各种因子，可促进新生血管的生成，从而建立侧支循环，改善血供，已达到疾病治疗目的。

值得一提的是，家族性高胆固醇血症的基因治疗研究已取得了一定进展。家族性高胆固醇血症又称高β-脂蛋白血症，是一种罕见的遗传性疾病。临床特点是高胆固醇血症、特征性黄色瘤、早发心血管疾病和阳性家族史。该病是儿童期最常见的遗传性高脂血症，也是脂质代谢疾病中最严重的一种，可导致各种危及生命的心血管疾病并发症出现，是引发冠状动脉疾病的一种重要危险因素。其病因为低密度脂蛋白受体基因突变，导致肝细胞不能有效清除血浆中的低密度脂蛋白，体内低密度脂蛋白代谢障碍，从而导致高胆固醇血症。有报道表明，1992年曾首次对一例患者进行应用基因治疗。基本操作为将携带有低密度脂蛋白受体基因的重组逆转录病毒载体体外导入肝细胞，然后筛选被转染的细胞回输患者体内，表达相应受体蛋白，取得了一定疗效。

四、在病毒感染性疾病中的应用研究

人类的传染病绝大多数是由病毒引起的。对病毒性疾病尤其是慢性病毒性感染，目前尚缺乏有效的治疗方法。基因治疗技术的出现，为乙型肝炎病毒（HBV）、人类免疫缺陷病毒（HIV）等难治性病毒感染的治疗提供了新的途径。现在正在开展的抗病毒基因治疗研究主要包括调节机体免疫应答和抗病毒复制两种治疗策略。如针对 HIV 感染的艾滋病患者可以通过增强患者机体的抗 HIV 免疫反应，抑制 HIV 的复制来进行基因治疗。也有研究人员利用反义 RNA 技术来封闭 HIV 的基因表达或破坏 HIV 的 mRNA，但确切疗效尚未肯定。

基因治疗虽已进入临床试验阶段，但就目前而言，还不是一个成熟的疾病治疗技术手段。对于基因治疗应该审慎而行。现今，全世界也仅有重症联合免疫缺陷症、B 型血友病、家族性高胆固醇血症和遗传性肺气肿这 4 种病例基因治疗研究初见成效。随着几起与治疗相关的医源性事件，人类也意识到基因治疗并非如理论上那样完美无缺。一些技术性问题、安全性问题和伦理问题，还需大量的基础研究和临床试验去探究摸索。进一步寻找切实有效的治疗基因，精密调控外源基因在人体的表达，减少外源基因对机体的不利影响等，仍是基因治疗的重点研究方向。

然而，基因治疗作为一种寻根溯源的疾病治疗方法，其美好前景，一直以来都吸引着众多领域的研究者。伴随遗传学、分子生物学技术的发展和一些相关政策的制定，在充分认识基因治疗的潜在风险前提下，相信日益完善的基因治疗技术将成为主流医疗发展方向，为广大患者带来福音。

（汪军梅）

思考题

1. 何为基因治疗？目前基因治疗有哪些基本策略？
2. 简述基因治疗的基本程序。

本章课件　　本章习题

第十五章

肿瘤相关基因

学习目标

【掌握】

1. 掌握癌基因、病毒癌基因、细胞癌基因、抑癌基因、肿瘤转移基因等概念。
2. 掌握癌基因激活的机制。

【熟悉】

细胞癌基因的分类及其功能。

【了解】

1. 常见的抑癌基因及其功能。
2. 常见的肿瘤转移基因及其功能。

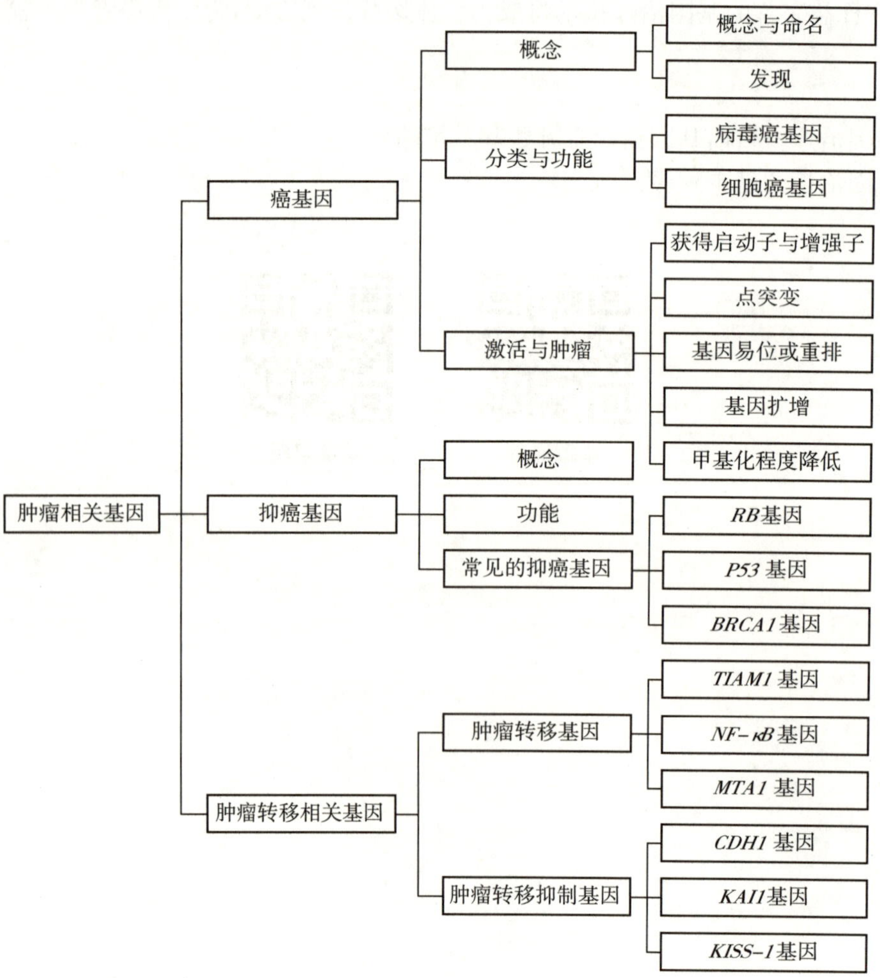

肿瘤细胞的产生、发展和形成，是物理因素、化学因素、生物因素和自身遗传因素等多因素综合作用的结果。研究表明，正常机体内，细胞增殖由两大类基因编码产物调控。一类是正调节信号，促进细胞生长与增殖，阻碍细胞的终末分化，支持细胞存活；另一类是负调节信号，抑制增殖，促进分化，促进细胞程序性死亡。两类信号在细胞内的效应相互拮抗，维持平衡。物理、化学、生物等各种因素最终作用于这些调控细胞增殖分化的基因，使编码细胞增殖、分化、凋亡调控信号以及 DNA 损伤修复蛋白基因的功能发生变异，最终使细胞生长和增殖失控，形成肿瘤细胞。目前，发现的肿瘤相关基因主要分为三大类：癌基因、抑癌基因和肿瘤转移相关基因。下面针对肿瘤相关基因分别介绍。

第一节　癌基因

一、癌基因的概念

（一）癌基因的概念与命名

癌基因（oncogene，onc）源于希腊词汇 onkos，意思是肿瘤。癌基因是基因组内正常存在的基因，其编码产物通常作为正调控信号，促进细胞的增殖和生长。癌基因在进化上高度保守，其表达产物对细胞的生理功能极其重要。在异常表达时，这些基因不受体内各种调节因素的影响，可持续表达或过高表达，其产物可以使细胞持续增殖，最后导致肿瘤。

癌基因的命名是以开始发现的病毒或细胞的种名中的 3 个斜体小写字母表示的。例如，从髓细胞增生病毒（myelocytomatosis virus）发现的癌基因命名为“*myc*”；rashead 肉瘤病毒（rashead sarcoma virus）中发现的癌基因命名为“*ras*”等。

（二）癌基因的发现

对肿瘤产生原因的认识，经历了一个漫长的过程。最初人们观察到外在的环境因素可以诱发肿瘤。1911 年，Rous 首先发现鸡肉瘤病毒会使鸡患恶性肿瘤，并通过进一步实验发现，将鸡肉瘤的无细胞滤液注射给另外同种鸡后，后者也会发生肿瘤，从而提出病毒致癌的假说，并以 Rous 医生的名字命名为“罗氏肉瘤病毒”（Rous sarcoma virus，RSV）。然而，当时人们并没有接受他的观点。约半个世纪以后，又有许多实验证明病毒也可以使猫、牛和其他动物患恶性肿瘤，因而 Rous 的理论又重新受到重视。1966 年，Rous 荣获了诺贝尔生理学或医学奖。1969 年，美国学者 Huebner 和 Todaro 提出癌基因假说，认为在所有的细胞中都包含着致癌病毒的全部遗传信息，从而提出癌基因的概念，为肿瘤的遗传学研究开辟了一个新的领域。随着基因克隆、基因转移等技术发明，大大促进肿瘤学的研究。1971 年，美国的分子遗传学家 Temin 发现了致癌的 RNA 病毒中存在着与致癌直接有关的核苷酸序列，同时他在上述病毒中又发现了逆转录酶，于是提出了原病毒假说，认为 RNA 病毒通过反向转录和正向转录以及与宿主细胞 DNA 发生交换或重组，能形成癌基因。1975 年，Bishop 从 RSV 中分离到第 1 个病毒癌基因 *src*。自 1979 年发现了第 1 个抑癌基因 *P53*，此后很多癌基因、抑癌基因相继被发现，为癌症的基因治疗提供了重要的药物靶点。

知识拓展

肿瘤基因组学

肿瘤是一种由 DNA 变异不断累积而导致细胞发生不受控激增并形成新生物的疾病。肿瘤基因组学是基因组学中一门新兴的子学科，是在人类基因组学的基础上，通过高通量测序技术寻找肿瘤相关基因组及遗传序列，筛选及检测肿瘤特异性或相关性表达，判断基因间相互关系，并比较个体之间基因差异。肿瘤基因组学的主要目的是通过鉴定新的原癌基因或者抑癌基因来为肿瘤诊断、肿瘤临床结果预测和肿瘤靶标治疗提供新的方法。诸如伊马替尼、曲妥珠单抗和安维汀等的肿瘤靶标治疗的成功为肿瘤基因组学在阐述新的肿瘤治疗靶点上提供希望。

二、癌基因的分类与功能

癌基因可以分成两大类：一类存在于病毒中，称病毒癌基因（virus oncogene，v-onc）；另一类存在于细胞中，称细胞癌基因（cell oncogene，c-onc）。两者都能发生突变或被异常激活，从而使细胞发生恶性转化。

（一）病毒癌基因

病毒癌基因能使受病毒感染的宿主细胞发生癌变，它不编码病毒结构成分，对病毒复制无作用。病毒癌基因对病毒本身无关紧要，却可使宿主细胞转化，引起肿瘤。具有致癌性的肿瘤病毒有两种类型：一种是DNA肿瘤病毒；另一种是RNA病毒，即逆转录病毒。病毒感染宿主以后，在宿主细胞内先以病毒RNA为模板，在逆转录酶催化下合成双链DNA前病毒（provirus），并以前病毒形式在宿主细胞代代传递下去，病毒DNA可随机整合于细胞基因组中，通过重排或重组，将细胞的原癌基因转导（transduction）至病毒本身基因组内，使原来的野生型（wild type）病毒转变成携有转导基因的病毒而致癌。因此，病毒癌基因来自细胞癌基因，是病毒感染宿主细胞后从宿主细胞中获得的（图15－1）。

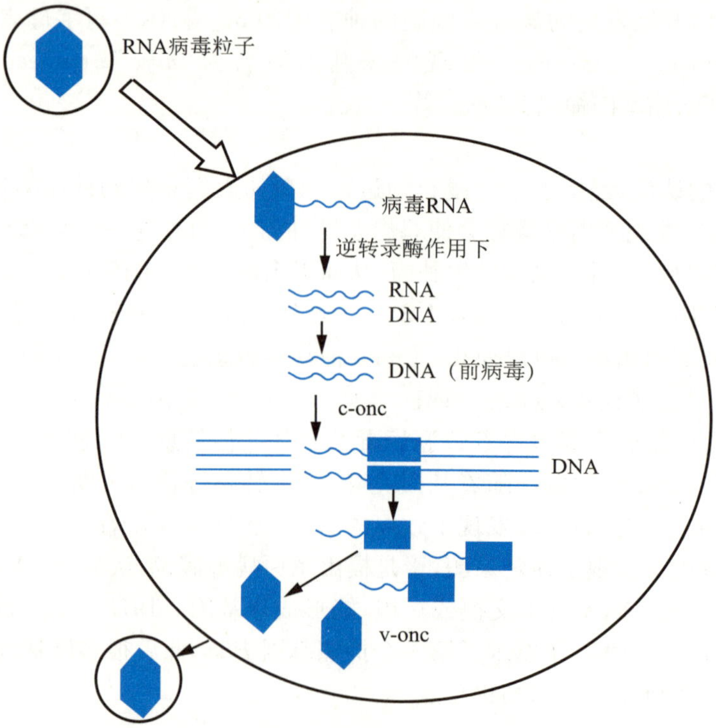

图15－1 病毒癌基因的形成

（二）细胞癌基因

细胞癌基因存在于正常的细胞基因组中，具有促进正常细胞生长、增殖、分化和发育等生理功能。细胞癌基因也称为原癌基因（proto-oncogene），原癌基因是不具有致癌作用、与细胞增殖等有关的基因。原癌基因广泛分布于生物界，从单细胞酵母、无脊椎动物到脊椎动物乃至人类的正常细胞都存在这些基因，而且结构上有很大的同源性，说明这类基因在进化上是高度保守的。提示这类基因为生命活动所必需的。原癌基因的表达产物对细胞正常生长、增殖、发育和分化起着精密的调控作用。原癌基因的限制性表达产物具有促进细胞生长、增殖、分化和发育等生理功能，属于正常的调节基因，只是当它们异常表达或其表达产物异常时，才会导致细胞的恶性转化。原癌基因外显子序列在进化上极为保守，被称为管家基因(house-keeping gene)，这类基因的表达产物在生命活动中是必需的。在受到某些化学、物理或生物等因素作用下，原癌基因因结构改变而被激活及原癌基因数量的扩增均能使其表达产物大量增加，使细胞发生恶性转化。自 1976 年 Stehelin 以实验证明正常鸡成纤维细胞基因组中存在着与 RSV 病毒癌基因 *src* 的同源序列以来，此后陆续发现了在正常真核细胞中的基因组，包括人的正常细胞中也有类似情况，即在正常的真核细胞基因组中存在的有与病毒癌基因同源序列的基因，其功能是控制细胞生长。迄今发现的原癌基因都是一些有十分重要的功能的“管家基因”，而且是高度保守的，如人与小鼠的 *K*－*ras* 基因产物 *K*－*Ras* 的氨基酸序列相差仅 1%，人与大鼠的 *H*－*ras* 基因产物 *H*－*Ras* 的氨基酸序列完全相同。

细胞癌基因具有如下特点：① 保守性。细胞癌基因在进化过程中是高度保守的。② 广泛性。细胞癌基因普遍存在于正常细胞内，人类中的很多细胞癌基因普遍存在于节肢动物(如果蝇)，甚至见于酵母。③ 重要性。细胞癌基因是生命活动的基础，与细胞增殖分化密切相关，其表达与个体发育有关，受到严格程序调控，是调控细胞增殖、生长、分化的重要管家基因，对维持细胞正常功能具有重要作用，但并不具有致癌性。④ 可变性。正常情况下，细胞癌基因处于静止或低表达的状态，当受到物理、化学或者病毒等因素作用时可被激活。其产物可使细胞无限制分裂(恶性增生)，即形成肿瘤。

细胞癌基因编码产物多为生长因子类多肽及其受体，其结构与功能多和机体内生长因子结构与功能相似。根据癌基因表达蛋白产物的功能及亚细胞定位，可将细胞癌基因分为五大类。

1. *sis* 家族　表达产物是生长因子类，对细胞生长、增殖和分化有重要调控作用。

2. *erb* 家族　包括 *erb A*、*erb B*、*mas*、*trk*，其基因表达产物为细胞骨架蛋白，为生长因子受体类，为 EGF 及 EGF 的类似物，在细胞运动、增殖、信息传递、能量转换、代谢调控以及维持细胞形态方面具有重要作用。

3. *ras* 家族　包括 3 类密切相关的成员，即 *H*－*ras*、*K*－*ras* 及 *N*－*ras*。该家族成员表达产物的氨基酸序列与 G 蛋白具有较高同源性，功能类似于小 G 蛋白。表达产物的分子量为21 kDa，能结合 GTP，属于 GTP 传递蛋白类，有 GTP 酶活性，参与细胞增殖信号的细胞内转导过程，并参与细胞内 cAMP 水平的调节，是维持细胞生长和分化的重要信号转换器。

4. *src* 家族　包括 *src*、*abl*、*fes*、*fgr*、*fps*、*fym*、*kck*、*lck*、*lyn*、*ros*、*tkl*、*yes* 和 *raf* 等基因。*src* 是最早被发现的癌基因，其表达产物的氨基酸序列与酪氨酸蛋白激酶具有较高同源性，具有酪氨酸蛋白激酶活性以及同细胞膜结合的性质，定位于胞膜内侧或跨膜分布。*raf* 表达产物为丝/苏氨酸蛋白激酶类。通过激酶的磷酸化作用，增加激酶对底物的活性，加速生长信号在胞内的传递，与细胞无限生长关系密切。

5. *myc* 家族　包括 *c*－*myc*、*L*－*myc*、*N*－*myc*、*fos*、*ski*、*myb* 等基因，其表达产物定位于细胞核内，为 DNA 结合蛋白类，直接调控基因转录表达。

20 世纪 80 年代初，已建立了检测人细胞癌基因的有效方法——DNA 转染法。通常是将人肿瘤组织的细胞 DNA 以磷酸化沉淀法转染体外培养的 NIH3T3 小鼠成纤维细胞，如出现转化灶，可将转化灶细胞注射入裸鼠体内致癌加以确认；然后以人基因组特有的 *Alu* 重复序列为探针，通过 Southern 杂交从转化灶细胞和裸鼠瘤细胞 DNA 中分离出人 DNA 片段，即为人癌基因。细胞癌基因表达产物及生长因子相互关系见图 15－2。

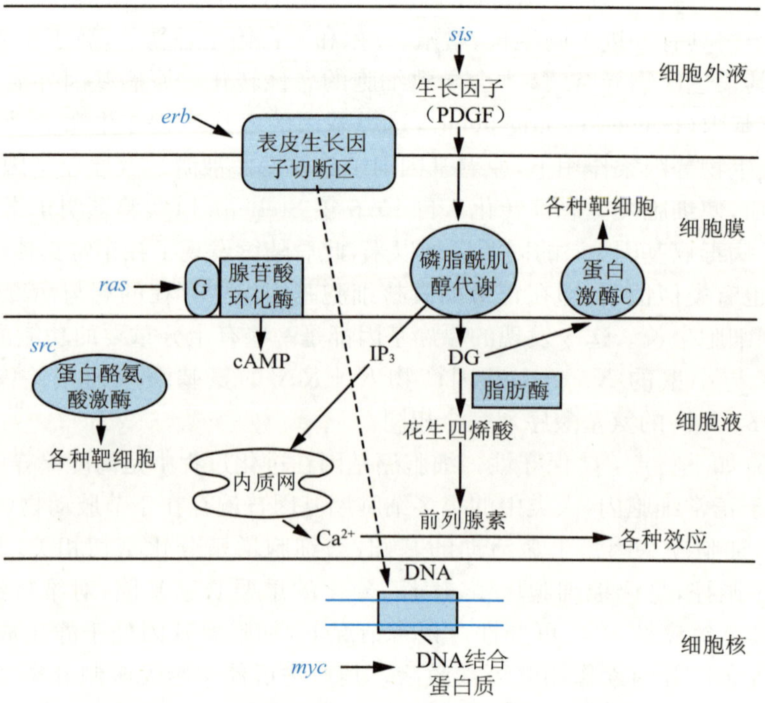

图 15－2 细胞癌基因表达产物及生长因子相互关系

知识拓展

生长因子

生长因子(growth factor)是一类通过与特异的、高亲和的细胞膜受体结合，调节细胞生长与其他细胞功能等多效应的多肽类物质。存在于血小板和各种成体与胚胎组织及大多数培养细胞中，对不同种类细胞具有一定的专一性。通常培养细胞的生长需要多种生长因子顺序的协调作用，肿瘤细胞具有不依赖生长因子的自主性生长的特点，但生长因子的过度表达也能导致相应的肿瘤发生。在分泌特点上，生长因子主要属于自分泌和旁分泌。许多生长因子已被提纯和确定了其结构组成。如血小板来源的生长因子(PDGF)是个热稳定、具较高正电荷的蛋白质，由含有二硫键的二聚体组成，分子量 30 kDa 左右。又如表皮生长因子(EGF)是个热稳定、含有 53 个氨基酸残基的多肽，分子量为 6 kDa左右。各类生长因子都有其相应的受体，是普遍存在于细胞膜上的跨膜蛋白，不少受体具有激酶活性，特别是酪氨酸激酶活性，如 PDGF 受体、EGF 受体等。生长因子有多种，如血小板类生长因子、表皮生长因子类、成纤维细胞生长因子、类胰岛素生长因子、神经生长因子、白细胞介素类生长因子、红细胞生长素、集落刺激因子等。由于生长因子由正常细胞分泌，既无药物类毒性，也无免疫反应，因此在研究其生理作用机制同时，有的已试用于临床治疗。如白细胞介素－2 已用于肿瘤治疗，对肾癌、黑色素瘤效果明显；也用于免疫调节剂和自身免疫有关的疾病。白细胞介素－3 用于治疗骨髓功能衰竭与血小板缺失等适应证。表皮生长因子用于人烧伤、创伤、糖尿病皮肤溃疡、压疮、静脉曲张性皮肤溃疡和角膜损伤，可促进伤口愈合。生长因子的过度表达也能导致相应的肿瘤发生，如 EGF、VEGF、TNF 及 IGF、PDGF 等。

三、癌基因的激活与肿瘤

原癌基因的激活是导致肿瘤产生的关键。当某些因素(如射线辐射、化学致癌剂、病毒感染)作用于原癌基因后,可导致其结构改变,并被激活。原癌基因被激活的结果:① 由不表达转变为表达,出现新的表达产物。② 由低表达转变为高表达,出现过量的正常表达产物或异常的表达产物。③ 由受控制的表达转变为不受控制的表达。④ 具有致癌活性。原癌基因的激活有多种途径,主要激活方式有获得启动子与增强子、点突变、基因易位或重排、基因扩增等类型。

(一) 获得启动子与增强子

正常情况下,一些癌基因处于低表达或不表达状态。当有强的启动子或增强子插入到癌基因附近或内部时,可使癌基因过度表达或由不表达变为表达,导致细胞发生癌变。如当逆转录病毒感染细胞后,病毒基因组所携带的长末端重复序列(long terminal repeats, LTR)插入到细胞原癌基因附近或内部,LTR 内含较强的启动子和增强子,可以启动下游邻近基因的转录和影响附近结构基因的转录水平。从而使原癌基因过度表达或由不表达变为表达,导致细胞发生癌变。如鸡白细胞增生病毒引起的淋巴瘤,就因为该病毒 DNA 序列整合到宿主正常细胞的*c-myc*的基因附近,其 LTR 亦同时被整合,成为 *c-myc* 的启动子,可促使 *c-myc* 的表达比正常提高 30～100 倍。

(二) 点突变

在基因的编码顺序上某一核苷酸发生的突变叫点突变,点突变是癌基因激活的重要方式。点突变改变了表达蛋白的氨基酸组成,从而引起肿瘤。例如,从膀胱癌细胞株 T24 中克隆出的转化基因为 *c-H-ras* 癌基因,与正常的 *c-H-ras* 原癌基因编码顺序的差异,仅是第 35 个核苷酸由 G 变成了 T,导致甘氨酸的密码 GGC 变为缬氨酸的密码 GTC,编码的 p21 蛋白第 12 位氨基酸由甘氨酸变成了缬氨酸,细胞因此获得了转化能力。在多种癌症如乳腺癌、肺癌、肝癌、结肠癌、急性髓性白血病、神经母细胞瘤等肿瘤细胞中,均发现此位点的点突变。

(三) 基因易位或重排

基因中某一部分从一个位置移到另一位置可改变基因的结构,这种改变称为基因易位或基因重排。

基因易位或重排可造成原来无活性的原癌基因移至某些强的启动子或增强子附近而被活化,使原癌基因表达增强,导致肿瘤发生。例如,对 *trk* 癌基因与大肠癌、乳癌、乳头状甲状腺癌的发生关系研究证明即是基因重排的结果;在大肠癌、甲状腺肿瘤中,可以发现 Trk 激酶区的结构未变,而 Trk 蛋白的膜外部分或是易位改变或是发生了替换;基因重排使 *trk* 原癌基因变成具有转化活性的癌基因,使原癌基因激活。再如,淋巴瘤和淋巴细胞白血病中存在免疫球蛋白或 T 细胞受体基因与未知染色体基因易位,导致一些未知基因易位到免疫球蛋白或 T 细胞受体。这种排列方式可以导致只在神经组织或胚胎细胞中表达的基因,有可能在 B 细胞或 T 细胞中表达,这种表达可导致细胞的增殖和分化异常。

基因易位或重排也可造成基因易位或重排区域的基因融合,产生异常的蛋白而使细胞转化。如慢性粒细胞白血病 9 号染色体上的原癌基因 *abl* 转位至 22 号染色体的 *bcr* 位点,形成了一种结构与功能都异常的融合基因 *bcr-abl*,它编码的蛋白能促成细胞的恶性转化。

(四) 基因扩增

某些原癌基因通过不明原因的复制,由一个拷贝转变为多个拷贝。这些 DNA 以游离的形式存在,称双微体(DMS),或再次整合入染色体形成均染区(HSR)。原癌基因拷贝数的增加会导致基因产物的增加,从而引起细胞正常功能的紊乱。在神经母细胞瘤、小细胞肺癌、网织细胞瘤中均可见到 *N-myc* 基因的扩增。原癌基因的激活导致细胞的生长调控异常和癌变。

在一个癌细胞中,一般不止存在一种原癌基因的激活。多个原癌基因在肿瘤发生的多个阶段上,相继或同时被激活。目前认为，在癌变过程中至少有两类原癌基因被激活才能完成癌变过程：一类是使细胞产生不死性的癌基因，这类癌基因通常分布于细胞核中，如 *myc* 癌基因等；另一类是细胞迅速增殖，细胞表面形态和功能改变的癌基因，这类癌基因通常分布于细胞质中。如用 *ras* 或 *myc* 同时转染细胞，可使细胞长期增殖，但不能转化成癌细胞，在裸鼠体内也不能形成肿瘤。但用 *ras*＋*myc* 同时转染细胞，则使细胞转化成癌细胞。这说明：致癌至少需要 2 种或以上的癌基因协同作用，2 种 onc 在 2 条通路上发挥作用，由于细胞增殖调控是多因子，多阶段影响的结果，而影响增殖分化的 onc 达几十种之多，所以大多数人认为肿瘤发生是多阶段、多步骤的。

（五）甲基化程度降低

原癌基因 DNA 分子中的甲基化（methylation）对于保持其双螺旋结构的稳定，阻抑基因的转录具有重要作用。DNA 甲基化是指生物体在 DNA 甲基转移酶（DNA methyltransferase, DMT）的催化下，以 S-腺苷甲硫氨酸为甲基供体，将甲基转移到特定碱基上的过程。DNA 甲基化可以发生在腺嘌呤的 N－6 位、胞嘧啶的 N－4 位、鸟嘌呤的 N－7 位或胞嘧啶的 C－5 位等。但在哺乳动物，DNA 甲基化主要发生在 5－CpG－3′的 C 上，生成 5－甲基胞嘧啶（5－methylcytosine, 5mC）。癌基因的去甲基化和抑癌基因的甲基化状态，可导致癌基因激活、抑癌基因的失活。癌基因的低甲基化和抑癌基因的高甲基化改变是肿瘤细胞的一个重要特征，可能通过以下途径导致基因的不稳定：① DNA 甲基化使基因突变率升高。5－甲基胞嘧啶可自发脱氨形成胸腺嘧啶，这一频率高于胞嘧啶转变为尿嘧啶的频率，并常导致 C→T 突变。*P53*、*Rb*、*c－H－ras－1* 基因中均发现该类型突变。② 启动子甲基化使一些重要的基因失活，且基因不稳定。③ 肿瘤的一个重要特征是 DNA 启动子局部甲基化增强的同时，基因组总甲基化水平却低于正常细胞。基因组总甲基化水平低也是基因不稳定的原因之一。逆转 DNA 甲基化可为治疗肿瘤提供新方向。

第二节 抑癌基因

一、抑癌基因的概念

抑癌基因（tumor suppressor gene）是指抑制细胞过度生长、增殖从而遏制肿瘤形成的基因。其基因编码对肿瘤形成起阻抑作用的蛋白质。正常情况下，它们对细胞的发育、生长和分化的调节起重要作用。当这些基因不能表达，或者纯合缺失或丢失，其产物失去活性时，可减弱甚至消除抑癌作用，引起细胞恶性转化，导致细胞癌变。

关于肿瘤细胞的增生能被某种基因产物抑制的概念，首先来自体细胞杂交试验。Harris 于 1969 年发现，正常细胞与肿瘤细胞融合所产生的杂交细胞不再具有致瘤性，提示从正常细胞来的某种基因起抑制肿瘤发生的作用。而当融合细胞丧失了含有这种特殊基因座的染色体时，则可以重现其致瘤性，从而证明该染色体携带抑癌基因。体细胞杂交试验见图 15－3。

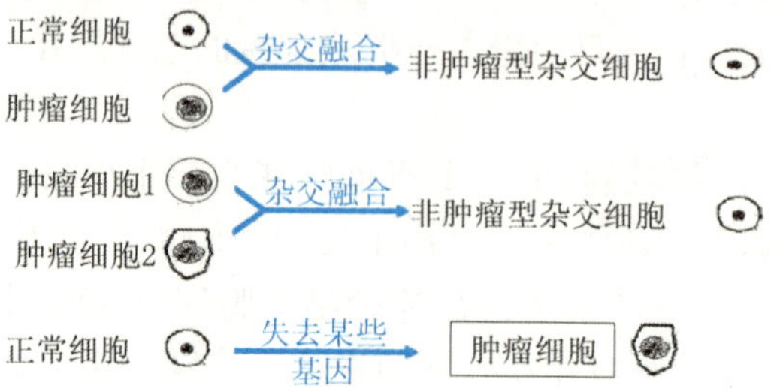

图 15－3 体细胞杂交试验

如果要确定某一特定组织或细胞恶性肿瘤的抑癌基因，需满足以下3个条件：① 在恶性肿瘤的相应正常组织中必须有正常的表达。② 在恶性肿瘤中，相应基因应有所改变，包括点突变，片段缺失或表达缺陷。③ 导入该基因缺陷的恶性肿瘤细胞中，将部分或完全抑制恶性表型。

二、抑癌基因的功能

抑癌基因的产物是负调节信号，能抑制细胞增殖，抑制细胞迁移，促进细胞分化，促进细胞成熟和衰老，最终凋亡。在正常生理情况下，癌基因产生的正调节信号与抑癌基因产生的负调节信号在细胞内产生相互拮抗效应，维持平衡，对细胞的生长、增殖和分化进行精确调控。如果上述两类信号出现异常，就可能导致机体的肿瘤发生。

抑癌基因的产物主要包括：① 转录调节因子，如Rb、P53。② 负调控转录因子，如WT。③ 周期蛋白依赖性激酶抑制因子(CKI)，如p15、p16、p21。④ 信号通路的抑制因子，如ras GTP酶活化蛋白(NF-1)，磷脂酶(PTEN)。⑤ DNA修复因子，如BRCA1、BRCA2。⑥ 与发育和干细胞增殖相关的信号途径组分，如APC、Axin等。

目前定论的抑癌基因有10余种，必须指出，最初在某种肿瘤中发现的抑癌基因，并不意味其与其他肿瘤无关，恰恰相反，在多种组织来源的肿瘤细胞中往往可检测出同一抑癌基因的突变、缺失、重排、表达异常等，这正说明抑癌基因的变异构成某些共同的致癌途径。

通常认为抑癌基因的突变是隐性的。其抑癌途径包括：① 等位基因隐性作用。失活抑癌基因的等位基因在细胞中起隐性作用，即一个拷贝失活，另一个拷贝仍以野生型存在，细胞呈正常表型。只有当另一个拷贝失活后才导致肿瘤发生，如*Rb*基因。② 抑癌基因的显性负作用。抑癌基因突变的拷贝在另一野生型拷贝存在并表达的情况下，仍可使细胞出现恶性表型和癌变，并使野生型拷贝功能失活。这种作用称为显性负作用或反显性作用。近年来研究证实突变型P53和APC蛋白分别能与野生型蛋白结合而使其失活，进而转化细胞。③ 单倍体不足假说。某些抑癌基因的表达水平十分重要，如果一个拷贝失活，另一个拷贝就可能不足以维持正常的细胞功能，从而导致肿瘤发生。如结直肠癌缺失基因(deleted colorectal caranoma，DCC)一个拷贝缺失就可能使细胞膜黏附功能明显降低，进而丧失细胞接触抑制，使细胞克隆扩展或呈恶性表型。

三、常见的抑癌基因

(一) 视网膜母细胞瘤基因(*Rb*基因)

视网膜母细胞瘤(retinoblastoma，*Rb*)基因是最早发现的抑癌基因，最初发现于儿童的视网膜母细胞瘤，因此称为*Rb*基因。在正常情况下，视网膜细胞含活性*Rb*基因，控制成视网膜细胞的生长发育以及视觉细胞的分化，当*Rb*基因一旦丧失功能或先天性缺失，视网膜细胞则出现异常增殖，形成视网膜母细胞瘤。*Rb*基因失活还见于多种肿瘤，具有一定的广泛性。如骨肉瘤、小细胞肺癌、乳腺癌等。

*Rb*基因位于人13号染色体q14，含有27个外显子，转录4.7 kb的mRNA。*Rb*基因编码蛋白质为P105，可与DNA结合，属反式调控因子，有磷酸化和非磷酸化两种形式，非磷酸化形式称活性型。能促进细胞分化，阻止细胞进入S期，抑制细胞增殖。P105蛋白还可以阻断c-fos，抑制c-vmyc表达。有意义的是，Rb蛋白的磷酸化程度与细胞周期密切相关。处于静止状态的淋巴细胞仅表达非磷酸化的Rb蛋白，在促有丝分裂剂诱导下，淋巴细胞进入S期，Rb蛋白磷酸化水平增高，而终末分化的单核细胞和粒细胞仅表达高水平的非磷酸化Rb蛋白，即使在生长因子诱导下，Rb蛋白也不发生磷酸化，细胞不出现分裂。提示细胞生长停止，Rb蛋白处于低磷酸化水平，而处于分裂增殖的肿瘤细胞只含有磷酸化型的Rb蛋白。说明Rb蛋白的磷酸化修饰作用对细胞生长、分化起着重要的调节作用。

Rb 基因对肿瘤的抑制作用与转录因子(E－2F)有关。E－2F 是一类激活转录作用的活性蛋白，在 G_0、G_1 期，低磷酸化的 Rb 蛋白与 E－2F 结合成复合物，使 E－2F 处于非活化状态；在 S 期，Rb 蛋白被磷酸化而与 E－2F 解离，结合状态的 E－2F 变成游离状态，细胞立即进入增殖阶段。当 *Rb* 基因发生缺失或突变，丧失结合和抑制 E－2F 的能力，细胞增殖活跃，导致肿瘤发生。*Rb* 基因作用机制见图 15－4。

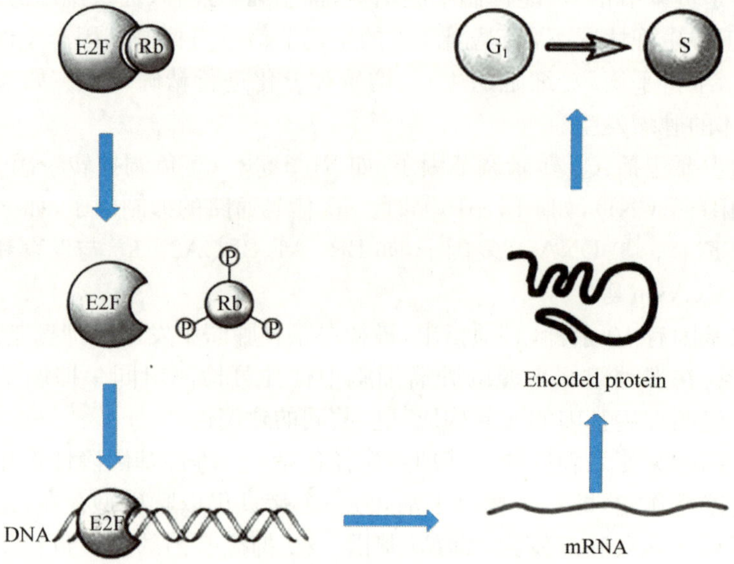

图 15－4　视网膜母细胞瘤基因作用机制

知识拓展

二次突变假说

20 世纪 70 年代，Alfred Knudson 通过对儿童视网膜母细胞瘤发病率的分析，提出了二次突变假说(Knudson's two hit hypothesis)，以解释遗传性视网膜母细胞瘤的发病机制。

二次突变假说认为遗传性视网膜母细胞瘤家族连续传递时，已经携带了一个生殖细胞系的突变，此时若在体细胞(如视网膜细胞)内再发生一次体细胞突变，即产生肿瘤，这种事件较易发生，所以发病年龄较早；而偶发性的视网膜母细胞瘤是由于一个细胞内的两次体细胞突变而产生的，发生率较低或不易发生，所以发病年龄一般较晚。

在遗传性肿瘤病例中，第一次突变可能发生在生殖细胞或由父母遗传得来(合子前突变)，并且传递给胚胎发育的每一个体细胞，而第二次突变随机发生在体细胞中。在这种情况下，双侧视网膜的细胞都有可能发生第二次突变并形成肿瘤。相比之下，非遗传性视网膜母细胞瘤是同一个体细胞发生两次独立的突变，因而在双侧视网膜都发生二次突变的可能性较小。二次突变假说对一些具有家族性、多发性、双侧性和早发性特点的遗传性肿瘤的发生做出了很好的解释。

(二) *P53* 基因

人 *P53* 基因定位于 17P13，转录 2.8 kb 的 mRNA，编码蛋白为 P53。野生型 P53 蛋白是核内的一种磷酸化蛋白质，作为转录因子可与特异的 DNA 序列结合。一些外界刺激如 DNA 损伤、应激等可引起细胞内 P53 蛋白水平升高。

P53 蛋白是一种核内磷酸化蛋白，含有 4 个主要功能区：① N 端酸性转录激活区。可激活转录，介导蛋白间相互作用，这一区域还可以与 MDM2 蛋白- P53 的负调控因子结合。② 序列特异性结合区(核心区)。这一区域具有特异性结合 DNA 的功能，而且是肿瘤细胞中最常检出的区域，含有 6 个突变热点，占已知 *P53* 错义突变的 40%。③ 寡聚区。介导 P53 蛋白自身聚合形成四聚体。④ 羧基端区。可与 DNA 非特异性结合，参与核心区与 DNA 结合的别构调节。C-端可以单独具备转化活性，起癌基因作用，具有多个磷酸化位点，为多种蛋白激酶识别。

正常情况下，细胞中 P53 蛋白含量很低，很难检测出来。但在生长增殖的细胞中，可升高 5～100 倍以上。

野生型 P53 蛋白在维持细胞正常生长、抑制恶性增殖中起着重要作用，因而被冠以"基因卫士"称号。*P53* 基因时刻监控着基因的完整性，一旦细胞 DNA 遭到损害，P53 蛋白与基因的 DNA 相应部位结合，起特殊转录因子作用，活化 *p21* 基因转录，使细胞停滞于 G1 期；P53 蛋白能抑制解链酶活性；并与复制因子 A(replicationfactor A)相互作用参与 DNA 的复制与修复；如果修复失败，P53 蛋白即启动程序性死亡过程，诱导细胞自杀，阻止有癌变倾向突变细胞的生成，从而防止细胞恶变。

当 P53 发生突变后，由于空间构象改变影响到转录活化功能及 P53 蛋白的磷酸化过程，这不但失去野生型 P53 抑制肿瘤增殖的作用，而且突变本身又使该基因具备癌基因功能。突变的 P53 蛋白与野生型 P53 蛋白相结合，形成的这种寡聚蛋白不能结合 DNA，使得一些癌变基因转录失控导致肿瘤发生。*P53* 基因的作用机制见图 15-5。

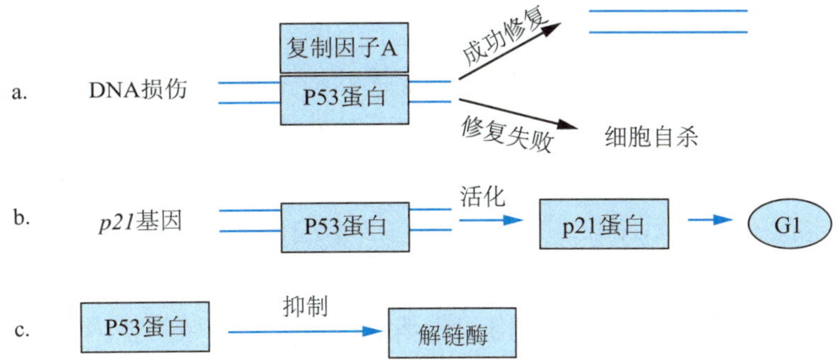

图 15-5 *P53* 基因的作用机制

值得提出的，所谓"癌基因""抑癌基因"是在癌瘤研究过程中命名的。事实上，细胞的原癌基因和抑癌基因均是细胞的正常基因成分，具有重要的生理功能，除了癌瘤以外，它们在多种疾病过程中也发挥重要作用

P53 基因功能失活机制有以下几种：① *P53* 基因自身突变。*P53* 基因自身突变导致 P53 蛋白丧失与 DNA 结合的能力，这是 *P53* 基因失活的最重要机制。② *MDM2* 癌基因的负调节。*MDM2* 是 P53 蛋白的靶基因，P53 蛋白刺激 *MDM2* 基因的表达，而 MDM2 蛋白可与 P53 蛋白(野生型或突变型)结合，抑制 P53 蛋白介导的反式激活、增殖抑制和诱导凋亡的功能。同时 MDM2 蛋白可以催化 P53 蛋白的降解，从而形成一个反馈调节环，负调节 P53 蛋白的活性。③ P53 蛋白与癌蛋白之间的相互作用。可能是其失活的另一重要原因。DNA 肿瘤病毒蛋白如 SV40 大 T 抗原、人乳头瘤病毒 E6 蛋白等，均可以和 P53 蛋白结合，抑制其功能活性并促进其降解。

P53 基因是细胞内重要的抑癌基因，在抑制肿瘤发生发展过程中具有重要的作用，同时 *P53* 基因在人类 50%左右的肿瘤中都有突变，因此 *P53* 基因与肿瘤的关系非常密切，以 *P53* 基因为作用靶点的治疗已经成为肿瘤研究的热点。

临床应用

P53 腺病毒注射液

2004 年重组人 *P53* 腺病毒注射液作为世界第一个重组人 *P53* 腺病毒肿瘤基因治疗药物在中国上市，可以有效地将治病的 *P53* 基因转入肿瘤细胞内，特异地引起肿瘤细胞程序性死亡，或者使肿瘤细胞处于深度休眠状态，而对正常细胞无害。该药在联合放化疗方面具有一定优势，如将 *P53* 腺病毒注射液通过宫颈癌瘤体内注射给药协同放疗，可以明显抑制肿瘤的生长，增加放疗的敏感性，达到治疗目的。

（三）*BRCA1* 基因

BRCA1 基因是一个乳腺组织特异性抑癌基因，它符合 Knudson 的二次突变假说。在家族性乳腺癌中，*BRCA1* 基因在生殖细胞中已经发生了一次突变，当乳腺组织再次发生突变时，形成杂合性缺失（loss of heterozygosity，LOH），导致癌症的发生。

BRCA 1 是第一个被鉴定和克隆的乳腺癌易感基因。1990 年，Hall 等对 23 个乳腺癌家族进行基因连锁分析，发现约 40%的家族与 D 17S74（17q21 染色体上的一个标志）连锁，而且患者的平均发病年龄＜46 岁，因此，认为早发性家族性乳腺癌与 17q21 上的基因突变有关。1991 年 Narod 等调查 5 个大的遗传性乳腺癌/卵巢癌家族，证实 Hall 等的发现并提出该基因也是卵巢癌的易感基因。1993 年 Kelsell 等将 *BRCA1* 精确定位于 17 号染色体长臂上的 D17S857 和 D17S78 之间。1994 年 Miki 等首次采用定位克隆方法将 *BRCA1* 分离出来。

BRCA1 最终被定位于 17q21，全长 100 kb，含有 22 个编码外显子、2 个非编码外显子和 22 个内含子，22 个外显子转录出 7.8 kb 的 mRNA。*BRCA1* 基因产物为 1 863 个氨基酸残基的蛋白质，分子量为 220 kD，带有保守的氨基酸末端环指结构和羧基末端转录激活域的核内磷酸化蛋白。BRCA1 蛋白具有以下特征结构区域：① N 端为锌指结构域。富含半胱氨酸和组氨酸，能与 BRCA1 相关蛋白 1（BARD1）作用，两者均具有泛素连接酶的作用。② C 末端为一酸性结构域。含有两个长约 95 个氨基酸残基的串联重复序列。对细胞周期监控、双链 DNA 损伤修复起重要作用。两个 BRCA1 蛋白的羧基端（BRCT）交界处形成一个疏水沟，能够识别磷酸化的丝氨酸、苏氨酸和苯丙氨酸等。这一区域常在乳腺癌中发生突变。③ 核定位区。负责编码 2 个核定位信号 NLS1 和 NLS2。其中 NLS1 能与核转运信号受体亚基 importin-a 相互作用，是 BRCA1 蛋白核转运所必需的。④ Rad51 结合区。与 DNA 损伤修复蛋白 Rad51 结合。⑤ 粒素区。位于 1 214～1 223 氨基酸残基之间。⑥ 转录活性区。BRCA1 蛋白 C 端富含酸性氨基酸，提示该区具有转录激活作用。

BRCA1 蛋白具有以下的功能：① 参与 DNA 损伤修复。BRCA1 在 DNA 损伤修复过程中主要表现在它与其他修复蛋白间的相互作用及相关复合体形成。在 S 期 DNA 受损时，高磷酸化的 BRCA1 与 RAD51、BRCA2 从核位点共同转移至 DNA 复制部位，参与 DNA 的修复反应，其中 RAD51 是同源重组中的关键蛋白。另外 BRCA1 能与 RAD50 - MR E 11 - NBS 1 复合物通过同源重组，参与 DNA 的损伤修复。② 参与转录调控。BRCA1 具有转录活化和转录抑制双重作用，N 端的锌指结构具有 DNA 结合功能，C 端的“酸性基团”具有反向激活功能。一方面，BRCA1 蛋白 C 端的酸性区与 GAL4DNA 结合域结合后，充当转录起始因子，激活基因如 *P21*、*P27*、*MDM2* 和 *Gadd45* 的转录；另一方面，*BRCA1* 能抑制与细胞增殖相关基因的转录，如 C - myc 的转录，另外，*BRCA1* 还可抑制雌激素受体的转录。③ 参与细胞凋亡。④ 中心体复制。中心体复制是在精确调控下进行的，正常细胞周期只进行 1 次复制。这一过程失调可引起中心体扩增，染色体不对称分离，非整倍体增加，最终导致肿瘤形成。*BRCA1* 在中心体复制中起负性调节作用，其突变细胞可导致中心体扩增。最近研究发现，DNA 损伤后，BRCA1 蛋白受 DNA 损伤检控点调节蛋白 1 的调节，在损伤部位聚集、磷酸化，从而调控细胞周期 S 期和 G_2/M 期检控点，引起细胞周期停滞。

第三节 肿瘤转移相关基因

肿瘤转移是恶性肿瘤的生物学特性之一，是恶性肿瘤治疗失败和患者死亡的主要原因，因此控制转移是决定恶性肿瘤患者预后的关键所在。肿瘤的转移是多基因参与调节的复杂过程。近年来，已分离和克隆多个肿瘤转移基因与转移抑制基因，并对这些基因的调控因子和转移过程中的作用机制进行深入研究，期望通过揭示肿瘤转移在基因水平的本质，为改进肿瘤的诊断方法和治疗手段提供依据。

一、肿瘤转移基因

肿瘤转移基因是指某基因改变和表达能够促进或导致肿瘤转移的基因。主要指一些编码细胞表面受体的基因，它们的突变或失活会导致细胞黏附能力的下降或增强，从而影响肿瘤的增殖和运动，我们称这类基因为肿瘤转移基因。

（一）*Tiam-1* 基因

Tiam-1 基因(T Lymphoma invasion and metastasis 1)是 Hebets 等从 BW5147 小鼠 T 淋巴瘤中分离出的转移相关基因。*Tiam-1* 基因编码的蛋白质含有 1 591 个氨基酸，其结构包括两个区域，分别是 Db1 homology 结构区和 Pleckstrin homology 结构区。*Tiam-1* 是一种高度保守的基因，在组织中一般不表达或低表达，其主要的表达组织是睾丸和大脑。研究证明 *Tiam-1* 能够在肿瘤细胞中高表达，并且肿瘤细胞的增殖和转移就是由 *Tiam-1* 高表达诱导的。*Tiam-1* 主要通过影响黏附分子、活化 Rho 影响细胞骨架、诱导膜皱褶等方式诱导肿瘤细胞的增殖、侵袭、转移。*Tiam-1*/Racl 信号通路一方面活化 NF-κB、STAT3 等转录调节因子，另一方面增加肿瘤细胞存活时间。

人的 *Tiam-1* 基因定位于 22q22，编码 177 kD 的蛋白，除大脑、睾丸之外，在正常组织中不表达或低表达，在不同来源的肿瘤组织中可大量表达，如神经母细胞瘤、黑色素瘤、乳腺癌、肺癌、卵巢癌等。

（二）*NF-κB* 基因

1986 年，Sen 等从 B 淋巴细胞的核提取物中发现一种能与免疫球蛋白 κ 链基因增强子 B 位点结合的核蛋白因子，该因子能调控 κ 轻链的转录，故命名为核转录因子 κB(nuclear factor-kappa B, NF-κB)。此后，随着研究的深入，人们发现 NF-κB 分布十分广泛，几乎存在于所有类型细胞的胞质中，具有十分重要的功能。

恶性肿瘤的形成要经历起源、发展、血管新生、侵袭和转移等过程。NF-κB 激活后通过不同的途径参与这些过程，阻断 NF-κB 的作用可抑制肿瘤的发生。NF-κB 以以下几种方式参与肿瘤的发生和转移：① NF-κB 介导肿瘤发展、血管新生、转移这些过程相关基因的表达。② NF-κB 在肿瘤微环境的缺氧和酸性条件下可被激活。③ 激活的 NF-κB 可阻断凋亡，促进细胞增殖。④ 在某些肿瘤类型表现出持久的、组成性的 NF-κB 核激活状态。⑤ NF-κB 的活化可诱导肿瘤对多种化疗药物的耐药性。⑥ NF-κB 基因产物的异常表达可致恶性肿瘤。这在多种不同类型的肿瘤中均有发现。

NF-κB 在肿瘤发生过程中的很多方面充当重要角色，因此它是抑癌药物设计的一个很好的靶点。随着人们对 NF - κB 信号转导途径不断深入地认识，理论上可以有针对性地选择在其活化途径的不同水平层次来调节 NF - κB 的活性：① 干扰 NF - κB 蛋白的表达及其与 DNA 位点的结合。② 干扰 IKK 复合物的形成。③ 抑制 IKK 激酶的活性。④ 抑制NF - κB 的细胞核转移。⑤ 抑制 NF - κB 的转录活性等。目前，NF - κB 的抑制物有糖皮质激素、抗氧化剂、IKK 抑制因子、过氧化物酶体增殖物激活受体(peroxisome proliferator-activated receptor γ, PPARγ)激动剂、反义核苷酸及一些抑制蛋白等，它们分别作用于 NF - κB 活化途径的某个或多个不同环节。

（三）*MTA - 1* 基因

MTA - 1 基因(metastasis-associated gene 1)是从人乳腺癌细胞系中分离出的肿瘤转移相关基因。*MTA - 1*基因全长为 2.2 kb，其蛋白定位于细胞核内，MTA1 蛋白具有明显的亲水性，不具有跨膜或膜相关的区域，因此它并不是细胞表面蛋白或分泌蛋白。

MTA1 蛋白可能在信号转导通路中与一些维持细胞正常功能的蛋白发生作用，通过参与信号转导与基因的表达，调控一系列与浸润转移有关的蛋白，从而影响癌细胞的侵袭和转移。有研究指出 *MTA1* 的过表达与人类多种肿瘤的侵袭和转移密切相关，抑制 MTA1 蛋白表达可导致 *MTA1* 基因表达的转移性乳腺癌细胞受到抑制，而 *MTA1* 基因低表达的非转移性乳腺癌细胞则不受影响。

MTA1 的表达并不仅仅局限于肿瘤，多数正常的组织和器官均有不同程度的表达，在睾丸、脑、肝中表达水平较高，骨骼肌表达水平则最低，表明 *MTA1* 可能在细胞的生理与病理状态下均发挥作用。

MTA1 与多种上皮源性肿瘤的侵袭转移密切相关，*MTA1* 过度表达与肿瘤的浸润和转移密切相关，但是它的作用机制还不完全清楚，临床研究资料也不十分健全，需进一步扩充研究。作为一个具有巨大潜在价值的肿瘤转移相关基因，*MTA1* 将会越来越深入，为肿瘤的治疗提供新的手段。

二、肿瘤转移抑制基因

肿瘤转移抑制基因是指一些基因编码的蛋白酶能够直接或间接地抑制具有促进转移作用的蛋白，从而降低癌细胞的侵袭和转移能力的一类基因。

（一）*E - cadherin* 基因

E-cadherin 基因定位于染色体 16q22. 1 上，*E - cadherin* 基因的表达产物 E - 钙黏蛋白(E-cadherin)分子量 120 kD，为跨膜糖蛋白，是一种重要的钙依赖黏附分子。作为钙黏蛋白家族的一员，这种黏附分子普遍存在于各类上皮细胞中，介导细胞间连接。E - cadherin 在细胞外的成分与邻近细胞的钙联蛋白相连，构成钙黏蛋白-连环蛋白复合体(Cadherin catenin complex, CCC)，如与 P120 连环蛋白和其余连环蛋白家族成员等相连。在上皮细胞之间起着介导同质性黏附及维持组织结构完整性的作用。同时，E - cadherin 通过 catenin 分子与肌动蛋白细胞骨架相连，参与细胞的信号传导和表达。在胚胎发育期，E - cadherin 在调节上皮细胞间的黏附和组织形成中发挥重要作用；而在成熟组织中，可能起到促进上皮细胞间相互黏附作用。

E-cadherin 作为钙黏蛋白，被认为在肿瘤转移扩散抑制方面起着重要作用。在肿瘤发生、发展、转移中，E-cadherin 的缺失是其重要原因。目前研究认为，由于 *E-cadherin* 可使肿瘤细胞间密切接触，很难离开原发灶进入其他组织，在肿瘤的发生、发展过程中具有重要的抗转移功能。在肿瘤发生时，*E-cadherin* 就会缺失该项重要功能，从而可能引起肿瘤淋巴结转移，促进肿瘤向周围组织和器官转移。有学者研究发现，转染野生型 E-cadherin 的肿瘤细胞生长缓慢，且在肿瘤转移灶中 *E-cadherin* 的表达完全缺失。在胃癌、乳腺癌、食管癌、前列腺癌、膀胱癌等肿瘤中均有 *E-cadherin* 表达减少和缺失的报道，提示 E-cadherin 表达下降可能是恶性肿瘤的特征之一，在肿瘤发生、发展过程中扮演重要角色。

（二）*KAI1* 基因

1995 年，美国约翰·霍普金斯肿瘤学中心的 Dong 等将人的第 11 号染色体转移到鼠高转移性的前列腺癌细胞系 AT6.1 中，结果观察到有转移抑制基因存在于该染色体上。同年，Dong 等采用人特异的 Alu - PCR 方法从转移受抑制的前列腺癌杂合细胞 AT6.1 - 11 - 1 中克隆出转移抑制基因，命名为 *KAI1*，取中文抗癌（Kang'ai）之意。DNA 序列分析证明，*KAI1* 与 *CD82* 基因是相同的，故也称为 *CD82*。由于 *KAI1* 首先发现于前列腺癌细胞，曾被认为是前列腺癌特异性的转移抑制基因。以后研究发现，在肺癌、胰腺癌、乳腺癌、结肠癌、黑色素瘤等多种肿瘤中均有 *KAI1* 基因表达下调或缺失。在 *KAI1* 基因发现之初，Dong 等发现，即使在没有免疫效应存在的情况下，*KAI1* 基因仍然发挥抑制肿瘤转移作用。将 *KAI1* cDNA 转染高转移的鼠黑色素瘤细胞系 B16 - B16，建立高、中和无 *KAI1* 表达的稳定转染克隆。发现表达 *KAI1* 的克隆细胞聚集能力较不表达的高，这种能力不受 Ca^{2+} 存在与否的影响；表达 *KAI1* 的克隆吞噬能力及侵袭能力均下降，且这些改变均呈现剂量-效应关系。静脉注入这些细胞发现，表达 *KAI1* 的克隆细胞在裸鼠肺内形成的转移克隆也较亲代明显减少。充分说明 *KAI1* 基因具有直接的抑制肿瘤转移作用。*KAI1* 的抗肿瘤转移作用为肿瘤的治疗提供了新的途径，也可成为观察疗效的一个新指标。

（三）*KISS - 1* 基因

1997 年，Lee 等在黑色素瘤中发现一个新的肿瘤转移抑制基因，命名为 *KISS - 1* 基因。他们将 *KISS - 1* 基因转染乳腺癌 MDA - MB - 435 细胞系，观察对照组和实验组裸鼠成瘤和自发性转移情况，结果表明 *KISS - 1* 基因不影响成瘤特性，但能够抑制 95%的肿瘤转移。*KISS - 1* 基因定位于 1q32，有 4 个外显子，第 1、2 外显子不翻译，第 3 外显子 5'端 38 碱基后有转录起始位点和 100 个编码碱基，第 4 外显子有 332 个编码碱基和终止密码子。*KISS - 1* 基因编码 164 个氨基酸的亲水性蛋白，含一个蛋白激酶 C 的 α 磷酸化位点和富脯氨酸功能区。*KISS - 1* 基因在正常心、脑、肝、肺和骨骼肌中不表达，在肾和胰腺中微量表达，在胎盘中高表达。*KISS - 1* 基因抗肿瘤转移的机制可能通过抑制肿瘤细胞增殖、抑制肿瘤细胞克隆形成能力、抑制肿瘤细胞的移行能力及抑制基质金属蛋白酶 9（Matrix metallopeptidase 9，MMP - 9）的活性而抑制肿瘤转移。目前，对 *KISS - 1* 基因及其产物的结构、作用和在肿瘤的转移过程中的可能作用机制以及和一些肿瘤关系进行了研究，但其详细作用机制、作用途径及肿瘤的发生发展中扮演的角色，仍未阐明。

近年来，随着科学的不断发展，相继发现了多种肿瘤转移基因及肿瘤转移抑制基因，除本文介绍外，还有促进肿瘤转移的 *S100A4* 基因、*C - KIT* 基因和抑制肿瘤转移的 *NM23* 基因、*BRMS1* 基因、*RECK* 基因等，通过对各种肿瘤转移相关基因的发现和作用机制的研究，为肿瘤的早期诊断、设计合理可行的治疗手段和转移的干预性治疗提供重要的线索和依据。

（黄　涛）

思考题

1. 简述癌基因的分类与功能。
2. 癌基因异常激活有哪些方式？

本章课件　　本章习题

第五篇

细胞信号转导

细胞信号转导是指细胞通过胞膜或胞内受体感受信息分子的刺激，经细胞内信号转导系统转换，从而影响细胞生物学功能的过程。

生命的所有过程都是遗传信息与外界环境变化相互作用的精细调节控制过程。环境信息的变化影响着细胞基因的表达、增殖、分化、发育等过程。机体细胞的正常信号转导途径，以及信号转导途径的变化与疾病发生发展的关系，是目前分子生物学研究的热点之一。本篇主要介绍信息分子与受体、常见的信号转导途径基础知识，以及目前所了解的细胞信号转导与疾病的关系。

第十六章

细胞信号分子与受体

学习目标

【掌握】

1. 常见第二信使的来源及作用。
2. G蛋白的特点。
3. 受体的概念、受体的分类、受体与配体的结合特点。
4. G蛋白耦联受体的特点。

【熟悉】

1. 细胞外和细胞内信号分子的种类。
2. 胞内受体的结构特点。

【了解】

1. 胞内信号分子中各种酶、衔接蛋白、支架蛋白的作用机制。
2. 离子通道受体、胞内受体的结构特点。

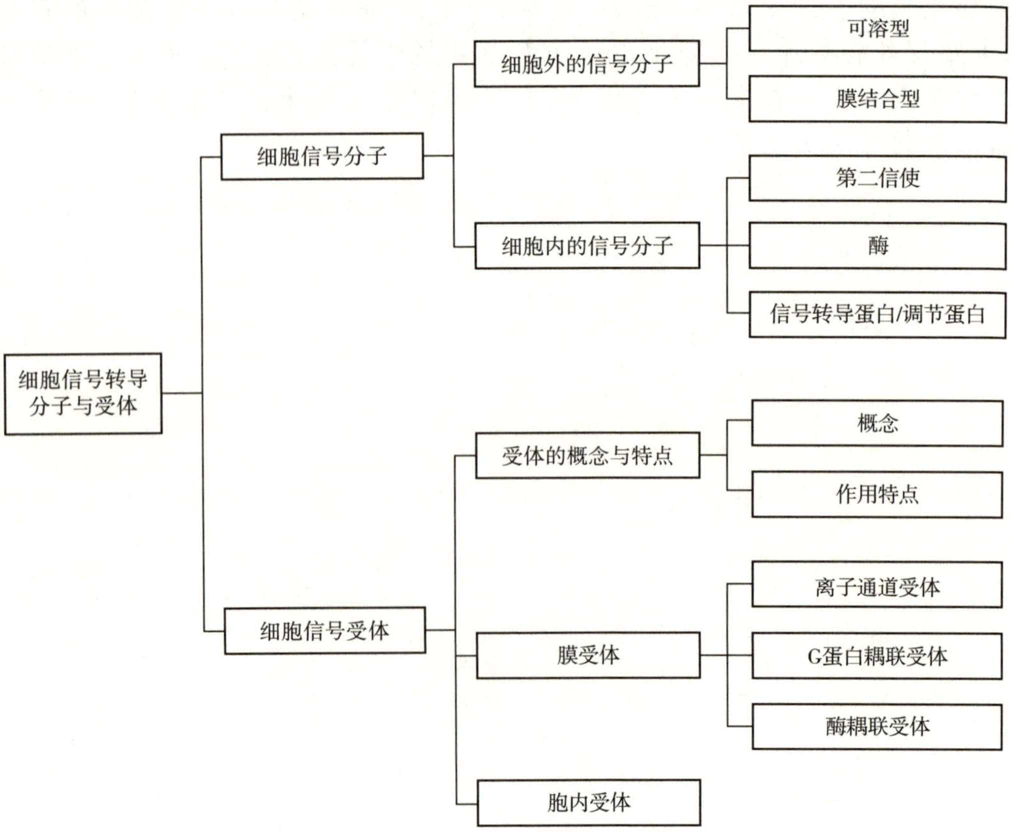

外界环境变化生物体会做出一定反应。单细胞生物直接感受外界环境变化并做出一定反应；多细胞生物在应对外界刺激时，需要细胞与细胞之间的相互沟通，从而使不同细胞对外界刺激做出协调一致的反应。细胞间的信息转导除直接接触外，更主要的是通过细胞分泌一些信号分子来实现。一些细胞释放信号分子，而另一些细胞则识别结合胞外的信号分子并将其转变为自身功能变化，这一过程称为细胞通讯（cell communication）。细胞通过位于胞膜或胞内的受体识别并结合信号分子，经复杂的细胞内信号转导系统实现信号分子引起的生物学功能，这一过程称为细胞信号转导（cellular signal transduction），这是细胞对外界刺激做出应答反应的基本方式。

细胞信号转导的基本路线：外界环境变化（刺激）→特定的细胞释放细胞外的信号分子→细胞外的信号分子通过一定途径到达靶细胞→与靶细胞的受体特异识别结合→靶细胞内信号转导分子发生数量、分布或活性变化→靶细胞产生生物学效应。本章主要介绍细胞信号分子与受体。

第一节　细胞信号分子

一、细胞外的信号分子

细胞外的信号分子包括物理信号和化学信号，以化学信号为主。细胞外的化学信号是细胞分泌的调节靶细胞生命活动的化学物质，分为可溶型和膜结合型两类。

（一）可溶型信号分子

可溶型信号分子的溶解特性分为水溶性化学信号和脂溶性化学信号两大类；而根据其在体内的作用距离，又可分为内分泌（endocrine）信号、旁分泌（paracrine）信号和神经递质（neurotransmitter）三大类。

1. 内分泌信号　是由内分泌细胞分泌的，随血液循环运输至全身，作用于靶细胞。内分泌信号即是激素，如胰岛素、生长激素、甲状腺素等。其作用特点是：① 浓度低，仅为 10^{-12}～10^{-8}mol/L。② 经血液循环与特定的受体结合而发挥作用。③ 起效慢，作用时间长。激素产生后需经过漫长的运送过程才起作用，而且血流中微量的激素就足以维持长久的作用。

2. 旁分泌信号　是通过局部扩散作用于邻近的靶细胞的信号分子，包括各类细胞因子和气体信号分子（如 NO）。

有些旁分泌信号还作用于发出信号的细胞自身，称为自分泌（autocrine）信号。自分泌信号的信号分泌细胞和靶细胞为同一或同类细胞，常见于癌细胞。如大肠癌细胞可自分泌产生胃泌素，介导调节 *C-MYC*、*C-FOS* 和 *RAS*、*P21* 等癌基因表达，从而促进癌细胞的增殖。

3. 神经递质　是由突触前膜释放，经突触间隙扩散到达突触后膜，作用于特定靶细胞的一类信号分子。如乙酰胆碱、谷氨酸等。

可溶型信号分子及其作用特点见图 16-1。

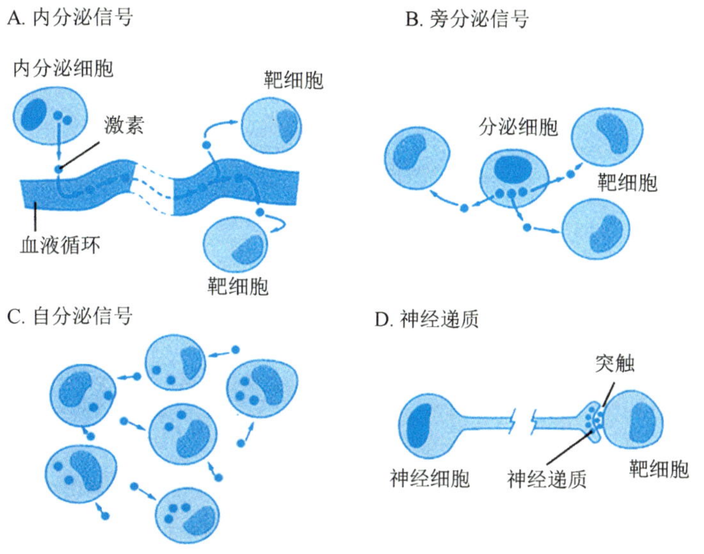

图 16-1　可溶型信号分子

（二）膜结合型信号分子

细胞的质膜外表面存在众多的蛋白质、糖蛋白和蛋白聚糖分子。相邻细胞可通过膜表面分子的特异性识别和相互作用而传递信号。起特异性识别和相互作用的信号分子为膜结合型信号分子。这种细胞通讯方式称为膜表面分子接触通讯（contact signaling by plasma membrane bound molecules）。属于这一类通讯的有相邻细胞间黏附因子的相互作用、T 淋巴细胞与 B 淋巴细胞表面分子的相互作用等。

二、细胞内的信号分子

细胞外的信号经过受体转换进入细胞内，通过细胞内的信号分子进行传递。细胞内的信号分子主要包括一些蛋白质分子和小分子活性物质。依据作用特点的不同，细胞内信号转导分子分为三大类：小分子第二信使、酶、调节蛋白。它们相互作用，形成上下游关系，构成细胞信号转导通路。受体及信号转导分子传递信号的基本方式有：① 改变下游信号转导分子的构象和活性。② 改变下游信号转导分子的细胞内定位。③ 改变信号转导分子间的结合或招募状态。④ 改变小分子信使的细胞内的浓度或分布等。

（一）第二信使

第二信使（second messenger）是细胞内的传递信息的一些小分子活性物质，主要有环腺苷酸（cAMP）、环鸟苷酸（cGMP）、二酯酰甘油（DAG）、三磷酸肌醇（IP_3）、磷脂酰肌醇-3,4,5-三磷酸（PIP_3）、Ca^{2+}、一氧化氮（NO）等，作为细胞外信号分子在细胞内的信号转导分子。

1. 环核苷酸类第二信使　其上游信号转导分子是相应的核苷酸环化酶。cAMP 的上游分子是腺苷酸环化酶（adenylate cyclase，AC），AC 是一种膜结合型糖蛋白。cGMP 的上游分子是鸟苷酸环化酶（guanylate cyclase，GC），GC 有两种形式，一种是膜结合型的受体分子；另一种存在于细胞质。细胞质中的 GC 含有血红素辅基。心钠素（ANP）可激活膜结合型的 GC，而 NO 可激活细胞质中的 GC。

细胞中存在多种催化环核苷酸水解的磷酸二酯酶（phosphodiesterase，PDE），这是调节环核苷酸类第二信使浓度的重要机制。PDE 对 cAMP 和 cGMP 的水解具有相对专一性。环核苷酸类第二信使的合成与分解见图 16-2。

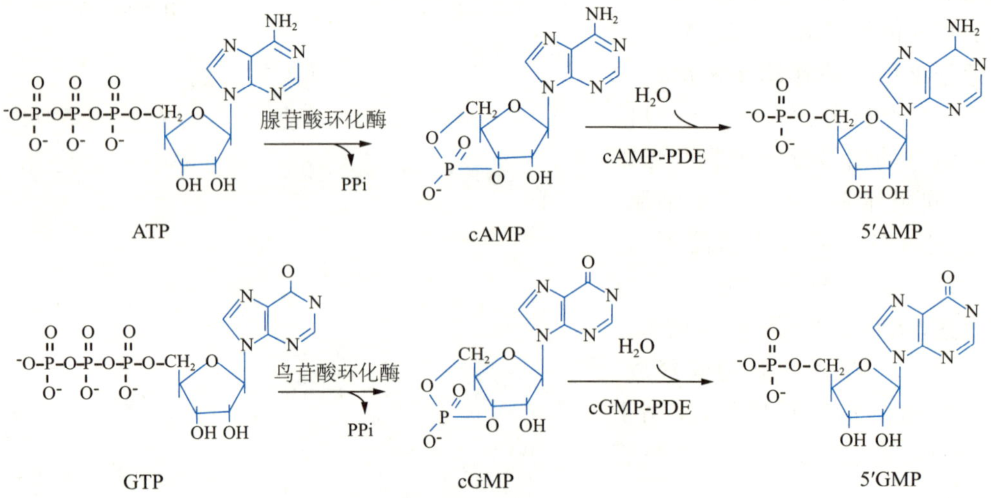

图 16-2　环核苷酸类第二信使的合成和分解

cAMP 的下游信号分子是蛋白激酶 A（protein kinase A，PKA）。PKA 属于丝/苏氨酸蛋白激酶类，是由 2 个催化亚基（C）和 2 个调节亚基（R）组成的四聚体。R 亚基抑制 C 亚基的催化活性。每分子 R 亚基上含 2 个 cAMP 的结合位点，当 R 亚基特异性结合 cAMP 后，PKA 变构，从而释放出游离的、具有催化活性的 C 亚基。活化的 PKA 可以催化多种底物蛋白（如糖原合酶、磷酸化酶 b 激酶、微管蛋白、微丝蛋白等）的特定丝/苏氨酸残基发生磷酸化，改变它们的活性，从而产生多种不同的生物学效应。例如，cAMP 激活 PKA 调节糖代谢，见图 16－3。

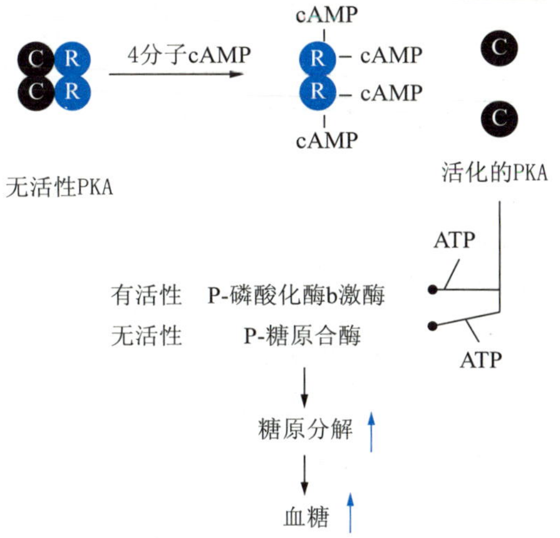

图 16－3　cAMP 激活 PKA 影响糖代谢

cGMP 的下游信号分子是蛋白激酶 G(protein kinase G，PKG)。PKG 是由两个相同亚基构成的二聚体。与 PKA 不同，PKG 的调节结构域和催化结构域位于同一个亚基内。PKG 在调节心肌及平滑肌收缩方面具有重要作用。

环核苷酸作为别构效应剂还可以作用于细胞内某些离子通道。如视杆细胞膜上富含 cGMP－门控阳离子通道，cGMP 的结合使其开放；嗅觉细胞内的 cAMP 水平升高时可使核苷酸-门控钙通道开放。

2. 脂类衍生物类的第二信使　磷脂酰肌醇激酶（PI kinase，PI－K）催化磷脂酰肌醇（phoshatidyl inositol，PI）的磷酸化。根据肌醇环上磷酸化羟基位置的不同，这类激酶有 PI－3K、PI－4K 和 PI－5K 等。而磷脂酰肌醇特异性磷脂酶 C（PLC）可将磷脂酰肌醇－4，5－二磷酸（PIP_2）分解，从而生成第二信使 DAG 和 IP_3。PI－K 和磷脂酶催化产生第二信使的反应见图 16－4。

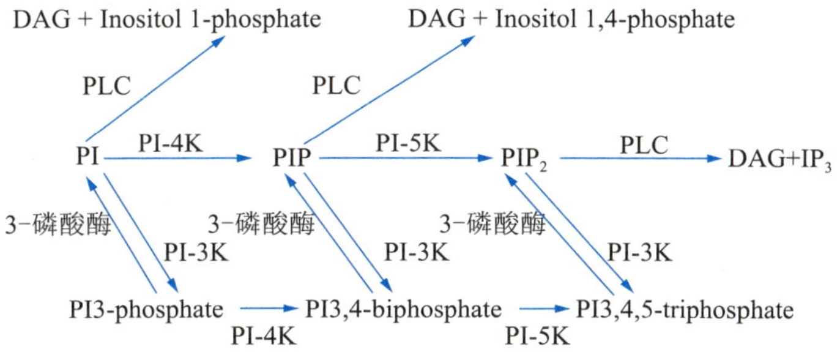

图 16－4　PI－K 和磷脂酶催化产生第二信使

DAG 是脂溶性分子，生成后仍留在质膜上。IP_3 是水溶性分子，可在细胞内扩散至内质网或肌质网膜上，并与其受体结合。IP_3 的受体是 Ca^{2+} 通道，Ca^{2+} 通道结合 IP_3 后开放，促进细胞钙库内的 Ca^{2+} 迅速释放，使细胞质中 Ca^{2+} 浓度迅速升高。DAG 和 Ca^{2+} 在细胞内的靶分子之一是蛋白激酶 C（PKC）。PKC 属于蛋白丝/苏氨酸蛋白激酶。

3. 钙离子　细胞外液游离钙浓度远高于细胞内钙浓度，而细胞内的 Ca^{2+} 则有 90%以上储存于细胞内钙库(内质网和线粒体内)，胞质内的钙浓度很低。如果细胞质膜或细胞内钙库的 Ca^{2+} 通道开启，可引起胞外钙的内流或胞内钙库的钙释放，使胞质内 Ca^{2+} 浓度急剧升高(图 16-5)。而 Ca^{2+} 进入胞质后，又可再经细胞质膜及钙库膜上的钙泵(Ca^{2+}-ATP 酶)返回细胞外或细胞内钙库，维持细胞质内的低钙状态。

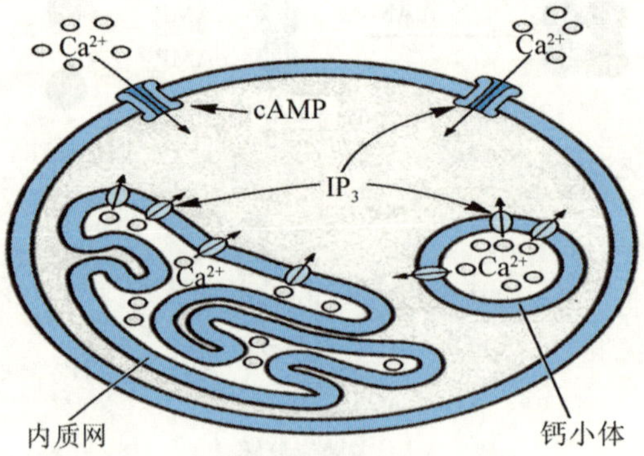

图 16-5　钙通道在细胞的分布和开放

钙调蛋白(calmodulin, CaM)是一种钙结合蛋白，其分子中有 4 个结构域，每个结构域均可结合一个 Ca^{2+}。当胞质中 Ca^{2+} 浓度低时，钙调蛋白不易与 Ca^{2+} 结合；随着胞质中 Ca^{2+} 浓度不断增高，钙调蛋白可结合不同数量的 Ca^{2+}，从而形成具有不同构象的 Ca^{2+}/CaM 复合物。钙调蛋白本身无活性，而形成的 Ca^{2+}/CaM 复合物具有调节钙调蛋白依赖性蛋白激酶(CaM-K)的活性的功能。CaM-K 主要有两类：专一功能的 CaM-K(包括肌球蛋白轻链激酶、磷酸化酶激酶、延长因子 2 激酶)和多功能的 CaM-K(包括 Ca^{2+}/CaM-依赖性蛋白激酶Ⅰ和Ⅱ)。除了钙调蛋白，Ca^{2+} 还可激活多种其他信号转导分子，如 PKC、AC 和 cAMP-PDE 等。

4. NO 等气体小分子类第二信使　细胞内一氧化氮(nitrogen monoxide, NO)合酶可催化精氨酸分解产生瓜氨酸和 NO。NO 可通过激活胞质中的 GC 等而传递信号。除了 NO 以外，CO 和 H_2S 也可以作为第二信使发挥作用。

知识拓展

第二信使的发现

1956 年，美国生物化学家 Sutherland E.及其同事在 *J Biol Chem* 上发表论文，第一次揭示了 cAMP 的存在和作用。他们在不含激素的肝匀浆中分离获得了一种热稳定因子，该因子可使磷酸化酶激活，促进糖原分解，后来被鉴定为 cAMP。1965 年 Sutherland E.首次提出第二信使学说。他认为人体内各种含氮激素(蛋白质、多肽和氨基酸衍生物)都是通过 cAMP 发挥作用的。首次把 cAMP 称为第二信使，激素等称为第一信使。Sutherland E.于 1971 年获得诺贝尔生理学或医学奖。

(二) 参与细胞信号转导的酶

酶是一类细胞内重要的信号转导分子。参与信号转导的酶主要有两大类：一类是催化小分子信使生成和转化的酶，如腺苷酸环化酶、鸟苷酸环化酶、磷脂酶 C 等；另一类是催化蛋白质化学修饰的酶，主要为激酶，如蛋白酪氨酸激酶、蛋白丝/苏氨酸激酶、蛋白磷酸酶等。

1. 蛋白激酶(protein kinase, PK)　是催化靶蛋白的特定氨基酸残基发生磷酸化修饰的一类酶。

迄今发现的蛋白激酶近千种，包括蛋白酪氨酸激酶、蛋白丝/苏氨酸激酶、蛋白组/赖/精氨酸激酶、蛋白半胱氨酸激酶、蛋白天冬/谷氨酸激酶等。不同蛋白质的磷酸化修饰，甚至同一蛋白质不同位点氨基酸的磷酸化修饰对蛋白质活性的影响不同。蛋白质的磷酸化修饰可能提高其活性，也可能降低其活性，取决于构象变化是否有利于反应的进行。目前对蛋白激酶的研究主要集中在蛋白酪氨酸激酶和蛋白丝/苏氨酸激酶两大类。

(1) 蛋白酪氨酸激酶(protein tyrosine kinase，PTK)：催化蛋白质分子中的酪氨酸残基磷酸化。大部分蛋白质的酪氨酸磷酸化修饰有促进细胞增殖的作用，无论生长因子作用后正常细胞的增殖、恶性肿瘤细胞的增殖，还是 T 细胞、B 细胞或肥大细胞的活化都伴随着瞬间发生的多种蛋白质分子的酪氨酸磷酸化。蛋白酪氨酸激酶主要有膜受体型 PTK 和非受体型的 PTK 两类。

膜受体型 PTK 酶活性位于受体上，该受体均为单次跨膜蛋白质，其胞外区有配体结合位点，中间为跨膜区，胞内区具有 PTK 活性。受体型 PTK 与配体结合后，受体首先发生二聚化，同时激活其酶活性，其次使受体胞内区的酪氨酸残基发生磷酸化(自身磷酸化)。磷酸化的受体募集含有 SH2 结构域的下游信号分子，从而将信号在胞内传递至下游分子。

非受体型的 PTK 是存在于胞质的游离酶分子。有些非受体型的 PTK 可直接与受体结合，由受体激活而向下游传递信号。如 SRC 家族的 SRC、FYN、LCK 等在质膜内侧与受体结合后发生磷酸化而激活，通过催化靶分子的酪氨酸磷酸化向下游信号分子传递信号。有些则是存在于胞质或胞核中，由其上游信号转导分子激活，再向下游信号分子传递信号。如 BTK、ITK 等是存在于细胞质的 TEC 家族成员，SRC 家族成员是其上游分子。

(2) 蛋白丝/苏氨酸激酶：是细胞内重要的蛋白丝/苏氨酸激酶，包括 PKA、PKG、PKC、Ca^{2+}/CaM-PK、PKB 及受丝裂原激活的蛋白激酶(mitogen activated protein kinase，MAPK)等。前几类酶在介绍第二信使的下游信号转导分子时已经涉及，在此，仅以 MAPK 为例，说明蛋白丝/苏氨酸激酶在信号转导通路中的作用。

MAPK 上游的两级信号转导分子也是蛋白激酶，称为 MAPKK(MAP kinase kinase)和 MAPKKK(MAP kinase kinase kinase)。MAPKK 和 MAPK 本身也通过磷酸化修饰而被激活。在未受刺激的细胞内，这些激酶处于无活性的非磷酸化状态。细胞受到生长因子或其他因素刺激时，上游信号转导分子被依次活化后，通过磷酸化修饰将 MAPKKK 激活，MAPKKK 进而通过磷酸化修饰激活 MAPKK，后者再使 MAPK 磷酸化而激活，形成逐级磷酸化的级联激活反应。激活的 MAPK 移位至细胞核内，使一些转录因子发生磷酸化，从而调节细胞内基因表达。此外，它也可以使其他的酶磷酸化。

哺乳类动物包括 3 个最重要的 MAPK 亚家族：细胞外调节激酶(extracellular regulated kinase，ERK)、c-jun N-末端激酶/应激激活的蛋白激酶(c-jun N-terminal kinase/stress-activated protein kinase，JNK/SAPK)和 p38 MAPK。ERK 参与细胞增殖与分化的调控，能够激活多种生长因子受体、营养相关因子受体等。JNK 家族是细胞对各种应激源诱导的信号进行转导的关键分子，参与细胞对辐射、渗透压、温度变化等的应激反应。p38 亚家族参与炎症、凋亡等应激反应。

2. 蛋白磷酸酶(protein phosphatase，PP) 催化蛋白质的去磷酸化修饰，与蛋白激酶构成可逆磷酸化修饰，是细胞信号转导通路的重要开关。过去一直认为蛋白磷酸酶的特异性不强，特异蛋白质磷酸化程度的调控主要依赖蛋白激酶的活性。随着研究的深入，已发现若干具有底物专一性的蛋白磷酸酶，根据其催化特性，可分为蛋白酪氨酸磷酸酶和蛋白丝/苏氨酸磷酸酶两大类。

需要注意的是，除了磷酸化修饰，蛋白质的其他修饰方式包括泛素化、乙酰化、甲基化等，也参与信号通路方向和速率的调节。

(三) 信号转导蛋白

信号转导通路中的许多信号转导分子通过分子间的相互作用被激活或激活下游分子。这些信号转导分子主要包括 G 蛋白、衔接蛋白和支架蛋白。

1. G 蛋白 鸟苷酸结合蛋白(guanine nucleotide-binding protein，G protein)简称“G 蛋白”。G 蛋白包括异源三聚体 G 蛋白和低分子量 G 蛋白两大类。所有 G 蛋白分别与 GTP 和 GDP 结合时，处于不同的构象。结合 GTP 时有活性，能够结合下游分子，并通过别构效应而激活下游分子。G 蛋白自身均具有 GTP 酶活性，可将结合的 GTP 水解为 GDP，从而回到非活化状态，因此 G 蛋白被认为是信号转导通路的开关。

(1) 异源三聚体 G 蛋白：含有 α、β、γ 3 个亚基，以三聚体形式存在于细胞质膜内侧，目前已发现 20 余种。异源三聚体 G 蛋白中的 α 亚基具有 4 个功能位点：与 β、γ 亚基相结合的部位；与 G 蛋白耦联受体(G protein-coupled receptor，GPCR)结合并受其活化调节的部位；与 GDP 或 GTP 相结合的部位；与下游效应分子相互作用的部位。与 β、γ 亚基解离并结合 GTP 的 α 亚基还具有 GTP 酶活性。β 亚基与 γ 亚基形成紧密复合物，主要作用是与 α 亚基形成复合体并定位于质膜内侧。G 蛋白耦联受体活化后激活异源三聚体 G 蛋白，从而激活细胞下游信号转导分子，调节细胞的生理功能。

不同 G 蛋白的 β、γ 亚基非常相似，只有 α 亚基不同，从而形成多种不同功能的 G 蛋白。表 16-1 列出了几种常见 G 蛋白的 Gα 亚基及其生物学效应。

表 16-1 哺乳动物细胞中几种常见的 Gα 亚基及其作用

G 蛋白 α 亚基	效应分子变化	第二信使变化	靶分子变化
α_s	AC 活性↑	cAMP↑	PKA 活性↑
α_i	AC 活性↓	cAMP↓	PKA 活性↓
α_q	PLC 活性↑	Ca^{2+}、DAG、IP_3↑	PKC 活性↑
α_t	cGMP-PDE 活性↑	cGMP↓	Na^+ 通道关闭

知识拓展

G 蛋白的发现

第二信使 cAMP 发现后，AC 活化机制成为当时最引人入胜的研究领域之一。1969 年，Rodbell M.首先发现 GTP 是 AC 活化所必需的。1971 年，美国著名生物化学家 Gilman A.G.在研究一株含有正常的肾上腺素受体和 AC，但是却不能在肾上腺素作用下使 cAMP 升高的细胞株时发现了 G 蛋白，并于 1981 年纯化了 G 蛋白，进一步证明了 G 蛋白是受体与 AC 之间的信号分子。Rodbell M.和 Gilman A.G.分享了 1994 年的诺贝尔生理学或医学奖。

(2) 低分子量 G 蛋白：也称小 G 蛋白，其分子量为 21 kDa，是多种细胞信号转导通路中的开关分子。Ras 是第一个被发现的小 G 蛋白，因此这类蛋白被称为 Ras 超家族。目前已知的 Ras 家族成员已超过 50 种，在细胞内分别参与不同的信号转导通路。例如，位于 MAPKKK 上游的 Ras，被激活后可启动下游的 MAPK 级联反应。

2. 衔接蛋白和支架蛋白 信号转导通路中的一些环节是由多种信号分子聚集形成的信号转导复合物(signaling complex)来完成信号传递的。信号转导复合物的形成是一个动态过程，针对不同外源信号，可聚集形成不同组成的复合物。信号转导复合物形成的基础是蛋白质通过蛋白质相互作用结构域(protein interaction domain)发生相互作用。

大部分衔接蛋白(adaptor protein)含有 2 个或 2 个以上的蛋白质相互作用结构域，通过连接上游信号转导分子和下游信号转导分子而形成信号转导复合物。因此衔接蛋白是信号转导通路中不同信号转导分子之间的接头。如表皮生长因子受体信号转导通路中的衔接蛋白生长因子受体结合蛋白2(growth factor receptor bound protein 2,Grb 2)就是由1个SH2(*Src* homology,SH)结构域和2个SH3结构域构成的接头蛋白,通过SH2和SH3结构域连接上、下游信号分子(图16-6)。

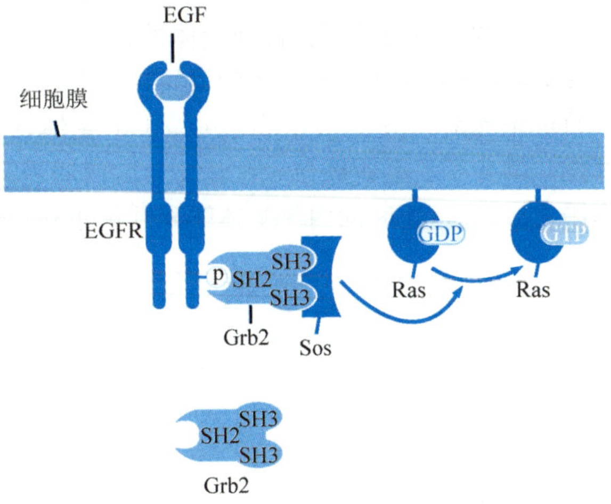

图16-6 Grb 2的接头蛋白作用

支架蛋白(scaffolding proteins)一般是分子量较大的蛋白质,可同时结合同一信号转导通路中的多个信号分子。支架蛋白使相关的多个信号分子容纳于一个相对隔离而稳定的信号转导通路内,避免不同信号转导通路之间发生交叉反应,从而维持信号转导通路的特异性;同时,也增加了信号转导通路调控的复杂性和多样性。

第二节 细胞信号受体

一、受体的概念及作用特点

受体通常指位于细胞膜上或细胞内能特异识别并结合外源化学信号分子的蛋白质分子,个别为糖脂。能够与受体特异结合的信号分子称为配体(ligand)。受体按分布位置的不同分为两大类:膜受体和胞内受体。膜受体的配体是不能进入细胞的水溶性信号分子或膜结合型信号分子,如生长因子、细胞因子、水溶性激素分子、黏附分子等。胞内受体位于细胞质或细胞核,其相应配体是能进入细胞的脂溶性信号分子,如类固醇激素、维A酸、甲状腺激素等。受体与配体的相互作用往往具有以下特点。

1. 高度专一性　一种受体只与特定配体结合,这种选择性由受体和配体的空间构象所决定。受体和配体的结合过程类似酶和底物的结合,存在诱导契合作用。受体与配体的特异性识别和结合保证了信号转导的准确性。

2. 高度亲和性　体内化学信号分子的浓度非常低,通常$\leqslant 10^{-8}$ mol/L。受体与信号分子的高亲和力使很低浓度的信号分子也具有显著的生物学效应。

3. 可饱和性　细胞内受体和细胞表面受体的数目都是有限的。在一定范围内,增加配体浓度,可使受体与配体的结合率升高。但当受体全部被配体占据时,再提高配体浓度也不会增强生物学效应。

4. 可逆性　受体与配体以非共价键结合,因而这种结合是可逆的。当生物效应发生后,配体即与受体解离。受体可恢复到原来的状态,并可再次被利用,而信号分子通常被迅速灭活。

5. 特定的作用模式　受体基因的表达具有阶段特异性和组织细胞特异性,并呈现特定的作用模式,受体与配体结合后可激活特定的信号通路并引起某种特定的生理效应。

二、膜受体

常见的膜受体主要有3种类型:离子通道受体(ion channel linked receptor)、G蛋白耦联受体和酶耦联受体(enzyme linked receptor)。

1. 离子通道受体 本身是一种离子通道。离子通道受体的配体主要是一些神经递质、神经肽等。离子通道的开放或关闭直接受配体的控制，当配体与这类受体结合后能短暂而快速地使离子通道开放或关闭，从而改变某些离子的通透性，因此离子通道受体也被称为配体门控受体型离子通道。如骨骼肌细胞乙酰胆碱(acetyl choline，ACh)受体，由 2 个 α 和 β、γ、δ 5 个亚基组成。α 亚基具有配体结合部位。两分子乙酰胆碱与 α 亚基结合后使通道开放，引起 Na^+ 内流，造成膜的去极化。乙酰胆碱发挥作用之后，在极短时间内与受体解离并被水解，通道又回到关闭状态(图 16-7)。

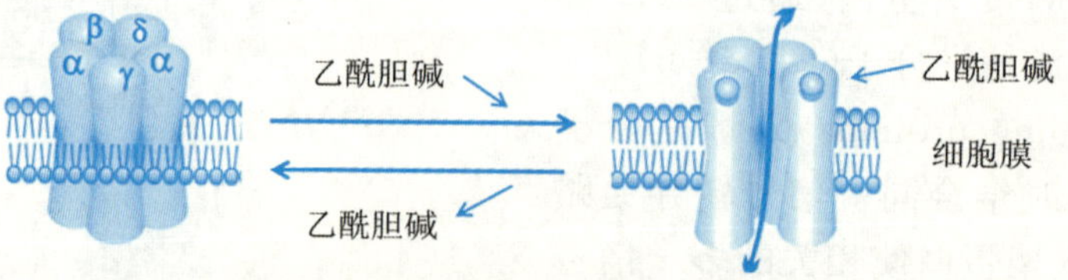

图 16-7 乙酰胆碱受体作用模式

2. G 蛋白耦联受体 又称 7 次跨膜 α-螺旋受体或蛇型受体。该受体是只含有一条肽链的跨膜糖蛋白，N-端在胞外，C-端在胞内。胞外区含有配体结合位点，跨膜区形成 7 个跨膜 α-螺旋，胞内区含有 G 蛋白结合位点(图 16-8)。当 G 蛋白耦联受体结合了 G 蛋白后，可以激活 G 蛋白，并进一步影响腺苷酸环化酶、磷脂酶 C 等下游信号分子的活性，从而产生相应的生物学效应。G 蛋白耦联受体分布极广，是非常重要的药物作用靶点。正是因为 G 蛋白耦联受体在药物研究中的重要性，相关研究已经获得了 10 次诺贝尔奖。

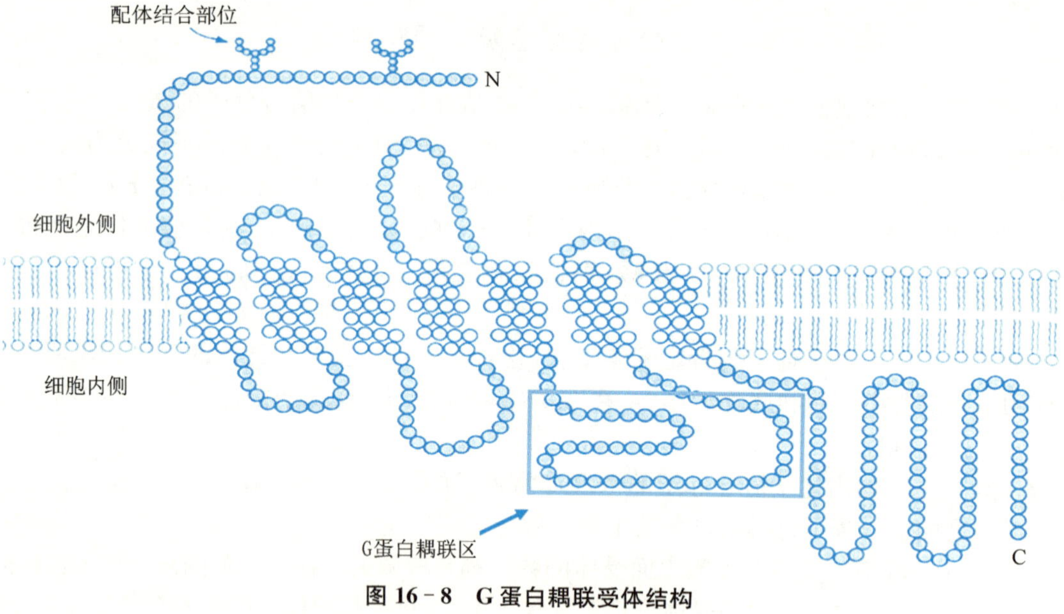

图 16-8 G 蛋白耦联受体结构

知识拓展

G 蛋白耦联受体与药物靶标

2012 年，Robert J. Lefkowitz 和 Brian K. Kobilka 两位美国科学家因对 GPCR 的研究分享诺贝尔化学奖。G 蛋白耦联受体(GPCR)是与 G 蛋白有信号连接的一大类受体家族，是最著名的药物靶标分子，调控细胞对大部分激素、神经递质的应答及视觉、嗅觉、味觉等。目前世界药物市场至少有

1/3 的小分子药物是 GPCR 的激活剂或者拮抗剂。据报道，目前上市的前 50 种最畅销的药物中，20%属于 G 蛋白耦联受体相关药物，如充血性心力衰竭药物 Coreg、乳腺癌药物 Zoladex、高血压药物 Cozaar 等。

---

3. 酶耦联受体与催化型受体　酶耦联受体与催化型受体多为单次跨膜的 α-螺旋受体，为糖蛋白，糖链结合在胞外区，含配体结合位点，跨膜区含为数不多的疏水性氨基酸残基，胞内区含有潜在的酶活性或与酶蛋白耦联的部位。酶耦联受体与催化型受体的配体主要是生长因子和细胞因子。此类受体介导的信号转导主要参与调节蛋白质功能、基因表达及细胞增殖与分化。

酶耦联受体本身没有酶催化活性(如干扰素受体、白细胞介素受体、T 细胞抗原受体等)，但其可与具有酶活性的胞质蛋白耦联，称为酶耦联受体。当相应的配体与此类受体结合后，可引起不同受体单体的聚合，聚合后的受体可结合并激活具有酶活性的下游靶分子。

催化型受体本身具有酶活性，位于胞内部分。如胰岛素受体、转化生长因子 β 受体、CD45、心钠素受体等，催化型受体与配体结合后即激活酶活性，底物可以是受体本身，也可以是下游靶分子。

三、胞内受体

胞内受体(intracellular receptor)位于细胞质或细胞核。胞内受体多为反式作用因子。胞内受体的基本结构都很相似，有极大的同源性。胞内受体从 N 端到 C 端分为 5 个区域：① 高度可变区，有转录激活作用，介导受体与不同调节蛋白的结合。② DNA 结合区，位于中段，含 DNA 结合结构域(2 个锌指模体)。③ 铰链区，含核定位信号序列，引导配体-受体复合物向细胞核的移位。④ 配体结合区，与配体结合，还具有介导结合抑制蛋白(热休克蛋白)，促进受体二聚化及转录激活等作用。⑤ C 端 F 区，目前功能不清(图 16－9)。

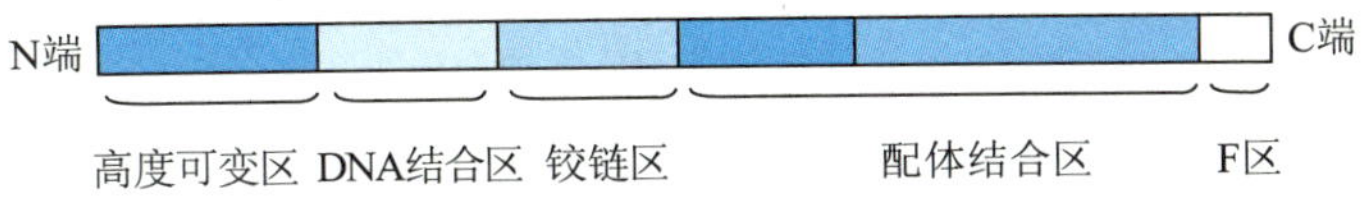

图 16－9　胞内受体结构

(柏素云)

思考题

1. 受体与配体结合有什么特点？
2. 简述 G 蛋白的结构特点、类型及功能。
3. 简述细胞内常见的第二信使及催化它们产生的酶、它们的下游靶分子。

本章课件　　本章习题

第十七章
细胞信号转导途径

学习目标

【掌握】

1. 膜受体介导的 cAMP－PKA、cGMP－PKG、Ca^{2+}－蛋白激酶信号转导途径。

2. 胞内受体介导的信号转导途径。

【熟悉】

膜受体介导的信号转导途径中的 Ras－Raf－MAPK 途径。

【了解】

膜受体介导的 JAKs－STAT、核因子 κB、转化生长因子 β 信号转导途径。

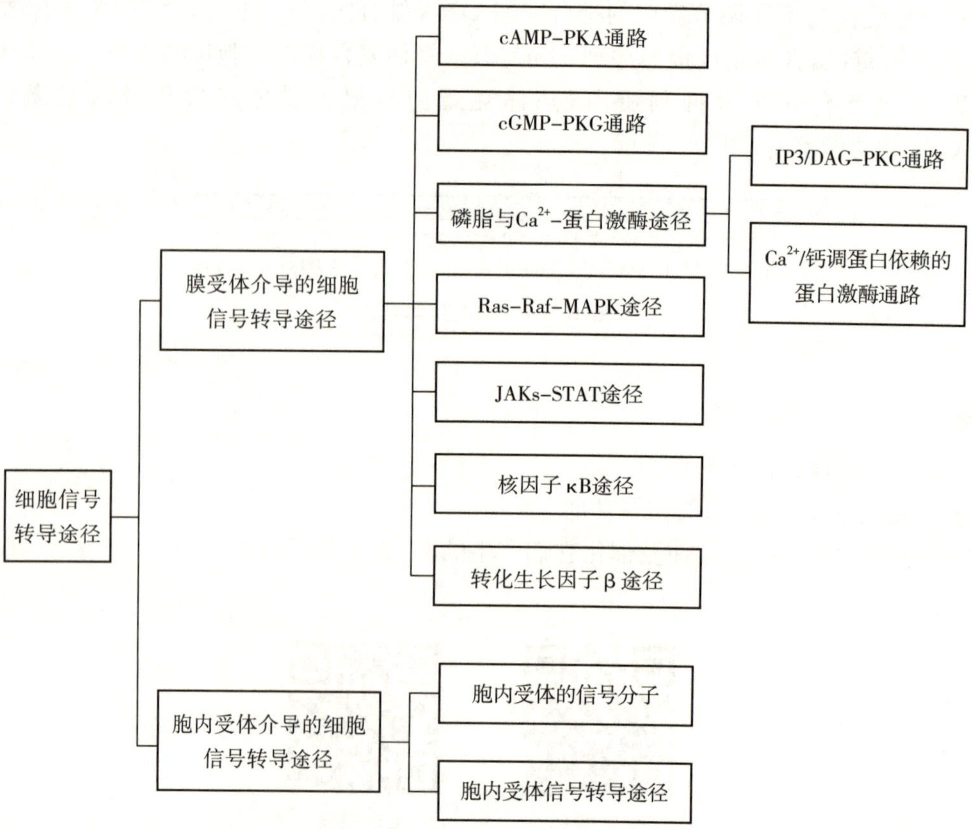

不同的细胞外信号分子与相应的受体结合后，激活不同的信号转导通路，引起不同的生物学效应。细胞内存在的多种信号转导途径不是孤立的，而是彼此间存在着交叉调控点，从而形成十分复杂的交互对话网络系统。本章主要介绍几条重要信号转导途径。

第一节 膜受体介导的细胞信号转导途径

一、cAMP-蛋白激酶A途径

某些激素(如胰高血糖素、肾上腺素、促肾上腺皮质激素等)与相应的G蛋白耦联受体结合后激活Gs蛋白,活化的Gs蛋白进而激活腺苷酸环化酶(AC)。AC催化ATP生成第二信使cAMP。cAMP继而与PKA结合并激活PKA。PKA可以使其下游靶蛋白发生磷酸化,从而产生相应的生物学效应。

PKA是一种丝/苏氨酸蛋白激酶,其作用底物主要是一些代谢途径中的关键酶,PKA可使十几种代谢关键酶在丝/苏氨酸残基上发生磷酸化,从而调控多种不同代谢途径,如糖原合酶、糖原磷酸化酶、丙酮酸脱氢酶、激素敏感脂肪酶、酪氨酸羟化酶等。肾上腺素通过cAMP-PKA途径调节肝糖原分解(图17-1)。PKA也可参与基因表达调控,PKA的催化亚基进入细胞核后,可催化转录因子—cAMP应答元件结合蛋白(cAMP response element binding protein,CREB)中特定的丝氨酸和(或)苏氨酸残基磷酸化,磷酸化的CREB形成同二聚体,进而与DNA上的CRE(cAMP response element)结合,调控相关基因的转录。PKA还可通过磷酸化膜通道蛋白激活离子通道,调节细胞膜电位,参与脑的认知、记忆等功能。

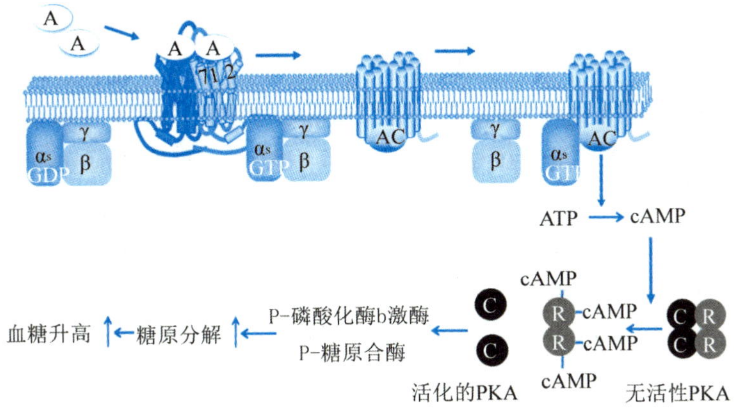

图17-1 肾上腺素通过cAMP-PKA途径调节肝糖原分解

二、cGMP-蛋白激酶G途径

cGMP是激活蛋白激酶G(PKG)的第二信使分子,由鸟苷酸环化酶(GC)催化GTP产生。人体细胞中存在两种类型的鸟苷酸环化酶:膜结合型GC和可溶性GC。它们的激活方式不同,膜结合型GC是跨膜受体蛋白,激素(如心钠素)与其膜受体结合后激活受体本身具有的鸟苷酸环化酶活性,该酶再催化GTP生成cGMP,cGMP水平升高,进一步激活PKG。可溶性GC是与亚铁血红素结合的细胞质蛋白,可被一氧化氮激活,可使cGMP水平升高并激活蛋白激酶G,PKG可使平滑肌松弛导致血管舒张。cGMP-蛋白激酶G途径见图17-2。

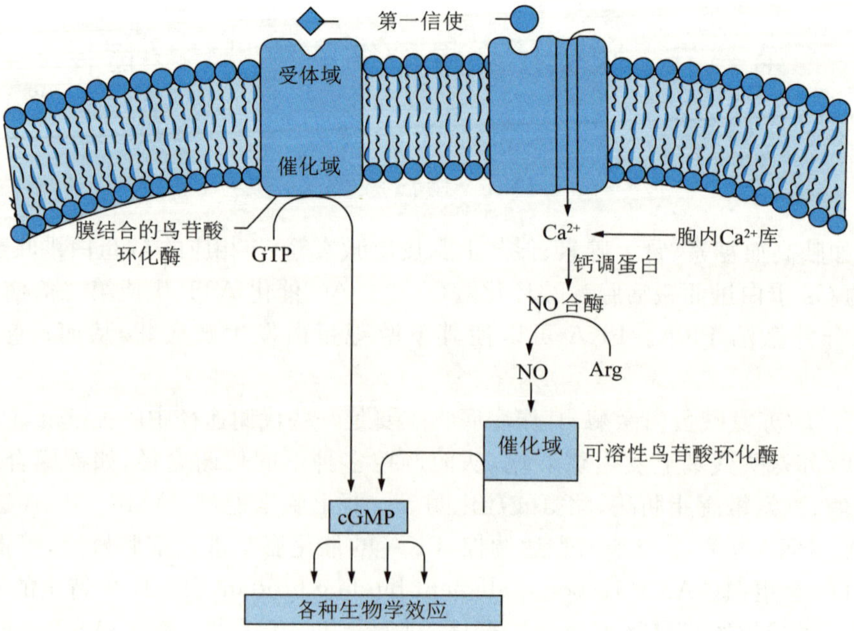

图 17-2 cGMP-蛋白激酶 G 途径

临床应用

气体信号分子 NO

NO 是一种可进入细胞内部的气体信号分子。Robert Furchgott 等三位美国科学家因发现 NO 作为信号分子而分享 1998 年诺贝尔生理学或医学奖。扩散进入平滑肌细胞的 NO，通过与血红素的相互作用激活胞质内具鸟苷酸环化酶活性的可溶性受体，使 cGMP 合成增多。cGMP 可激活 PKG，引起血管平滑肌舒张，血管扩张、血流通畅。硝酸甘油治疗心绞痛具有百年的历史，其作用机制就是在体内能产生 NO，从而通过上述途径舒张血管，减轻心脏负荷，降低心肌的需氧量。

三、Ca^{2+}-蛋白激酶途径

促甲状腺素释放激素、抗利尿素、去甲肾上腺素与受体结合后所激活的 Gq 蛋白，可激活磷脂酰肌醇特异性磷脂酶 C(PI-PLC)。PI-PLC 水解膜组分磷脂酰肌醇-4，5-二磷酸(PIP_2)，生成二酯酰甘油(DAG)和三磷酸肌醇(IP_3)。IP_3是水溶性小分子，因此从膜上扩散至细胞质，进而与内质网或肌浆网膜上的 IP_3受体结合，IP_3 受体为 Ca^{2+} 通道受体，促进细胞钙库内的 Ca^{2+} 迅速释放，使细胞质内的 Ca^{2+} 浓度升高。Ca^{2+} 与细胞质内的 PKC 结合并聚集至质膜。Ca^{2+} 与留在质膜上的 DAG、磷脂酰丝氨酸(phosphatidylserine，PS)协同激活 PKC。

PKC 是一种丝/苏氨酸蛋白激酶，可使膜受体、膜蛋白及多种酶磷酸化，参与多种生理功能的调节。PKC 使质膜上的钙通道磷酸化，促进 Ca^{2+} 内流。代谢途径中的关键酶(如糖原合酶)也是 PKC 的底物，因此 PKC 参与物质代谢调节。此外，PKC 能使立早基因(immediate-early gene)的转录因子磷酸化，从而促进立早基因的表达。立早基因多数为细胞原癌基因(如 *C-FOS*、*AP1/JUN*)，其表达产物经磷酸化修饰后，进一步活化晚期反应基因并促进细胞增殖。由于立早基因编码的蛋白具有跨核膜传递信息的功能，因此被称为第三信使。

细胞质胞质中的 Ca^{2+} 浓度升高后，还可以通过结合钙调蛋白传递信号。Ca^{2+}/CaM 复合物的下游信号分子是 Ca^{2+}/CaM 激酶，属于蛋白丝/苏氨酸激酶，可被 Ca^{2+}/CaM 复合物激活，因而被称为钙调蛋白依赖性蛋白激酶。钙调蛋白依赖性蛋白激酶可激活多种效应蛋白，包括酶（如糖原合酶、酪氨酸羟化酶等）、细胞骨架蛋白、突触蛋白、离子通道和转录因子等（图 17－3）。

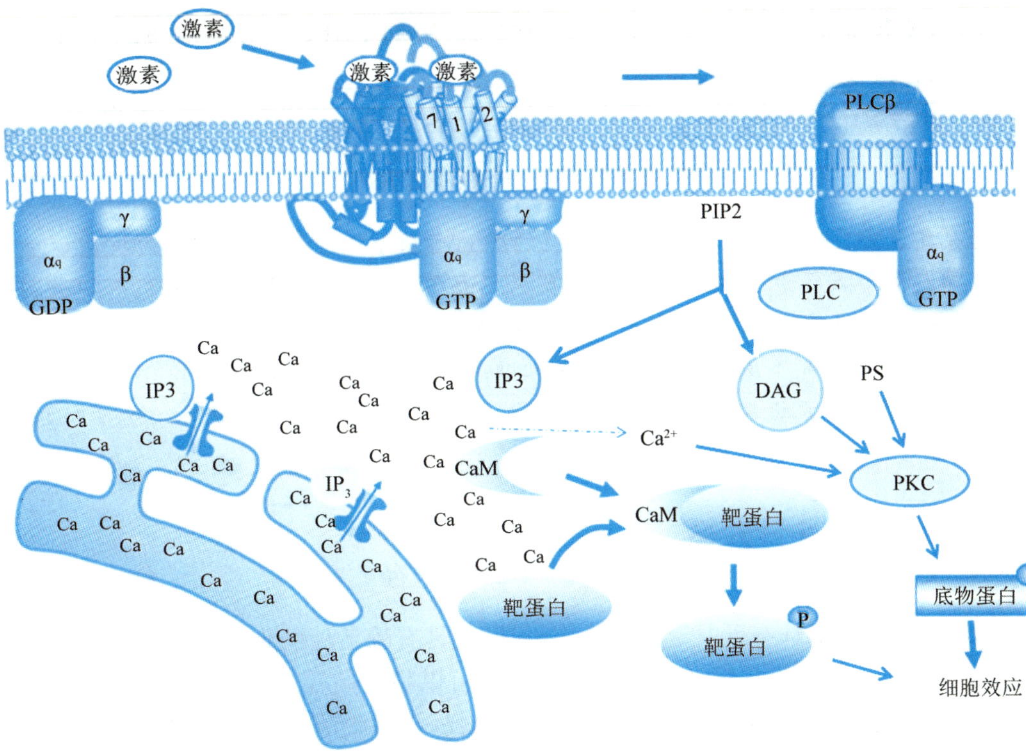

图 17－3 Ca^{2+}-蛋白激酶途径

四、Ras－Raf－MAPK 途径

Ras－Raf－MAPK 途径的受体是一种酶耦联受体，受体本身具有蛋白激酶活性。当配体如表皮生长因子（epidermal growth factor，EGF）等与相应受体结合后，受体发生自身磷酸化，形成 SH2 结合位点，从而可以结合含有 SH2 结构域的接头蛋白——生长因子受体结合蛋白 2（Grb2），Grb2 中的 2 个 SH3 结构域与鸟苷酸释放因子（son of sevenless，SOS）结合，活化 SOS。活化的 SOS 结合 Ras 蛋白，促进 Ras 释放 GDP，结合 GTP 形成活化的 Ras 蛋白（Ras－GTP）。Ras－GTP 启动 MAPK 级联激活反应，磷酸化而活化的 ERK 移位至细胞核使一些转录因子磷酸化，影响基因表达，对细胞生长进行调节。EGF 的 Ras－Raf－MAPK 途径见图 17－4。

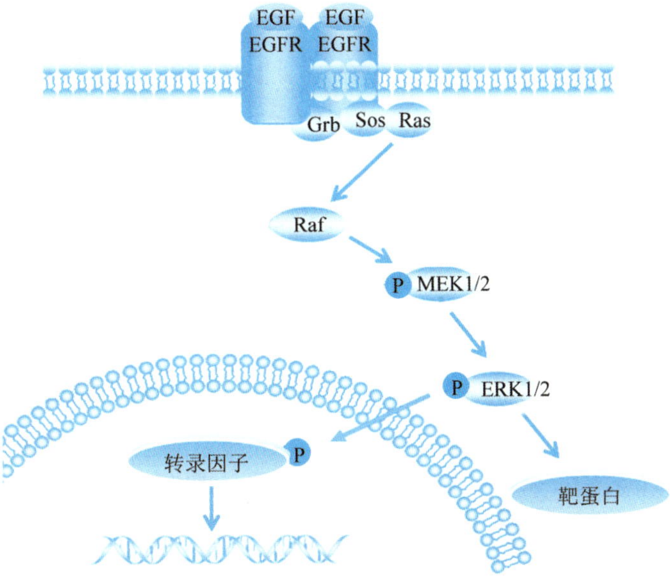

图 17－4 EGF 的 Ras－Raf－MAPK 途径

临床应用

酪氨酸激酶抑制剂——易瑞沙

易瑞沙(又名吉非替尼)是全球最早进入临床的 EGFR－TKI(表皮生长因子受体-酪氨酸激酶抑制剂)药物。在上皮来源的实体瘤中 EGFR 通常高表达。抑制 EGFR 的酪氨酸激酶活性可抑制肿瘤的生长、转移和血管生成,并促进肿瘤细胞的凋亡。易瑞沙目前在临床上被用于治疗接受过化学治疗的局部晚期或转移性非小细胞肺癌。

RAF 抑制剂——威罗菲尼

BRAF 是人类最重要的原癌基因之一,约 8%的肿瘤有该基因突变,主要为 V600E 突变。BRAF V600E 突变主要发生于黑色素瘤、结肠癌和甲状腺癌。该突变导致 MEK－ERK 信号通路持续激活,促进肿瘤生长增殖和转移,因此 V600E 突变型 *BRAF* 是黑色素瘤等肿瘤的有效靶标之一。2011 年,首个 BRAF V600E 靶向抑制剂威罗菲尼被 FDA 批准上市,用于治疗 BRAF V600E 突变的晚期黑色素瘤患者,有效延长了患者无进展存活期和总存活期,取得了突破性的治疗效果。但是耐药性的出现使得药物治疗效果受到限制。

五、JAKs－STAT 途径

有些酶耦联受体本身不具有蛋白激酶活性,但其可与具有酶活性的胞质蛋白(如 JAK、Src 等)耦联。JAK 原名“Janus kinase”,在罗马神话中“Janus”是可以瞻前顾后的门神,意即可以将其前后信号联系起来的酶。干扰素(IFN)等信号分子与相应受体结合后,能激活 JAKs。活化的 JAKs 进而使上游二聚化的受体和下游靶分子信号转导及转录激活因子(signal transduction and activator of transcription,STAT)的酪氨酸残基发生磷酸化从而被激活。在 JAKs 的作用下,磷酸化而活化的 STAT 形成二聚体进入细胞核,作为转录因子调节相关基因的表达。JAKs－STAT 途径见图 17－5。

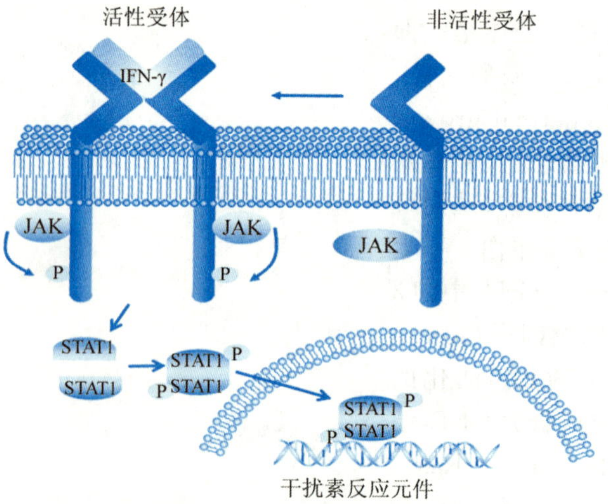

图 17－5 JAKs－STAT 途径

六、核因子 κB 途径

核因子 κB(nuclear factor－κB, NF－κB)是一类分布广泛、具有重要作用的转录因子。它是由

P65 和 P50 两种亚基组成的同源或异源二聚体，其中异源二聚体活性较强。在静息细胞的胞质中，NF-κB 二聚体与抑制蛋白 κB(inhibitor-κB，IκB)结合成三聚体而呈无活性状态。胞外刺激(如 TNF-α，IL-1 等)可以激活 IκB 激酶(IκB kinase，IKK)，使 IκB 磷酸化，磷酸化后的 IκB 随后被泛素化途径降解，从而使 NF-κB 二聚体进入胞核，调节基因转录。NF-κB 途径见图 17-6。核因子 κB 途径与免疫反应、肿瘤发生、细胞损伤和应激等多种过程有关。此外，该途径还参与多种组织和器官如皮肤、骨骼、肝、脾、胸腺、淋巴结等的发育。

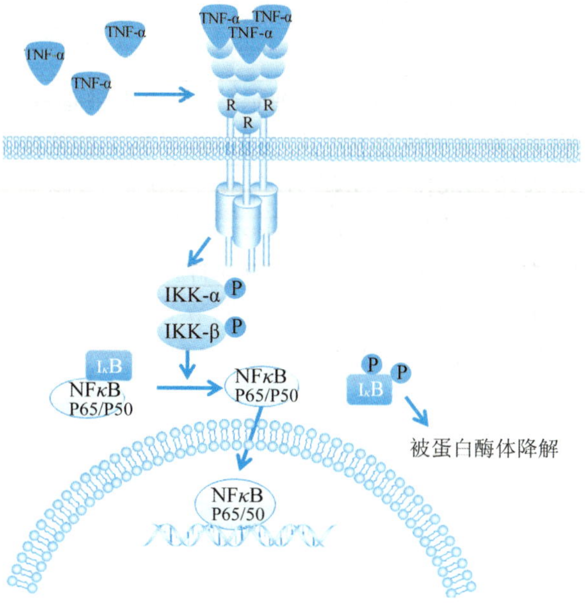

图 17-6 NF-κB 途径

七、TGF-β 途径

转化生长因子 β(transforming growth factor β，TGF-β)受体是一种具有丝氨酸蛋白激酶活性的受体。TGF-β 家族受体还包括骨形态发生蛋白(bone morphogenetic protein，BMP)和活化素(activin)等受体。Smad 家族是最早被证实的 TGF-β受体的底物，Smad 是 *Drosophila mother against dpp*(*Mad*)和 *C elegans*(*Sma*)两个基因的名字的融合。细胞内至少存在 9 种 Smad 蛋白，各自参与 TGF-β 家族不同成员介导的信号转导，调节细胞增殖、分化、迁移及凋亡等。

当 TGF-β 与受体结合时，被活化的受体催化下游靶分子 Smad 蛋白的丝氨酸残基发生磷酸化，磷酸化后的 Smad 蛋白形成同源或异源寡聚体进而移位至细胞核，调节相关基因的转录，影响细胞分化。转化生长因子 β 途径见图 17-7。

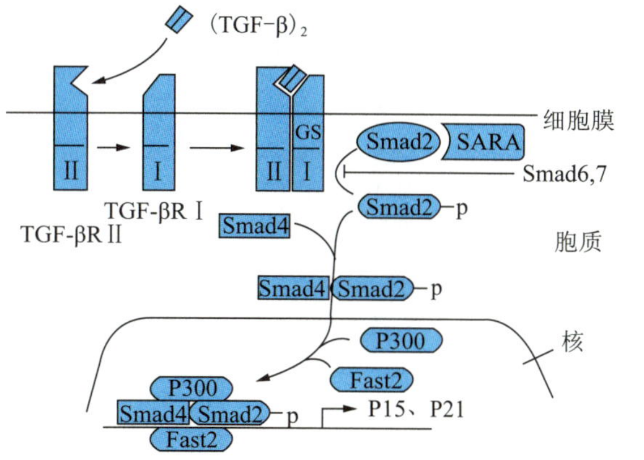

图 17-7 转化生长因子 β 途径

第二节 胞内受体介导的细胞信号转导途径

胞内受体介导的细胞信号转导途径的受体多为转录因子。无信号分子结合的胞内受体与具有抑制作用的蛋白质分子形成复合物，阻止受体与 DNA 顺式作用元件的结合。当相应配体与胞内受体结合后，该受体能与 DNA 的顺式作用元件结合，在转录水平调控基因的表达。

胞内受体分为胞质内受体和核受体两大类，如糖皮质激素受体是胞质内受体，雄激素、雌激素、孕激素和甲状腺素受体是核受体。

一、胞内受体的信号分子

胞内受体的信号分子要与受体结合，必须穿过细胞膜或细胞核膜，所以胞内受体识别和结合能够穿过细胞质膜的小的脂溶性的信号分子。常见的有类固醇激素、甲状腺激素、维生素 A、维生素 D、NO 等。

二、胞内受体信号转导途径

如果胞内受体位于细胞核，则激素被运输到核内，与受体形成激素-受体复合物。如果受体位于胞质，激素则在胞质中结合受体，导致受体构象发生变化，与抑制蛋白（热休克蛋白）解离，暴露出受体核内转移部位及 DNA 结合部位，激素-受体复合物向核内转移，并结合于 DNA 上特异基因邻近的激素反应元件（hormone response element，HRE）上，进而改变细胞的基因表达谱。不同的激素-受体复合物结合于不同的激素反应元件。结合于激素反应元件的激素-受体复合物再与位于启动子区域的基本转录因子及其他的转录调节分子相互作用，从而影响下游基因的表达。类固醇激素的胞内受体信号转导过程见图 17－8。

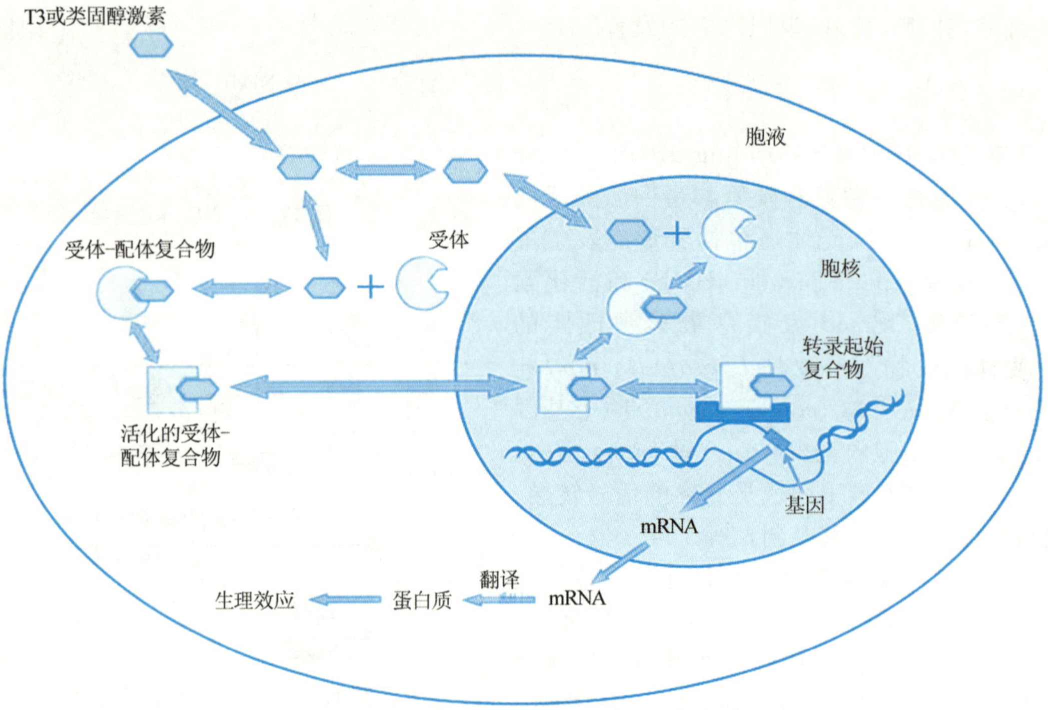

图 17－8 类固醇激素的胞内受体信号转导过程

（柏素云）

思考题

1. 说明 cAMP－蛋白激酶 A 信号转导途径的过程。
2. 说明 cGMP－蛋白激酶 G 信号转导途径的过程。
3. 说明磷脂与 Ca^{2+}－蛋白激酶信号转导途径的过程。

本章课件　　本章习题

第十八章

细胞信号转导与疾病

学习目标

【掌握】

1. 细胞信号转导异常发生的层次与类型。
2. 受体异常与疾病。

【熟悉】

与信号转导异常有关的疾病的发病机制。

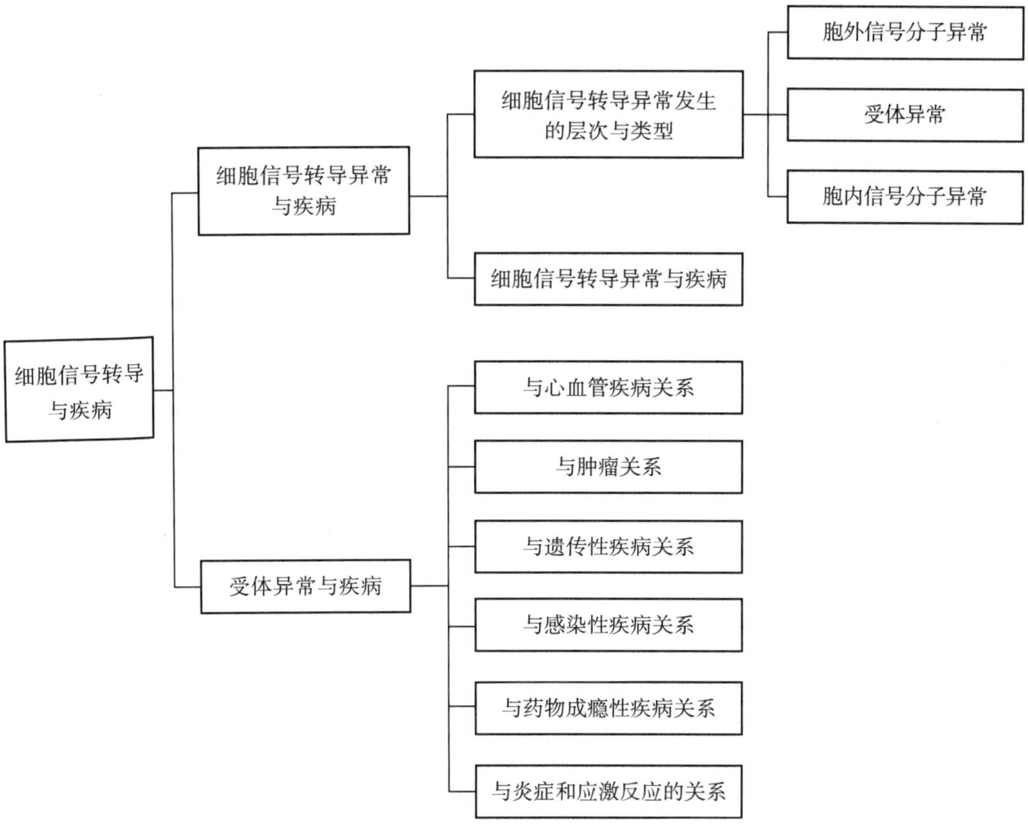

正常的细胞信号转导是人体正常代谢和功能的基础。基因突变、病原体感染、自身免疫反应、机体内环境紊乱和应激等因素均可引起细胞信号转导的异常。当细胞信号转导异常时，就会引起机体代谢异常和功能障碍，导致某些疾病的发生。由于信号转导分子数量、分布、活性改变，导致信号不能正常传递或信号转导过强或过弱，并引起细胞增殖、分化、发育、凋亡和机体代谢的改变，称为信号转导异常。

第一节 细胞信号转导异常与疾病

一、细胞信号转导异常疾病

细胞对外界环境的改变所发生的反应，都会使细胞内的信号转导系统启动，当刺激达到一定程度就可以导致细胞对外源信号反应的失控。有的信号转导分子活性受到抑制，有的会发生持续的活化，使细胞失去对环境的适应能力，导致疾病发生。这些信号转导分子的反应程度又直接影响疾病的进程和预后。可以说，各种疾病的发生与发展都可以直接或间接地归因于某种细胞信号转导分子和信号转导过程的异常。

信号转导异常在疾病发病中的作用具有多样性：① 可以作为疾病的直接原因，引发特定的疾病，也可以继发于某种疾病的病理过程，还可以只参与疾病的某个具体环节，导致特定症状和体征。② 疾病时的细胞信号转导异常可涉及受体、细胞内信号转导分子等多个环节。③ 细胞信号转导异常可以局限于某一特定通路，也可同时或先后累及多条不同细胞信号通路。

二、细胞信号转导异常发生的层次与类型

细胞信号转导异常可以发生在信号的发放、接收、在细胞内的传递，直至靶蛋白发挥生物学效应的任何一个环节。单个环节或单个信号转导分子的异常多见于单基因遗传病，而多基因病如肿瘤等，与多种信号分子和多个细胞信号转导环节的异常有关。

（一）胞外信号分子异常

由于某些胞外信号分子水平异常使细胞信号转导通路的激活程度增高或降低，导致细胞增殖、分化、凋亡或功能代谢异常。例如，生长激素分泌过多会导致巨人症（或肢端肥大症），而分泌不足会导致侏儒症。

（二）受体异常

与信息分子数量、结构异常相比，受体的异常更为常见，也涉及多种疾病。因受体的数量、结构或调节功能变化，使之不能介导配体在靶细胞中应有的效应所引起的疾病称为受体病（receptor disease）。受体异常包括受体异常激活和受体异常失能两种类型，两者均可导致细胞信号转导障碍，进而引起疾病的发生与发展。

1. 受体异常激活 正常情况下，受体只有在结合外源信号分子后才能激活，并向细胞内传递信号，但受体编码基因突变可能会导致受体结构异常和过度激活；如 EGFR 只有在结合 EGF 后才能激活 MAPK 通路，但变异型 EGFR 缺乏与 EGF 相结合的胞外区，其胞内区却处于持续高活性状态，因而使 MAPK 通路作用过强。某些因素导致受体基因过度表达，使受体数目远远多于正常细胞也会使信号转导通路过度激活。此外，外源信号异常也可导致受体异常激活，如自身免疫性甲状腺病患者体内可产生具刺激性的抗促甲状腺激素（TSH）受体的抗体。该抗体与 TSH 受体结合后，能模拟 TSH 的作用，激活 TSH 受体。

2. 受体异常失能 受体数量、结构或功能的异常也可导致受体失能。例如，胰岛素受体失能包括：① 受体合成减少或结构异常的受体降解加速导致的受体数目减少。② 受体结构异常使受体与配体的亲和力降低，如胰岛素受体 *R735S* 突变使胰岛素受体与胰岛素亲和力降低。③ 受体结构异常使受体酶活性降低，如胰岛素受体 *G1008V* 突变降低胰岛素受体的 PTK 活性。

自身免疫性疾病中产生的自身抗体，也可使特定受体失能。例如，自身免疫性甲状腺病患者体内

除了可以产生上述刺激性的 TSH 抗体外，还可产生一种阻断性的 TSH 抗体。这种抗体与 TSH 受体结合后，阻断受体与 TSH 结合从而阻断相关的信号通路。

知识拓展

促甲状腺激素受体抗体

促甲状腺激素受体抗体（TRAb）又称膜受体抗体，是直接作用于甲状腺细胞膜上的 TSH 受体的抗体，属免疫球蛋白 IgG，根据其作用可分为以下 3 类：① 甲状腺刺激性抗体（TSAb），又称甲状腺刺激免疫球蛋白（TSI），与甲状腺滤泡膜上的 TSH 受体结合，刺激甲状腺肿大，增强其功能活性，是导致 Graves 病的主要病因。② 甲状腺功能抑制性抗体（TFIAb），又称甲状腺功能抑制性免疫球蛋白（TFII），与 TSH 受体结合后，可抑制甲状腺功能，引起甲状腺功能减退。③ 甲状腺生长刺激免疫球蛋白（TGI），可刺激甲状腺肿大，但不影响其功能。

促甲状腺激素受体抗体临床上可用于：① TRAb 对 Graves 病的诊断、治疗和预后的评估均具有重要意义。Graves 病患者 TRAb 阳性率可达 95%以上，故可作为 Graves 病的诊断依据。应用抗甲状腺药物治疗时，随着病情的缓解，TRAb 的活性可明显下降，当血中甲状腺激素水平正常后，若 TRAb 逐渐下降，直至转阴，则停药后复发的可能性小；若治疗后 TRAb 持续阳性，则说明治疗效果欠佳，停药后复发的可能性大。② TRAb 在甲状腺功能减退和自身免疫性甲状腺炎患者也可出现阳性，有助于以上疾病的病因学诊断。

（三）细胞内信号转导分子异常

1. 细胞内信号转导分子异常激活 细胞内信号转导分子的结构和功能异常，可导致其处于持续激活状态。如霍乱弧菌分泌的霍乱毒素能选择性催化 Gs 的 α 亚基 201 位精氨酸发生 ADP-核糖基化修饰，使其丧失 GTP 酶活性，从而使 Gs 的 α 亚基处于持续激活状态。低分子量 G 蛋白 Ras 的 12 位甘氨酸和 61 位谷氨酰胺被其他氨基酸取代时，也可抑制 Ras 的 GTP 酶活性，使其持续激活。

2. 细胞内信号转导分子异常失活 可抑制信号的传递。如遗传性假性甲状旁腺素低下病中，基因突变使 α 亚基编码基因的起始密码子突变为 GTG，从而使位于开放阅读框中第 60 位的第 2 个 ATG 密码子成为起始密码子，翻译出 N 端缺失 59 个氨基酸残基的截短的 α 亚基，使 G 蛋白不能向下游传递信号。此外，基因突变使 PI-3K 的 P85 亚基结构改变或表达下调，抑制 PI-3K 激活，导致胰岛素介导的信号通路不能正常转导。

第二节 受体异常与疾病

细胞信号转导异常疾病最常见的为受体异常或受体功能异常疾病。本节主要通过一些较典型的例子说明受体异常或受体功能异常与疾病的关系。

一、与心血管疾病的关系

G 蛋白耦联受体与心血管疾病关系的研究是 G 蛋白耦联受体与疾病关系研究中最为广泛和深入的一个领域。在 G 蛋白耦联受体中，肾上腺素能受体和毒蕈碱性胆碱能受体对于心脏的功能最为重要。很多药物是靶向这些受体的阻断剂，如 α 和 β 受体阻断剂已用于高血压和心肌病的治疗。这些受体和 G 蛋白的关系见表 18-1。

表 18-1 心血管系统中重要的 G 蛋白耦联受体

受体类型	$β_1$	$β_2$	$β_3$	$α_1$ AB/ET/AT	$α_2$	M_2
结合 G 蛋白种类	Gs	Gs/G_i	Gs/G_i	Gq/G_{11}	G_i	G_i
组织器官分布	心	心、血管、肺、肾	心、脂肪	心、血管、平滑肌	冠状动脉、中枢神经、胰、血小板	心
主要信号分子	cAMP/PKA	cAMP/PKA、MAPK	cAMP/PKA	DAG/IP_3、PKC/MAPK	cAMP/PKA	cAMP/PKA、PI(3)K
心脏中的效应分子	AC、Ca^{2+}通道	AC、Ca^{2+}通道	AC	PLC	AC	AC、K^+通道
内源性激动剂	E、NA	E、NA	E、NA	E、NA、ATⅡ、ET	E、NA	ACh

NA:去甲肾上腺素;E:肾上腺素;AT:血管紧张素;ET:内皮素;ACh:乙酰胆碱。

正常的心功能依赖于这些受体及其下游信号的正常运行。如静息状态心率由胆碱能受体耦联的 Gαi 信号所控制;运动时,心率则由 β-AR 耦联的 Gαs 信号所控制。

Gαq 与 $α_1$-AR、内皮素受体以及血管紧张素Ⅱ受体耦联。在肾上腺素、内皮素和血管紧张素Ⅱ的作用下,Gαq 活化并激活 PLC,产生 IP_3和 DAG,这一信号对心肌的应激反应十分重要。

去敏感(desensitation)是正常情况下 G 蛋白耦联受体的一个重要调节方式。近年发现 β-AR 的去敏感与 GPCR 激酶(GRK)有重要联系。GPK 除了阻断 GPCR 的作用以外,还促进受体发生内化、促进 GPCR 与 β-arrestin 相互作用从而激活 MAPK 家族蛋白激酶。上述这些过程如果异常,可以引起各种心脏疾病。

(一) 心肌肥大

心肌肥大是心肌负担加重的生理反应,成年人心肌细胞的数目一般不再增加,但是心肌细胞的容量可以增加。G 蛋白耦联受体介导的信号通路包括 MAPK 通路、PI(3) K 通路和钙调蛋白通路,与心肌细胞生长有关。$α_1$-ARs、血管紧张素Ⅱ受体和内皮素受体等与 Gαq 耦联的受体都可以激活促进细胞生长的 MAPK 家族成员 ERK,从而引起心肌细胞生长。在这些 G 蛋白耦联受体中,$α_1$-ARs 在心肌肥大中的作用最为重要。

总之,Gαq 和儿茶酚胺类药物两者共同在心肌肥厚中起着关键作用。过去认为,心肌肥厚仅仅是代偿反应,有利于心功能的维持,但是最近的转基因小鼠实验表明,Gαq 过表达引起心肌肥厚,对心功能起负效应。

(二) 心力衰竭

心力衰竭的重要生化特征是细胞内腺苷酸环化酶活性降低,腺苷酸环化酶活性降低可由受体本身去敏感而失去信号转导功能、受体表达降低而引起数目减少或受体与下游信号的解耦联引起。

G 蛋白耦联受体 β-AR 对心肌收缩功能极为重要。心肌收缩功能受 β-AR 下游信号分子 cAMP 的严格调节。心力衰竭时,GPCR 中 β-AR 的异常最为突出。长期儿茶酚胺刺激可以导致 $β_1$-AR和 $β_2$-AR 的数目减少或功能异常从而导致信号转导功能丧失。此外,蛋白激酶 GRKs 也参与对 β-AR 的调节。总体效应是 cAMP 水平下降,心肌收缩功能不足。

近年,应用受体调节剂防治心力衰竭颇受重视。如长期使用小剂量 $β_1$ 受体阻断剂,可使 $β_1$ 受体上调,改善扩张性心肌病的血流动力学和临床表现。β 受体阻断剂可以在机体处于交感神经兴奋时,阻断 β 受体的作用,防止心肌过劳,从而起到保护心肌,治疗轻、中度心力衰竭的效果。

二、与肿瘤的关系

正常细胞的生长、分化受到精细的调节,细胞恶性转化最基本的特征是生长失控及分化异常。近年研究表明绝大多数癌基因表达产物都参与细胞信号转导，它们可从多个环节干扰细胞信号转导过程，导致肿瘤细胞分化、增殖异常。肿瘤早期主要是与细胞增殖、分化、凋亡有关的基因发生改变，使参与调控细胞生长、分化和凋亡的信号通路异常，造成细胞高增殖、低分化和凋亡抑制；而肿瘤晚期主要是控制细胞黏附及运动的基因发生变化，从而利于肿瘤细胞转移。

（一）促进细胞增殖的信号过强是肿瘤发生的重要机制

1. 生长因子合成过多　很多肿瘤能分泌生长因子，如成纤维细胞生长因子（FGF）、TGF－β、PDGF 等。此外，某些癌基因可以编码生长因子样的活性物质。如 *SIS* 癌基因的编码产物与 PDGF β 链高度同源，*int－2* 癌基因编码的蛋白与 FGF 结构类似。此类癌基因激活可使生长因子样物质合成增多，以自分泌或旁分泌方式刺激细胞增殖。人神经胶质母细胞瘤、骨肉瘤和纤维肉瘤中均存在 *SIS* 基因异常表达。

2. 生长因子受体表达异常增多或过度激活　大量研究表明，恶性肿瘤常伴有某些生长因子受体表达异常增多。如人乳腺癌、肺癌、前列腺癌、胃肠道肿瘤、胰腺癌和卵巢肿瘤均存在 EGFR 的过表达；在卵巢肿瘤中还可见 PDGFR 高表达，且这些受体的表达与预后呈负相关。此外，某些癌基因可以编码生长因子受体的类似物，模拟生长因子受体促进细胞增殖。如在肺癌、乳腺癌和卵巢癌中发现突变的 *ERB－B* 癌基因编码变异型 EGFR，变异型 EGFR 虽然缺乏与配体结合的膜外区，但在胞外没有 EGF 存在的条件下，仍可持续激活促进细胞增殖的通路。

3. 生长因子受体下游信号分子异常　某些癌基因可通过编码非受体型 TPK 或丝/苏氨酸激酶类影响细胞信号转导过程。如 *SRC* 癌基因编码产物具有较高的 TPK 活性，在某些肿瘤中其表达增加，可使促进细胞异常增殖的通路过度激活。此外，*MOS*、*RAF* 癌基因编码丝/苏氨酸蛋白激酶类产物，其可促进 MAPK 磷酸化，进而促进核内癌基因表达。

某些癌基因如 *MYC*、*FOS*、*JUN* 的表达产物可作为转录因子直接与 DNA 结合，这些癌基因过度表达可促进肿瘤发生。

RAS 癌基因编码的 21 kD 低分子量 G 蛋白 RAS，可被 SOS 激活。30％的人肿瘤组织存在不同性质的 *RAS* 基因突变，其中突变率较高的是 12 位和 13 位的甘氨酸、61 位的谷氨酰胺。*RAS* 变异后与 GDP 解离速率增加或 GTP 酶活性降低，从而导致其持续活化，促增殖信号增强进而发生肿瘤。如人膀胱癌细胞 *RAS* 基因编码序列第 35 个核苷酸由正常 G 突变为 C 后，编码的 RAS 蛋白 12 位的甘氨酸突变为缬氨酸，使其处于持续激活状态。

（二）抑制细胞增殖的信号过弱是促进肿瘤发生的另一机制

生长抑制因子受体减少、丧失及受体后的信号转导通路异常，导致负调控细胞生长的信号减弱也会使细胞发生恶性转化。

TGF－β 介导的信号通路能够抑制多种肿瘤细胞增殖，促进细胞凋亡。TGF－β 受体分为Ⅰ型和Ⅱ型两种，受体本身具有丝/苏氨酸蛋白激酶活性。转录因子 Smad 是 TGF－β 受体下游的靶分子，在被受体激活后能够抑制细胞周期蛋白依赖的激酶 4（cyclin-dependent protein kinase 4，CDK4）的表达，促进 CDK 抑制因子如 p21wafl、p15ink4b 和 p27kipl 等的表达，使细胞周期阻滞于 G_1 期。TGF－β 受体和 Smad 的突变可抑制 TGF－β 介导的信号转导，使细胞逃脱 TGF－β 对细胞增殖的负调控，进而导致肿瘤的发生。胃肠道癌、肝癌及淋巴瘤中均发现了 TGF－βⅡ受体的突变 。此外，在许多肿瘤中也发现了 Smad4 的失活、突变或缺失。

另外，抑癌基因如 *RB*、*P53* 等的产物对肿瘤细胞增殖起负调控作用。因此，抑癌基因失活也会导致肿瘤的发生。

（三）几条与肿瘤发生相关的主要信号转导通路

1. Hedgehog 信号通路　是近年来备受关注的一个调控胚胎发育的信号转导途径，而且与人类肿瘤的发生与发展紧密相关。Hedgehog 信号通路的异常激活可以导致多种肿瘤的形成，如基底细胞癌、髓母细胞瘤、肺小细胞癌、胰腺癌、前列腺癌、胃肠道恶性肿瘤等。Hedgehog 信号通路主要由 3 部分组成：Hh 信号肽（Shh、Ihh、Dhh）、跨膜受体（Ptch、Smo）和下游转录因子（Gli）。在正常状态下，Hh 蛋白由其经过自我裂解产生的 N 末端裂解物（Hh－N）与胆固醇或脂酰基结合，附着于细胞膜表面。Hh 信号通路的激活是通过配体 Hh 与跨膜蛋白 Ptch 结合，进而解除 Ptch 对另一跨膜蛋白 Smo 的抑制作用，Smo 再通过下游转录因子 Gli 来调控基因转录。Hedgehog 信号通路成员 Shh、Ptch、Smo 和 Gli－1 在结肠癌、胰腺癌、原发性肝癌及结肠腺瘤细胞中有不同程度的表达，环靶明（Smo 受体特异性小分子抑制剂）对 Smo 高表达细胞的生长有明显抑制作用，从而说明 Hedgehog 信号通路可能在部分消化道肿瘤细胞中被活化。

2. Wnt 信号通路　是一条在进化上保守的信号途径，在胚胎发育和中枢神经系统的形成中起关键作用，可调控细胞的生长、迁移和分化。研究表明，在乳腺癌、结直肠癌、胃癌、肝癌、黑色素瘤及子宫内膜癌、卵巢癌中都存在 Wnt 信号通路异常。Wnt 信号通路主要分为 3 种类型。① 经典的 Wnt 信号途径：通过 β－连环蛋白（β－catenin）核易位，激活靶基因的转录活性。② 细胞平面极性途径：此途径涉及 RhoA 蛋白和 Jun 激酶，主要控制胚胎的发育时间和空间。在细胞水平上，此途径通过重排细胞骨架来调控细胞极性。③ Wnt/Ca^{2+} 途径：此途径可诱导细胞内 Ca^{2+} 浓度增加，并激活 Ca^{2+} 敏感的信号转导组分，在 Wnt 通路中任何一步发生障碍都可致癌。

3. 酪氨酸激酶受体通路　酪氨酸激酶（protein tyrosine kinase，PTKs）具有催化 ATP 的 γ 磷酸基转移到许多重要蛋白质的酪氨酸残基上，使酚羟基磷酸化而活化的作用。PTKs 在细胞增殖甚至恶性转变过程中起着重要的作用。研究发现，肿瘤患者体内 BCRABL、EGFR、HER 和 PKC 等蛋白激酶的表达异常增高，它们都属于 PTKs 范畴，特别是 EGFR 在多种恶性肿瘤如神经胶质细胞癌、乳腺癌、肺癌、卵巢癌、头颈部鳞癌、宫颈癌、食管癌、前列腺癌、肝癌、结肠癌、胃癌中都有过度表达。激活 EGFR 会加快肿瘤细胞繁殖，促进肿瘤血管生长，加速肿瘤转移，阻碍肿瘤凋亡。

4. 转化生长因子－β 通路　转化生长因子－β（transforming growth factor β，TGF－β）具有调节细胞生长、分化，调控细胞凋亡，促进细胞外基质合成和血管的新生，抑制机体免疫反应等多种生物学功能，与良性、恶性肿瘤的发生发展有密切的关系。哺乳类动物 TGF－β 有 3 种异构体，$TGF-\beta_1$、$TGF-\beta_2$、$TGF-\beta_3$，它们分别由 3 个明确的基因编码，以 LTGF－β 形式（潜在前体分子）分泌，但需要以成熟的活性形式才能与 TGF－β 受体结合发挥信号转导作用。TGF－β 受体（TβR）有 TβRⅠ、TβRⅡ、TβRⅢ 3 种形式。TβRⅠ和 TβRⅡ是跨膜丝氨酸/苏氨酸蛋白激酶，可通过磷酸化转录因子 Smad1－9 启动胞内信号转导。TGF－β 在肿瘤的发生、发展中表现为两种不同甚至截然相反的作用。在肿瘤的早期阶段，由于其引起生长周期阻断的作用，它可作为肿瘤抑制物。在肿瘤进展的过程中，TGF－β 可由肿瘤细胞和（或）其周围的基质细胞产生，且细胞因 TGF－β 的抑制其增殖作用消失而出现优势生长。在肿瘤生长的晚期阶段，TGF－β 作为肿瘤的促进因子，通过刺激血管生成、细胞播散、免疫抑制及合成细胞外基质等提供适宜肿瘤生长、浸润及转移的微环境。多项研究显示，乳腺癌、胃癌、结肠癌、前列腺癌、膀胱癌、子宫内膜癌及宫颈癌等均有 TGF－β 的高表达。

5. 核因子－κB 信号通路　核因子－κB（nuclear factor－κB，NF－κB）信号转导通路属于受调蛋白水解酶依赖的受体信号转导通路，与肿瘤细胞的发生、增殖、分化、凋亡、侵袭和转移有密切关系。NF－κB 是一种基因多显性转录因子，与多种基因的转录有关，其中也包括参与肿瘤发生发展的基因及因子。结构性活化的 NF－κB 与肿瘤形成的几个方面有关，包括上调促细胞存活基因表达促进肿瘤细胞增殖分化、抑制促凋亡因子抑制肿瘤细胞凋亡、促进恶性转化、浸润转移和肿瘤血管形成等。NF－κB 的异常活化导致细胞周期调节失控，表现为细胞无限增殖和自主分裂，肿瘤形成。NF－κB 因子的持续活化可作为乳腺癌、卵巢肿瘤、结肠癌、胰腺癌、甲状腺癌、胆道肿瘤和前列腺肿瘤等实体肿瘤的标志。

6. 整合素转导通路　整合素（integrin）分布广泛，属于细胞黏附分子家族。整合素可以调节细胞-细胞、细胞-细胞外基质(extracellular matrix,ECM)间的黏附。整合素所介导的肿瘤细胞与 ECM 间的相互作用,影响肿瘤的发生、增殖、侵袭和转移到其他组织的能力。整合素以潜伏型(低亲和力状态)和激活型(高亲和力状态)两种构型存在。整合素通过胞外域与 ECM,胞内段与细胞骨架、信号转导分子和其他一些蛋白质相结合,介导细胞内外之间双向信号传递。一方面,细胞内信号通过整合素传导使其活化,从而调节整合素与细胞外配体的亲和力,这是由内向外的信号传导过程(inside-out singaling)。另一方面,整合素与配体结合后把胞外信号传入细胞内,导致细胞骨架重组、基因表达和细胞分化等,这是由外向内的信号传导过程(outside-in signaling)。整合素表达于血管内皮细胞的有腔面和无腔面,介导内皮细胞的迁移和毛细血管管腔的形成。已发现的表达于内皮细胞的整合素有 8 种,包括 $\alpha_1\beta_1$、$\alpha_2\beta_1$、$\alpha_3\beta_1$、$\alpha_5\beta_1$、$\alpha_6\beta_1$、$\alpha_6\beta_4$、$\alpha_v\beta_3$ 和 $\alpha_v\beta_5$。肿瘤血管内皮细胞表面特异性地高表达整合素 $\alpha_5\beta_3$ 分子,被认为是诱导肿瘤血管形成的重要的细胞黏附分子,是判断肿瘤恶性程度及预后的可靠指示。肿瘤的侵袭转移中,肿瘤细胞与肿瘤细胞、血管内皮细胞及 ECM 之间的黏附与解离在转移扩散中起决定作用,而整合素可以使肿瘤细胞同质性黏附下降,同时也可以使肿瘤细胞异质性黏附增加。

三、与遗传性疾病的关系

(一) G 蛋白耦联受体与遗传性疾病的关系

很多遗传病与 G 蛋白耦联受体介导的信号通路异常有关。1989 年,Patten 等从一个假性甲状旁腺素低下症家系的先症者和其母亲的红细胞膜分离获得一种异常的 Gαs 蛋白。基因序列分析表明患者编码 Gαs 蛋白的基因上的起始密码子突变为 GTG,使得 Gαs 蛋白的翻译只能从第 2 个 ATG(第 60 位密码子)开始,从而翻译出 N 端缺失 59 个氨基酸残基的异常 Gαs 蛋白。这是有关人类 G 蛋白突变的第 1 个报道。此后,又陆续有多种遗传病被发现与 Gαs 基因突变有关。已经证实的 G 蛋白基因突变导致的遗传性疾病,还有家族性尿钙过低性高血钙、先天性甲状旁腺素过高症、夜盲、家族性高胆固醇血症、家族性肾性尿崩症、色素性视网膜炎等。表 18-2 列出了部分 Gαs 基因突变导致的疾病。

表 18-2　部分 Gαs 基因突变导致的疾病

疾病名称	Gαs 变化	Gαs 基因突变类型
Albright 遗传性骨发育不全	活性↓	L99P、R258W、R258A、S250R;N 端缺失、移码突变、提前终止等
生长激素分泌过剩性垂体瘤	活性↑	R201H、R201C、Q227R
ACTH 分泌过剩型垂体瘤	活性↑	Q227H、Q227R、R201S
Mccune-Albright 综合征	活性↑	R201H

(二) 单次跨膜受体与遗传性疾病的关系

有些遗传病与单次跨膜受体介导的信号通路异常有关。基因突变可以发生在各种单次跨膜受体,也可以发生在其下游信号分子。这里仅以胰岛素受体基因突变引起的先天性糖尿病为例说明。

一部分胰岛素抵抗的糖尿病(2 型糖尿病)是由胰岛素受体遗传性缺陷所致。胰岛素受体基因突变可发生在 α 亚基或 β 亚基,目前,发现的基因突变超过 60 种,具体表现形式主要有 3 种:① 受体数目减少。基因调控区突变造成胰岛素受体 mRNA 减少;基因内含子剪切位点突变,使 mRNA 前体剪接错误,或靠近 N 端的 α 亚基突变,使受体折叠异常,造成翻译后加工修饰及靶向输送障碍,进而导致膜上受体数目减少;基因突变使受体稳定性下降而导致受体数目减少。② 胰岛素结合结构域突变导致受体与胰岛素的亲和力改变。③ 酪氨酸激酶结构域突变使酶活性降低。

此外,胰岛素受体基因多态性与胰岛素依赖性糖尿病的易感性密切相关。

案例分析

2 型糖尿病

患者，女性，63 岁，5 年前因口干、多饮在当地医院被诊断为糖尿病，给予口服降糖药格列齐特（达美康）和二甲双胍片治疗。半年前因血糖控制不佳（空腹血糖为 11～14 mmol/L），改为预混胰岛素针（诺和灵 50R）注射治疗。近 2 个月来感觉视物模糊、四肢乏力，门诊检查空腹血糖为 14.3 mmol/L，拟“2 型糖尿病”收住入院进一步治疗。另有高血压病史 2 年，未规律服用降压药，也未监测血压。

该病发生的可能原因是什么？该病发病的分子生物学机制是什么？

四、与感染性疾病的关系

G 蛋白被发现以后，一些细菌感染性疾病的发病机制在分子水平得到新的解释。细菌外毒素可干扰信号转导过程，从而使受累细胞功能异常。相关疾病包括霍乱、百日咳、破伤风等。

霍乱（cholera）是由霍乱弧菌引起的烈性肠道传染病。该病起病急骤，患者剧烈腹泻，常伴严重脱水、水电解质平衡紊乱和酸中毒，可因循环衰竭而死亡。霍乱弧菌菌体溶解后释放的内毒素的作用曾一度被认为是该病的发病机制。后来大量研究表明，细胞内 cAMP 含量急剧升高导致了该病的发生。

霍乱毒素是霍乱弧菌分泌的活性极强的外毒素，能干扰细胞内信号转导过程。霍乱毒素选择性催化 Gsα 亚基 201 位的精氨酸核糖化（图 18－1）。这种修饰的 Gsα 仍可与 GTP 结合，但丧失了 GTP 酶活性，不能将 GTP 水解成 GDP，从而使 Gsα 处于持续激活状态，不断激活 AC 生成 cAMP，胞质中的 cAMP 含量可增加至正常的 100 倍以上，cAMP 的效应之一，是通过激活 PKA 使小肠上皮细胞膜上的蛋白质磷酸化而改变细胞膜上 Na^+ 通道和 Cl^- 通道的通透性，大量 Cl^- 和水分子持续转运入肠腔，引起严重的腹泻和水电解质紊乱等症状。

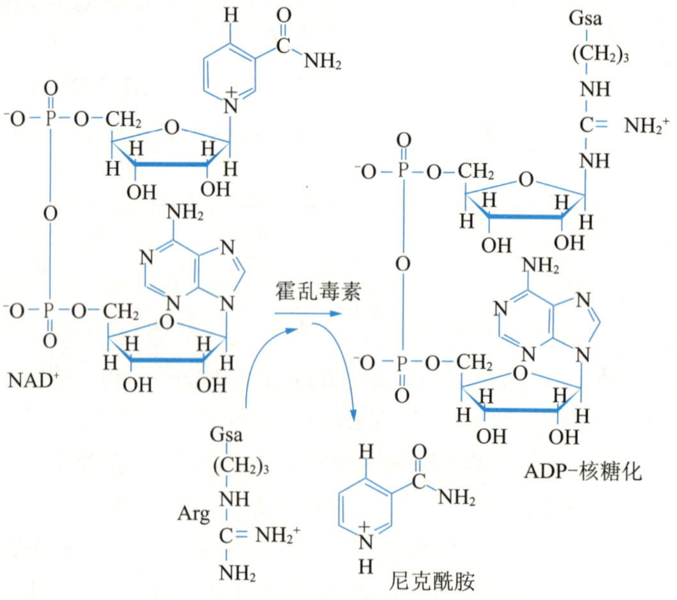

图 18－1 霍乱毒素催化 Gsα 发生 ADP－核糖化

病毒性感染性疾病与 G 蛋白耦联受体的关系也十分密切。1996 年，Springer 等首先发现趋化因子受体 CXCR4（一种 G 蛋白耦联受体）是 HIV 进入 $CD4^+$ 细胞的辅受体，后来又有人发现另一种 G 蛋白耦联受体 CCR5 是 HIV 进入巨噬细胞的辅受体。且 Liu 等研究发现 *CCR5* 基因中一段 32 bp 的核苷酸发生缺失突变的纯合子个体对 HIV 感染具有抵抗，即携带该病毒，但不发病。欧洲白种人中有 20%为该突变的杂合子，1%为纯合子。

五、与药物成瘾性疾病的关系

吗啡类药物的镇痛作用和成瘾性都与 G 蛋白耦联受体有关。近 30 年来对吗啡类药物依赖机制的研究表明，吗啡的耐受和依赖性与细胞内 cAMP 水平升高密切相关。长期暴露于吗啡会使吗啡受体耦联的 Gαs 蛋白过度激活，导致 AC 持续活化和 cAMP 水平升高。神经细胞长期暴露于吗啡会使包括 PKA、PKC、钙调蛋白依赖的蛋白激酶和 GRK 等在内的蛋白激酶系统激活。

吗啡受体的去敏感性调控是其成瘾性的主要机制。过去人们认为吗啡耐受性是吗啡受体功能丧失导致的。最近研究表明，吗啡耐受性还与吗啡受体数目减少及 AC 过度活化所引起的下游靶分子持续磷酸化有关。此外，吗啡受体耦联的 G 蛋白在长期吗啡暴露下也由原来的以 Gαi 为主导的抑制信号转变为以 Gβγ 为主导的刺激性信号，说明长期吗啡暴露会使吗啡受体信号系统发生改变。

六、与炎症和应激反应的关系

紫外线、放射性照射、渗透压改变、热休克、蛋白质合成抑制、细菌毒素、化学物质等都可以引起细胞应激反应。酪氨酸蛋白激酶在炎症反应中具有重要作用。一些局部炎症（动脉粥样硬化、银屑病）和全身性炎症（败血症、败血性休克）中都存在酪氨酸蛋白激酶过度激活。哺乳动物细胞应激信号转导通路在慢性炎症、心脏病、脑血管疾病、糖尿病、放疗不良反应、化疗不良反应等多种疾病过程中具有重要意义，这一领域在过去的十多年中已引起广泛关注。MAPK 家族成员包括 JNK 和 p38 以及 NF-κB 在应激反应调控中具有重要作用。如促炎细胞因子 IL-1β、机械损伤（如血流对血管内皮的牵拉和剪切力）、局部缺血再灌注、紫外线照射等可同时激活 JNK 和 p38。此外，促炎细胞因子 TNF-α、肾缺血等可以激活 JAK；细胞环境应激如 LPS 等可以激活 p38。NF-κB 是一个广泛存在的转录因子，在炎症应激反应中具有重要调控作用。NF-κB 可以调控 *TNFα*、*IL-1β*、*IL-6*、*IL-8*、诱导性 *NOS*、环氧化酶-2 等多种炎症和免疫相关基因的表达。

阐明信号转导机制对于研究医学发展具有深远意义，主要体现在对发病机制的研究和新的诊断及治疗靶位的研究上。目前，对细胞信号转导异常与疾病关系的认识还很有限，随着该领域的不断研究深入，将为新的诊断方法和治疗技术提供更多的理论依据。

（柏素云）

思考题

1. 说明细胞信号转导通路异常与肿瘤发生、发展的关系。
2. 简述细胞信号转导异常发生的层次与类型。

本章课件　　本章习题

第六篇

蛋 白 质

蛋白质是组成人体一切细胞、组织的重要成分,是机体遗传信息的表现形式,是所有生命现象和生物功能的执行者。蛋白质以其结构和功能的多样性而著称。疾病发生与蛋白质结构与功能的变化密切相关,研究蛋白质的结构与功能、蛋白质的分离和检测方法,对于疾病的研究、诊断、治疗具有重要作用。本篇仅介绍蛋白质的结构与功能、蛋白质的分析与鉴定两章。

第十九章

蛋白质的结构与功能

学习目标

【掌握】

1. 蛋白质各级结构的概念。
2. 维系蛋白质各级结构的化学键。
3. 蛋白质结构与功能的关系。

【熟悉】

蛋白质各级结构特点。

【了解】

蛋白质结构、功能与医学的关系。

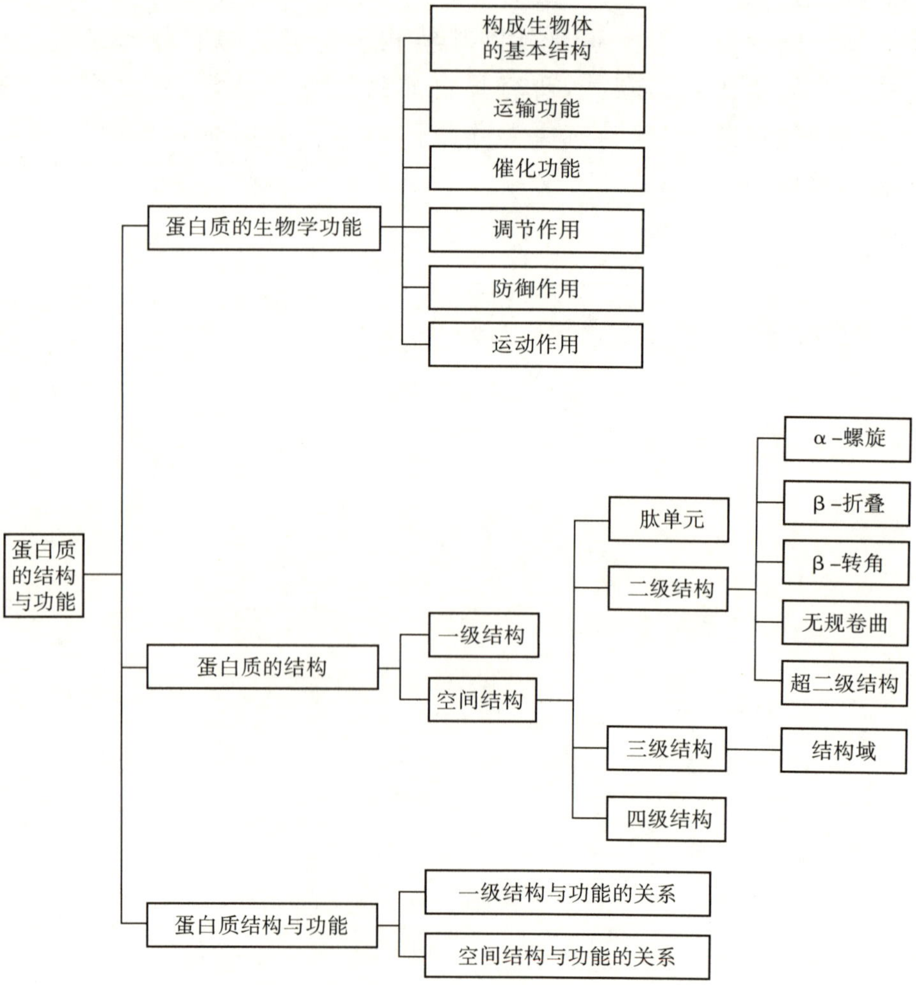

蛋白质(protein)被称为生命现象的体现者，是生物体内最重要的生物大分子之一。从含量上看，蛋白质是体内含量最高的有机物，约占人体干重的45%，在细胞中可达细胞干重的70%以上；从分布上看，蛋白质分布极为广泛，几乎所有的组织器官都含有蛋白质，细胞内的各个细胞器中也都有蛋白质存在。蛋白质在生物体中发挥着多种多样的生物学功能，主要体现在以下几方面：① 是生物体的基本结构成分。② 运输功能，如血红蛋白运氧，血浆白蛋白转运脂肪酸和胆红素。③ 催化功能，酶的化学本质是蛋白质，而生物体内的代谢反应几乎都是由酶催化的。④ 调节作用，体内的某些激素为小肽或蛋白质，在调节物质代谢及生长发育中有重要作用，如可以调节血糖的胰高血糖素和胰岛素，与个体的生长生殖有关的促生长素、促甲状腺激素和黄体生成素等。⑤ 防御作用，如免疫球蛋白，可识别结合入侵的外源物质，对机体有保护作用。⑥ 参与细胞信号转导，蛋白质是细胞内信号转导的重要物质，是构成信号转导通路的主要成分。⑦ 调控细胞的生长、分化和遗传信息的表达。⑧ 营养与运动作用。总之，我们可以在生命活动的任何一个环节发现蛋白质的作用。

第一节　蛋白质的结构

氨基酸是蛋白质的基本组成单位，氨基酸之间通过肽键连接形成大分子的蛋白质。蛋白质的分子结构可分为一级、二级、三级和四级结构，一级结构又称为基本结构，二级、三级、四级结构统称空间结构或高级结构，一级结构是高级结构的基础。

一、蛋白质的一级结构

蛋白质的一级结构(primary structure)指多肽链中从N-端到C-端的氨基酸排列顺序。蛋白质一级结构中主要的化学键为肽键，有些蛋白质分子中还含有由两个半胱氨酸的巯基脱氢形成的二硫键。

1953年，英国化学家Frederick Sanger首次测定了牛胰岛素的一级结构，这是人们第一次完成蛋白质一级结构的测定。牛胰岛素共有两条多肽链，由51个氨基酸残基组成，其中A链有21个氨基酸残基，B链有30个氨基酸残基。分子内共有3个二硫键，其中两个为两条链间的二硫键，另外一个为A链内的二硫键(图19-1)。

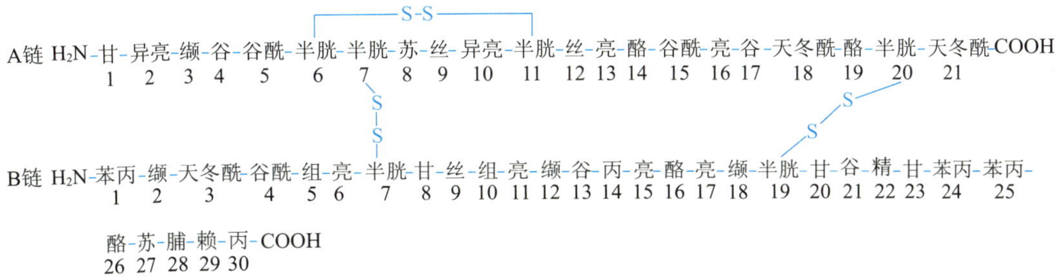

图19-1　牛胰岛素的一级结构

蛋白质的一级结构是空间结构和生物学功能的基础。各种蛋白质的氨基酸组成、数量及在肽链中的排列顺序不同，使得它们分别具有特定的空间构象和生物学功能。

二、蛋白质的空间结构

在天然状态下，蛋白质多肽链并非线形伸展，而是在一级结构的基础上盘曲折叠，形成特定的空间结构。蛋白质的空间结构又称为空间构象(conformation)。蛋白质的空间构象决定了蛋白质的分子形状、理化特性及其特定的生物学功能。

（一）肽单元

蛋白质中氨基酸残基之间的肽键（—CO—NH—），并非一个典型的C—N单键，其键长为0.132 nm，介于C—N单键长0.149 nm和C═N双键长0.127 nm之间，具有部分双键性质，不能自由旋转。在20世纪30年代末，Linus Pauling和Robert Corey利用X射线衍射技术研究氨基酸和寡肽的晶体结构时，发现肽键中的4个原子及其相邻的两端α-碳原子（$C\alpha_1$、$C\alpha_2$）位于同一刚性平面，故将此6个原子构成的平面称为肽平面（peptide plane）。虽然肽键不能自由旋转，但Cα—N与Cα—C单键均可自由旋转，其旋转角度决定了相邻的两个肽平面的相对空间位置。蛋白质高级结构是以肽平面为折叠单元形成的，故肽平面又称为肽单元（peptide unit），见图19-2。

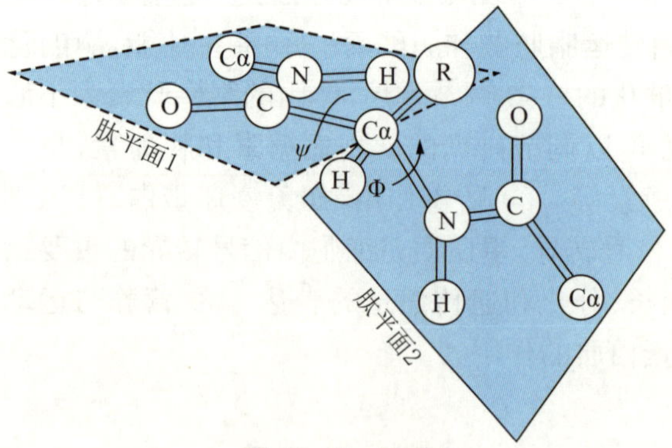

图19-2 肽单元

绕Cα—N键轴旋转的二面角称为Φ，绕Cα—C键轴旋转的二面角称为ψ。理论上这两个二面角可以取-180°～180°之间的任一值，两个相邻的肽单元之间理论上有无限种可能的相对空间关系，但实际上由于肽键涉及的各个原子及R侧链基团之间存在空间位阻，并不是所有构象都是被允许的，通常会形成能量较低相对稳定的空间构象，因此在蛋白质分子中存在一些常见的有一定规律的二级结构形式。

（二）蛋白质的二级结构

蛋白质的二级结构（secondary structure）指的是多肽链局部肽段骨架原子的相对空间位置，不涉及氨基酸残基侧链的构象。蛋白质的二级结构形式主要有α-螺旋、β-折叠、β-转角和无规卷曲。一条多肽链中不同的肽段可以出现不同的二级结构形式。蛋白质各种二级结构的维持力量主要是氢键。

1. α-螺旋（α-helix） 是蛋白质最常见的二级结构形式，采取α-螺旋形式的区段，多肽链中的肽单元围绕一个中心轴盘绕上升，呈螺旋状结构（图19-3）。

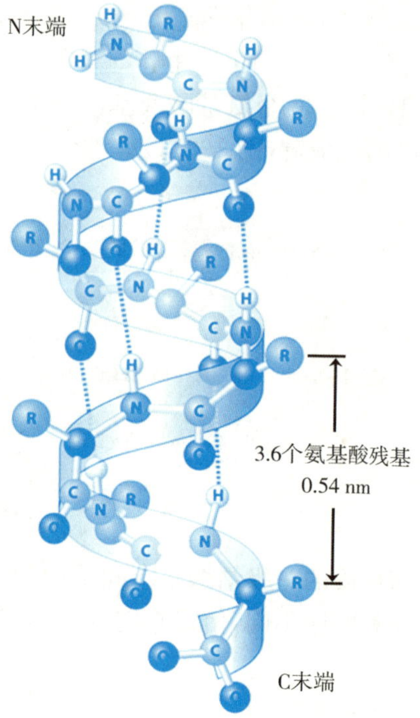

图19-3 α-螺旋结构

α-螺旋的盘绕方向为右手螺旋，每个氨基酸残基绕中心轴旋转100°，即每圈螺旋包含3.6个氨基酸残基；每个氨基酸残基沿轴上升0.15 nm，故螺距为0.54 nm。α-螺旋的稳定性由氢键维系，第1个肽键的羰基氧（C═O）与第4个肽键的亚氨基氢（N—H）之间形成氢键，氢键的方向与螺旋长轴基本平行。一个氢键封闭形成的环中包含13个原子，因此，α-螺旋又称为3.6_{13}-螺旋。

虽然二级结构定义不包括R基团的空间构象，但R基团的种类对肽段形成何种二级结构形式有重要影响。α-螺旋结构中，R基团均排列在螺旋表面，伸向螺旋外侧（图19-4）。由于主链为螺旋状上升，各个R基团在空间位置上比较靠近，因此，在形成α-螺旋时，R基团的大小及所带电荷情况是最重要的影响因素。研究发现，具有较大侧链基团的氨基酸残基不易形成α-螺旋，其原因在于易产生空间位阻，如亮氨酸；而当连续存在的氨基酸侧链带有相同电荷时，由于静电斥力也不易形成 α-螺旋，如连续存在酸性或碱性氨基酸残基时；此外，由于脯氨酸为亚氨基酸，不能形成氢键，当多肽链中出现脯氨酸，α-螺旋即被中断。

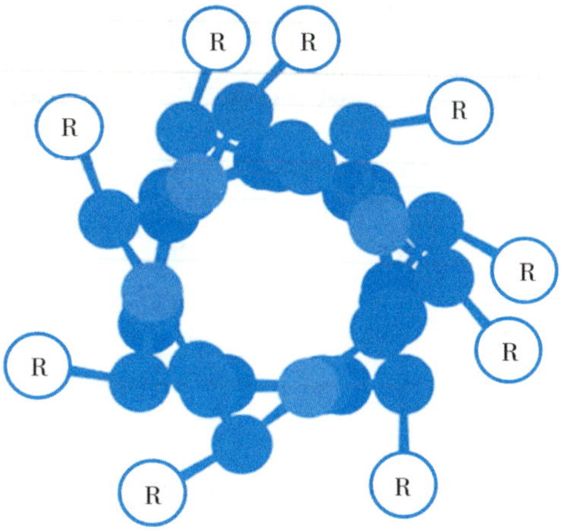

图 19-4 α-螺旋的横截面

蛋白质的螺旋形二级结构中，除 3.6_{13}-螺旋外，还存在一些其他的类型，如 3_{10}-螺旋和 4.4_{16}-螺旋（又称 π 螺旋），但这些螺旋在蛋白质中出现的频率远低于 3.6_{13}-螺旋。

2. β-折叠（β-pleated sheet） 构象的肽段中肽单元形成连续的锯齿状结构，形状近似折纸扇面。通常若干条这样折叠的肽段或肽链以平行或反平行的方式排列起来，组成片状结构（图 19-5）。α-螺旋中多肽链长度被大幅度压缩，而 β-折叠则相反，其中的肽链较为舒展。其稳定性由两条链间的氢键维系。反向平行模式中各个氢键相互平行，方向与肽链长轴垂直，其稳定性高于平行式。R 侧链则交替分布于片层上下方，见图 19-5。

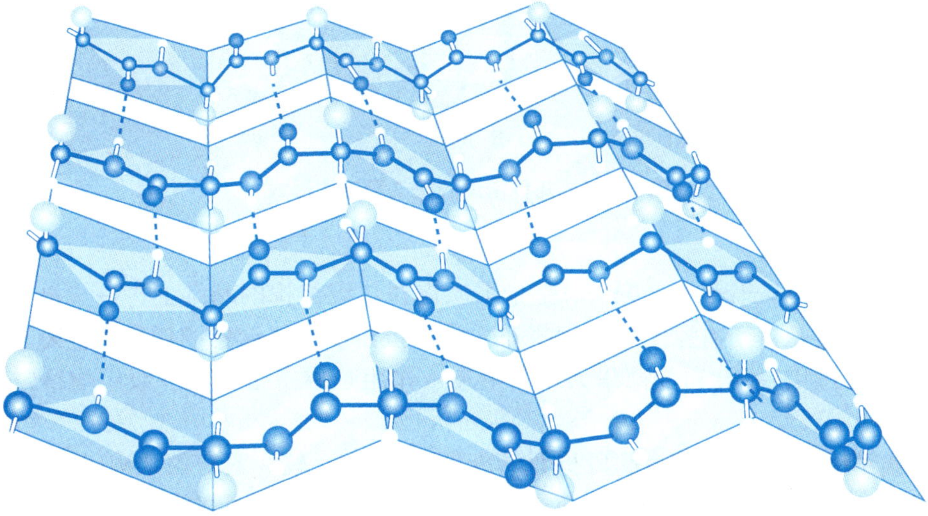

图 19-5 β-折叠结构

3. β-转角（β-turn） 是指蛋白质多肽链的主链在某处发生的 180°回折，多见于球状蛋白质分子表面。前两种二级结构形式 α-螺旋和 β-折叠均为重复性结构，而 β-转角则为非重复性结构。β-转角由 4 个氨基酸残基构成，涉及 3 个肽单元。图 19-6 表示了两种常见的 β-转角形式，它们之间的差异是中间的肽单元方向相反。β-转角的稳定性依靠第 1 残基的—CO 基与第 4 残基的—NH 基之间形成的氢键来维系。由于甘氨酸侧链小，不易引起空间位阻，而脯氨酸分子中的环状结构可迫使肽链保持弯折构象，这两种氨基酸是最常出现在β-转角中的氨基酸。

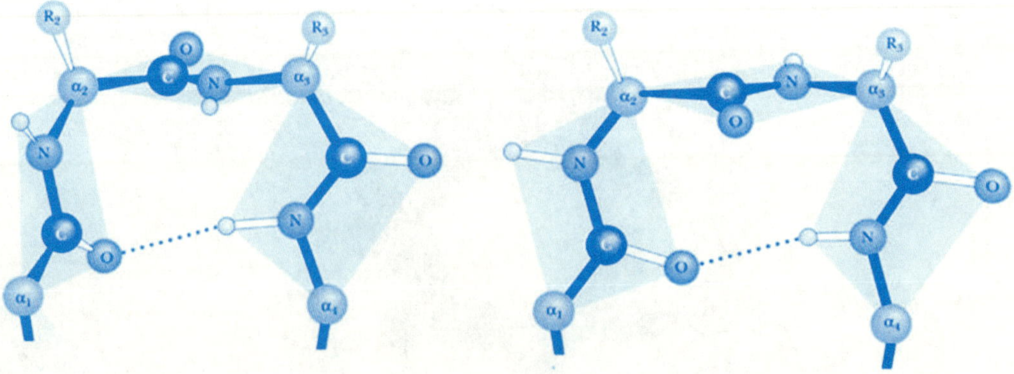

图 19-6 β-转角结构

4. Ω环 是存在于球状蛋白质中的一种二级结构。这类肽段形状像希腊字母Ω，所以称为Ω环。Ω环结构总是出现在蛋白质分子的表面，而且以亲水残疾为主，在分子识别中可能起重要作用。

5. 超二级结构 多肽链中几个具有二级结构的肽段按一定的方式组合起来，形成相对固定的结构形式，称为超二级结构(supersecondary structure)。常见的超二级结构形式有 αα、βαβ、ββ 等(图 19-7)。超二级结构与氨基酸序列并无密切的对应关系，采用相同超二级结构的区段可能具有完全不同的一级结构。

图 19-7 几种常见的超二级结构形式

（三）蛋白质的三级结构

蛋白质的三级结构(tertiary structure)是指多肽链在二级结构的基础上进一步盘绕折叠形成的特定的空间结构，是多肽链所有原子的空间排布。维持蛋白质三级结构的作用力主要是一些非共价键，包括氢键、疏水作用、盐键和范德华力。其中疏水作用是维持蛋白质三级结构稳定最主要的化学键。

蛋白质三级结构的表面，常常由肽段折叠形成具特定形状、较为紧密的结构区域，能够行使特定的生物学功能，该区域称为结构域(domain)。结构域是蛋白质发挥功能的基础，蛋白质的每一种功能都要由相应的结构域来完成，因此，许多多功能蛋白质具有多个结构域。例如免疫球蛋白(IgG)包含有 12 个结构域，两个轻链上各有 2 个，两个重链上各有 4 个；抗原结合部位和补体结合部位位于不同的结构域中。

（四）蛋白质的四级结构

某些蛋白质含有 2 条及以上的多肽链，且每条多肽链都具有独立的三级结构，我们把这种具有完整三级结构的每条多肽链称为一个亚基(subunit)。蛋白质的四级结构(quaternary structure)是指蛋白质各亚基间的空间排布及相互关系。维持蛋白质四级结构的作用力主要有氢键、疏水作用、盐键及二硫键等。单独存在的每个亚基都不具有生物学功能。只有各亚基结合在一起形成完整的四级结构的蛋白质，才具有生物学功能。例如，血红蛋白的四级结构包含 2 个 α 亚基和 2 个 β 亚基，见图 19－8。

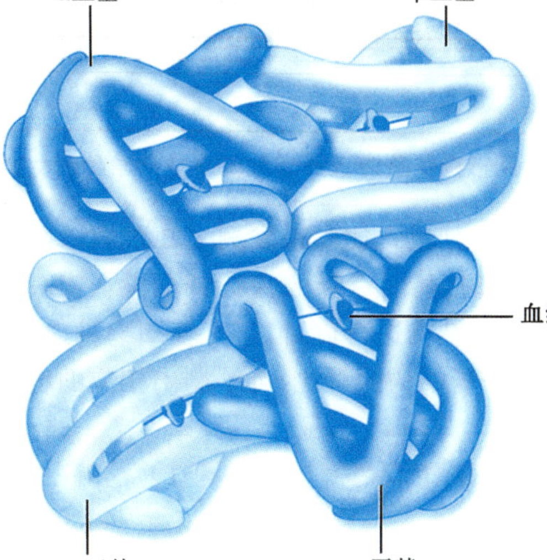

图 19－8 血红蛋白的四级结构

第二节 蛋白质结构与功能的关系

蛋白质的一级结构和空间结构是蛋白质功能的基础。只有具备正确的一级结构和空间结构，蛋白质才能发挥正常的生物学功能。

一、蛋白质一级结构与功能的关系

蛋白质的一级结构是形成空间结构及发挥功能的基础。蛋白质多肽链的氨基酸序列决定其形成何种空间结构，一级结构的改变会引起空间结构的相应改变，最终导致蛋白质功能的改变。

关于蛋白质一级结构对空间结构和功能的决定作用有许多实验证据，其中最经典的是牛胰核糖核酸酶 A 变性复性实验。牛胰核糖核酸酶 A 是由 124 个氨基酸残基组成的单链蛋白质，多肽链中含有 4 个二硫键。将尿素和 β-巯基乙醇加入牛胰核糖核酸酶 A 溶液，破坏分子中的次级键和二硫键，使其丧失原有的二、三级结构，酶蛋白变性，活性完全丧失，但一级结构不发生改变。然后利用透析的方法缓慢去除尿素和 β-巯基乙醇，溶液中的牛胰核糖核酸酶 A 活性恢复，即酶蛋白发生复性。复性过程中，该蛋白质中的 8 个半胱氨酸的巯基在形成二硫键时，理论上推算有 10^5 种不同的配对可能性，但只有该酶天然的配对方式才能使此酶具有活性。由此可见，一级结构是形成空间结构及发挥功能的基础，见图 19－9。

通过对不同蛋白质一级结构的对比，研究者发现一级结构相同或相似的蛋白质，其功能也相同或相似，如人与动物的胰岛素都有 A、B 两条链，51 个氨基酸组成，不同生物的胰岛素氨基酸组成的最大差别仅有 4 个氨基酸残基，其余氨基酸的组成和序列均相同，所以人和动物的胰岛素有相同的功能，人的糖尿病可以用动物的胰岛素治疗。

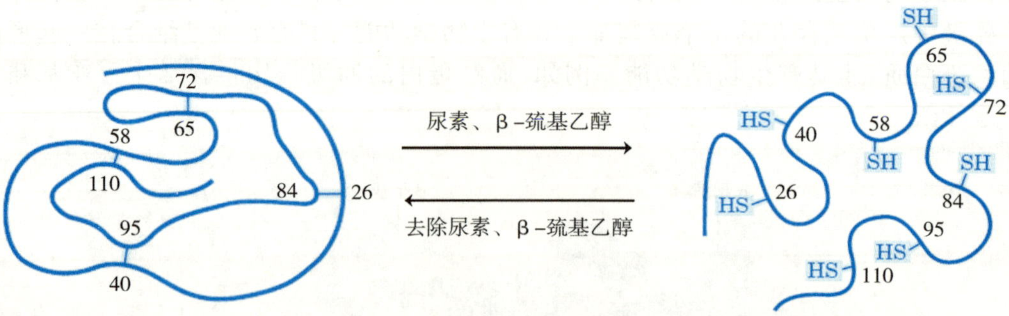

图 19-9　牛胰核糖核酸酶 A 一级结构与空间结构的关系

在研究中，常通过与已知蛋白质的序列进行比对来推测未知蛋白质的空间结构及功能，也可以根据已知蛋白质的基因序列设计未知蛋白质基因克隆的探针或引物。某些广泛存在于生物界的蛋白质，通过对不同生物中此种蛋白质的一级结构进行比对，还可获知物种之间的亲缘关系。如细胞色素 c 蛋白，通过对不同物种中细胞色素 c 一级结构的对比，可绘制出相应的物种进化树。

知识拓展

分　子　病

由于基因突变导致蛋白质分子中某些氨基酸序列发生改变，进而使得蛋白质功能发生改变的疾病，称为分子病。有些时候，即使一个碱基改变导致蛋白质中一个氨基酸残基的改变，也可能导致严重的后果。如镰状红细胞贫血，原因仅是血红蛋白 β 链基因编码第 6 位谷氨酸的遗传密码 CTC 变为缬氨酸的遗传密码 CAC。正常人 β 亚基第 6 位氨基酸残基是谷氨酸，变为缬氨酸后使得血红蛋白分子表面负电荷减少，原来水溶性的血红蛋白容易聚集成丝，导致红细胞变为镰刀形，极易破碎，造成贫血。

二、蛋白质空间结构与功能的关系

蛋白质的空间结构是功能的基础。即使蛋白质的一级结构不变，空间结构的改变也会引起功能的改变。如血红蛋白在不同条件下的变构现象充分体现了蛋白质空间结构与生物学功能的密切关系。血红蛋白有两种构象，即紧密型（tense state，T 型）和松弛型（relaxed state，R 型），两种构象与氧的亲和力不同，T 型与氧的亲和力小，R 型与氧的亲和力大。在肺毛细血管中，氧分压高，当血红蛋白其中一个亚基与氧结合后，由于亚基之间的相互影响，可促使血红蛋白空间构象由 T 型变为 R 型，提高了血红蛋白与氧的亲和力，使其他亚基快速结合氧；在组织毛细血管中，氧分压低，氧易从血红蛋白分子中释放出来，当一个亚基释放氧后，可促使血红蛋白空间构象由 R 型变为 T 型，加快其他亚基在组织中释放氧的速度。由于此两种构象的转变，使血红蛋白在肺中结合氧而在其他组织中释放氧，从而达到运输氧的作用，见图 19-10。由此过程可见，在一级结构保持不变的情况下，不同的空间构象可引起蛋白质活性的相应变化，这种变化在许多种蛋白中存在。

不需要改变一级结构，仅通过空间构象变化来改变分子的活性，这一特点对蛋白质执行丰富多样的生物学功能具有重要意义。一方面，同种蛋白可具有多种不同的空间构象，使得有限种类的蛋白质能承担更多样的功能；另一方面，构象的变化极为迅速，而且是可逆的，这使得蛋白质能够快速灵活地进行功能转换，适应生物体内代谢调节的需要。

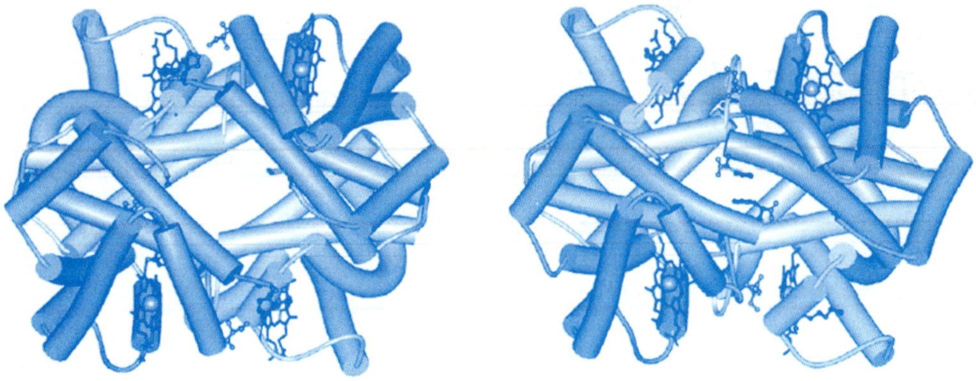

T型　　R型

图 19-10　血红蛋白的两种空间结构

可见，蛋白质发挥其生物学功能，既要具备正确的一级结构，还要进行适当的折叠盘绕，形成正确的空间结构，两者缺一不可。

知识拓展

蛋白质构象病

有些情况下，如果蛋白质发生错误折叠，即便一级结构不变，蛋白质的空间构象发生改变，仍可影响其功能，严重时可引起疾病，称为蛋白质构象病。有些蛋白质错误折叠后互相聚集，形成抗蛋白水解酶的淀粉样纤维沉淀，产生毒性而致病，这类疾病包括阿尔茨海默病（Alzheimer's disease）、人纹状体脊髓变性病、亨廷顿舞蹈病（Huntington's disease）、疯牛病等。

（苑　红）

思考题

1. 说明蛋白质的各级结构的概念及维持的作用力。
2. 试论述蛋白质的分子结构与功能的关系。

本章课件　　本章习题

第二十章

蛋白质的分析与鉴定

学习目标

【掌握】

1. 蛋白质一级结构分析的基本策略。
2. 蛋白质分子间相互作用常用研究方法的基本原理。
3. 蛋白质分离纯化及浓度测定常用方法的基本原理。

【熟悉】

1. 蛋白质空间结构分析的常用方法。
2. 蛋白质芯片技术的原理及应用。
3. 双向电泳技术的基本原理。

【了解】

1. 蛋白质分子构象变化追踪的方法。
2. 各种质谱技术在蛋白质组学中的应用。

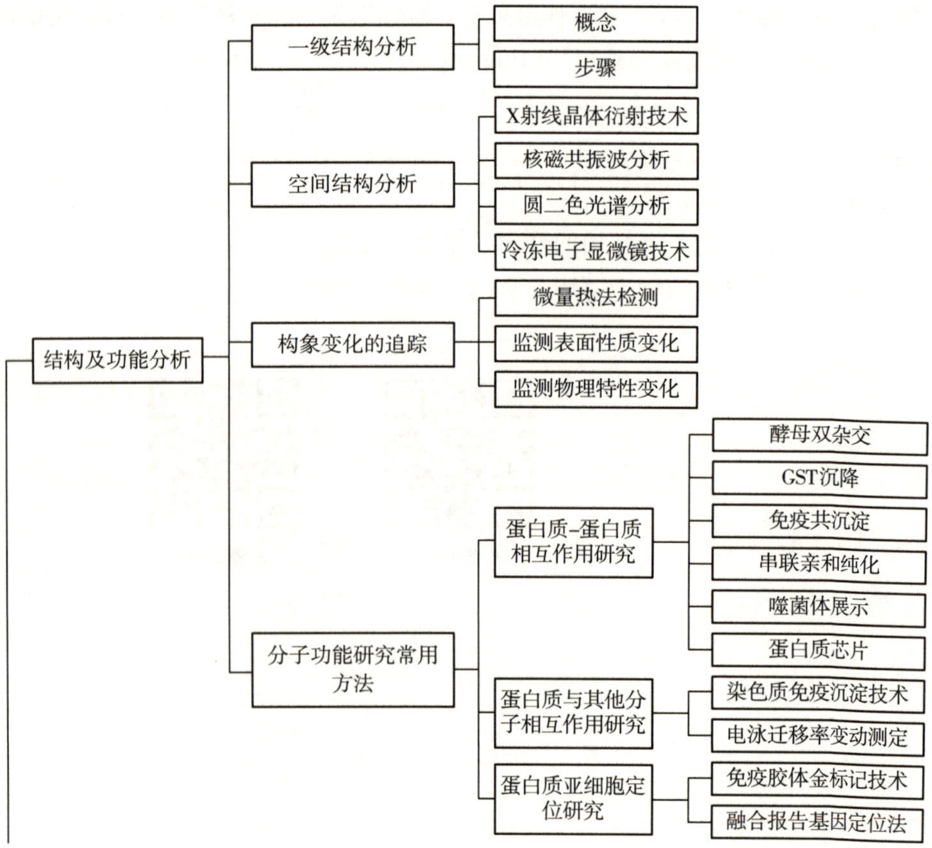

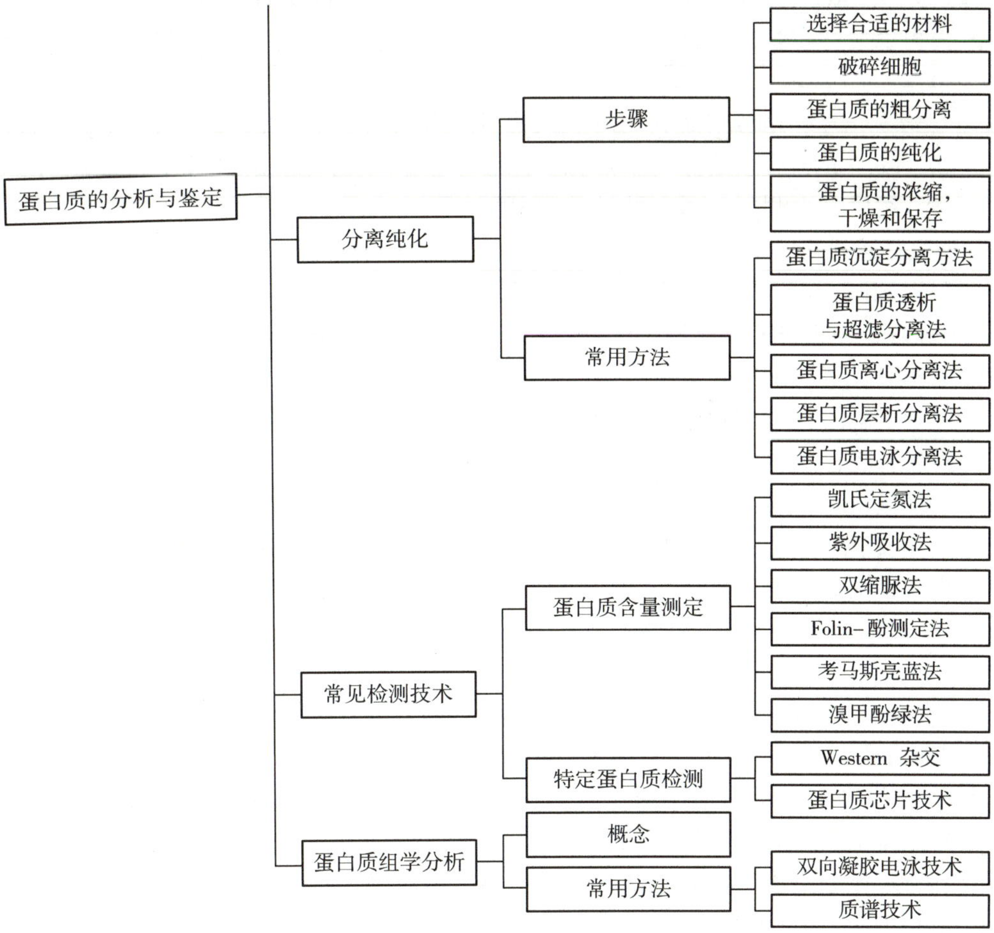

作为生命活动的执行者，蛋白质是许多研究的目标分子，蛋白质的研究通常需要分离纯化蛋白质样品，通过对蛋白质的含量、活性等进行分析，以及蛋白质结构及功能研究，进而揭示生命现象的内在规律。

第一节　蛋白质结构及功能分析

一、蛋白质一级结构分析

蛋白质的一级结构是指蛋白质多肽链中氨基酸的排列顺序。蛋白质的一级结构决定了其高级结构和功能。因此，测定蛋白质分子的一级结构可用于鉴定蛋白质的种类、预测蛋白质的空间结构和功能。同时，蛋白质一级结构比对还可反映物种之间的亲缘关系。自 1953 年 Frederick Sanger 首次测定牛胰岛素一级结构至今，已有超过 10 万种不同蛋白质的一级结构被测定。

由于蛋白质分子较大，结构复杂，部分蛋白质含有多条多肽链，目前的蛋白质测序方法尚不能一次性完成较大多肽链的测序过程，因此，蛋白质一级结构的测定一般需要多个步骤方能完成。互联网上的 EMBL、Genbank 等数据库收集了大量蛋白质的一级结构等资料，为蛋白质结构与功能的深入研究提供了便利。

（一）蛋白质分子中亚基的数目测定

对于未知结构的蛋白质，首先需要确定其分子中亚基的数目。亚基的数目测定首先利用超速离心或凝胶过滤确定天然寡聚体蛋白的分子量，然后用变性剂处理该蛋白，使各亚基被拆分，最后用SDS-聚丙烯酰胺电泳法测定变性后蛋白的分子量。比对变性前后蛋白质测得的分子量，可知蛋白质分子中亚基的数量及种类。

若测得蛋白质分子为多亚基蛋白质，则需利用变性剂将各亚基拆分，同时可利用氧化剂或还原剂断开链内及链间的二硫键，以免影响后续的测定。拆分后的各条多肽链则可根据其分子量大小、所带电荷等性质差异进行分离，然后分别测定每条多肽链的氨基酸序列。

（二）多肽链的氨基酸序列分析

1. 多肽链中氨基酸种类和数目的确定 将纯化后的多肽链进行完全水解，测定其中所含各种氨基酸的种类及数量。根据第一步测得的多肽链分子量，可大致推断出所含氨基酸残基的数量，结合氨基酸的组成，可知各种氨基酸在多肽链中的数目。

2. 多肽链末端氨基酸残基鉴定 分别鉴定多肽链的N端及C端氨基酸残基，可建立测序中的两个重要参照点，还可检测多肽链样品的纯度。N端氨基酸测定的方法有二硝基氟苯法、丹磺酰氯法、异硫氰酸苯酯法等。C端氨基酸测定的常用方法有肼解法、羧肽酶法、C末端选择性氚标记法等。

3. 多肽链裂解成肽段 由于目前的各种测序方法能够测定的肽链长度有限，因此需先将多肽链裂解为较小的肽段，各肽段分别测定氨基酸序列，然后再将各肽段的序列正确排列，方可得到整条多肽链的氨基酸序列。为便于肽段测序后的排列重组，需用两种不同的酶对多肽链进行裂解，以获得切点不重叠的两组肽段。

4. 各肽段氨基酸序列测定 经酶裂解后的肽段分离纯化后，每个肽段须分别测定其氨基酸序列。氨基酸序列测定最常用的方法是Edman化学降解法，此方法在20世纪50年代由瑞典化学家Pehr Victor Edman提出，反应过程包括循环进行的耦合、切割、萃取、转化、鉴定几个步骤。将异硫氰酸苯酯(PITC)与肽链N端的氨基酸耦合，形成苯氨基硫甲酰衍生物；然后用三氟乙酸处理耦合后产物，将N端第一个肽键选择性切断，释放出该氨基酸残基的噻唑啉酮苯胺衍生物；然后萃取出释放的氨基酸衍生物，在强酸性条件下使其转化为稳定的乙内酰苯硫脲(PTH)氨基酸；用层析法鉴定降解下的PTH-氨基酸的种类。N端氨基酸被切掉的肽段可重复此过程以测定下一个氨基酸的种类，反应循环进行从而得到多肽链的氨基酸序列。

Edman化学降解法时至今日仍是蛋白质序列测定的主要方法，除直接应用此方法外，还在其基础上进行改进衍生出一些其他方法，如DNS-Edman法和减数Edman法，此两种方法均利用了Edman法将待测肽段从N端逐个切下氨基酸，然后对切下的氨基酸采用其他方法进行鉴定。DNS-Edman法利用丹磺酰氯(DNS)与肽段N末端氨基酸反应，水解后产生的DNS-氨基酸可通过聚酰胺薄膜鉴定其种类，此方法可提高检测的灵敏度。减数Edman法则是在利用Edman法去除N末端氨基酸后，分析剩余肽段的氨基酸组成，与降解前进行对比，从而确定被切除的氨基酸的种类，这种方法非常适合小肽的序列分析。20世纪70年代，研究者还发明了一种新型的显色Edman试剂4-N,N-二甲氨基偶氮苯-4′-异硫氰酸酯(DABITC)，利用DABITC/PITC双耦合法进行测序将反应的灵敏度提高了1～2个数量级。此外，目前所使用的蛋白质序列自动分析仪的测序原理亦是采用了Edman化学降解法。

近年来，质谱(mass spectrometry，MS)技术亦被广泛应用于蛋白质研究。质谱法将蛋白质分子转化为离子，然后将具有特定质荷比(M/Z)的蛋白质离子分离开，用离子检测器收集分离的离子，通过测定离子的M/Z值对其进行鉴定。质谱分析具有高灵敏度、分析速度快、样品用量少、分离与鉴定同步进行等优点。在蛋白质质谱分析中，使蛋白质样品电离是重要环节，通常采用电喷雾电离(electrospray ionization，ESI)或基质辅助激光解吸电离(matrix-assisted laser desorption ionization，MALDI)技术。

5. 多钛链一级结构重建 将所有肽段的氨基酸序列测定完成后，将两种不同裂解方法所得的肽段序列进行比对，由于两种方法在多肽链的不同位置进行裂解，得到的肽段产物不同，因此可通过肽段的重叠关系对各肽段进行排序，从而将各肽段的氨基酸序列连贯起来，形成完整的多肽链的一级结构。

（三）二硫键位置的确定

若蛋白质分子中存在二硫键，则需要在完成氨基酸序列测定后，确定二硫键的位置。通常用胃蛋白酶对含二硫键的蛋白质进行水解，产生小肽段，然后用对角线电泳（diagonal electrophoresis）进行分离。即将水解后的混合肽段点到滤纸中央，在不破坏二硫键的情况下进行第一向电泳，肽段将按分子量大小及电荷差异分离，然后将滤纸用过甲酸蒸汽处理，使二硫键断裂，将滤纸旋转 90°角后在与第一向电泳完全相同的条件下进行第二向电泳，不包含二硫键的肽段迁移率不变，电泳后位于滤纸的对角线上；含二硫键的肽段由于过甲酸将二硫键断开并氧化两个硫原子形成一对磺基丙氨酸，第二向电泳时迁移率与第一向不同，因此会偏离对角线，显色后将偏离对角线的肽段取下进行氨基酸序列分析即可确定二硫键的位置。

二、蛋白质空间结构分析

蛋白质的空间结构是其功能的基础。目前用于蛋白质空间结构研究的技术主要有 X 线晶体衍射技术、磁共振波谱分析、圆二色光谱分析、冷冻电子显微镜技术、紫外差光谱法、荧光光谱法、激光拉曼光谱法、氢同位素交换法等。

1. X 线晶体衍射技术　当一束单色 X 线入射到晶体时，由于晶体是由原子有规则排列的晶胞组成的，这些有规则排列的原子间距离与入射 X 线波长具有相同数量级，迫使原子中的电子和原子核成了新的发射源，向各个方向散发 X 线，这是散射，不同原子散射的 X 线相互干涉叠加，可在某些特殊的方向上产生强的 X 线，这种现象称为 X 线衍射。由于晶体中的原子为有规律的周期性排列，衍射线在空间分布的方位和强度与晶体结构密切相关，而晶体产生的衍射花样又可反映出该晶体内部的原子分配规律，X 线衍射是目前分辨率最高的结构测定方法。人们利用 X 线衍射技术研究晶体结构已超过 100 年历史，利用 X 线衍射已获知了多种生物大分子的构象，时至今日它仍是晶体结构研究中最强有力的工具。X 线衍射技术最大的局限性在于它所研究的是晶体的构象，而非天然溶液状态下分子的构象，虽然多数情况下晶体中的构象近似于溶液中，但晶体中分子处于固化状态，无法反映分子在行使功能过程中构象的变化情况；而且有大量蛋白质不能结晶或不能获得较大的单晶从而无法用 X 线衍射来探知其构象。

2. 磁共振波谱分析　磁共振（nuclear magnetic resonance，NMR）是指磁矩不为零的原子核，在外磁场的作用下，核自旋能级发生塞曼分裂，共振吸收特定频率的射频辐射的物理过程。20 世纪 40 年代核磁共振现象被发现，20 世纪 50 年代应用于蛋白质构象研究中，至 20 世纪 80 年代获得重大突破，此后核磁共振被广泛用于蛋白质空间结构研究中。与 X 线衍射技术相比，NMR 技术在蛋白质结构测定的速度和研究的对象上都存在一定的限制，成本高，步骤复杂。但其优点在于无须制备晶体标本，可在溶液中直接测定，也可进行固相测定，因此利用 NMR 法使得某些无法获得晶体结构的蛋白质或非液相蛋白质（如膜蛋白）的结构测定成为可能。NMR 技术更适合分析小分子以及水溶性较好、培养晶体困难的蛋白质结构，对于蛋白质折叠、局部动力学或构象分析、蛋白-蛋白相互作用，NMR 更具有明显的优越性。

3. 圆二色光谱分析　在蛋白质或多肽中，主要的光活性基团是肽链骨架中的肽键、芳香氨基酸残基及二硫键。当平面圆偏振光通过这些光活性的生色基团时，光活性中心对平面圆偏振光中的左、右圆偏振光的吸收不相同，产生的吸收差值，由于这种吸收差的存在，造成了偏振光矢量的振幅差，圆偏振光变成了椭圆偏振光，这就是蛋白质的圆二色（circular dichroism，CD）性。远紫外 CD 数据可快速地计算出稀溶液中蛋白质的二级结构，辨别三级结构类型，近紫外 CD 光谱可灵敏地反映出芳香族氨基酸残基和二硫键的微环境变化。

4. 冷冻电子显微镜(cryoelectron microscopy)技术 是于 20 世纪 70 年代提出的,在 20 世纪 80 年代趋于成熟。采用高压快速液氮冷冻方法将样品包埋在玻璃态的水环境中,从而能够观察生物大分子在天然状态下的结构,由于冷冻速度极快,可将细胞在其生理活动的某些特定时刻固定下来,显示此时的结构特点,进而可通过不同功能状态的瞬时构象变化来研究生物分子的功能。将样品进行不同角度的倾斜所获得的数据进行综合分析,并依据样品的不同特性使用不同的重构技术获得分子的结构,在此基础上观察多种成分的图像变化,追踪生物大分子的装配及其动力学过程。它的研究范围非常广泛,既可研究蛋白质分子或蛋白质复合物,还可研究细胞器或整个细胞。

三、蛋白质构象变化的追踪

蛋白质分子在行使功能时,多数蛋白的空间构象不是固定不变的,而是会发生不同程度的变化,而这种构象的改变往往又是其发挥功能的基础。如酶分子在结合底物、催化反应及释放产物的多个环节,空间构象都会有相应的变化。各种受体在与配体结合前后空间构象及活性也会有很大变化。因此,在蛋白质研究中,不仅需要观察某一特定条件下蛋白质的空间构象,还经常需要追踪其构象的变化,这样才能更好地了解蛋白质的作用机制。由于蛋白质行使功能的过程速度快,难以细致捕捉,微观世界中蛋白质分子的构象不能直观地展示,追踪其变化现在仍存在较多的困难,一方面可以采用前面所述的各种研究蛋白质构象的方法,在不同条件、不同时间对待测蛋白的构象进行研究、比对,从而发现其变化,另一方面可以从引起蛋白质构象变化的微环境、性质等的变化入手,监测其构象的改变。

(一) 微量热法检测蛋白质构象变化

微量热法是基于当蛋白质分子在溶液中发生构象变化如去折叠现象后,由于结构改变,其各种热力学参数(如变性温度、焓变、熵变、热熔以及体系自由能等)均会发生变化,因此,可利用差示扫描量热仪(differential scanning calorimetry,DSC)对蛋白质溶液进行监测,DSC 在程序控制温度下自动连续跟踪物质的物理性质与温度关系,连续、准确地监测并记录一个变化过程,同时描绘出相应的量热曲线,以提供生物热力学和生物动力学信息,是研究物质受热或冷却时所发生的各种物理和化学变化的有力工具,它具有试样微量化、不用溶剂、适用范围广、快速简便等优点。DSC 技术常与傅里叶红外 FT-IR、圆二色谱、NMR、X-射线衍射法等分析方法相结合,研究蛋白质一级序列完整性,并且能更加准确地反映蛋白质的二级结构变化方面的信息,可以跟踪考察蛋白质的热变性对其生理活性的影响,为研究蛋白质提供大量准确而可靠的数据。

(二) 监测蛋白质表面性质变化的方法

由于蛋白质的折叠主要是疏水作用导致,在分子内核都存在疏水区,因此检测蛋白质疏水区的暴露程度可用来监测蛋白质分子构象的变化。常用的方法是荧光探针法,某些荧光化合物与蛋白质的疏水部位结合后,荧光的量子产率提高且荧光发射峰位蓝移,信号明显且易于测定。因此,疏水荧光探针常被用来跟踪判断蛋白质折叠状态。如当蛋白质在去折叠过程中出现熔球体状态时,将伴随有疏水区的暴露,此时蛋白质的外源荧光将明显增强,因此是监测蛋白质熔球体中间态的重要方法。

(三) 监测蛋白质物理特性变化的方法

蛋白质在溶液中发生构象改变时,蛋白质分子可能发生缔合和聚集,从而产生分子尺寸和形状的变化,可采用光散射(light scatter)、荧光偏振(fluorescence polarization)等方法进行研究。

1. 光散射技术 光散射是物质与光相互作用的多种形式之一,它源于光电磁波的电场振动导致的分子中电子产生的受迫振动所形成的偶极振子。根据电磁理论,振动着的偶极振子是一个二次波源,它将产生振动的自身电磁场,这个电磁场将以与入射光相同的频率向各个方向发出辐射,从而产生光散射现象。光散射通常分为静态光散射(static light scattering,SLS)和动态光散射(dynamic

light scattering,DLS)。

静态光散射可直接测量蛋白质的分子量,获得蛋白质单体或聚合体的信息,也用于测定不同蛋白质的理想配比。

动态光散射主要可获得溶液中蛋白质粒子的流体力学半径及分布情况。DLS 可用于测定溶液中做布朗运动的大分子的平动扩散系数,移动蛋白质分子的单色光的色散性体现了运动过程中的密度涨落,光散射信号可以提供溶液中蛋白质行为的定量信息。DLS 可用于观察蛋白质溶液中颗粒的尺寸变化,因此 DLS 可用来研究溶液中蛋白质的聚集行为,提供蛋白质及其聚合的大小、形状和尺寸分布的信息;DLS 还可用于探测溶液中蛋白质分子相互作用的情况。

此外,光散射技术又有不同的分支,共振光散射(resonance light scattering,RLS)被用于研究大分子和小分子的不同状态,目前被广泛应用于溶液中核酸和蛋白质的痕量研究。同步辐射小角 X 光散射(small angle X-ray scattering,SAXS)可用于监测球状蛋白折叠过程中分子大小和形状的变化。激光光散射(laser light scattering,LLS)也可用于观测蛋白质在溶液中形成多聚体的过程。

2. 荧光偏振　是指荧光分子对光吸收和发射的各向异性性质,可用荧光偏振度(polarization,P)和各向异性(anisotropy,A)表示荧光偏振的程度;偏振性和激发态分子发射荧光时跃迁矩的取向与其被激发时的跃迁矩方向之角度偏移有关,而激发态分子自身的转动则是决定这一角度偏移的主要因素,因此就可获得有关分子转动过程中分子的体积、分子形状、分子的可运动性及分子与介质间相互作用等信息。蛋白质分子在溶液中发生去折叠后,某些基团从包埋在分子内部暴露到蛋白质表面,从而使可运动性增强;蛋白质分子在溶液中发生缔合时,由于体积和密度增大导致可运动性减弱。因此利用偏振性可以衡量蛋白质在溶液中构象转变的程度,进而跟踪外界环境因素对蛋白质溶液构象的影响。

四、蛋白质分子功能研究的常用方法

蛋白质作为生命活动的最终体现者,有其自身固有的特点,如蛋白质复杂的翻译后修饰、构象变化、亚细胞定位或迁移、蛋白质间相互作用等,这些都无法在基因水平上找到答案。因此,要想真正揭开生命现象的奥秘,必须进行蛋白质水平的功能研究。

研究蛋白质功能的方法可分为 4 类。第一类通过对不同组织的蛋白质进行比较,寻找差异蛋白,然后推断这些蛋白的功能,如通过蛋白质组学研究来寻找差异蛋白,这类方法将宏观的生物学性状与蛋白质分子联系起来,但是由于在某个组织中表达的蛋白质种类非常多,很难从中直接比对出一种有特定功能的蛋白,而且这种方法不能展示蛋白质的详细作用机制,通常用作研究中的初步筛选方法,要结合后续的进一步鉴定及研究才能得到可靠的结果。第二类是目前研究的主要方法,即蛋白质与其他分子相互作用的研究,由于蛋白质分子行使其功能不是孤立的,而是必然要与其他分子发生相互作用,因此,研究蛋白质与其他分子的作用对于研究其作用机制至关重要。第三类是研究蛋白质的亚细胞定位,通过其在细胞内的分布推测其功能。第四类是利用分子遗传学方法如 RNA 干扰,抑制目标基因的表达,通过观察生物体表现型的变化来探究相关蛋白质的功能。

(一) 蛋白质-蛋白质相互作用的研究方法

目前研究蛋白质-蛋白质相互作用的方法比较多,主要包括酵母双杂交(yeast two-hybrid system, Y2H)、谷胱甘肽-S-转移酶(GST)沉降(GST pull down)、免疫共沉淀(Co-immunoprecipitation,Co-IP)、串联亲和纯化(Tandem affinity purification,TAP)、噬菌体展示(phage display technique,PDT)、蛋白质芯片(protein chip)等。

1. 酵母双杂交　该技术于 1989 年提出,该技术利用了酵母的转录因子 GAL4 的结构及功能特点(图 20-1A)。GAL4 包括两个必需的结构域,一个是位于 N 端 1~174 位氨基酸残基区段的 DNA 结合域(DNA binding domain,BD),另一个是位于 C 端 768~881 位氨基酸残基区段的转录激活域(Ac-

tivation domain,AD)。当两个结构域单独存在时,均不能启动基因的转录;当两结构域在空间上相互靠近,则能启动BD所结合的元件下游基因的表达,即使两个结构域并不存在于一条多肽链上,只要能使两者相互靠近,即可发挥转录激活的作用。

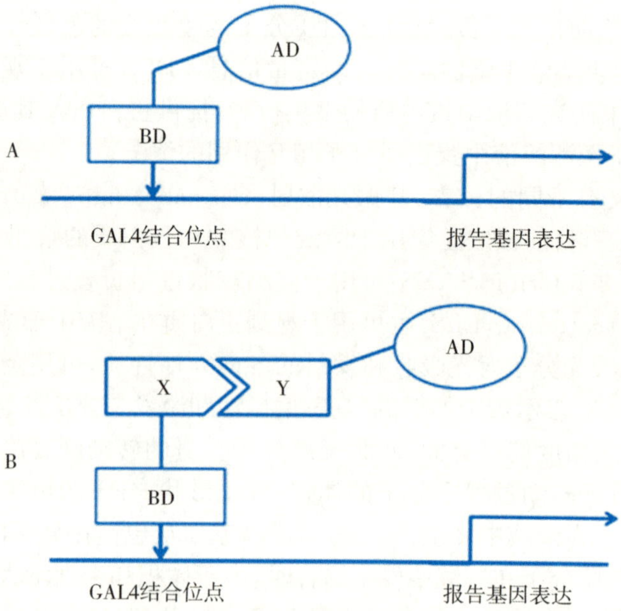

图 20-1 酵母双杂交系统的原理

A. GAL4蛋白的两个结构域及其对基因表达的激活作用;B. 酵母双杂交系统中,当X与Y存在相互作用时启动报告基因的表达

酵母双杂交实验中,BD和AD的基因可以分别同两个待检测的蛋白质X和Y的基因连接形成融合基因,将分别携带两个融合基因的重组DNA转化至一个酵母细胞中,两融合基因表达出两个融合蛋白BD-X(bait,诱饵)和AD-Y(prey,猎物)。如果X、Y之间存在相互作用,则可以形成"BD-X-Y-AD"复合物,AD和BD成为一体,进而启动报告基因的表达(图20-1B)。酵母双杂交是在细胞内研究蛋白质-蛋白质相互作用的方法,能较好地反映天然状态下蛋白质之间的关系,而且不需要分离纯化蛋白质,但其假阳性率比较高,且并非所有蛋白都适用此方法,一些需要较多翻译后修饰加工的蛋白、膜蛋白、分泌性蛋白都不能用此方法进行研究。

目前,酵母双杂交系统亦有了许多改进,如报告基因的多样化、强启动子及弱启动子的使用、反向杂交系统的使用等,这些方法降低了假阳性率,扩展了酵母双杂交系统的应用范围。另外,现在还发展出了酵母三杂交系统,用以研究更复杂的分子间的相互作用。

2. GST沉降 是一种重要的验证可疑蛋白质相互作用并能用于探索新的蛋白质相互作用的有效方法。这种技术能在目的蛋白还没有可用的抗体或当蛋白质抗体干扰蛋白质-蛋白质相互作用的条件下,就对目的蛋白进行大规模文库筛选并鉴定新的相互作用,也能够确定介导这些蛋白质相互作用的特定蛋白质区域。

该方法将诱饵蛋白(bait)的编码基因与谷胱甘肽-S-转移酶(GST)标签整合后表达,表达的融合蛋白经纯化后与有目的蛋白质(猎物,prey)的溶液孵育。经一定时间的孵育后即会形成GST-融合蛋白-目的蛋白复合物,并用谷胱甘肽-琼脂糖(GSH-Sepharose)将其沉淀下来,结合后的形式,见图20-2。最后通过聚丙烯酰胺凝胶电泳(SDS-PAGE)方法鉴定猎物蛋白。GST沉降主要有两方面用途:① 鉴定能与已知融合蛋白质相互作用的未知蛋白质。② 验证两已知蛋白质之间是否存在相互作用。

图 20－2　GST 沉降技术中的蛋白质复合物

GST 沉降特异性较强，方法简便，能减少一定的假阳性率，也不需要使用同位素等危险物质，在蛋白质相互作用研究中应用广泛。但是，该方法不适用于大规模筛查相互作用的蛋白质，只能用于确定体外的蛋白质相互作用，对于蛋白质在细胞中的相互作用研究，还需要如免疫共沉淀等体内实验加以证实。除此之外，活性融合蛋白质的量及避免内源性诱饵蛋白干扰是该方法成功的关键。

3. 免疫共沉淀　是确定新蛋白间相互作用或确定已知蛋白质形成的复合物的最广泛使用的方法之一。原理是利用抗原抗体特异性结合及细菌的 Protein A 或 G 特异性地结合到免疫球蛋白的 Fc 片段的现象。操作方法是将目标蛋白与带标签蛋白的特异性抗体结合，抗体结合蛋白及任何结合到目标蛋白的蛋白都可以用树脂沉淀，未结合到目标蛋白的蛋白可被洗涤样品洗脱。由此产生免疫复合物，然后通过免疫印迹分析，以研究蛋白质-蛋白质相互作用。

此方法不适用于大规模筛查相互作用蛋白，但其优势在于能确定在生理条件下细胞或组织内是否存在与目的蛋白能够相结合并作用的蛋白质。

4. 串联亲和纯化　该技术于 1999 年被提出，用于分离复合蛋白，该技术兼备了免疫共沉淀和标准亲和纯化的优点，成为鉴定和分离蛋白质复合体新途径。该研究方法首先将 TAP 标签整合于该蛋白质的一端，标签由一个钙调蛋白结合多肽（CBP）与蛋白标签组成，并将烟草蚀纹病毒（TEV）蛋白酶切位点插入两者之间，之后用带有 TAP 标签的基因置换内源的蛋白基因并表达，且可与特定蛋白进行识别和结合裂解细胞，提取细胞总蛋白，并将所获总蛋白加入 IgG 亲和柱。亲和柱上的 IgG 可与 TAP 标签的 ProA 端特异性结合，之后用洗脱液洗脱大多数非特异性结合蛋白，依次在洗脱液（含 TEV 蛋白酶）洗脱和钙离子的协助下，获得高纯度的目的蛋白复合体。经上述步骤所得的蛋白质复合体再进行 SDS－PAGE 电泳分离及质谱分析，进而可发现其中的新组分或新蛋白复合物。

该研究方法不仅能保持复合物结构的完整性，并且能够得到纯度较高的特异性蛋白。该技术的灵敏性、可靠性和特异性都优于传统的酵母双杂交技术，尤其适用于研究蛋白质在生理条件下的相互作用。但是，该技术在对高等真核细胞进行研究时却因原位蛋白标记难在真核细胞内进行，且易受内源蛋白的干扰等因素而具有局限性。

5. 噬菌体展示　该技术是以经过改建的噬菌体为载体，把外源基因插入噬菌体外壳蛋白基因 PⅢ区或 PⅧ区，从而使表达的外源肽或蛋白质展示在噬菌体的表面，并使表达产物保持良好的空间构象。进而通过亲和富集法筛选表达有特异肽或蛋白质的噬菌体，最终获得具有特异结合性质的多肽/蛋白质。这一技术有效地实现了基因型和表型的体外转换，即在两者之间架起了联结的桥梁，使得研究者完全可以在分子克隆的基础上，有效地实现蛋白质构象的体外控制，从而可以在体外获得具有良好生物学活性的表达产物。

目前，已经有公司用 T7 噬菌体构建了各种 cDNA 表达文库，将外源基因序列插入到编码 T7 噬菌体包膜蛋白基因中，插入基因片段长度可为 300～3 000 bp，所表达的多肽或蛋白质以与噬菌体包膜蛋白融合的形式展示在噬菌体表面，在 50～1 200 个氨基酸。T7 噬菌体展示文库可以展示相当部分表达的蛋白质，甚至可以保持蛋白的一定构象。因此，该系统最大程度地再现了细胞内的真实情况，所筛选出的结合蛋白与自然状态较为接近。目前已被成功应用于蛋白质-蛋白质、抗原-抗体及 DNA-蛋白质之间作用的研究，为功能基因组学的研究提供了一种新的方法。

6. 蛋白质芯片　是将大量蛋白质分子按预先设置的排列固定于一种载体表面，形成微阵列，根据蛋白质分子间特异性结合的原理，构建微流体生物化学分析系统，以实现对生物分子的准确、快速、大信息量的检测。

（二）蛋白质与其他分子相互作用的研究方法

蛋白质在发挥作用的过程中，不仅要与其他蛋白质分子间发生相互作用，很多情况下还与其他非蛋白质分子发生相互作用，尤其是蛋白质-核酸之间的相互作用，不仅与蛋白质的功能直接相关，更是基因表达调控中的重要内容，这方面的研究方法主要有染色质免疫沉淀技术（chromatin immunoprecipitation assay，ChIP）、电泳迁移率变动测定（electrophoretic mobility shift assay，EMSA）等。

1. 染色质免疫沉淀技术　在生理状态下把细胞内的DNA与蛋白质交联在一起，通过超声或酶处理将染色质切为小片段后，利用抗原抗体的特异性识别反应，将与目的蛋白相结合的DNA片段沉淀下来。染色质免疫沉淀技术流程一般包括：① 细胞固定；② 染色质断裂；③ 染色质免疫沉淀；④ 交联反应的逆转；⑤ DNA的纯化；⑥ DNA的鉴定。ChIP是研究体内蛋白质与DNA相互作用的一种技术。它利用抗原抗体反应的特异性，可以真实地反映体内蛋白因子与基因组DNA结合的状况。特别近年来由于该技术不断发展和完善，其应用范围已经从研究目的蛋白质与已知靶序列间的相互作用，发展到研究目的蛋白质与整个基因组的未知序列的相互作用；从研究一个目的蛋白质与DNA的相互作用，发展到研究两个蛋白质与DNA共同结合的相互作用；从研究启动子区域的组蛋白质的修饰，发展到研究结合在DNA序列上的蛋白质复合物。

2. 电泳迁移率变动测定　是一种研究DNA结合蛋白质和其相关的DNA结合序列相互作用的技术，可用于定性和定量分析。这一技术最初用于研究DNA结合蛋白，目前已用于研究RNA结合蛋白和特定RNA序列的相互作用。通常将纯化的蛋白和细胞粗提液和^{32}P同位素标记的DNA或RNA探针一同保温，在非变性的聚丙烯酰胺凝胶电泳上，分离复合物和非结合的探针。DNA-复合物或RNA-复合物比非结合的探针移动得慢。同位素标记的探针依研究的结合蛋白的不同，可以是双链或者是单链。当检测如转录调控因子一类的DNA结合蛋白，可用纯化蛋白、部分纯化蛋白或核细胞抽提液。在检测RNA结合蛋白时，依据目的RNA结合蛋白的位置，可用纯化或部分纯化的蛋白，也可用核或胞质细胞抽提液。竞争实验中采用含蛋白结合序列的DNA或RNA片段和寡核苷酸片段（特异），和其他非相关的片段（非特异），来确定DNA或RNA结合蛋白的特异性。在竞争的特异和非特异片段的存在下，依据复合物的特点和强度来确定特异结合。

（三）蛋白质亚细胞定位的研究方法

蛋白质在细胞内的定位反映了其作用的位置、环境，通过对蛋白质亚细胞定位的研究，可以获得其功能的重要信息，研究蛋白质的亚细胞定位目前通常是将蛋白质分子上连接某个灵敏度高、易于直接观察的标记物，然后结合显微镜技术或电镜技术进行检测。研究方法主要有免疫胶体金标记、免疫荧光标记、融合报告基因定位法等。

1. 免疫胶体金标记技术　胶体金是指金微小粒子（0～100 nm）分散在另一种物质中所形成的体系，通常指金以微小粒子分散在溶液中所形成的金溶胶，用此金溶胶标记蛋白质（抗原、抗体或SPA、SPG），胶体金颗粒具有高电子密度的特性，故在金标蛋白的抗原抗体结合处，显微镜下可见黑褐色颗粒；当这些标记物在相应的标记处大量聚集时，可在载体膜上呈现红色或粉红色斑点，从而用于抗原或抗体物质的半定量或定性。由胶体金颗粒标记抗原或抗体，与组织或细胞中相应的抗体或抗原相结合，在电子显微镜的检查时可起特异的示踪作用。

2. 免疫荧光标记技术　以荧光素作为标记物，与已知的抗体（或抗原）结合，但不影响其免疫学特性。然后将荧光素标记的抗体作为标准试剂，用于检测目标蛋白。在荧光显微镜下，可以直接观察呈现特异荧光的抗原抗体复合物及其存在部位。

3. 融合报告基因定位法　是以绿色荧光蛋白（GFP）作为荧光探针，与要研究的蛋白质融合在一起，因为绿色荧光蛋白的相对分子质量较小，发色基团性质稳定，在与其他蛋白质融合后发射荧光，同时不影响它所连接的蛋白质的结构和功能。利用这些特性结合显微镜技术（如激光扫描共聚焦显微镜)，通过检测 GFP 发射的荧光就可测定目的蛋白在细胞中的准确定位。

第二节　蛋白质的分离纯化

蛋白质分离纯化通常包括以下步骤：① 选择合适的材料。通常根据实验目的及目标蛋白的特点，选择目标蛋白高表达的组织材料及时期。② 破碎细胞。目前用于破碎细胞的方法可分为机械方法、物理方法、化学法、酶法。机械方法指利用机械切割力使细胞破碎，如玻璃匀浆器、高速组织捣碎机等；物理方法包括反复冻融、超声波法；化学法指利用化学试剂破坏细胞壁或细胞膜；酶法是指利用酶类水解细胞壁或细胞膜。③ 蛋白质的粗分离。将目标蛋白与体系中的其他成分分开，由于上一步破碎细胞后所得体系成分复杂，将目标蛋白从溶液体系中沉淀出来是最常用的。④ 蛋白质的纯化。粗分离的蛋白质中通常会含有一些杂质，因此需对粗分离出的蛋白样品进行纯化，以获得纯度较高的蛋白制剂，纯化的方法需根据目标蛋白的特点及其与杂质的差别进行选择。⑤ 蛋白质的浓缩、干燥和保存。将获得的蛋白质样品制备成高纯度、易存放的制剂形式，低温保存。以下将重点介绍常用的蛋白质分离纯化实验方法。

一、蛋白质的沉淀

将某种特定的蛋白质从溶液中沉淀出来是蛋白质粗分离过程中的重要手段，使蛋白质沉淀的方法主要有盐析法(salting out)、等电点沉淀法(isoelectric precipitation)、有机溶剂沉淀法(precipitation with miscible solvents)等。

1. 盐析法　蛋白质分子在水溶液中形成亲水胶体颗粒，其表面覆盖的水化膜和所带电荷是维持胶体溶液稳定的主要因素，向此溶液中加入大量盐可使蛋白质所带电荷被中和，大量的盐还可夺取破坏蛋白质表面的水化膜，两个维持蛋白质溶液稳定性的因素均被破坏后可导致蛋白质分子聚集沉淀析出，这就是盐析法的原理。盐析常用的盐溶液包括硫酸铵、硫酸钠、氯化钠等，其中硫酸铵的盐析能力最强，使用最为广泛。由于各种蛋白质分子颗粒大小、亲水程度不同，故盐析所需的盐浓度也不一样，因此，不同种类蛋白质的盐析需要不同的盐浓度，称为分段盐析。盐析的优点在于操作简便、使用范围广，且通常不会引起蛋白质的变性，对蛋白质有一定的浓缩效应，盐析导致的蛋白质沉淀为可逆过程。其缺点在于分辨力较差，沉淀出的蛋白质中杂蛋白较多。

2. 等电点沉淀法　蛋白质在表面静电荷为零状态时，颗粒之间的静电斥力最小，因而溶解度也最小，利用各种蛋白质等电点的差别，可通过调节溶液的 pH 达到某一蛋白质的等电点使之沉淀。由于各种蛋白质在等电点时，仍存在一定的溶解度，使沉淀不完全，而多数蛋白质的等电点又都十分接近，因此单独使用等电点沉淀法效果往往不够理想，可以采用几种方法结合来实现沉淀分离，如可与盐析法或有机溶剂沉淀法结合使用。

3. 有机溶剂沉淀法　在等电点附近，蛋白质分子主要以偶极离子形式存在，加入有机溶剂能降低溶液的介电常数，增强蛋白质偶极离子之间的静电引力，从而使分子聚集沉淀。另一方面，有机溶剂的水合作用能破坏蛋白质表面的水化膜，促使蛋白质沉淀析出。

选择有机溶剂的要求有：必须与水完全混溶、不与蛋白质发生反应、有较好的沉淀效应、其蒸汽无毒不易燃。乙醇和丙酮是使用最广泛的有机溶剂。

有机溶剂沉淀法比盐析法分辨率高，其缺点在于当添加的有机溶剂较多时，容易引起蛋白质变性，因此一般宜在低温下进行操作，且在加入有机溶剂时注意搅拌均匀，以免局部浓度过大，还可向体系中加入甘氨酸等高介电常数的物质，以防止蛋白质变性。

二、蛋白质的透析与超滤

蛋白质为生物大分子，与糖类、盐、生物碱等物质分子量有较大差别，而且蛋白质种类多样，不同蛋白质之间分子大小亦存在较大差异，因此可利用分子大小的差别分离蛋白质与小分子物质或分离分子量有明显差别的不同种蛋白质。分离蛋白质与小分子物质常采用透析(dialysis)或超滤(ultrafiltration)。蛋白质分子较大，不能穿过半透膜，而小分子物质可自由通过，利用此特点设计的透析及超滤方法可用于分离蛋白质与小分子物质，如经盐析获得的蛋白质样品中都含有大量的盐，即可采用透析或超滤将小分子的盐离子与蛋白质分子分开。

透析通常将半透膜制成透析袋，将带有小分子杂质的蛋白质溶液装入透析袋内，将透析袋置于纯水或特定的缓冲液中，小分子可以从透析袋中扩散至外界溶液中，一段时间后更换透析袋外的液体，重复多次即可将小分子物质彻底去除。透析操作较简单但所需时间较长，且如果用纯水作为透析液还会导致蛋白质样品的稀释效应。为克服这些缺点，也可利用专门的透析装置来进行，利用抽真空促使溶剂及小分子物质从透析袋中转移出来，不仅可以快速完成透析过程，还可以浓缩蛋白质样品。

超滤也称微过滤，其基本原理也是利用了大分子蛋白不能穿过半透膜的特点，利用半透膜对蛋白质样品进行过滤，通过外加压力使水和小分子物质透过半透膜，大分子蛋白则留在膜的另一侧，达到将二者分离的效果。超滤在分离蛋白质和小分子物质的同时，对蛋白质样品还具有浓缩效应。

三、蛋白质的离心

不同蛋白质的密度与形态各不相同，在离心力场中的沉降系数不同，利用此特点可用离心技术对不同的蛋白质进行分离。常用的离心技术主要有差速离心法(differential centrifugation)和密度梯度离心法(density gradient centrifugation)。

差速离心法是根据不同蛋白质之间沉降系数不同进行分离的，通过不断增加相对离心力，使沉降速度不同的蛋白质颗粒在不同离心速度以及不同离心时间下多次离心的方法。差速离心法样品的处理量较大，可用于大量样品的初分离，但其分辨力差，因此一般用于分离沉降系数相差较大的颗粒。

密度梯度离心法用于分离密度不同的蛋白质。离心管中的介质密度不均一，上部密度低而下部密度高，不同的蛋白质加入离心管顶部开始离心后，在离心力作用下发生沉降，当某种蛋白质沉降至与其自身密度相同的介质区域时，即停留在此区域不再继续沉降，当离心完成时，密度不同的蛋白质存在于不同的离心介质中，在离心管内的不同位置形成相应的区带。

四、蛋白质的层析

层析(chromatography)技术是由固定相和流动相组成，待分离的多组分混合物在流动相推动下发生迁移，各组分基于溶解度、蒸汽压、吸附能力、立体结构或离子交换等物理化学性质的微小差异，使其在流动相和固定相之间的分配系数不同，而当两相做相对运动时，组分在两相间进行连续多次分配，从而达到彼此分离的效果。

该技术最早是俄国植物学家 Mikhail Tswett 于 1903 年发明，在最初的实验中，植物叶片的石油醚提取物被分离成不同颜色的色带，因此这种技术又被称为“层析”，经过多年发展以后，层析技术能分离的物质早已不再局限于有色物质。层析技术从 1931 年后才受到人们重视，进而被广泛应用于化学、生物科学的多个研究领域中，经过 100 多年的发展，目前已衍生出多种不同类型的层析技术。根据流动相的状态可分为气相层析(gas chromatography)和液相层析(liquid chromatography)；根据层析床的形态可分为柱层析(column chromatography)和平面层析(planar chromatography)；根据各组分分离的机制可分为吸附层析(adsorption chromatography)、分配层析(partition chromatography)、凝胶过滤层析(gel filtration chromatography)、离子交换层析(ion exchange chromatography)、亲和层析(affinity chromatography)、超临界流体层析(supercritical fluid chromatography)等十几种。层析技术在各种有机物的分离纯化及性质研究中发挥着不可替代的重要作用。蛋白质分离的层析技术主要有以下几种。

1. 离子交换层析　其分离蛋白质的依据是不同蛋白质的等电点不同,在不同的 pH 条件下,带不同的电荷。离子交换层析的固定相是阴离子交换树脂(或阳离子交换树脂),吸附流动相中带相反电荷的蛋白质。蛋白质样品流经离子交换层析柱时,与交换树脂电性相反的蛋白质离子被吸附于固定相上,不带电荷或与交换树脂电性相同的蛋白质离子则从柱中被洗脱出来,达到初步分离。吸附于柱中的不同种蛋白质离子由于所带电荷数量、电荷在分子中的分布都有差别,因此与交换树脂结合的作用力亦存在差别,控制后续洗脱步骤所用洗脱液的离子浓度或 pH,即可将不同的蛋白质分步洗脱出来。

离子交换树脂的选择是提高蛋白质有效成分获得率和分辨率的重要环节,选择交换树脂需要了解蛋白质的带电情况、热稳定性、活性及溶解性受溶液 pH 和盐浓度的影响情况等方面。交换树脂颗粒的大小影响离子交换柱的分辨率和流速,颗粒大则装填不紧密,间隙大,单位体积的交换容量小,容易引起区带分散,分辨率低;颗粒小则分辨率高,交换容量大,缺点是流速较慢。层析缓冲液的种类和 pH 要取决于在此缓冲液中的各组分的溶解度和稳定性,待分离组分不能变性失活,且溶解性好;缓冲液的 pH 会影响两性电解质的电荷性质,因此要与交换剂所带电荷相匹配。

2. 凝胶过滤层析　又称分子筛层析(molecular sieve chromatography)、分子排阻层析(molecular exclusion chromatography)等,它主要用于分离分子大小不同的物质,还可用于测定生物大分子的分子量。凝胶过滤层析的固定相为多孔凝胶,蛋白质混合物随流动相通过层析柱时,不同蛋白质在向下运动的同时还在做不定向扩散运动。分子较大的蛋白质由于直径大于凝胶网孔不能进入凝胶内部,只能沿着凝胶颗粒间的空隙向下移动,因此流程短,首先流出层析柱。而分子较小的蛋白质,由于直径小于凝胶网孔,能够进入凝胶颗粒内部,洗脱的流程增长,而较晚流出层析柱。凝胶过滤层析见图 20-3。

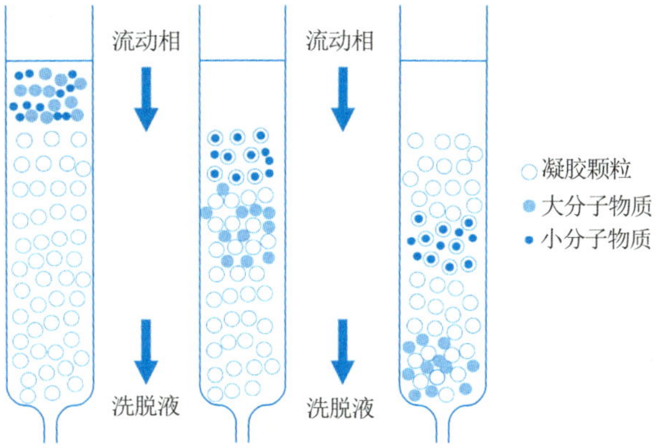

图 20-3　凝胶过滤层析

3. 亲和层析　许多生物大分子与特殊的配体之间存在特异的亲和力,如酶与底物或抑制剂、受体与配体、抗原与抗体等,亲和层析将具有亲和力的两个分子中一个固定在不溶性基质上,利用分子间亲和力的特异性和可逆性,对另一个分子进行分离纯化。被固定在基质上的分子称为配基(ligand)。

亲和层析是蛋白质分离纯化中最常用的技术之一,其原理是将与目标蛋白有亲和力的配基通过手臂分子固定到基质上,当蛋白质样品中存在目标蛋白时,即可结合在上面,然后将结合在配基上的目标蛋白洗脱下来。洗脱的方法有两种,一种可以用与目标蛋白亲和力更高的分子取代配基,另一种则用非特异性洗脱液,改变目标蛋白的构象,使其与配基分离(图 20-4)。

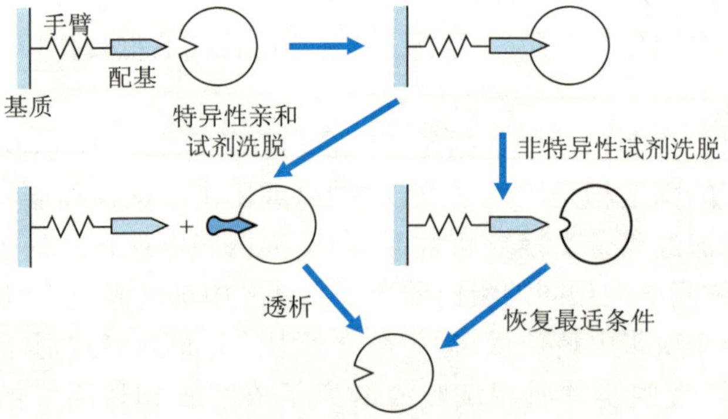

图 20-4 亲和层析

亲和层析具有快速、简便、特异性强、灵敏度高的优点，当需要从复杂的混合物中分离某种含量较低的蛋白时，亲和层析具有明显的优势。亲和层析在蛋白质分离纯化中被广泛使用，如免疫亲和层析、共价层析、染料配体亲和层析、固定化金属离子亲和层析均属于此类别。与此同时，高度特异性这一优点也成为亲和层析应用的局限性，由于每分离一种不同的目标蛋白就要求找到其特异性的配基，再制备成固相载体，使实验的难度及成本均明显增大。

4. 高效液相层析(high performance liquid chromatography，HPLC) 是采用高压输液泵将规定的流动相泵入装有填充剂的层析柱进行分离测定的层析方法。注入样阀的蛋白质样品，由流动相带入柱内，各蛋白质成分在柱内被分离，并依次进入检测器，由记录仪、积分仪或数据处理系统记录层析信号。高效液相层析的主要分离机制有吸附、分配、离子交换和排阻作用。高效液相层析具有许多优点：① 与结晶、过滤等传统分离方法比较，它可以提供更佳的分离效果，并且一次可以得到 2 个以上的高纯度组分。② 分析速度快，一般可以在 30min 内完成。③ 样品回收简单，检出范围达 ng 级或 pg 级。④ 方法灵活机动，一台高效液相色谱仪只需更换不同的色谱柱和检测器，便可适用于不同的分离要求。

在各种类型的 HPLC 中，反相高效液相色谱(reverse phase HPLC，RP-HPLC)应用最为广泛。其固定相是非极性的，而流动相是比固定相极性更强的溶剂系统。蛋白质分子疏水性的不同使其在两相中的分配不同而得到分离。近年来 RP-HPLC 以其高分辨力、快速、重复性好等优点广泛应用于蛋白质的分离分析。

五、蛋白质的电泳

电泳(electrophoresis)分离技术是指带电荷的物质在电场的作用下，利用带电粒子在电场中移动速度不同而达到分离的技术。蛋白质的电泳分离技术主要为区带电泳，主要有醋酸纤维素薄膜电泳、琼脂凝胶电泳、聚丙烯酰胺凝胶电泳。按支持物的装置形式不同可分为水平板式电泳、垂直板式电泳、垂直柱式电泳；按 pH 的连续性不同可分为连续 pH 电泳和非连续 pH 电泳。下面介绍几种常用的蛋白质电泳分离技术。

1. 聚丙烯酰胺凝胶电泳 是以聚丙烯酰胺凝胶作为支持介质的电泳方法，在这种支持介质上可根据被分离物质分子大小和分子电荷多少来分离。聚丙烯酰胺凝胶是由丙烯酰胺(acrylamide)和交联剂 N,N′-甲叉基双丙烯酰胺(N,N′- methylene-bis-acrylamide)聚合而成的大分子。聚丙烯酰胺凝胶的优点主要包括以下几方面：① 凝胶网孔是带有酰胺侧链的碳-碳聚合物，没有或很少带有离子的侧基，因而电渗作用比较小，不易和样品相互作用。② 由于聚丙烯酰胺凝胶是一种人工合成的物质，在聚合前可调节单体的浓度比，形成不同程度交联结构，其空隙度可在一个较广的范围内变化，因此可以根据要分离物质分子的大小，选择合适的凝胶成分，使之既有适宜的空隙度，又有比较好的机械性质。③ 化学稳定性高，对 pH 和温度变化较稳定，在很多溶剂中不溶，在一定浓度范围聚丙烯酰胺对热稳定。④ 凝胶无色透明，易观察，可用检测仪直接测定。

聚丙烯酰胺凝胶电泳分离蛋白质具有以下优点：① 浓缩效应。② 电荷效应。③ 分子筛效应。在聚丙烯酰胺凝胶电泳中可以加入十二烷基硫酸钠(sodium dodecyl sulfate, SDS)。SDS 是一种很强的阴离子表面活性剂，它能断裂分子内和分子间的氢键，使分子去折叠。加入 SDS 和强还原剂(如巯基乙醇)可破坏蛋白质的空间结构，SDS 还会和蛋白质结合形成蛋白质- SDS 复合物。由于 SDS 带有负电荷，所引入的净电荷约为蛋白质本身净电荷的 10 倍，使得其所带电荷远超过蛋白质原有的净电荷，从而清除或大大降低了不同蛋白质之间所带的净电荷不同对电泳迁移率的影响。SDS 与蛋白质结合后，还引起了蛋白质构象的改变，蛋白质- SDS 复合物水溶液中的形状，近似于雪茄烟形的长椭圆棒，不同蛋白质的 SDS 复合物的短轴长度都一样，约为 10Å，而长轴则随蛋白质的分子量成正比地变化。这样的蛋白质- SDS 复合物在电泳时，迁移率不再受蛋白质原有电荷和形状的影响，只受蛋白质分子量的大小影响。因此，可利用 SDS -聚丙烯酰胺凝胶电泳对不同分子量的蛋白质进行分离。

2. 等电聚焦(isoelectric focusing)电泳　也称等电分离、等电点划分、等电点分析、聚焦电泳等，它不仅用来分离、鉴定和测定蛋白质等电点，分离复合蛋白，同时还可以结合 SDS 电泳、密度梯度和一般凝胶电泳进行双向电泳来分析蛋白质的亚基，分子大小和各种蛋白质成分的图谱，因此，它已成为电泳中不可缺少的技术。

等电聚焦电泳是针对两性电解质设计的电泳分离方法。两性电解质所带电荷的性质取决于周围溶液的 pH 与其本身等电点 pI 的关系，当溶液的 pH 高于两性电解质的 pI 时，两性电解质带负电荷向阳极移动；反之，在 pH 低于其 pI 的溶液中两性电解质带正电荷时，向阴极移动。当 pH 等于 pI 时，两性电解质不带电，即净电荷等于零，不能移动。等电聚焦即在电解槽中放入载体两性电解质，当通电时，两性载体即形成一个由阳极到阴极逐步递增的线性 pH 梯度。当蛋白质放进此体系时，不同的蛋白质即开始移动，图中箭头指示不同位置蛋白质受到电场的作用力的方向，最终各种蛋白聚焦在相当于它的等电点的 pH 位置上(图 20 - 5)。

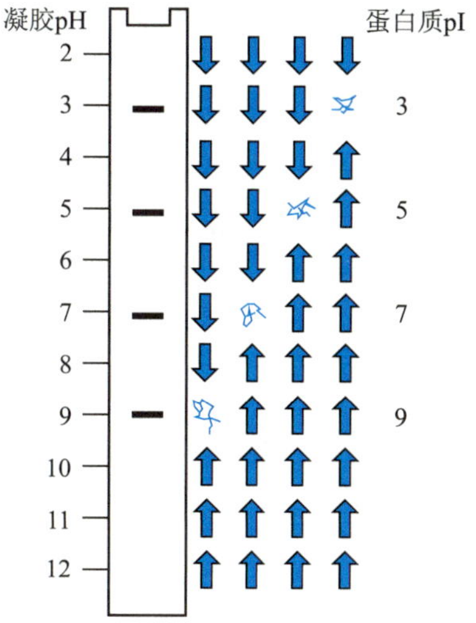

图 20 - 5　蛋白质的等电聚焦电泳

等电聚焦电泳的优点：① 分辨率非常高，可以将等电点相差仅0.01～0.02 pH 单位的蛋白质分开。② 一般电泳由于受扩散作用的影响，随着电泳时间和距离增长，区带会变宽，而等电聚焦能消除扩散作用，使区带越来越窄。③ 由于这种电聚焦作用，不管样品加在什么部位，都可聚焦到其等电点处，浓度很低的样品也可进行分离。④ 可以直接测出蛋白质的等电点，精确度可达 0.01 pH 单位。等电聚焦电泳也有缺点：一是等电聚焦要求用无盐溶液，而在无盐溶液中蛋白质可能发生沉淀；二是样品中的成分必须停留于其等电点，不适用于在等电点时发生沉淀或变性的蛋白质。

3. 毛细管电泳(capillary electrophoresis)　又称高效毛细管电泳(high performance capillary electrophoresis)，是以高压电场为驱动力，以毛细管为分离通道，依据样品中不同蛋白质之间迁移速度和分配行为上的差异，而实现分离的一类液相分离技术。毛细管电泳是一种电泳和层析相结合的分离技术，由于毛细管内径小，表面积和体积的比值大，易于散热，因此毛细管电泳可以减少热量的产生，这是与传统电泳技术的根本区别。毛细管电泳依据分离模式不同，可分为毛细管区带电泳、毛细管胶束电动色谱、毛细管凝胶电泳、毛细管等电聚焦电泳、亲和毛细管电泳、毛细管电色谱。毛细管电泳具有所需样品量少、分析速度快、分离效率高、分辨率高、灵敏度高、分离模式多、溶剂用量少、经济、环保、应用范围广等优点。

第三节　蛋白质常见的检测技术

在许多研究中，需要对蛋白质样品进行分析，检测蛋白质的含量、功能，本节重点介绍蛋白质含量测定及功能鉴定分析的常用方法。

一、蛋白质含量的测定

蛋白质含量的测定方法较多，下面介绍几种常见的方法。

1. 凯氏定氮法　组成蛋白质的各种元素中，氮元素的含量在各种不同的蛋白质中均接近16%，因此可以通过测定某蛋白质样品中氮元素的量来计算出蛋白质的含量。凯氏定氮法是对样品中氮元素含量进行测定的方法。凯氏定氮法首先将含氮有机物与浓硫酸共热，经一系列的分解、碳化和氧化还原反应等复杂过程，最后将有机氮转变为无机氮硫酸铵，这一过程称为有机物的消化。消化完成后，将消化液转入凯氏定氮仪反应室，加入过量的浓氢氧化钠，将 NH_4^+ 转变成 NH_3，通过蒸馏把 NH_3 驱入过量的硼酸溶液接受瓶内，硼酸接受氨后，形成四硼酸铵，然后用标准盐酸滴定，直到硼酸溶液恢复原来的氢离子浓度。滴定消耗的标准盐酸摩尔数即为 NH_3 的摩尔数，通过计算即可得出总氮量。

凯氏定氮法又分为常量、半微量、微量法 3 种，其测定原理相同，主要区别在于样品及试剂的用量不同。微量法则具有实验规模小、实验费用低的优点。但微量法的准确度和精密度比常量法要差一些。凯氏定氮法测定蛋白质含量结果准确度较高，重复性好，适用的样品范围广，其局限性在于凯氏定氮法实际是对样品中的氮元素进行测定，因此样品中的其他含氮物质均会对结果造成干扰，测定过程复杂，耗时较长。目前凯氏定氮法一方面是国家标准中测定食品蛋白质含量的方法；另一方面在其他蛋白质测定方法中使用的标准蛋白试剂，其含量也是通过凯氏定氮法来进行测定。

2. 紫外吸收法　蛋白质分子中含有的酪氨酸和色氨酸等芳香族氨基酸，在紫外光 280 nm 波长处有最大吸收峰，一定浓度范围内其浓度与吸光度成正比，故可用紫外分光光度计通过比色来测定蛋白质的含量。此方法操作简便快速，不会对蛋白质样品造成破坏，目前实验室使用的微量紫外分光光度计仅需 1 μl 样品，即可进行蛋白质浓度的测定。其缺点有两方面：一方面紫外吸收仅是芳香族氨基酸的特性，若两种蛋白质组成中芳香族氨基酸含量差别较大，则紫外吸收值并不能准确地反映蛋白质的含量。另一方面，由于核酸在 280 nm 波长处也有光吸收，对蛋白质测定有一定的干扰作用，但核酸的最大吸收峰在 260 nm 处。如同时测定 260 nm 的光吸收，通过计算可以消除其对蛋白质测定的影响。因此如溶液中存在核酸时必须同时测定 280 nm 及 260 nm 的吸光度，方可通过计算测得溶液中的蛋白质浓度。紫外吸收法可检测的蛋白质浓度范围是 0.2～2 mg/ml，一般用此法对蛋白质样品进行粗略定量。

3. 双缩脲法　具有两个或两个以上肽键的化合物皆有双缩脲反应。在碱性溶液中，蛋白质与硫酸铜形成紫色络合物，在 540 nm 处有最大吸收。在一定浓度范围内，蛋白质浓度与双缩脲反应所呈的颜色深浅成正比，可用比色法定量测定。双缩脲法反应过程简单，但灵敏度较低，常用于需要快速但不要求十分精确的测定。

4. Folin-酚试剂法(Lowry 法)　蛋白质首先在碱性溶液中形成铜-蛋白复合物，然后这一复合物还原磷钼酸-磷钨酸试剂(Folin-酚试剂)，产生深蓝色的钼蓝和钨蓝复合物，这种深蓝色的复合物在 745～750 nm 处有最大吸收峰，颜色的深浅与蛋白质浓度成正比，可根据 750 nm 的光吸收值大小计算蛋白质的含量。此方法测定结果较可靠，不同蛋白质之间差别很小，灵敏度高，可测定的蛋白质浓度范围为 5～100 μg/ml，但此法的干扰物质较多。

5. 考马斯亮蓝法 考马斯亮蓝能与蛋白质的疏水微区相结合，这种结合具有高敏感性。考马斯亮蓝 G250 的磷酸溶液呈棕红色，最大吸收峰在 465 nm。当它与蛋白质结合形成复合物时呈蓝色，其最大吸收峰改变为 595 nm，考马斯亮蓝 G250 -蛋白质复合物的高消光效应导致了蛋白质定量测定的高敏感度，此法测定蛋白质的浓度范围为 25～200 μg/ml。

6. 溴甲酚绿法 是临床上测定血清白蛋白的方法。其原理是血清白蛋白与溴甲酚绿在 pH 为 4.2 的条件下，特异结合生成绿色复合物，溶液由黄色变为绿色，其颜色深浅与白蛋白浓度成正比，通过在 630 nm 处测定其吸光度可得出白蛋白的含量。而其他血清蛋白不能与溴甲酚绿发生特异性结合。该方法具有快速、特异等优点。

二、特定蛋白质的检测

某种特定蛋白质的鉴定主要是利用抗原-抗体的反应，常用的方法有 Western 杂交和蛋白质芯片技术。

（一）Western 杂交

Western 杂交是在 Southern 杂交和 Northern 杂交基础上发展起来的，对电泳后的蛋白质样品转膜后进行杂交的方法。由于研究对象从核酸变成了蛋白质，电泳方法也从琼脂糖凝胶电泳转变为聚丙烯酰胺凝胶电泳，杂交的“探针”是蛋白质的抗体，显色则通常利用酶标二抗的化学呈色反应实现。Western 杂交可以定性及定量检测样品中的特定蛋白质，由于利用了特异抗体进行检测，检测结果具有高度的特异性和灵敏性，在蛋白质的基因表达、抗体活性检测和疾病早期诊断等领域被广泛应用。Western 杂交的基本步骤包括以下几步。

1. 提取蛋白质样品 组织材料需进行匀浆处理，破碎细胞，培养的细胞材料通常用超声波使细胞破碎以释放细胞内的蛋白，将蛋白质样品从组织材料或培养的细胞中释放出来。某些实验中目标蛋白如果为分泌蛋白，则不需要破碎细胞，而是通过离心去除细胞后，以细胞外液为后续实验的材料。

2. 测定蛋白质样品浓度 为使电泳时每个样品的上样量相同，需要提前测定提取的各蛋白质样品的浓度。

3. 电泳 采用 SDS -聚丙烯酰胺凝胶电泳对蛋白质进行分离，根据样品蛋白质的分子量大小选择适宜的聚丙烯酰胺凝胶浓度，电泳后样品中的蛋白质按其分子量大小分成不同的条带。

4. 转膜 硝酸纤维素膜(nitrocellulose filter membrane，NC 膜)和聚偏二氟乙烯(polyvinylidene difluoride，PVDF)膜在蛋白质分析中最为常用。转膜均采用电转移，利用专门的仪器在电流的作用下，使蛋白质从凝胶转移至膜上。转膜的方法有半干法和湿法，半干法将凝胶夹层组合放在吸有转印缓冲液的滤纸之间，通过滤纸上吸附的缓冲液传导电流，起到转移的效果；湿法则将膜、凝胶和滤纸整个浸泡在缓冲液中。小分子量的蛋白采用半干法转膜效果比较好，而大分子量蛋白(100 kD 以上)更适合采用湿法转膜。

5. 封闭 由于滤膜具有较强的结合蛋白质的能力，因此在杂交之间必须将膜的空白处用与抗体不能结合的物质覆盖，以防止假阳性出现。封闭液可采用已知蛋白，如牛血清白蛋白、酪蛋白、脱脂牛奶等，也可用一些亲水性有机物，如明胶、吐温- 20 等。

6. 一抗孵育 即用被检测蛋白的抗体与膜上的样品分子进行杂交，若样品中存在目标蛋白，则抗体可与其发生特异性结合。将封闭后的滤膜与稀释后的一抗溶液混合，置于特定温度下孵育一定时间即可。杂交完成后用洗涤液洗膜几次，目的是将未结合的游离抗体从膜上洗掉。

7. 二抗孵育 用带有标记的二抗与一抗结合，以进行后面的显色反应。二抗的种类要根据一抗进行选择，二抗上的标记物有辣根过氧化物酶(horseradish peroxidase，HRP)、碱性磷酸酶(alkaline phosphatase，AP)、葡萄糖氧化酶(glucose oxidase，GOD)等，HRP 和 AP 是最常用的两种标记物。在检测蛋白质表达情况的实验中，通常需要检测内参蛋白的量，以此作为不同样品上样量的对比，从而使半定量测定更准确，内参蛋白的抗体与二抗同时加入进行孵育。

8. 结果检测 利用二抗上的标记物进行显色反应，根据反应结果进行定性检测及定量测定。不同的标记物可发生不同的显色反应。

HRP 的底物有邻苯二胺(O-phenylenediamine，OPD)、四甲基联苯胺(3，3′，5，5′-tetramethylbenzidine，TMB)和 ABTS[2，2′-azino-di-(3-ethylbenziazobine sulfonate-6)]。OPD 氧化后的产物呈橙红色，用酸终止酶反应后，在 492 nm 处有最高吸收峰，反应灵敏度高，比色方便，是 HRP 结合物最常用的底物；TMB 经 HRP 作用后共产物显蓝色，酶反应用 HCl 或 H_2SO_4 终止后，TMB 产物由蓝色呈黄色，可在比色计中定量，最适吸收波长为 405 nm；ABTS 虽不如 OPD 和 TMB 敏感，但空白值极低，也为一些试剂盒所采用。另一种 HRP 的底物为 3-(4-羟基)苯丙酸[3-(4-hydroxy)phenly propionic acid，HPPA]，经 HRP 作用后，产物显荧光，可用荧光光度计测量。

AP 一般采用对硝基苯磷酸酯(p-nitrophenyl phosphate，p-NPP)作为底物，产物为黄色的对硝基酚，在 405 nm 波长处有吸收峰。用 NaOH 终止酶反应后，黄色可稳定一段时间。AP 也有发荧光底物磷酸 4-甲基伞酮，可用于荧光测定，敏感度高于用显色底物的比色法。

(二) 蛋白质芯片技术

蛋白质芯片(protein chip)又称蛋白质微阵列(protein microarray)，是继基因芯片之后发展起来的生物检验技术，它高度并行性、高通量、微型化和自动化的特点成为研究蛋白质组学的有力工具。它的出现对于生物学、临床检验医学、遗传学、药理学等很多学科的进步具有很大的意义。

1. 蛋白质芯片的技术原理 蛋白质芯片是由固定于不同介质上的蛋白微阵列组成，这些蛋白包括抗原、抗体及标志蛋白。然后用标记的或未经标记的另外一个蛋白或其他分子与之作用，洗去未结合的成分后，经荧光扫描等方式检测芯片上各点的荧光强度，来分析蛋白之间或蛋白与其他分子之间的相互作用关系。

2. 蛋白质芯片的种类 蛋白质芯片有多种分类依据，根据功能可分为功能研究型芯片和检测型芯片。功能研究型芯片多为高密度芯片，载体上固定的是天然蛋白质或融合蛋白。该种芯片主要用于蛋白质活性及蛋白质组学的相关研究；检测型芯片的密度相对较低，固定的是抗原、抗体等，主要用于生物分子的大量、快速检测。根据芯片表面的不同化学成分，蛋白质芯片可分为化学表面芯片和生物表面芯片。化学表面芯片分为疏水、亲水、阳离子、阴离子和金属螯合等芯片，用于检测未知蛋白，并获取指纹图谱；生物表面芯片分为抗体、抗原、受体-配体、DNA-蛋白质等芯片种类。按点样蛋白质有无活性功能，蛋白质芯片分为无活性芯片和有活性芯片。无活性的芯片是将已经合成好的蛋白质点在芯片上，其制作方式主要分为原位合成、点合成、光蚀刻术等；有活性的芯片是指点在芯片上的样品是活的生物体(如细菌)，在芯片上原位表达蛋白质。相对于无活性的芯片，有活性的芯片可以提供模拟的机体内环境，对于蛋白质功能分析更为有利。按载体的不同可分为普通玻璃载体芯片、多孔凝胶覆盖芯片、微孔芯片等。

3. 蛋白质芯片的制备及分析流程

(1) 蛋白质芯片载体的选择：① 载体表面必须有可以进行化学反应的活性基团，以便与蛋白分子进行耦联。② 使单位载体上结合的蛋白分子达到最佳容量。③ 载体具有良好的生物兼容性。④ 载体应当是惰性的，并且有足够的稳定性，包括物理、化学和机械的稳定性。目前适合制作蛋白质芯片的载体主要有滤膜类、凝胶类和玻璃片类，玻璃片具有表面光滑、成本低、性能稳定等优点，是使用最广泛的芯片载体。

（2）探针蛋白的制备：蛋白质检测芯片上的探针蛋白可根据研究目的的不同，选用抗体、抗原、受体、酶等具有生物活性的蛋白质。由于具有高度的特异性和亲和性，单克隆抗体是比较好的一种探针蛋白，用其构筑的芯片可用于检测蛋白质表达丰度及确定新的蛋白质。基因工程抗体的发展使蛋白质芯片的提出和发展成为可能。噬菌体抗体库技术就是典型的代表。也可以利用其他的蛋白质文库制备探针蛋白，如全合成人重组抗体库、噬菌体肽库、噬菌体表达文库等。经蛋白质组技术如双相凝胶电泳技术分离得到的蛋白质作为抗原，把固相化的抗原与抗体库孵育，即可得到相应的单克隆抗体。

（3）探针分子的固化：由于蛋白质的物理结构和化学性质都比 DNA 更复杂，在固定到载体表面的过程中容易失活，而且不同蛋白质的性质千差万别，其活性与空间结构密切相关，因而不同的蛋白质采用不同的方法进行固定。目前被使用的固定方法如下：① 物理吸附，是指通过分子间作用力将蛋白质固定到载体表面，该方法常用的载体一般为三维多孔材料，如聚丙烯膜和凝胶等。② 共价结合，这是指用功能基团修饰原本惰性的载体，通过与氨基酸的支链基团共价连接形成不可逆的探针表面。③ 间接耦联，蛋白质分子不是直接连在载体上，而是在载体表面引入“桥接”分子，用来与蛋白质探针相连，这种方法可有效地避免破坏蛋白质的活性。④ DNA 引导固定，将 DNA 连接的蛋白质通过全匹配的 DNA 双链杂交固定到有核苷酸单链修饰的表面，此方法使蛋白质与载体表面保持一定距离，减少直接接触引起的活性损害，蛋白质探针处于液态的三维空间，反应基团完全暴露，解决了其他固定方法中探针方向的问题。⑤ 无细胞原位蛋白质合成技术，将特定序列的外源性 mRNA 或 DNA 固定于基片表面作为模板，利用蛋白质表达体系即时、原位地合成目标蛋白质，避免了蛋白质分离纯化中的繁琐步骤，也解决了蛋白质不易保存的问题。

（4）蛋白质芯片的检测：蛋白质芯片的检测方法有标记法和非标记法两种，标记法主要指荧光标记检测法，该方法原理简单、技术成熟，缺点在于传统的荧光标记法灵敏度较低，近年来出现了许多方法来放大检测信号，如生物素-亲和素放大法、纳米金-银增强法、滚环扩增放大法等，显著提高了低丰度蛋白质的检出率。非标记法包括蛋白质芯片联合表面增强激光解析/电离子化飞行时间质谱法（SELDI－TOF－MS）和表面等离子共振法（SPR）。SELDI－TOF－MS 利用激光脉冲辐射使芯片池中的分析物解析成荷电离子，由于质荷比不同，这些离子在磁场中的飞行时间长短不一，由此绘出质谱图，分析样品中各种蛋白质的含量和分子量信息。而 SPR 是利用全反射入射光与金属表面等离子发生共振的原理，通过检测受体与配体结合或解离时的共振信号改变，来获得分子间亲和力、特异度以及动力学常数等信息。这类方法都无须对样品进行标记，不会破坏蛋白质的结构和功能，具有高效、快速、灵敏、高通量等优点。

第四节　蛋白质组学分析技术

蛋白质组（proteome）的概念最早由澳大利亚科学家 Marc Wilkins 于 1994 年提出，是指在某一特定的时间和空间条件下，一个细胞或组织所表达的蛋白质的总和。研究蛋白质组的组成、表达、结构、功能、蛋白之间相互作用及其活动规律的科学称为蛋白质组学（proteomics）。蛋白质组学以蛋白质组为研究对象，在整体水平上大规模、高通量、系统性地分析研究蛋白质组中的蛋白质特性、表达量及功能的动态变化等，包括蛋白质的组成成分、蛋白质的定性及定量、蛋白质的结构与功能、蛋白质翻译后加工修饰的状态、蛋白质在细胞内的分布定位及各种蛋白质之间的相互作用等。

研究分析蛋白质组学需要配合使用蛋白质分离、纯化、定性及定量等各种技术手段，如蛋白质样本的制备、分离、鉴定技术和用于分析处理数据的计算机软件系统及生物信息学平台等。研究蛋白质组学常用的方法包括：双向凝胶电泳（two dimensional gel electrophoresis，2 - DE）、质谱（mass spectrometry，MS）、酵母双杂交系统（yeast two-hybrid assay）及蛋白质芯片法（proteochip）等。

一、双向凝胶电泳技术

（一）双向凝胶电泳发展

双向电泳的思路最早由 Smithies 和 Poulik 在 1956 年提出，第一向电泳根据蛋白质自由溶液迁移率在滤纸条上进行；第二向电泳方向与第一向垂直，在淀粉胶上进行。在 20 世纪 60 年代，聚丙烯酰胺凝胶被发明并成为广泛使用的电泳介质，聚丙烯酰胺凝胶的引入使双向电泳成为双向凝胶电泳。1969 年，双向凝胶电泳在原理上有了新的发展，以第一向为蛋白质等电聚焦的双向凝胶电泳建立起来，即为 IEF - PAGE。20 世纪 70 年代初，第二向电泳中使用了十二烷基硫酸钠（SDS），使第二向电泳基本上根据蛋白质的相对分子质量来分离，从而奠定了现代双向凝胶电泳的基础，即 IEF - SDS PAGE。1975 年，O'Farrell、Klose 和 Scheele 分别对双向凝胶电泳做进一步的优化，建立了高分辨的双向凝胶电泳。

（二）双向凝胶电泳原理

双向凝胶电泳是利用蛋白质的等电点不同和分子量大小的差异，通过两次凝胶电泳达到分离蛋白质的技术。

第一向电泳是等电聚焦电泳，依据蛋白质的等电点不同将蛋白质分离。蛋白质是两性分子，在不同的 pH 环境中可以带正电荷、负电荷或不带电荷。对每个蛋白质来说都有一个特定的 pH，此时蛋白质的静电荷为零，此 pH 即该蛋白质的等电点（pI）。将蛋白质样品加载至 pH 梯度介质上进行电泳时，它会向与其所带电荷相反的电极方向移动。在移动过程中，蛋白分子可能获得或失去质子，并且随着移动的进行，该蛋白所带的电荷数和迁移速度下降。当蛋白质迁移至其等电点 pH 位置时，其净电荷数为零，在电场中不再移动。聚焦是一个与 pH 相关的平衡过程，蛋白质以不同的速率靠近并最终停留在它们各自的 pI 位置。

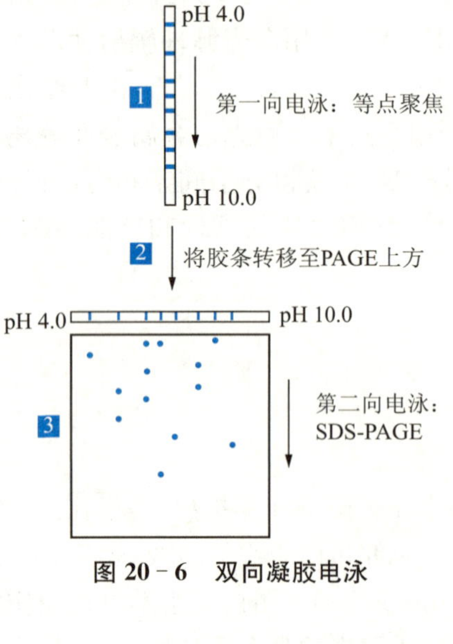

图 20 - 6 双向凝胶电泳

第二向电泳是 SDS 聚丙烯酰胺凝胶电泳，根据蛋白质分子大小不同将蛋白质分离。将 IPG 胶条中经过第一向分离的蛋白转移到第二向 SDS - PAGE 凝胶上，根据蛋白质分子量的不同，在垂直或水平方向进行十二烷基硫酸钠-聚丙烯酰胺凝胶电泳（SDS - PAGE），即第二向电泳。蛋白质与十二烷基硫酸钠（SDS）结合形成带负电荷的蛋白质——SDS 复合物，由于 SDS 是一种强阴离子去垢剂，所带的负电荷远远超过蛋白质分子原有的电荷量，能消除不同分子之间原有的电荷差异，从而使得凝胶中电泳迁移率不再受蛋白质原有电荷的影响，而主要取决于蛋白质分子的质量大小，其迁移率与分子量的对数呈线性关系。在蛋白质组研究中，需要在同样的条件下同时走多块胶，这对凝胶与凝胶之间的比较十分重要。最后用考马斯亮蓝或银染进行检测，用相关软件对结果进行比对、解析（图 20 - 6）。

2 - DE 是目前常用的一种能溶解大量蛋白质并进行定量的方法，具有高通量、重复性好、敏感性较高等优点。它能同时分离和定量数千种甚至上万种蛋白。它的分辨率极高，等电聚焦相可以区分 PI 相差 0.1 的蛋白质，SDS - PAGE 相可以区分分子量相差1 kD 的蛋白质。其缺点主要在于一些低丰度的蛋白不易检测，疏水性的膜蛋白很难用此法分离、研究，染色技术的灵敏度和线性范围不足以呈现所有分离的蛋白质，某些基因的表达产物在胶中呈多点或不同基因的表达产物呈共点，使数据的比较、定量更加复杂。目前，人们采用多种方法来减少这些缺点，如通过增加上样量分离低丰度蛋白，应用窄范围固定 pH 梯度胶条、蛋白层析等技术提高分离的蛋白数目，应用荧光染色提高检测灵敏度等。

（三）双向荧光差异凝胶电泳

为进一步提高 2－DE 的灵敏度、分辨率及重复性，人们建立了双向荧光差异凝胶电泳法（two dimension difference gel electrophoresis，2D－DIGE）。荧光差异凝胶电泳技术在传统双向电泳技术的基础上结合了多重荧光分析的方法，可在同一块胶上同时分离多个分别由不同荧光标记的样品。由于不同的荧光标记样品有不同的激发波长，可通过不同的滤光片记录互不干扰的胶图结果。由于有了多色荧光标记，使得在同一块胶中分离并分析多个样本成为可能。这样有效避免了不同胶间的系统误差，特别适合比较不同样本间差异。

2D－DIGE 中最重要的改进在于多色荧光染料的使用，用于蛋白质组样品标记的荧光染料不同于普通荧光染料，标记后的蛋白质不应该有等电点上的改变，分子量上的改变也应该保持最小而且不同荧光染料导致的分子量的改变应该一致。用于蛋白质预先标记的荧光染料分为两类，最小标记和饱和标记。

最小标记荧光染料包括 3 种，分别是 Cy2、Cy3 和 Cy5。这 3 种荧光染料化学结构相似，分子量接近，带有相同的活化基团——NHS 脂，可以特异性地标记在赖氨酸残基的 ε 氨基上，由于 3 种染料均带有一个正电荷，这样通过取代反应蛋白质的等电点不会发生改变，保证了不同样品中的相同蛋白质可以泳动到相同的位置。不过要注意，过多的染料标记会导致蛋白质的疏水性增加而不易溶解。保持 1%～2%的蛋白质的赖氨酸残基被荧光标记修饰，才可以维持被标记的蛋白在电泳时的溶解性，因此，在标记样品时，保证合适的蛋白质和染料的摩尔数比例至关重要。通过调整合适的 pH、合适的染料和蛋白质的摩尔比，保证每个蛋白质分子尽量只标记上一个染料分子，来保证蛋白质的分子量变化最小。

饱和标记的荧光染料包括两种，标记蛋白质上的半胱氨酸残基，主要用于一些来源珍贵的微量样品的研究中。饱和标记可避免上述问题，但是使用成本较高。在采用饱和标记分析蛋白质组样品时，必须先进行染料量的滴定，以确定合适的还原剂和染料的加量，否则，在 DIGE 胶图上很容易造成水平链状的点或垂直拖尾。另外，由于被标记了的蛋白质的分子量发生了改变，饱和标记的胶图和银染的胶图有所不同。

2D－DIGE 用不同的荧光染料标记所要比较的蛋白质组样品，在同一块电泳胶上分离，并定量比较表达量有差异的蛋白，具有重复性好、灵敏度高及能与质谱联用鉴定蛋白质等优点。但其缺点是难以对多个蛋白质组同时进行比较，而且由于试验仪器、分析软件、检测试剂等相对昂贵，不利于普及。

二、质谱技术

（一）质谱技术原理

质谱的起源可追溯到 1886 年，Eugen Goldstein 在低压放电实验中观察到正电荷粒子，随后 W. Wein 发现正电荷粒子束在磁场中发生偏转，这些观察结果为质谱的诞生提供了准备。1912 年，英国物理学家 Joseph John Thomson 研制出世界上第一台抛物线质谱装置。1919 年，Francis Aston 制成第一台速度聚焦型质谱仪，成为质谱发展史上的里程碑。此后，质谱仪不断改进，应用范围也不断扩大。1934 年，Josef Mattauch 和 Richard Herzog 根据他们的双聚焦理论，研制出双聚焦质谱仪。1940 年，Nier 设计出单聚焦磁质谱仪，他还在 1960 年设计并制成了一台小型的双聚焦质谱仪。1942 年，第一台商品质谱仪诞生。1953 年，由 Wiley 和 McLarens 设计出飞行时间质谱仪原型。现在质谱分析已应用于各个学科的技术领域，在固体物理、冶金、电子、航天、原子能、地球和宇宙化学、生命科学的各个领域均有其重要位置。

质谱是带电原子、分子或分子碎片按质荷比（或质量）的大小顺序排列的图谱。质谱仪是一类能使物质粒子电离化成离子并通过适当的电场、磁场将它们按空间位置、时间先后或者轨道稳定与否实现质荷比分离，并检测强度后进行物质分析的仪器。质谱仪主要由分析系统、电学系统和真空系统组成。由于分析的样品分子（或原子）在离子源中离化成具有不同质量的单电荷分子离子和碎片离子，这些单电荷离子在加速电场中获得动能并形成一束离子，进入由电场和磁场组成的分析器，离子束中速度较慢的离子通过电场后偏转大，速度快的偏转小；在磁场中离子发生角速度矢量相反的偏转，即速度慢的离子依然偏转大，速度快的偏转小；当两个场的偏转作用彼此补偿时，它们的轨道便相交于一点。与此同时，在磁场中还能发生质量的分离，这样就使具有同一质荷比而速度不同的离子聚焦在同一点上，不同质荷比的离子聚焦在不同的点上，其焦面接近于平面，在此处用检测系统进行检测即可得到不同质荷比的谱线，即质谱。通过质谱分析，可以获得样品的分子量、分子式、分子中同位素的构成和分子结构等多方面的信息。

（二）蛋白质组学研究中的质谱技术

在蛋白质质谱分析中，使蛋白质样品电离是重要环节，通常采用两种软电离技术，即电喷雾电离和基质辅助激光解吸电离技术，由此产生了电喷雾电离质谱（ESI－MS）和基质辅助激光解吸电离飞行时间质谱（MALDI－TOF－MS）。此外，在蛋白质研究及医学领域应用较多的质谱技术还有快原子轰击质谱（fast atom bombardment mass spectrometry，FABMS）、同位素质谱（isotope mass spectrometry，IMS）及各种串联质谱（MS/MS）等技术。

1. 电喷雾电离质谱（ESI－MS） 是在毛细管的出口处施加一高电压，所产生的高电场使从毛细管流出的液体雾化成细小的带电液滴，随着溶剂蒸发，液滴表面的电荷强度逐渐增大，最后液滴崩解为大量带一个或多个电荷的离子，致使分析物以单电荷或多电荷离子的形式进入气相。电喷雾离子化的特点是产生高电荷离子而不是碎片离子，使质量电荷比降低到多数质量分析仪器都可以检测的范围，因而大大扩展了分子量的分析范围，离子的真实分子质量也可以根据质荷比及电荷数算出。

电喷雾质谱的优势是它可以方便地与多种分离技术联合使用，如在使用 ESI 离子化前使用高效液相色谱和毛细管电泳，可方便地去除待测物中的杂质。

2. 基质辅助激光解吸电离飞行时间质谱（MALDI－TOF－MS） 是将待测的蛋白质样品溶液与过量的有机小分子基质[1：(100～50 000)]溶液混合，然后取微量混合液点到样品靶上，经过加热或风吹烘干形成共结晶，放入离子源内；当激光照射到靶点上时，小分子基质吸收了激光的能量，转变为基质的电子激发能，该能量传递给待测的蛋白质样品，导致蛋白质电离和气化。使用小分子基质的主要目的是为了保护待分析的蛋白质样品不会因过强的激光能量而被破坏，因此被称为软离子化方式。另外，小分子基质还有分隔和悬浮待测样品、有效接收激光能量的功能。当样品分子被离子化后，即由高电压（20 kV）将其转送到质量分析器——时间飞行质谱仪内，在那里它们首先与基质分子分离，然后根据它们各自的质量与电荷比（M/Z）被检测。离子的检测是根据不同质量的离子飞行到检测管末端所需的时间不同，而且所需的时间正比于 M/Z 的平方根。理论上讲，只要飞行管的长度足够，TOF 检测器可检测分子的质量数是没有上限的，因此 MALDI－TOF 质谱很适合对蛋白质、多肽等生物大分子的研究。

3. 快原子轰击质谱技术（FABMS） 是一种软电离技术，是用快速惰性原子射击存在于底物中的样品，使样品离子溅出进入分析器，这种软电离技术适于极性强、热不稳定的化合物的分析，特别适用于多肽和蛋白质等的分析研究。FABMS 只能提供有关离子的精确质量,从而可以确定样品的元素组成和分子式。而 FABMS - MS 串联技术的应用可以提供样品较为详细的分子结构信息。

4. 同位素质谱 用同位素标记的质谱(IMS)可对蛋白质组进行定量分析,将待测的几组样品分别用同一元素的不同质量的稳定性同位素标记,然后混合到一起进行质谱分析。几组样品中的相同肽段,由于所标记的同位素质量不同,而能明显区分开。从同位素离子峰的强度可以得到其所标记的肽段的相对丰度,从而避免了不同实验之间的误差,得到的结果更加准确、可靠。利用同位素标记的质谱技术可以对蛋白质样品进行相对以及绝对的定量分析。

（三）生物质谱的应用

1. 蛋白质和多肽分子量测定 分子量是蛋白质、多肽最基本的物理参数之一,是蛋白质、多肽识别与鉴定中首先需要测定的参数,也是基因工程产品报批的重要数据之一。分子量正确与否往往代表着所测定的蛋白质结构正确与否或者意味着一个新蛋白质的发现。生物质谱可测定分子量高达 40 万的生物大分子,精确度高达 0.001%～0.1%,远远高于目前常规应用的 SDS 电泳与高效凝胶色谱技术。

2. 肽谱测定 肽谱是基因工程重组蛋白结构确认的重要指标,也是蛋白质组研究中大规模蛋白质识别和新蛋白质发现的重要手段。通过与特异性蛋白酶解相结合,生物质谱可测定肽质量指纹谱(peptide mass fingerprint,PMF),并给出全部肽段的准确分子量,结合蛋白质数据库检索,可实现对蛋白质的快速鉴别和高通量筛选。PMF 常和胶上原位酶解相结合,成为蛋白质组研究中必不可少的一种手段。此外根据肽段质量数变化,可对基因产品的插入、缺失、突变进行对比分析。

3. 肽序列测定技术 构成蛋白质的常见氨基酸有 20 种,一段 3 个氨基酸的肽段碎片将有 8 000 种可能的排列方式,4 个氨基酸将有 160 000 种排列方式,即一个特定的 4 个氨基酸序列的出现概率为 1/160 000。因此,即使对于一个相当大的蛋白质组来说,五、六个氨基酸残基的序列片段已具有很高的特异性。串联质谱技术可直接测定肽段的氨基酸序列,从一级质谱产生的肽段中选择母离子,进入二级质谱,经惰性气体碰撞后肽段沿肽链断裂,由所得到的各肽段质量数差值推定肽段序列,用于数据库查询,称为肽序列标签技术(peptide sequence tag,PST),目前广泛应用于蛋白质组研究中的大规模筛选。较之传统的 Edman 降解末端测序技术,生物质谱具有不受末端封闭的限制、灵敏度高、速度快的特点。另外,一种间接的肽序列测定技术即肽阶梯序列技术(peptide ladder sequence),通过末端酶解或化学降解,产生一组相互之间差一个氨基酸残基的多肽系列,经MALDI - TOF - MS 鉴定后,由所得到的肽阶梯图中各肽段的分子量差值确定末端的氨基酸序列,从而用于数据库查询。

4. 巯基和二硫键定位 二硫键在维持蛋白和多肽三级结构和正确折叠中具有重要作用,同时也是研究翻译后修饰所经常面临的问题,自由巯基在研究亚基之间及蛋白与其他物质相互作用中具有重要意义。利用碘乙酰胺、4 -乙烯吡啶、2 -巯基苏糖醇等试剂对蛋白质进行烷基化和还原烷基化,结合蛋白酶切、肽谱技术,利用生物质谱的准确分子量测定,可实现对二硫键和自由巯基的快速定位与确定。这在含有多二硫键结构的活性多肽与蛋白质研究中有重要用途。

5. 蛋白质翻译后修饰 蛋白质在翻译中或翻译后由于不同功能所需会发生 20 多类修饰,其中最常见的是磷酸化和糖基化,这些修饰将影响蛋白质的电荷数、疏水性、构象和稳定性,进而影响其生物活性,因此,在基因工程重组蛋白评估时,翻译后修饰也被认为是影响活性的一个重要因素。传统的 Edman 降解技术会破坏蛋白质修饰,降解方法虽能得到糖链并鉴定,但却不能进行糖链的准确定位。结合肽谱和脱磷酸酶作用,目前已可以用 MALDI - TOF - MS 对双向电泳分离蛋白质磷酸化位点进行定位。凝集素可对糖链进行特异性吸附,利用这一性质,可用凝集素对糖蛋白酶解后的肽混合物进行选择性吸附,MALDI - TOF - MS 测定质量数,再用糖苷酶降解含糖肽,质谱测定后即可确定糖链的大小，结合不同的酶解方式可确定糖基化位点，选择不同的凝集素，还可确定糖链的连接方式。串联质谱技术中子离子扫描模式可以快速选择被修饰片段，然后可根据特征丢失确定修饰类型，是目前最有效的对蛋白质翻译后修饰进行识别与鉴定的分析手段。

6. 生物分子相互作用及非共价复合物　蛋白质与其他生物分子相互作用在信号转导、免疫反应等生命过程中起重要作用。软电离技术的发展，促进了生物质谱在蛋白质复合物研究中的应用，目前已涉及分子伴侣对蛋白折叠作用、蛋白/DNA 复合物、RNA/多肽复合物、蛋白质-过渡金属复合物及蛋白-SDS 加合物等多种类型的复合物的结构及结合位点的研究。

知识拓展

组学的大与小

无论在生命科学的任何领域，研究者都会与各种组学打交道，我们熟悉的组学有基因组学（Genomics）、蛋白组学（Proteomics）、代谢组学（Metabolomics）、转录组学（Transcriptomics）、脂类组学（Lipidomics）、免疫组学（Immunomics）、糖组学（Glycomics）和 RNA 组学（RNomics）等。在人们心目中，凡涉及组学的研究无不是规模大、范围广的，但实际上，各种组学研究既有其大的方面，同时也离不开小的基点。

组学的“大”体现在它的研究对象及研究手段。任何一种组学所研究的都是某个特定的组织、细胞或是特定条件下，某类物质的全部总和，要求种类全，数量大；研究方法中，都要求尽可能少地损失研究对象，尽可能细致地展示每种研究物质。由于组学的研究对象数量巨大，相应的研究方法都采用高能量的实验技术，如能够在一块胶上区分几千种蛋白质的双向电泳技术，包含大量探针的微阵列（DNA 芯片，蛋白质芯片），高通量的测序技术（SAGE、质谱法测定氨基酸序列、核酸及蛋白质自动测序仪），以及高灵敏度、高分辨率的检测手段（荧光共聚焦扫描显微镜、荧光电镜等）。这些技术使得在短时间内获取大量的样本信息成为可能。在获得大量信息的同时，也带来了新的挑战，即如何整理和分析这些信息，人工方法显然已不能满足这些数据处理的要求，通常都采用计算机辅助分析，利用生物信息学方法从大量数据中探寻其规律性，总结归纳后再反推进行验证。在此研究过程中，世界范围的共享数据库发挥了重要作用，这些数据库使得全世界的研究者能够交流、获取有用的信息，极大地推动了研究的发展。

然而，在关注到组学研究“大”的方面的同时，我们还发现，组学的“大”其实还离不开它的“小”。一方面，在各种看似很“大”的研究技术中，其机制却越来越深入微观世界，如分子杂交、质谱、光谱等技术，都从分子水平对各种物质进行检测。另一方面，虽然组学的研究对象规模庞大，但其最终目的是为了发现“小”的差异，各种组学虽然研究的是某类物质的总和，但落脚点是个别分子，在组学研究中，“比较”是最重要的研究策略，通过比较发现有差异的物质，进而研究此差异物质的功能，探索其变化引起的生物学现象。当各个“小”的点都被解析清楚后，它们又能组合起来，展示完整的“大”世界。

组学的“大”和“小”是“由大及小，以小见大”的关系，在现今种类繁多的组学研究中，把握好“大”与“小”的关系，才能更好地推动科学的发展。

（李有杰）

思考题

1. 结合本人目前的专业，阐述蛋白组学研究的应用价值和前景。

2. 已知某生物中一种蛋白质的分子量约为 62 000，请最大限度地分离纯化这种蛋白，根据下列要求写出具体的分离纯化方法。

(1) 利用溶解度差别进行分离。

(2) 利用蛋白分子大小进行分离。

(3) 根据不同的电荷进行分离。

(4) 利用已制备的抗体进行分离。

本章课件　　本章习题

全书习题答案

参考文献

[1] 刘志国. 基因工程原理与技术[M]. 3 版. 北京:化学工业出版社,2016.
[2] 张景海. 药学分子生物学[M]. 4 版. 北京:人民卫生出版社,2011.
[3] 查锡良,药立波. 生物化学与分子生物学[M]. 8 版. 北京:人民卫生出版社,2013.
[4] 李刚,马文丽. 生物化学[M]. 3 版. 北京:北京大学医学出版社,2013.
[5] 姚文兵. 生物化学[M]. 8 版. 北京:人民卫生出版社,2016.
[6] 唐炳华. 生物化学[M]. 9 版. 北京:中国中医药出版社,2012.
[7] 朱玉贤,郑晓峰,李毅. 现代分子生物学[M]. 4 版. 北京:高等教育出版社,2013.
[8] 周爱儒. 生物化学与分子生物学[M]. 8 版. 北京:人民卫生出版社,2013.
[9] 吕建新,樊绮诗. 临床分子生物学检验[M]. 3 版. 北京:人民卫生出版社,2012.
[10] J. D. 沃森,T. A. 贝克,S. P. 贝尔. 基因的分子生物学[M]. 6 版. 北京:科学出版社,2010.
[11] 胡维新. 医学分子生物学[M]. 2 版. 北京:科学出版社,2014.
[12] 崔世英,张嘉宁. 实用 miRNA 研究进展[M]. 北京:清华大学出版社,2015.
[13] 药立波,韩骅,焦炳华,等. 医学分子生物学实验技术[M]. 3 版. 北京:人民卫生出版社,2014.
[14] 周春燕,冯作化. 医学分子生物学[M]. 2 版. 北京:人民卫生出版社,2014.
[15] 田余祥,秦宜德. 医学分子生物学[M]. 北京:科学出版社,2015.
[16] 德伟,欧芹. 医学分子生物学[M]. 北京:科学出版社,2015.
[17] 饶子和. 蛋白质组学方法[M]. 北京:科学出版社,2012.
[18] 王廷华,张云辉,邹晓莉. 蛋白质理论与技术[M]. 3 版. 北京:科学出版社,2013.
[19] 李玉花. 蛋白质分析实验技术指南[M]. 北京:高等教育出版社,2011.
[20] Berg JM, Tymoczko JL, Stryer L,et al. Biochemistry[M]. 6th ed. New York:WH Freeman & co,2007.
[21] Robert K. Murray,et al. Harper's Illustrated Biochemistry McGraw-Hill Companies,Inc,2009.
[22] Sambrook J,Fritsch EF,Maniatis T. Molecular Cloning: A Laboratory Manual[M]. 2th ed. NewYork: Cold Spring Harbor Laboratory Press, 1989.
[23] Rorbert K,Murray,Daryl K. Granner,Peter A. Mayer,et al. Harper's Biochemistry[M]. 27th ed. NewYork: McGraw Hill company, 2006.
[24] Nelson DL,Cox MM. Lehninger Principles of Biochemistry[M]. 7th ed. New York:W. H. Freeman and Company, 2017.